Joachim Milberg

Werkzeugmaschinen – Grundlagen

Zerspantechnik, Dynamik, Baugruppen und Steuerungen

Zweite Auflage
mit 360 Abbildungen

Springer-Verlag
Berlin Heidelberg NewYork
London Paris Tokyo
Hong Kong Barcelona Budapest

Dr.-Ing. Joachim Milberg
Universitätsprofessor,
Institut für Werkzeugmaschinen und Betriebswissenschaften
Technische Universität München

ISBN 3-540-58825-6 2. Aufl. Springer-Verlag Berlin Heidelberg New York
ISBN 3-540-54538-7 1. Aufl. Springer-Verlag Berlin Heidelberg New York

CIP-Eintrag beantragt

Dieses Werk ist urheberrechtlich geschützt. Die dadurch begründeten Rechte, insbesondere die der Übersetzung, des Nachdrucks, des Vortrags, der Entnahme von Abbildungen und Tabellen, der Funksendung, der Mikroverfilmung oder Vervielfältigung auf anderen Wegen und der Speicherung in Datenverarbeitungsanlagen, bleiben, auch bei nur auszugsweiser Verwertung, vorbehalten. Eine Vervielfältigung dieses Werkes oder von Teilen dieses Werkes ist auch im Einzelfall nur in den Grenzen der gesetzlichen Bestimmungen des Urheberrechtsgesetzes der Bundesrepublik Deutschland vom 9. September 1965 in der jeweils geltenden Fassung zulässig. Sie ist grundsätzlich vergütungspflichtig. Zuwiderhandlungen unterliegen den Strafbestimmungen des Urheberrechtsgesetzes.

© Springer-Verlag Berlin Heidelberg 1992 and 1995
Printed in Germany

Die Wiedergabe von Gebrauchsnamen, Handelsnamen, Warenbezeichnungen usw. in diesem Buch berechtigt auch ohne besondere Kennzeichnung nicht zu der Annahme, daß solche Namen im Sinne der Warenzeichen- und Markenschutz-Gesetzgebung als frei zu betrachten wären und daher von jedermann benutzt werden dürften.

Sollte in diesem Werk direkt oder indirekt auf Gesetze, Vorschriften oder Richtlinien (z.B. DIN, VDI, VDE) Bezug genommen oder aus ihnen zitiert worden sein, so kann der Verlag keine Gewähr für die Richtigkeit, Vollständigkeit oder Aktualität übernehmen. Es empfiehlt sich, gegebenenfalls für die eigenen Arbeiten die vollständigen Vorschriften oder Richtlinien in der jeweils gültigen Fassung hinzuzuziehen.

Satz: Reproduktionsfertige Vorlage des Autors
SPIN: 10493221   62/3020 - 5 4 3 2 1 0 - Gedruckt auf säurefreiem Papier

Vorwort

Unsere Industriegesellschaft ist durch den steigenden Bedarf an qualitativ hochwertigen Gütern geprägt. Das erfordert eine Produktionstechnik, die diese Industrieprodukte in ausreichender Menge und Qualität kostengünstig herstellen kann. Werkzeugmaschinen zählen zu den wichtigsten Basiskomponenten der Produktionstechnik, wobei den *spanenden Werkzeugmaschinen*, die etwa 2/3 der Gesamtproduktion an Werkzeugmaschinen ausmachen, eine besondere Bedeutung zukommt. In diesem Bereich ist die Entwicklung der letzten Jahre durch zunehmende Leistungs- und Genauigkeitsanforderungen sowie durch die Bestrebung gekennzeichnet, spanende Bearbeitungsprozesse weitgehend zu automatisieren und in komplexe Material- und Informationsflüsse einzubinden. Der Werkzeugmaschinenbauer steht vor der Aufgabe, Maschinenkonzepte und -komponenten anzubieten, die diesen Anforderungen optimal genügen, und der Fertigungstechniker davor, diese optimal einzusetzen.

So ist dieses Buch dazu gedacht, dem Leser die Grundlagen für die Gestaltung und Auslegung der Komponenten von spanenden Werkzeugmaschinen zu vermitteln. Es soll Studierenden der Fachrichtung Werkzeugmaschinen und Produktionstechnik als Lehrbuch und dem Praktiker als Informationsquelle und Nachschlagewerk dienen. Da bei Maschinen, die nach unterschiedlichen spanenden Verfahren arbeiten, die vergleichbaren Funktionskomplexe in Aufbau und Wirkungsweise ähnlich sind, erschien eine von speziellen Werkzeugmaschinentypen losgelöste Darstellung angemessen. Die Diskussion spezieller Werkzeugmaschinen für die verschiedenen Fertigungsverfahren und deren Einsatzbedingungen soll in einem gesonderten Band erfolgen. Der Inhalt dieses Buches lehnt sich eng an meine Vorlesung "Werkzeugmaschinen" an der Technischen Universität München an. Die Fülle des Stoffes einerseits und die begrenzte Zeit einer Vorlesung andererseits machten eine Begrenzung des Stoffes auf die wichtigsten Aspekte sowie teilweise eine beispielhafte Darstellung notwendig.

Das vorliegende Buch beginnt mit einem kurzen Abriß der geschichtlichen Entwicklung der Produktionstechnik sowie mit einer Darstellung der aktuellen Anforderungen bezüglich Arbeitsgenauigkeit, Fertigungskosten und Mengenleistung. In einem ersten Hauptabschnitt werden die Grundlagen der Zerspanungstheorie behandelt, die als Basis für die beanspruchungsgerechte Auslegung von Werkzeugmaschinen angesehen wird. Unter Berücksichtigung verfahrensspezifischer Beanspruchungen werden die wichtigsten Funktionskomplexe der Maschinen: Führungen, Spindellagerungen, Gestelle sowie Haupt- und Vorschubantrieb in Hauptabschnitten ausführlich betrachtet. Das abschließende Kapitel behandelt die aktuelle Steuerungstechnik sowie die Integration der Werkzeugmaschine in einen rechnergestützten Informationsfluß. Ein gesonderter Abschnitt ist dem dynamischen Maschinenverhalten gewidmet, da im Hinblick auf die gestiegenen Genauigkeitsanforderungen dem schwingungsarmen Lauf einer spanenden Werkzeugmaschine besondere Aufmerksamkeit zukommt. Zahlreiche Bilder und Photos sollen dazu beitragen, die im Text beschriebenen Funktionsprinzipien zu veranschaulichen. Zur Berechnung und Auslegung einzelner Bauelemente wird dem Leser umfangreiches Formelmaterial an die Hand gegeben.

Das Buch entstand unter maßgeblicher Beteiligung meiner Mitarbeiter, denen ich an dieser Stelle herzlich danken möchte. Im einzelnen waren sie mit der Ausarbeitung folgender Kapitel befaßt:

Dipl.-Ing. V. Trucks	(Einleitung, Anforderungen an Werkzeugmaschinen)
Dr.-Ing. F. Garnich	(Entwicklung der Produktionstechnik und der Werkzeugmaschinen)
Dr.-Ing. H. Hansmaier	(Grundlagen der Zerspanung)
Dr.-Ing. P. Eibelshäuser	(Dynamisches Verhalten von Werkzeugmaschinen)
Dr.-Ing. P. Kirchknopf	(Gestelle, Hauptspindeln)
Dipl.-Ing. M. Zäh	(Führungen)
Dr.-Ing. U. Maulhardt	(Führungen)
Dr.-Ing. C. Lang	(Hauptantriebe)
Dipl.-Ing. H. Jorde	(Hauptantriebe)
Dipl.-Ing. M. Seehuber	(Vorschubantriebe)
Dr.-Ing. P. Eubert	(Vorschubantriebe)
Dr.-Ing. J. Helml	(Weg- und Winkelmeßsysteme)
Dipl.-Ing. J. Glas	(Steuerungstechnik und Informationsverarbeitung)

Darüber hinaus gilt mein besonderer Dank Herrn *Dipl.-Ing. M. Wiedemann* und Herrn *Dr.-Ing. R. Rascher* für die Gesamtkoordination und die Durchsicht dieses Bandes sowie Herrn *D. Tisch* für das Zeichnen der Bilder. Dank gilt auch dem Springer-Verlag für die schnelle und sorgfältige Ausführung der Drucklegung.

München, im Juli 1992 *Joachim Milberg*

Inhaltsverzeichnis

	Seite
1 Einleitung	**1**
1.1 Begriffsdefinition	1
1.2 Industrielle Bedeutung des Werkzeugmaschinenbaus	4
2 Entwicklung der Produktionstechnik und der Werkzeugmaschinen	**7**
2.1 Die handwerkliche Phase der Produktionstechnik	7
2.2 Die Entstehung des Werkzeugmaschinenbaus zur Zeit der Industrialisierung	8
2.3 Von der mechanischen zur rechnergestützten Automatisierung	12
3 Anforderungen an Werkzeugmaschinen	**19**
3.1 Bewertungskriterien für Werkzeugmaschinen	19
3.2 Verbesserung der Arbeitsgenauigkeit	20
3.2.1 Arbeitsgenauigkeit und Fertigungsgenauigkeit	20
3.2.2 Verlagerung durch Krafteinfluß	21
3.2.3 Verlagerung durch Wärmeeinfluß	22
3.2.4 Verlagerung durch Verschleiß	23
3.3 Erhöhung der Mengenleistung	24
3.3.1 Definition der Mengenleistung	24
3.3.2 Mengenleistung und Fertigungskosten	25
3.3.3 Konstruktive Maßnahmen zur Verkürzung der Belegungszeit	26
3.3.4 Überlagerung von Teilzeiten der Belegungszeit	27
3.4 Verbesserung der Flexibilität und der Integrationsfähigkeit	28
3.5 Senkung der Fertigungskosten	31
3.6 Weitere Anforderungen an Werkzeugmaschinen	32
4 Grundlagen der Zerspanung	**33**
4.1 Einleitung	33
4.2 Kinematik und Geometrie des Zerspanvorganges	34
4.2.1 Bewegungen beim Spanen	34
4.2.2 Eingriffs- und Spanungsgrößen	35
4.3 Schneidteilgeometrie	37
4.3.1 Bezugssysteme	37
4.3.2 Flächenbezeichnungen	42
4.3.3 Schneidenbezeichnung	42
4.3.4 Winkel am Werkzeug	42
4.4 Spanbildung, Spanarten und Spanformen	46
4.4.1 Übersicht	46

4.4.2 Spanbildung	46
4.4.3 Spanarten	46
4.4.4 Spanformen	48
4.5 Mechanische Beanspruchung	51
4.6 Thermische Beanspruchung	55
4.6.1 Energieumwandlungsprozeß	55
4.6.2 Temperaturverteilung und Temperaturabhängigkeit	60
4.7 Verschleiß und Standgrößen	61
4.7.1 Verschleißmechanismen	61
4.7.2 Verschleißformen und Verschleißmeßgrößen	64
4.7.3 Standgrößen	66
4.8 Schneidstoffe	69
4.8.1 Übersicht	69
4.8.2 Metallische Schneidstoffe	69
4.8.2.1 Unlegierte und legierte Werkzeugstähle	69
4.8.2.2 Schnellarbeitsstähle	70
4.8.2.3 Hartmetalle	72
4.8.3 Keramische Schneidstoffe	72
4.8.4 Diamant und kubisches Bornitrid	73
4.9 Kühlschmiermittel	74
4.9.1 Aufgabe von Kühlschmierstoffen	74
4.9.2 Kühlschmiermittelarten	74
4.10 Wirtschaftliche Schnittbedingungen	76

5 Dynamisches Verhalten von Werkzeugmaschinen   **79**

5.1 Übersicht	79
5.2 Beschreibung des dynamischen Verhaltens, Modalanalyse	80
5.2.1 Dynamische Steifigkeit	80
5.2.2 Experimentelle Modalanalyse	83
5.2.3 Rechnerische Modalanalyse	90
5.3 Schwingungserscheinungen an Werkzeugmaschinen	99
5.3.1 Freie Schwingungen	99
5.3.2 Fremderregte Schwingungen	100
5.3.3 Selbsterregte Schwingungen	101
5.4 Beeinflussung des dynamischen Verhaltens	108
5.4.1 Allgemeines	108
5.4.2 Beeinflussung des dynamischen Verhaltens über die Maschineneigenschaften	109
5.4.3 Beeinflussung des dynamischen Verhaltens über den Zerspanprozeß	112

6. Gestelle   **117**

6.1 Beanspruchungen von Gestellen	117
6.1.1 Allgemeines	117
6.1.2 Statische Beanspruchung des Gestells	117
6.1.3 Steifigkeitsgerechte Konstruktion	121
6.1.4 Dynamische Beanspruchung des Werkzeugmaschinengestells	129
6.1.5 Thermische Beanspruchung des Werkzeugmaschinengestells	131

6.2 Konzepte für Werkzeugmaschinengestelle 135
   6.2.1 Einflußgrößen auf das Gestellkonzept und Vorgehensweise für die Konzeption ... 135
   6.2.2 Wahl einer geeigneten Kinematik 136
   6.2.3 Übliche Gestellkonzepte 138
   6.2.4 Fertigungstechnische Gesichtspunkte 139
   6.2.5 Werkstoffe für Werkzeugmaschinengestelle 143
6.3 Berechnung von Gestellbauteilen - Finite-Elemente-Methode (FEM) 145

7 Führungen   **153**

7.1 Anforderungen und Auslegung 153
7.2 Klassifizierung von Werkzeugmaschinenführungen 156
   7.2.1 Einleitung 156
   7.2.2 Einteilung nach Funktionsweise 157
   7.2.3 Einteilung nach Führungsbahngeometrie 158
      7.2.3.1 Flachführungen 158
      7.2.3.2 V- und Dachprismenführungen 158
      7.2.3.3 Schwalbenschwanzführungen 159
      7.2.3.4 Rundführungen 159
7.3 Hydrodynamische Gleitführungen 159
   7.3.1 Tribologie 159
   7.3.2 Hydrodynamische Schmierdruckbildung 160
   7.3.3 Stribeck-Kurve 161
   7.3.4 Ruckgleiten 162
   7.3.5 Werkstoffe für hydrodynamische Gleitführungen 164
   7.3.6 Reibungsverhalten 165
   7.3.7 Verschleißverhalten 167
   7.3.8 Einfluß der Flächenpressung 169
   7.3.9 Schmierung 171
   7.3.10 Paßleisten 171
7.4 Hydrostatische Gleitführungen 173
   7.4.1 Funktionsweise 173
   7.4.2 Berechnungsgrundlagen 175
   7.4.3 Konstruktive Ausführungsformen 178
7.5 Aerostatische Führungen 181
   7.5.1 Funktionsweise, Grundbegriffe, Merkmale 181
   7.5.2 Konstruktive Ausführungsformen 182
7.6 Wälzführungen 183
   7.6.1 Wälzkörper- und Wälzbahngeometrie 183
   7.6.2 Fesselung der Wälzkörper 184
   7.6.3 Steifigkeit und Dämpfung 185
   7.6.4 Konstruktive Ausführung 186
7.7 Fertigung, Montage und Umbauteile von Führungen 186
   7.7.1 Fertigung und Montage 187
   7.7.2 Umbauteile 188
7.8 Gegenüberstellung der Führungsprinzipien 189
   7.8.1 Herstellkosten 191
   7.8.2 Auswahlkriterien 192

8 Hauptspindeln — 195

- 8.1 Anforderungen — 195
- 8.2 Steifigkeit von Hauptspindeln — 198
  - 8.2.1 Kräfte an einer Spindel — 198
  - 8.2.2 Statische Steifigkeit — 198
  - 8.2.3 Dynamische Steifigkeit — 203
  - 8.2.4 Thermische Steifigkeit — 206
- 8.3 Lagerung von Hauptspindeln — 210
  - 8.3.1 Allgemeines — 210
  - 8.3.2 Hauptspindeln mit Wälzlagern — 212
    - 8.3.2.1 Allgemeines — 212
    - 8.3.2.2 Laufgenauigkeit — 213
    - 8.3.2.3 Lagerungsarten — 215
    - 8.3.2.4 Schmierung — 219
    - 8.3.2.5 Motorspindeln — 221
  - 8.3.3 Hauptspindeln mit Gleitlagern — 222
    - 8.3.3.1 Allgemeines — 222
    - 8.3.3.2 Hydrodynamische Gleitlager — 222
    - 8.3.3.3 Hydrostatische Gleitlager — 223
    - 8.3.3.4 Weitere Lagerbauarten — 224

9 Hauptantriebe — 227

- 9.1 Einleitung — 227
- 9.2 Anforderungen und Auslegung — 228
  - 9.2.1 Bearbeitungsgerechte Bemessung — 228
    - 9.2.1.1 Drehzahlbereich und Drehzahlverstellung — 228
    - 9.2.1.2 Leistung und Drehmoment — 230
- 9.3 Wirkungsgrad — 232
- 9.4 Schwingungsverhalten — 233
- 9.5 Anlauf- und Bremsverhalten — 234
- 9.6 Antriebsmotoren — 236
  - 9.6.1 Übersicht — 236
  - 9.6.2 Gleichstrommotor — 237
    - 9.6.2.1 Aufbau und Wirkungsweise — 238
    - 9.6.2.2 Betriebseigenschaften — 239
    - 9.6.2.3 Drehzahlverstellung — 242
  - 9.6.3 Asynchronmotor — 244
    - 9.6.3.1 Aufbau und Wirkungsweise — 244
    - 9.6.3.2 Betriebseigenschaften — 245
    - 9.6.3.3 Drehzahlverstellung — 246
  - 9.6.4 Auslegung und Auswahl eines Hauptantriebmotors — 247
    - 9.6.4.1 Drehmoment- und Drehzahlverhalten — 248
    - 9.6.4.2 Betriebssicherheit und Zuverlässigkeit — 250
    - 9.6.4.3 Thermisches Verhalten — 252
    - 9.6.4.4 Bauformen und Anordnung des Hauptantriebsmotors — 252
    - 9.6.4.5 Geräusch- und Schwingungsverhalten — 254
- 9.7 Drehzahleinstellung — 254
  - 9.7.1 Stufenlose Drehzahleinstellung — 254

9.7.1.1 Elektrische Getriebe 255
9.7.1.2 Hydraulische Getriebe 255
9.7.1.3 Mechanische Getriebe 259
9.7.2 Gestufte mechanische Drehzahleinstellung 263
9.7.2.1 Auslegung 263
9.7.2.2 Bauformen mechanischer Getriebe 267

10 Vorschubantriebe **271**

10.1 Einleitung 271
10.1.1 Forderungen an Vorschubantriebe 273
10.1.2 Prinzipielle Möglichkeiten für den Aufbau von Vorschubantrieben 274
10.2 Mechanische Vorschubantriebe 276
10.3 Hydraulische Vorschubantriebe 278
10.4 Elektrische Vorschubantriebe 282
10.4.1 Einleitung 282
10.4.2 Antriebsmotoren 283
10.4.2.1 Gleichstrommotoren (konventionell mit Bürsten und Kommutator) 284
10.4.2.2 Bürstenloser Gleichstrommotor 288
10.4.2.3 Synchronmotor 291
10.4.2.4 Asynchronmotor 291
10.4.2.5 Betriebsverhalten der einzelnen Antriebe im Vergleich 292
10.4.2.6 Linearantriebe 293
10.4.2.7 Die Drehzahlmessung 294
10.4.3 Mechanische Baugruppen 295
10.4.3.1 Allgemeines 295
10.4.3.2 Zahnriemen 297
10.4.3.3 Möglichkeiten zum Wandeln der Rotationsbewegung in die Translationsbewegung 298
10.4.3.4 Führungen 301
10.5 Der Lageregelkreis 301
10.6 Auslegung von Vorschubantrieben 306

11 Weg- und Winkelmeßsysteme **315**

11.1 Anforderungen 315
11.2 Begriffe 316
11.3 Funktionsstruktur 317
11.4 Meßverfahren 318
11.4.1 Direktes und indirektes Meßverfahren 318
11.4.2 Analoges und digitales Meßverfahren 319
11.4.3 Absolutes und relatives Meßverfahren 320
11.5 Meßprinzipien 322
11.5.1 Photoelektrisches Meßprinzip 322
11.5.2 Induktives Meßprinzip 324
11.5.3 Laserinterferometer 327

12. Steuerungstechnik und Informationsverarbeitung **329**

12.1 Übersicht 329
12.1.1 Forderungen an Werkzeugmaschinensteuerungen 330

12.1.2 Grundbegriffe des Steuerns und Regelns	330
12.1.3 Einteilung von Steuerungen	332
12.2 Realisierungsformen verbindungsprogrammierter Steuerungen	336
12.2.1 Mechanische Steuerungen	336
12.2.2 Pneumatische und hydraulische Steuerungen	339
12.2.3 Elektrische Steuerungen	343
12.2.4 Nachformsteuerungen	345
12.3 Speicherprogrammierbare Steuerungen	347
12.3.1 Aufbau und Funktionsweise	348
12.3.2 Integration in Werkzeugmaschinen	351
12.3.3 Programmierung	351
12.4 Numerische Steuerungen	353
12.4.1 Aufbau und Funktionsweise	353
12.4.2 Integration in Werkzeugmaschinen	359
12.4.3 Programmierung	361
12.4.4 Trends	365
12.5 Rechnergestützte Steuerdatenverteilung	367
12.5.1 DNC-Systeme	368
12.5.2 CAM-Systeme	370
Literaturverzeichnis	375
Sachwortverzeichnis	389

Formelzeichen

Formelzeichen, die keine oder je nach Anwendung unterschiedliche Einheiten besitzen, sind mit dem Symbol "-" für die Einheit bezeichnet.

Lateinische Buchstaben

Zeichen	Einheit	Bedeutung
A	mm^2	Fläche, Spanungsquerschnitt
A	m	Resonanzamplitude
A_T	mm	Spanungsschicht
a	min^{-1}	Stufensprung bei arithmetischer Drehzahlstufung
a_e	mm	Eingriffsgröße
a_p	mm	Schnittiefe, -breite
B_d	-	Durchmesserbereich
B_n	-	Drehzahlbereich
B_v	-	Schnittgeschwindigkeitsverhältnis
b	mm	Breite, Abströmbreite, Spanungsbreite
b_{cr}	mm	Grenzspanungsbreite
b_γ	mm	Breite der Spanflächenfase
C_T	-	Achsenabschnitt der Taylor-Geraden bei $T = 1$ min
C_V	-	Achsenabschnitt der Taylor-Geraden bei $v_c = 1$ m / min
c	$N\,m^{-1}$	Federsteifigkeit
c_p	$J\,(kg\,K)^{-1}$	spezifische Wärmekapazität
D_e	-	Lehrsche Dämpfung
d	m	Durchmesser
d	$N\,s\,m^{-1}$	Dämpfungsbeiwert
e	-	Eulersche Zahl
e	mm	Exzentrizität
e_A	-	normierte induzierte Ankerspannung
F	N	Kraft, Zerspankraft
F_a	N	Aktivkraft
F_c	N	Schnittkraft
F_f	N	Vorschubkraft
F_p	N	Passivkraft
f	Hz	Frequenz
f	$mm\,U^{-1}$	Vorschub pro Umdrehung
f_e	Hz	ungedämpfte Eigenfrequenz
G	-	Übertragungsfrequenzgang des geschlossenen Regelkreises
h	mm	Spanungsdicke, Spalthöhe, Steigung
I	A	elektrische Stromstärke

I	m^4	Flächenträgheitsmoment
i	-	Übersetzungsverhältnis
J	kg m^2	Massenträgheitsmoment
j	-	imaginäre Einheit
K	DM	Kosten
K	-	Kolkverhältnis
K_E	V s rad^{-1}	Spannungskonstante
KM	mm	Kolkmittenabstand
K_{MH}	DM h^{-1}	Maschinenstundensatz
K_T	N m A^{-1}	Motorkonstante
K_T	mm	Kolktiefe
k_c	N mm^{-2}	spezifische Schnittkraft
$k_{c1.1}$	N mm^{-2}	Hauptwert der spezifischen Schnittfraft
k_f	N mm^{-2}	spezifische Vorschubkraft
$k_{f1.1}$	N mm^{-2}	Hauptwert der spezifischen Vorschubkraft
k_p	N mm^{-2}	spezifische Passivkraft
$k_{p1.1}$	N mm^{-2}	Hauptwert der spezifischen Passivkraft
k_v	s^{-1}	Verstärkungsfaktor des Lageregelkreises
L	H	Induktivität
l	m	Länge
M	N m	Moment
m	kg	Masse
m	mm	Modul
$1-m_c$	-	Anstiegswert der spezifischen Schnittkraft
$1-m_f$	-	Anstiegswert der spezifischen Vorschubkraft
$1-m_p$	-	Anstiegswert der spezifischen Passivkraft
$N_{e\,ik}$	m N^{-1}	Kenn-Nachgiebigkeit
N_{ik}	m N^{-1}	Nachgiebigkeitsfrequenzgang
n	min^{-1}	Drehzahl
n_{ei}	(m N^{-1})$^{1/2}$	Kenn-Nachgiebigkeits-Wurzel
n_k	min^{-1}	Knickdrehzahl
P	W	Leistung
P_c	W	Schnittleistung
p	N m^{-2}	Druck, Flächenpressung
Q	m^3 s^{-1}	Volumenstrom, Förderstrom
Q	mm^3 min^{-1}	Zeitspanungsvolumen
q	m	Hauptkoordinate, verallg. Koordinate
R	Ω	Ohmscher Widerstand
R_a	μm	Mittenrauhwert
R_{t_m}	μm	gemittelte Rauhtiefe
r	m	Radius
SV	mm	Schneidenversatz
s	m	Strecke, Spiel
s	rad s^{-1}	Laplace-Variable
s	-	Schlupf
T	min	Standzeit
T	s	Periodendauer, Totzeit, Zeitkonstante
T_{JN}	s	Trägheitsnennzeitkonstante
t	s	Zeit
U	V	elektrische Spannung
V	l	Fördervolumen
VB	mm	Verschleißmarkenbreite

v	m s^{-1}	Geschwindigkeit
v_c	m min^{-1}	Schnittgeschwindigkeit
v_f	mm min^{-1}	Vorschubgeschwindigkeit
W	J	Arbeit, Energie
x	m	Weg
Δx	mm	Schleppabstand
z	-	Anzahl, Zähnezahl

Griechische Buchstaben:

α	°	Ist-Phasenwinkel, Freiwinkel
α	°K^{-1}	Längenausdehnungskoeffizient
β		Keilwinkel
γ	°K^{-1}	Volumenausdehnungskoeffizient
γ	°	Spanwinkel
ε		Eckenwinkel
η	-	Wirkungsgrad
η	°	Wirkrichtungswinkel, Eckenwinkel
η	N s m^{-2}	dynamische Viskosität
κ		Einstellwinkel
λ	°	Neigungswinkel
λ	m	Wellenlänge
λ_e	-	Eigenwert
λ_s	°	Drallwinkel
μ	-	Reibungszahl, Überdeckungsfaktor
ν	m^2 s	kinematische Viskosität
ν_e	rad s^{-1}	gedämpfte Eigenfrequenz
π	-	Kreiszahl
σ_e	rad s^{-1}	Abklingkoeffizient
τ	-	Teilung
τ	N mm^{-2}	Scherfestigkeit, Schubspannung
φ	-	Stufensprung bei geometrischer Drehzahlstufung
φ	°	Winkel, Phasenwinkel, Soll-Phasenwinkel, Vorschubrichtungswinkel
ω	rad s^{-1}	Kreisfrequenz, Winkelgeschwindigkeit
ω_e	rad s^{-1}	Eigenkreisfrequenz des ungedämpften Systems

Indices und Exponenten

A	Anker
B	Beschleunigung
c	Schnitt (cut)
E	Eilgang-, Einschalt-
e	Ordnungszahl der e-ten Eigenschwingung, Eilgang, Wirkbezugssystem
eff	Wirk-, effektiv
el	elektrisch
f	Arbeitsebene, Vorschub (feed)
G	Getriebe
ges	gesamt
gleit	gleiten

haft	haften
hyd	hydraulisch
i	Taylor-Exponent für Vorschub
i	Laufindex
ik	Stelle i der Kraftanregung, Stelle k der Bewegungsmessung
ist	Istwert
K	Drossel, Kapillare, Kolben, Kreis, Knick
k	Taylor-Exponent für Schnittgeschwindigkeit
L	Last, Lager
M	Motor
m	Masse, mittlere
max	maximal
mec	mechanisch
min	minimal
N	Nenngröße, Normalgröße
P	Pumpe
r	Reibung, Werkzeugbezugssystem, resultierend
red	reduziert
S	System-, Scher-, Werkzeugschneiden-, Schaltebene
soll	Sollwert
Sp	Spindel
T	Tasche, Tisch
th	theoretisch
W	Wirk-, Werkstück, Widerstand
z	zahnbezogen
0	Umgebung, Werkzeugorthogonalsystem
=	Gleichanteil
~	Wechselanteil

Kennzeichnungen

*	konjugiert komplex
F	Fourier-Transformation
Im( )	Imaginärteil einer komplexen Größe
Re( )	Realteil einer komplexen Größe
^	Scheitelwert
~	Effektivwert
–	linearer Mittelwert
Δ	Inkrement
/	Bezeichnung für Nebenflächen, -zeichen
.	d/dt 1. Ableitung nach der Zeit
..	d^2/dt^2 2. Ableitung nach der Zeit
[ ]	Matrix
diag [ ]	Diagonalmatrix
[ ]^t	Transponierte Matrix
{ }	Vektor

Vektoren und Matrizen

$[C]$	Feder-Steifigkeitsmatrix
$[D]$	Dämpfungsmatrix
$[E]$	Einheitsmatrix
$[M]$	Massenmatrix
$[N]$	Matrix der dynamischen Nachgiebigkeit
$\{X_e\}$	Eigenvektor
$[\Phi]$	Modalmatrix

1 Einleitung

1.1 Begriffsdefinition

Technische Produkte – gleich ob Automobil, Kugelschreiber oder Computer – sind ein wichtiger Bestandteil unseres Lebens. Aufgabe der Produktionstechnik ist es, der Bevölkerung diese industriell gefertigten Güter preiswert und in ausreichender Menge und Qualität zur Verfügung zu stellen. Zur Deckung des steigenden Bedarfs und der wachsenden Ansprüche an Industrieprodukte müssen die Systeme der Produktionstechnik ständig weiterentwickelt und verbessert werden.
Produktionssysteme sind komplexe Systeme, die in einer zuvor festgelegten Weise auf einen Körper einwirken und ihn von einem Roh- in einen Fertigzustand überführen. Eingangs- und Ausgangsgrößen von Produktionssystemen sind dabei *Energie* (z. B. elektrische Energie, Abwärme), *Material* (z. B. Rohteile, Werkzeuge, Fertigteile, Späne) und *Information* (z.b. NC-Programme), sie bilden im System einen Energie-, Material- und Informationsfluß [1.1]. Dieser Betrachtungsweise entsprechend können die Teilbereiche der Produktionstechnik nach Bild 1.1 unterschieden werden.
Im Laufe des Herstellungsprozesses durchläuft ein Industrieprodukt verschiedene Produktionsstufen. Für die Herstellung bzw. Verarbeitung von Gütern in geometrisch definierter Form wurde der Begriff *Fertigungstechnik* geprägt, im Gegensatz beispielsweise zur Urproduktion oder zur Erzeugung amorpher Stoffe im Rahmen der Verfahrenstechnik. Die Grundlagen der Fertigungstechnik bilden die *Fertigungsver-*

Produktionstechnik		
Energietechnik	Materialtechnik	Informationstechnik
Energieerzeugung	Materialerzeugung	Informationserzeugung
Energieformung	Materialformung	Informationsformung
Energieverteilung	Materialverteilung	Informationsverteilung

Produktionsprozeß
Urproduktion → Verfahrenstechnik → Fertigungstechnik → Gebrauchstechnik

Bild 1.1. Gliederung der Produktionstechnik, nach [1.2]

fahren und die *Fertigungsmittel* sowie die *Fertigungsorganisation* zur Planung und Optimierung der betrieblichen Fertigungsabläufe.

In einem Fertigungsprozeß werden durch geeignete Fertigungsmittel unter Anwendung bestimmter Fertigungsverfahren Veränderungen von Form und Lage, unter Umständen auch der Stoffeigenschaften an einem Rohteil vorgenommen. Erzeugnisse eines solchen Prozesses können Halbzeuge, Bauteile technischer Produkte oder selbst Endprodukte sein. Die Unterscheidung der Fertigungsverfahren, die in diesen Prozessen Verwendung finden können, ist in DIN 8580 festgelegt (Bild 1.2).

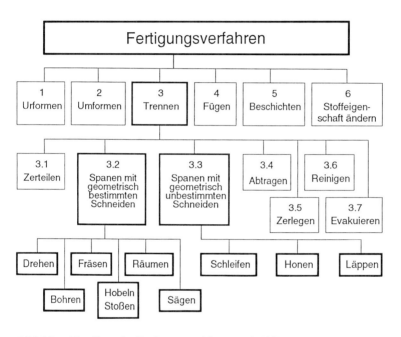

Bild 1.2. Einteilung der Fertigungsverfahren, nach [1.3]

Eine Einteilung der Fertigungsmittel kann analog zur Unterscheidung der Fertigungsverfahren nach DIN 8580 erfolgen. Üblicherweise werden die umformenden und trennenden Maschinen als *Werkzeugmaschinen* bezeichnet. Dies sind Arbeitsmaschinen zum Bearbeiten überwiegend metallischer Werkstoffe nach vorher bestimmter Geometrie unter Verwendung geeigneter Werkzeuge. Im Bereich der trennenden Werkzeugmaschinen kommt den *spanenden* Maschinen besondere Bedeutung zu. Sie bewirken die Gestaltänderung der Werkstücke durch Abtrennen von Werkstoffteilchen auf mechanischem Weg. Die Formgebung erfolgt dabei durch Abbildung der Geometrie der Werkzeugschneide, durch geeignet gesteuerte Relativbewegung zwischen Werkstück und Werkzeug oder durch Kombination dieser beiden Methoden.

Weitere Einteilungen der spanenden Werkzeugmaschinen können je nach konstruktiver Ausführung nach verschiedenen Kriterien vorgenommen werden, z.b. nach
- Art der Kinematik, d. h. der Art, wie die Relativbewegung zwischen Werkzeug und Werkstück realisiert wird,
- Automatisierungsgrad oder -umfang,
- Fertigungsart, z.B. Einzel-, Serien- oder Massenfertigung, oder nach
- konstruktiven Gesichtspunkten, z. B. Baugröße, Art der Steuerung, Zahl der Arbeitsstellen.

Bild 1.3 zeigt eine Auswahl von Werkzeugmaschinen, die in der modernen Fertigung eingesetzt werden. Die Beispiele geben einen Überblick über unterschiedliche Verfahren (Fräsen, Schleifen, Drehen), verschiedene Kinematiken (Anordnung der Schlittenführungen) und unterschiedliche Möglichkeiten zur Automatisierung (Werkzeugrevolver am Drehautomaten, Werkstückwechsler am Bearbeitungszentrum).

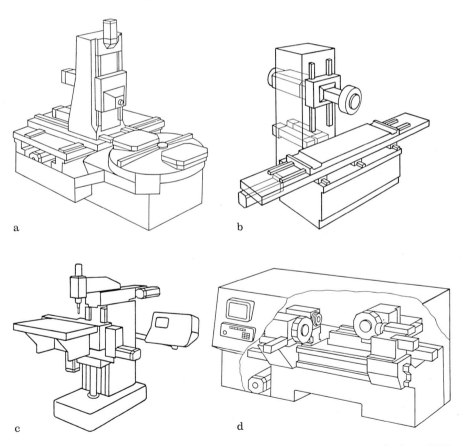

Bild 1.3. Beispiele neuzeitlicher Werkzeugmaschinen **a** Bearbeitungszentrum **b** Flachschleifmaschine **c** Universal-Konsol-Fräsmaschine **d** Revolverdrehautomat

Ihren hohen Stellenwert in der Fertigungstechnik gewinnen die spanenden Werkzeugmaschinen durch die hohe erreichbare Fertigungsgenauigkeit und die Vielfalt der Formen, die mit diesen Maschinen erzeugt werden können. Gemessen am Produktionswert besitzen die spanenden Werkzeugmaschinen in der Bundesrepublik Deutschland einen Anteil von ca. 70% an der gesamten Werkzeugmaschinenproduktion.

Ergänzende, zum Teil auch konkurrierende Verfahren zur spanenden Bearbeitung sind das Urformen (z. B. Spritzgießen, Druckgießen) und das Umformen (z. B. Walzen, Drücken, Gesenkformen). Vor allem umformende Verfahren gewinnen zunehmend an Bedeutung, da sie in der Massenproduktion eine Verkürzung der Fertigungszeit und eine deutliche Werkstoffeinsparung ermöglichen. Je nach Anwendungsfall kann in der Praxis eine geeignete Kombination von urformenden, umformenden und trennenden Verfahren fertigungstechnisch die optimale Lösung sein.

1.2 Industrielle Bedeutung des Werkzeugmaschinenbaus

In Deutschland ist der Maschinenbau die Wirtschaftsgruppe mit den meisten Beschäftigten im Bereich der Industrieproduktion (Bild 1.4). Die hohe Bedeutung dieses Industriezweiges wird durch die Tatsache unterstrichen, daß Deutschland der größte Exporteur von Investitionsgütern der Welt ist. Getragen werden diese Exportüberschüsse von den Bereichen Fahrzeugbau, Maschinenbau und Elektrotechnik.
Innerhalb der Gruppe des Maschinenbaus ist der Werkzeugmaschinenbau der Fachzweig mit den meisten Beschäftigten (Bild 1.5). Werkzeugmaschinen bestimmen als

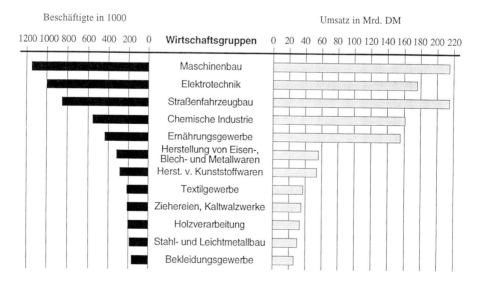

Bild 1.4. Beschäftigte und Umsatzzahlen der 12 wichtigsten Wirtschaftsgruppen in der Bundesrepublik Deutschland, Stand 1990, nach [1.4]

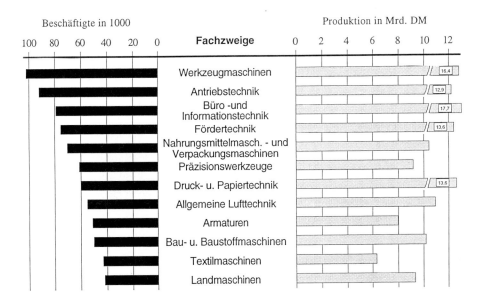

Bild 1.5. Beschäftigte und Produktionswert der 12 größten Fachzweige des Maschinenbaus, Stand 1990, nach [1.4]

Basiskomponente der Industrieproduktion entscheidend den Leistungs- und Qualitätsstand der gesamten Produktionstechnik. Die führende Rolle Deutschlands in diesem Industriezweig wird aus der Export- und Produktionsstatistik der letzten Jahre deutlich: Im Jahr 1990 war Deutschland größter Exporteur für Werkzeugmaschinen und besaß nach Japan den zweitgrößten Anteil am Welt-Produktionsvolumen (Bild 1.6).

Auch in Zukunft wird weltweit die Versorgung der Menschen, die Sicherung ihrer Arbeitsplätze und die weitere Verbesserung ihrer Lebensqualität in hohem Maß davon abhängen, daß die Industrie ausreichend und kostengünstig Produkte erzeugt und Dienstleistungen erbringt. Der Produktionstechnik und dem Werkzeugmaschinenbau als Grundlage der Industrieproduktion wird dabei eine entscheidende Rolle zufallen.

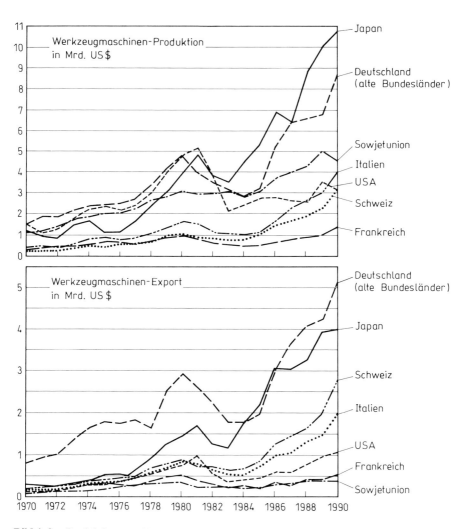

Bild 1.6. Produktions- und Exportstatistik von Werkzeugmaschinen 1970 bis 1990, nach [1.5]

2 Entwicklung der Produktionstechnik und der Werkzeugmaschinen

2.1 Die handwerkliche Phase der Produktionstechnik

Zu den ältesten Vorläufern der Werkzeugmaschine zählen die steinzeitliche Bohrmaschine und die Steintrennmaschine mit hin- und hergehender Schnittbewegung (Bild 2.1). Für beide gibt es archäologische Belege, die in die Jungsteinzeit um 5000 v. Chr. zurückreichen. Aus der Zeit um 2500 v. Chr. stammt die erste Darstellung eines Bohrers mit Fiedelbogenantrieb (Bild 2.2) auf einem ägyptischen Grabrelief. Werkstätten in dieser Form haben sich bis Ende des 19. Jahrhunderts in technisch unterentwickelten Ländern erhalten [2.1].

Bild 2.1. Neolithischer Apparat zum Trennen von Stein nach einer Rekonstruktion von Robert Forrer [2.12]

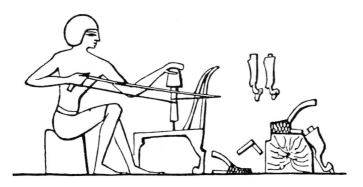

Bild 2.2. Ägyptischer Handwerker mit Fiedelbogenbohrer [2.1]

Im Römischen Reich waren die Maschinenelemente Keil, Hebel, Welle und Bewegungsschraube bekannt. Aufwendigere, mechanisierte Fertigungseinrichtungen sind jedoch nicht belegt.

Im Mittelalter erlangte das städtische Handwerk in Deutschland seine Blütezeit. Durch die neueingeführte Dreifelderwirtschaft wurden weniger Arbeitskräfte benötigt, so daß ein Teil der Erwerbstätigen sich auf die Herstellung von Geräten und Werkzeugen spezialisieren konnte. Die Nachfrage nach Produkten handwerklicher Tätigkeit und die einsetzende Landflucht führte zur Ausbildung des städtischen Handwerks. Die Drehbank des Mittelalters wurde durch ein Pedal mit federnder Rückhollatte angetrieben (Bild 2.3). Erst im 15. Jahrhundert setze sich die Kurbel als Antriebsform durch. Die Mechanisierung beschränkte sich auf die Nutzung der Wasserkraft für Schmiedehämmer und Sägen. Die Entwicklung des Feuergeschützes verlangte Verbesserungen im Bohrmaschinenbau und führte zur Konstruktion unterschiedlicher Senkrecht- und Waagerechtbohrwerke.

Bild 2.3. Drechsler an der Wippendrehbank, um 1425 [2.1]

2.2 Die Entstehung des Werkzeugmaschinenbaus zur Zeit der Industrialisierung

Die steigenden Anforderungen an die Antriebstechnik beispielsweise für Bergwerkspumpen führten zur Erfindung der *Dampfmaschine* (Newcomen 1711). Diese trug entscheidend zur industriellen Revolution bei. Im Zuge der Entwicklung der Dampfmaschine mußten die Werkzeugmaschinen und insbesondere die Bohrwerke verbessert werden, da der erreichbare Wirkungsgrad (ca. 1 %) wesentlich von der Paßgenauigkeit des Kolbens im Zylinder abhing. Für das manuelle Ausschleifen von Dampfzylindern, die einen Durchmesser von 1 bis 1,5 m hatten, war damals eine Fertigungsgenauigkeit von der Größe des kleinen Fingers schon ein beachtliches Ergebnis. Erst die von John Smeaton und John Wilkinson entwickelten Zylinderbohrverfahren ermöglichten es James Watt, die von ihm im Jahre 1769 patentierte Dampfmaschine industriell zu fertigen.

Allgemein wurde die zunehmende Industrialisierung ab Ende des 18. Jahrhunderts von einer stürmischen Entwicklung der Fertigungstechnik begleitet, die sich durch bahnbrechende Erfindungen bei der Entwicklung von Werkzeugmaschinen ausdrückte. Der wachsende Bedarf an leistungsfähigen Produktionsmitteln führte dazu, daß sich der Werkzeugmaschinenbau zu einem eigenen Industriezweig entwickelte [2.2].

Von besonderer Bedeutung war die Entwicklung des Drehmaschinenbaus. Der Engländer Maudslay ersetzte um 1800 die Hand des Drehers durch den *Kreuzsupport* (Bild 2.4) und erfand die erste Drehbank in Ganzmetallbauweise sowie eine Gewindeschneidmaschine.

Bild 2.4. Gegenüberstellung von Maudslays Drehmaschine und einer bislang üblichen Drehbank [2.13]

In der Folgezeit entstanden fast alle grundlegenden Bauformen der heutigen Werkzeugmaschinen. England nahm während dieser klassischen Enwicklungsperiode die führende Position ein [2.3].

Whitworth, ein Schüler Maudslays und Erfinder der Hohlgußgestelle für Werkzeugmaschinen, legte das Passungssystem in seinen Prinzipien fest und schuf damit die Grundlage der Austauschbarkeit von Bauteilen. Später führte er *Grenzlehren* ein, die ihre Anwendungsmöglichkeit bei der Fertigung großer Stückzahlen austauschbarer Teile fanden und durch beibehaltbare Genauigkeit und einfaches Messen hervortraten. Er erfand 1835 eine automatische Schraubenschneidmaschine, die als Vorreiter für automatische Drehmaschinen gelten kann, und die erste Hobelmaschine mit Schnellrückzug.

Neben der ursprünglichen Bohrmaschine mit waagerechter Bohrstange zum Zylinderausbohren und mit am Umfang schneidendem Bohrwerkzeug wurden Bohrmaschinen entwickelt, deren Bohrachse senkrecht verlief und die Spitzbohrer kleiner Durchmesser verwendeten. Zwei neue Formen kamen auf, die heute noch existieren: die Ständerbohrmaschine und die Auslegerbohrmaschine. Die Bohrmaschinen zum Lochbohren erfuhren einen Aufschwung durch die Erfindung des *Spiralbohrers* 1860 in Nordamerika. Gegen Ende des 19. Jahrhunderts fand die Vielspindelbohrmaschine besonderen Anklang.

Die ersten funktionierenden Hobel- und Fräsmaschinen wurden 1817 und 1818 in Betrieb genommen. Zahnradfräsmaschinen wurden aus Apparaten, wie sie Uhrmacher verwendeten, weiterentwickelt. Der Amerikaner Thomas Warner erfand 1842 die Fräsmaschine vom Typ Lincoln-Miller, die in der Mitte des Jahrhunderts sehr bekannt und verbreitet war (Bild 2.5). Die von Brown & Sharpe 1862 herausgebrachte *Universalfräsmaschine*, die zur Nutbearbeitung von Wendelbohrern konzipiert war, errang weitreichende Bedeutung in vielen Bereichen der spanenden Fertigung. 1864 stellten Brown & Sharpe den ersten hinterdrehten Fräser vor, dessen Besonderheit in der Beibehaltung von Freiwinkel und Form der Fräserschneide beim Nach-

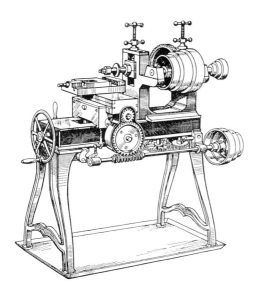

Bild 2.5. Fräsmaschine vom Typ Lincoln-Miller um 1850 [2.3]

schleifen lag. Die Ingersoll Milling Machine Co., USA, bot Fräsmaschinen mit Satzfräser an. 1894 baute die Firma P. Huré eine Fräsmaschine, deren Spindelachse über einen einfallsreichen Mechanismus sowohl waagerecht als auch senkrecht oder beliebig dazwischen eingestellt werden konnte.
Eine moderne Form der Verzahnmaschine mit entweder vertikaler oder horizontaler Arbeitsachse wurde entwickelt; Schrägverzahnungen wurden damit möglich. In der zweiten Hälfte des 19.Jahrhunderts entstanden die zwei Grundtypen Wälzfräs- und Wälzstoßmaschine.
Erste zaghafte Versuche waren zu verzeichnen, den Schleifvorgang in Form einer Werkzeugmaschine nutzbar zu machen, wenngleich noch keine hohen Genauigkeiten erreicht wurden. Die Entwicklung der Schleifmaschine zu einer Präzisionsmaschine erfolgte erst gegen Ende des 19. Jahrhunderts. Landis entwickelte 1893 eine Schleifmaschine, die den bisher bekannten Maschinen in Ausführung und Steifigkeit weit überlegen war. Im Durchschnitt aber waren die Maschinen noch wesentlich einfacher gebaut. So wurde das Schleifen vielfach mit Drehmaschinen durchgeführt, bei denen der Kreuzsupport durch eine Schleifscheibenanordnung ersetzt war.
Bei den Stoßmaschinen schälten sich als Grundformen der Ständer- und der Säulentyp heraus, die bis in die jüngste Vergangenheit bestimmend blieben.
Die Erfindung der *Revolverdrehmaschine* in der Mitte des Jahrhunderts kam einer Revolution in der Fertigungspraxis gleich [2.4] (Bild 2.6). Maßgeblich daran beteiligt waren Waffenhersteller, die auf hohe Stückzahlen und die Austauschbarkeit kleiner Teile bedacht waren. Ein zweiter wirkungsvoller Schritt zur Steigerung der Mengenleistung war die Einführung der *Mehrschnittbearbeitung* durch gleichzeitigen Einsatz mehrerer Werkzeuge an einem Werkstück.
Der Aufbau der Drehmaschinen erhielt mit der Zeit eine klarere Struktur. Teilweise waren enorme Zunahmen in der Baugröße zu erkennen. Möglichkeiten zur Schaltung von Spindeldrehzahlen und Vorschubgeschwindigkeiten traten auf. Die wichtigste

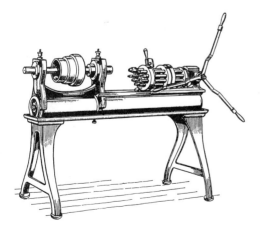

Bild 2.6. Erste Revolverdrehbank von Stephen Fitch 1848 [2.14]

und bedeutendste war die sog. *Norton-Schwinge*. Die Revolverdrehmaschine etablierte sich durch einfachere Bedienung, automatischen Revolverschlittenrückzug und ein erweitertes Sortiment an Werkzeugen. Der erste eigentliche *Drehautomat* wurde von dem Deutschen Jakob Schweizer 1872 gebaut, der erste Revolverdrehautomat 1880 von Spencer [2.5]. Damit war der Auftakt zu einer schwungvollen Entwicklung im Bau von Einspindel-Drehautomaten gegeben, denen im letzten Jahrzehnt des 19. Jahrhunderts auch die ersten *Mehrspindel-Drehautomaten* folgten [2.6].
In den USA wuchs unabhängig von der Rüstungsproduktion der Bedarf an Präzisionsteilen, wie zum Beispiel für die Nähmaschinen. Dies wirkte sich auf die Produktion von leichteren Werkzeugmaschinen des Typs Revolverdreh-, Präzisionsschleif- und Fräsmaschinen aus.
Die Entwicklung des Werkzeugmaschinenbaus in England wurde durch die Anforderungen des Dampfmaschinenbaus und des Eisenbahnwesens bestimmt, so daß vor allem schwere Werkzeugmaschinen der Gattungen Dreh-, Bohr- und Hobelmaschine produziert wurden. Einen weiteren starken Einfluß hatte die Textilindustrie.
Deutschland war bis zur Mitte des 19. Jahrhunderts in seiner Technologie rückständig, doch bereits 1862 wurden auf der Londoner Weltausstellung erste Preise erzielt. Es gelang binnen weniger Jahrzehnte, führende Länder wie die USA, England und Frankreich einzuholen [2.7]. 1893 wurden in Chicago die meisten Preise für deutsche Geräte verzeichnet.

2.3 Von der mechanischen zur rechnergestützten Automatisierung

Waren bis dato alle Maschinen über Transmissionen angetrieben, so wurden bereits Ende des 19. Jahrhunderts die ersten Werkzeugmaschinen mit elektrischem Einzelantrieb ausgerüstet. Etwa ab 1930 setzten sich diese fast vollständig durch. Ausschlaggebend hierfür war der Großwerkzeugmaschinenbau, da die vorhandenen Transmissionsanlagen wegen der hohen Antriebsleistungen und dem Zu- und Abschalten schwerer Maschinen nicht mehr ausreichten. Zudem behinderten die Transmissionen einen effektiven Krantransport in der Werkhalle und wiesen große Verlustleistungen sowie beträchtliche Unfallgefahren auf.
Die ersten Staubabsaug- und Schutzvorrichtungen wurden in Folge der Sozialgesetzgebung Bismarcks verwirklicht. Um 1900 gab es bereits 20 derartige deutsche Patente.
Frederick Winslow Taylor stellte um 1900 den mit Wolfram und Chrom legierten *Schnellschnittstahl* vor. Die Grenze der Schnittgeschwindigkeit wurde nun durch die maximale Belastbarkeit der Maschine, also insbesondere durch ihre dynamische Steifigkeit, bestimmt und nicht mehr durch den Verschleiß des Schneidwerkzeuges. Somit führten neue Schneidstoffe zur Entwicklung verbesserter, steiferer Werkzeugmaschinen. 1924 brachte Krupp einen neuen Hartmetallschneidwerkstoff heraus, WIDIA genannt nach "Wie Diamant". Wiederum mußten Maschinenkonstruktionen

neu auf Steifigkeit hin ausgelegt werden. Parallel zur Entwicklung bei den Schneidstoffen wuchs auch die erreichbare Maßgenauigkeit der Werkzeugmaschinen durch die Verbesserung der Maschinensteifigkeit sowie durch die Verfügbarkeit geeigneter Meßgeräte (Bild 2.7).

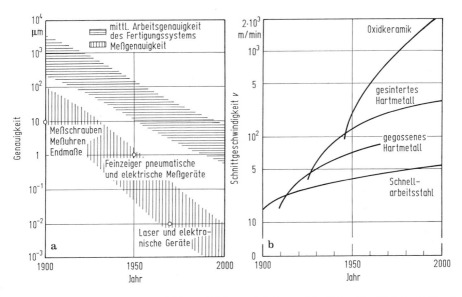

Bild 2.7. Verbesserung der erreichbaren Maßgenauigkeit **a** und der Schneidstoffe **b** (nach Spur)

Von noch weitreichenderer Bedeutung als seine Untersuchungen von Schneidwerkstoffen waren Taylors Arbeiten zur wissenschaftlichen Betriebsführung und Betriebsorganisation. Seine Thesen und Ausführungen zur Organisation, Arbeitsplanung, Zeitwirtschaft und rationellen Strukturierung des Produktionsprozesses erlangten weltweite Bedeutung und bestimmten bis in die jüngste Zeit in weiten Bereichen die industrielle Fertigungstechnik.

1917 wurde der Normenausschuß der deutschen Industrie (später DIN) gegründet. Dessen Tätigkeitsfeld umfaßte Passungen, Gewinde und später auch Maschinenkonen, Reitstockspitzen, Werkzeuge und Spannvorrichtungen. Aufbauend auf Taylors Arbeiten wurde 1924 der Reichsausschuß für Arbeitszeitermittlung (REFA) gegründet.

Während des 1. Weltkrieges trat neben der vorher üblichen Universalmaschine zunehmend die Einzweckmaschine hervor, die durch hohe Mengenleistung, rationelle Arbeitsteilung und Sparsamkeit im Werkstoffverbrauch gekennzeichnet war und auch vom angelernten Arbeiter bedient werden konnte, was insbesondere für die Massenproduktion zu Kriegszeiten bedeutsam war.

Ab den 20er Jahren wurden Kopiermaschinen und Kopiervorrichtungen für Werkzeugmaschinen entwickelt. 1928 wurde das *PIV-Getriebe* zur stufenlosen Drehzahlregelung der Spindel erfunden. Der Mehrspindelautomat, ausgerüstet mit einer Stangenspann- und -vorschubvorrichtung, erlangte in den 30er Jahren zunehmende Bedeutung [2.8] (Bild 2.8). Dieser Maschinentyp stellt auch heute noch den Höhepunkt der starr automatisierten Massenfertigung von Drehteilen dar.

Bild 2.8. Fünfspindel-Stangenautomaten der Fa. Pittler, aufgestellt in einer Automobilfabrik um 1930 [2.1]

Der technische Entwicklungsstand der 50er Jahre läßt sich durch folgende Schlagworte zusammenfassen: Hohe statische und dynamische Steifigkeit, gehärtete und geschliffene Führungsbahnen und vereinfachte Bedienung.
Die Automatisierungsbestrebungen waren auf die Belange der Massenfertigung zugeschnitten. Inzwischen hat sich eine beträchtliche Erweiterung des Automatisierungsfeldes im Bereich der Fertigungstechnik ergeben. Diese Entwicklung wurde wirtschaftlich durch Marktanforderungen nach Diversifikation im Produktionsprogramm sowie durch zunehmend rasche Veränderungen der Nachfragestruktur beeinflußt. Daher verlagerte sich der Schwerpunkt der weiteren Entwicklung auf die Flexibilisierung der Steuerungstechnik. Mit der schnellen Entwicklung der Computertechnologie wurden auch in der Produktionstechnik die Anwendungsfälle für einen wirtschaftlichen Rechnereinsatz ständig erweitert.
Die Firma von John Parsons aus Michigan schuf die Grundlagen der numerischen Steuerung und gewann zur Unterstützung der Forschungsvorhaben die amerikani-

sche Luftwaffe, die im Zeitraum von 1949 bis 1959 etwa 62 Millionen Dollar zur Verfügung stellte. Ziel war es damals, die Kleinserienfertigung in der Flugzeugindustrie mit Wiederholcharakter flexibel und damit ökonomischer gestalten zu können. 1952 enstand die erste NC-Fräsmaschine auf Röhren- und Relais-Basis. Das Problem der früher sehr aufwendigen Programmierung wurde 1956 durch Douglas Ross vom MIT (Massachusetts Institute of Technology) durch die neue standardisierte Programmierweise APT (Automatically Programmed Tools) entschärft. APT fand weite Verbreitung und war später Basis für viele Weiterentwicklungen wie beispielsweise EXAPT. Zur damaligen Zeit wurde von Ross auch der Begriff CAD (Computer-Aided-Design) für die rechnerunterstützte Bearbeitung von technischen Zeichnungen, Arbeitsplänen, Stücklisten und NC-Programmen geprägt.

Der wirtschaftliche Einsatz der NC-Technik blieb anfangs auf wenige Anwendungsfälle beschränkt. Dies änderte sich erst durch die Verfügbarkeit billigerer Bauelemente, zunächst der Transistoren und dann der integrierten Schaltkreise. Mit der Zeit gerieten die verbindungsprogrammierten Schaltwerke jedoch an ihre Grenzen. Ein Merkmal jener Hardware-Steuerungen ist nämlich, daß jede Steigerung der Leistungsfähigkeit eine Erhöhung des Hardwareaufwands bedingt. Als Lösung dieser Probleme wurden in den 70er Jahren CNC-Steuerungen (CNC = Computer Numerical Control) entwickelt. Diese weisen als zentrales Steuerelement kein festverdrahtetes Leit- und Rechenwerk, sondern einen frei programmierbaren Prozeßrechner auf. Außer der eigentlichen NC-Aufgabe kann eine Vielzahl weiterer Funktionen programmiert werden. Die Maschinen besaßen nun zum ersten Mal Programmspeicher, in denen die eingelesenen Programme nachträglich modifiziert werden konnten. Mit den fallenden Preisen für elektronische Bauelemente sanken gemäß der Lernkurve – Mooresches Gesetz genannt – auch die Kosten für Steuerungen und Antriebe (Bild 2.9). Dabei ist zu erkennen, daß in der Steuerungstechnik das Mooresche Gesetz stärker durchschlug als in der Antriebstechnik, weil dort noch ein erheblicher mechanischer Anteil besteht. Gleichzeitig ergaben sich große Auswirkungen auf die äußere Gestaltung der Maschinen: Außenliegende Bedienhebel konnten entfallen, der Arbeitsschutz wurde verbessert.

Durch die Einführung von NC-Steuerungen hatte man sich in den USA erhofft, den qualifizierten Facharbeiter durch einen angelernten Maschinenbediener ersetzen zu können, was sich jedoch nie in vollem Maße erreichen ließ [2.9]. Für den Bediener der Werkzeugmaschine stehen heute Aufgaben wie Überwachung und Einfahren neuer Programme im Vordergrund, wohingegen in früherer Zeit die Tätigkeit durch manuelle Einstellarbeiten geprägt war. Zusätzlich ist ein Programmierplatz erforderlich, an dem die Maschinenprogramme – häufig von den qualifiziertesten Mitarbeitern – erstellt werden (Bild 2.10). Damit verstärkte sich die Trennung von "Hand- und Kopfarbeit", und es fand eine weitere Verlagerung der Arbeit von der Maschine in die Arbeitsvorbereitung statt. Dafür stiegen allerdings die Anforderungen in dispositiver Hinsicht sowie in Hinblick auf die Systemüberwachung und Systemverantwortung. Dies zeigte Auswirkungen auf die Arbeitsorganisation. Aufgrund der Komplexität der Programmierung wird i. allg. eine Rollenverteilung zwischen dem Programmierplatz in der Arbeitsvorbereitung und dem Abfahren der Programme

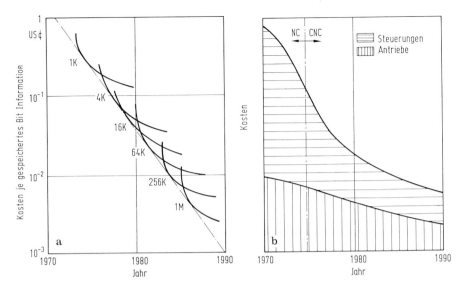

Bild 2.9. Lernkurve bei Elektronikkomponenten, **a** Mooresches Gesetz [2.15],
b Abnahme der Anschaffungskosten typischer numerischer Steuerungen (nach Inaba)

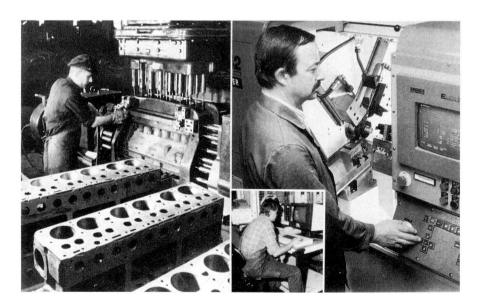

Bild 2.10. Veränderung der Arbeitsplätze durch die NC-Technik

durch den Bediener an der Maschine vorgenommen. Neueste Konzepte gehen dazu über, die Arbeitsvorbereitung durch eine grafische Simulation der Bearbeitung zu unterstützen. Der Arbeitsinhalt einer Tätigkeit am Arbeitsplatz darf andererseits im Hinblick auf die Leistungsmotivation des Arbeitenden nicht unbeachtet bleiben.

Speziell in der Bundesrepublik steht ein großes Potential an Facharbeitern zur Verfügung [2.10]. Um die Fähigkeiten dieser Fachkräfte zu nutzen und ihnen nicht nur Überwachungsaufgaben zuzuteilen, werden daher zum Teil Konzepte der werkstatt-orientierten Programmierung verfolgt [2.11].

Mit den sich wandelnden Möglichkeiten der Maschinensteuerungen und der EDV allgemein hat sich auch die Auffassung über Produktionsplanungs- und Steuerungssysteme gewandelt.

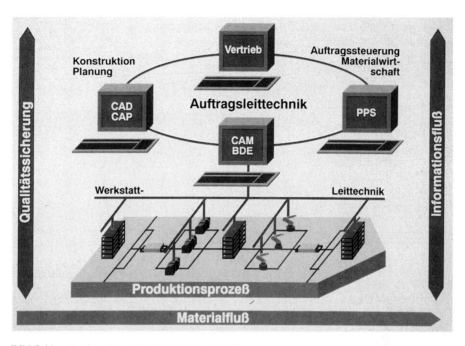

Bild 2.11. Rechnerintegrierte Produktion (CIM)

Moderne, dezentral vernetzte Rechner- und Organisationsstrukturen ermöglichen es, Konstruktion und Fertigung in ein computerunterstütztes Gesamtkonzept – CIM = Computer Integrated Manufaturing – einzubinden (Bild 2.11). Ziel von CIM ist die flexibel automatisierte Fertigung, die eine wirtschaftliche Produktionsweise auch für kleine Losgrößen ermöglicht. Ein weiteres Ziel ist einerseits die Verringerung der Durchlaufzeit eines Produkts vom Auftragseingang bis zum Versand und andererseits die Minimierung der Entwicklungszeit von der Produktidee bis zur lieferbaren Ware. Zur Erreichung optimaler Flexibilität, d.h. kürzester Reaktionszeiten auf planerische Vorgaben, beziehen daher CIM-Modelle über die rein technologische Betrachtung der Fertigungsmittel hinaus die Fertigungsorganisation mit ein.

Eine erfüllende Arbeit stellt für den Menschen einen zentralen Bestandteil des Lebens dar. Deshalb muß auch unter den Rahmenbedingungen der ökonomischen Fertigung der Mensch im Zentrum aller weiteren Bemühungen zur Verbesserung der Produktionstechnik stehen.

3 Anforderungen an Werkzeugmaschinen

3.1 Bewertungskriterien für Werkzeugmaschinen

Die Aufgabe industrieller Produktionsunternehmen ist die Erzeugung gebrauchsfähiger technischer Produkte. Funktion und Leistungsfähigkeit eines Unternehmens werden durch eine Reihe von Produktionsfaktoren beeinflußt, in deren Mitte der Mensch steht (Bild 3.1). Den in der Produktion eingesetzten Fertigungsmitteln kommt dabei ebenfalls eine große Bedeutung zu. Sie bestimmen zum einen entscheidend das Fertigungsergebnis und stellen zum anderen einen beträchtlichen Teil des Unternehmenskapitals dar. Dies trifft sowohl für komplexe Produktionsanlagen als auch für einzelne Werkzeugmaschinen zu.

Aus der Sicht des Anwenders lassen sich folgende Anforderungen an die eingesetzten Werkzeugmaschinen definieren:
- hohe Arbeitsgenauigkeit zur Herstellung qualitativ hochwertiger Produkte,
- hohe Mengenleistung zum Erreichen geringer Fertigungszeiten,
- große Flexibilität, d. h. Anpassungsfähigkeit an unterschiedliche Fertigungsaufgaben,
- niedrige Fertigungskosten der Erzeugnisse und darüber hinaus
- gute Integrationsfähigkeit im Hinblick auf den Menschen, die betriebliche Organisation und die Technik.

Da diese Anforderungsmerkmale zum Teil konkurrierende konstruktive Maßnahmen verlangen, ist für die Gewichtung der einzelnen Bewertungskriterien die genaue Zieldefinition durch den Anwender unter Berücksichtigung der gestellten Fertigungsaufgabe notwendig. Je nach Fertigungsart und Stückzahl können beispielswei-

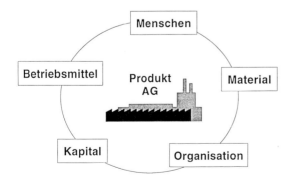

Bild 3.1. Produktionsfaktoren von Produktionsunternehmen

se Mengenleistung oder Flexibilität im Vordergrund stehen; je nach Art und Verwendung der Teile können Genauigkeit oder Fertigungskosten stärker bewertet werden. Die Wirtschaftlichkeit der Fertigung ist dabei in jedem Fall ein entscheidendes Ziel.

3.2 Verbesserung der Arbeitsgenauigkeit

3.2.1 Arbeitsgenauigkeit und Fertigungsgenauigkeit

Während der auf das Werkstück bezogene Begriff *Fertigungsgenauigkeit* die vom Konstrukteur für ein Teil verlangten Toleranzen hinsichtlich Abmessungen, Formen und Oberflächen umfaßt, versteht man unter der maschinenspezifischen *Arbeitsgenauigkeit* die von einer Werkzeugmaschine bei der Bearbeitung maximal erreichbare Genauigkeit. Im allgemeinen gilt: Ein Teil, das mit einer festgelegten Fertigungsgenauigkeit produziert werden soll, erfordert eine Werkzeugmaschine, deren Arbeitsgenauigkeit besser ist als die verlangte Fertigungsgenauigkeit.

Die vom Konstrukteur für ein Teil festgelegte Fertigungsgenauigkeit bestimmt in hohem Maß die Fertigungskosten. Bild 3.2 zeigt diese Abhängigkeit beispielhaft für die Innen - und Aussenbearbeitung, wobei die Innenbearbeitung in der Regel höhere Kosten verursacht. Der dargestellte Zusammenhang gilt sowohl für Wellen und Bohrungen als auch für Längen-, Breiten- oder Höhenmaße. Grundsätzlich sollte die Fertigungsgenauigkeit nach dem Motto: *So grob wie möglich - so genau wie nötig* bestimmt werden.

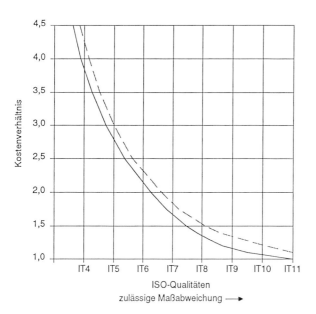

Bild 3.2. Einfluß des Toleranzbereichs auf die Fertigungskosten für Innenmaße (----) und Außenmaße (——), nach [3.1]

In vielen Fällen kann die theoretische Arbeitsgenauigkeit einer Maschine aufgrund von Störeinflüssen im praktischen Bearbeitungsfall nicht ausgenutzt werden. Ursache für eine unzureichende Arbeitsgenauigkeit ist immer eine unzulässige Verlagerung an der Wirkstelle zwischen Werkzeug und Werkstück. Diese Verlagerung kann durch *äußere Störgrößen*, z. B. Zerspankräfte und Verschleißerscheinungen am Werkzeug oder durch *innere Störgrößen* wie geometrische Fehler der Werkzeugmaschine und thermische Störquellen hervorgerufen werden. Bei der Auslegung einer Werkzeugmaschine gilt es, die Störmechanismen, die zu einer Herabsetzung der Arbeitsgenauigkeit führen können, bereits in der Konstruktionsphase zu berücksichtigen.

3.2.2 Verlagerung durch Krafteinfluß

Während der Zerspanung wirken auf eine Werkzeugmaschine Gewichts- und Bearbeitungskräfte, die üblicherweise aus einem mittleren Konstantanteil und einer überlagerten Wechselkraft bestehen. Dementsprechend setzt sich auch die Verlagerung an der Werkzeug-Eingriffstelle aus einer statischen und einer dynamischen Komponente zusammen.

Verformungen der Werkzeugmaschine unter statischer Belastung (Bild 3.3) muß durch eine ausreichend steife Konstruktion begegnet werden (vgl. Kap. 6). Statische Verformungen von Werkstücken, Spannmitteln oder Werkzeugen, z. B. bei Verwendung sehr schlanker Fräser oder bei der Bearbeitung dünnwandiger Teile, können durch richtige Auswahl der Spannvorrichtungen und Zerspanungsparameter (z. B. Schnittgeschwindigkeit, Vorschub) optimiert werden.

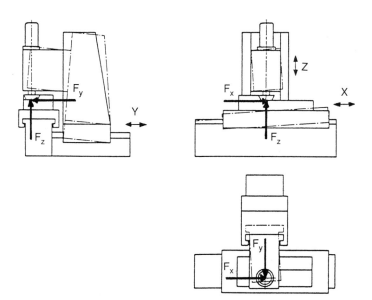

Bild 3.3. Verformung einer Werkzeugmaschine unter statischer Belastung, nach [3.2]

Dynamische Bearbeitungskräfte treten besonders stark bei stoßweisem Meißeleingriff in Erscheinung. Die dadurch hervorgerufenen wechselnden Verformungen überlagern die Wirkbewegung zwischen Werkzeug und Werkstück. Neben diesem Mechanismus der *Fremderregung* führt auch eine *Selbsterregung* der Maschine bei instabilem Bearbeitungsprozeß zu Störschwingungen. Als Folge davon können sich sowohl die Maßgenauigkeit und Oberflächenqualität des Werkstücks als auch die Standzeit des Werkzeugs und die Einsatzdauer der Maschine deutlich verschlechtern. Eine ausführliche Erörterung des dynamischen Verhaltens von Werkzeugmaschinen folgt in Kap. 5.

3.2.3 Verlagerung durch Wärmeeinfluß

Jede ungleichmäßige Wärmeverteilung innerhalb einer Werkzeugmaschine führt zu ungleichmäßiger thermischer Ausdehnung (Bild 3.4). Hauptwärmequelle ist dabei der Zerspanprozeß selbst, da nahezu die gesamte zugeführte Energie letztlich in Wärme umgewandelt wird. Die Stellen der Maschine, an denen Reibungswärme entsteht (Antriebe, Lager, Kupplungen, Getriebe und Führungen), werden als *innere Wärmequellen* bezeichnet. Zu den *äußeren Wärmequellen* zählen neben Spänen und Kühlschmiermittel auch die Sonneneinstrahlung und benachbarte Gegenstände (Heizungen, weitere Maschinen).

Da die Erwärmung einer Werkzeugmaschine im Betrieb nicht zu vermeiden ist, muß die Verformung an der Wirkstelle der Maschine durch geeignete konstruktive Maßnahmen so gering wie möglich gehalten werden. Darüber hinaus ermöglicht u. U. der Einsatz einer Meßsteuerung die Erfassung der Wärmedehnung an der Wirkstelle durch eine Messung der Werkstück-Ist-Kontur und eine entsprechende Berechnung von Korrekturwerten für die Maschinensteuerung.

Im Betrieb sollte beachtet werden, daß die Temperaturverteilung einer Werkzeugmaschine von der jeweiligen Betriebsdauer abhängig ist. Die in Bild 3.5 dargestellte Hochlaufkurve zeigt die zeitabhängige Verlagerung am Wirkort einer Konsolfräsmaschine vom abgekühlten Ruhezustand bis zum Erreichen eines thermisch stationären Betriebszustands.

Eine konstante Betriebstemperatur kann durch gleichmäßige Nutzung einer Maschine gewährleistet werden. Für Werkzeugmaschinen, die höchsten Genauigkeitsansprüchen genügen sollen, ist u. U. ein Betrieb in klimatisierten Räumen vorzusehen.

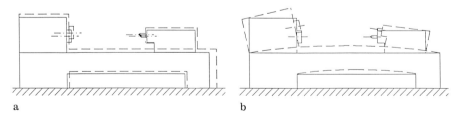

Bild 3.4. Verformung einer Werkzeugmaschine durch Wärmeeinwirkung, nach [3.3], **a** gleichmäßige Erwärmung aller Bauteile, **b** ungleichmäßige Erwärmung mit maximalen Temperaturen an der Spindellagerung und am Bett

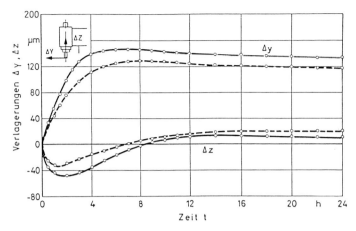

Bild 3.5. Einfluß der Betriebsdauer auf die Verlagerung der Hauptspindel durch Wärmedehnung, Spindeldrehzahl n = 900 min^{-1} (----) und n = 1400 min^{-1} (——), nach [3.4]

3.2.4 Verlagerung durch Verschleiß

Sowohl die Werkzeugmaschine als auch das eingesetzte Werkzeug sind durch die für die Zerspanung notwendigen Relativbewegungen einem Verschleiß unterworfen.
Der *Kurzzeitverschleiß* des Werkzeugs bewirkt eine verringerte Arbeitsgenauigkeit durch den Versatz der Werkzeugschneide. Aus der Veränderung der Schneidengeometrie resultieren in der Regel auch höhere Schnittkräfte und -temperaturen, die eine verstärkte Belastung der Maschine durch Bearbeitungskräfte und Wärme bewirken. Abhilfe ist hier nur durch rechtzeitigen Austausch des Werkzeugs beim Erreichen des Standzeitendes oder in gewissen Grenzen auch durch den Einsatz einer Meßsteuerung möglich.
Einfluß auf die Arbeitsgenauigkeit einer Maschine hat auch der *Langzeitverschleiß* der Führungen und Lager. Bild 3.6 zeigt die Abweichung der geometrischen Lage

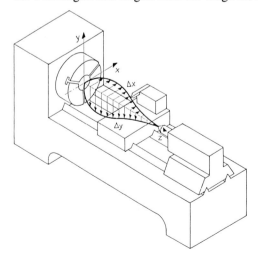

Bild 3.6. Einfluß des Führungsbahnverschleißes auf das Arbeitsergebnis beim Drehen, nach [3.5]

des Werkzeugs von der Sollage bei Verschleiß der Schlittenführungen. Moderne Werkzeugmaschinen verfügen über verschleißarme und nachstellbare Führungen. Eine ausreichende Schmierung als verschleißmindernder Faktor ist von großer Bedeutung.

3.3 Erhöhung der Mengenleistung

3.3.1 Definition der Mengenleistung

Die Belegungszeit T_{bB} ist die Zeit, in der eine Werkzeugmaschine durch einen bestimmten Bearbeitungsauftrag belegt ist. Das Verhältnis der Auftragsmenge m zu dieser Zeit wird als *Mengenleistung* bezeichnet:

$$\text{Mengenleistung} = \frac{\text{Auftragsmenge}}{\text{Belegungszeit}}$$

$$= \frac{m}{T_{bB}}. \tag{3.1}$$

Nach REFA [3.6] setzt sich die Belegungszeit T_{bB} aus der Betriebsmittelrüstzeit t_{rB} und der Betriebsmittelausführungszeit t_{aB} zusammen, die ihrerseits wieder in Teilzeiten untergliedert werden (Bild 3.7). Dabei sind zu unterscheiden
- Belegungszeit T_{bB}: Vorgabezeit für die Belegung des Betriebsmittels durch einen Auftrag,

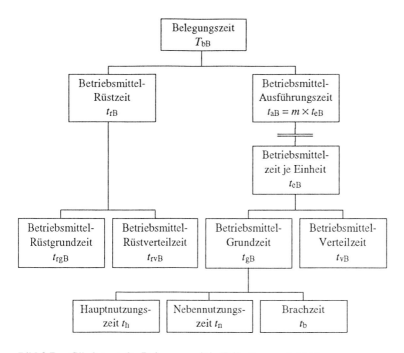

Bild 3.7. Gliederung der Belegungszeit in Teilzeiten, nach [3.6]

- Betriebsmittel-Rüstzeit t_{rB}: Vorgabezeit für das Belegen eines Betriebsmittels durch das Rüsten bei einem Auftrag,
- Betriebsmittel-Ausführungszeit t_{aB}: Vorgabezeit für das Belegen eines Betriebsmittels durch die Menge m eines Auftrags,
- Betriebsmittelzeit je Einheit t_{eB}, t_{eB100} bzw. t_{eB1000}: Vorgabezeiten für die Belegung eines Betriebsmittels bei der Mengeneinheit 1, 100 bzw. 1000,
- Betriebsmittel-Grundzeit t_{gB}: Summe der Sollzeiten aller Ablaufabschnitte, die für die planmäßige Ausführung eines Ablaufs durch das Betriebsmittel erforderlich sind; sie bezieht sich auf die Mengeneinheit 1,
- Betriebsmittel-Verteilzeit t_{vB}: Summe der Sollzeiten aller Ablaufabschnitte, die zusätzlich zur planmäßigen Ausführung eines Ablaufs durch das Betriebsmittel erforderlich sind; sie bezieht sich auf die Mengeneinheit 1,
- Hauptnutzungszeit t_h: Summe aller Zeiten, in denen das Arbeitsmittel (Werkzeug) am Arbeitsgegenstand (Werkstück) die beabsichtigte Veränderung vollzieht,
- Nebennutzungszeit t_n: Summe aller Zeiten, in denen am Werkstück mittelbare Fortschritte im Sinn des Auftrags, aber keine Formänderungen bewirkt wird. Hierzu gehören z.B. Einspannen, Messen, Schalten (Drehzahl- und Vorschubwechsel), Anstellen (Eilbewegungen des Schlittens),
- Brachzeit t_b: Summe aller Zeiten, in denen die Nutzung des Arbeitsmittels planmäßig unterbrochen ist.

3.3.2 Mengenleistung und Fertigungskosten

Bei einer gegebenen Fertigungsaufgabe werden die Fertigungskosten in erster Linie durch die eingesetzten Fertigungsmittel und die fertigungstechnischen Randbedingungen (Stückzahlen, geforderte Genauigkeiten, notwendige Fertigungsverfahren usw.) festgelegt. Diese Kosten sind jedoch über die Lebensdauer eines Produktes nicht konstant. Durch die mit jeder produzierten Einheit angesammelte Erfahrung ist es möglich, die Fertigungskosten bei jeder Verdopplung der Produktionsmenge um ca. 20 bis 30% zu senken. Diese Kostensenkung ist im wesentlichen auf den *Lerneffekt* der Menschen und die *Spezialisierung* der Betriebsmittel zurückzuführen. Der empirisch ermittelte Zusammenhang der *Erfahrungskurve* ist in Bild 3.8 anhand zweier Beispiele dargestellt: Das Ford-Modell T (a) wurde 1909 als eines der ersten Automobile in Massenproduktion hergestellt. Der Slogan *"Schafft Stückzahlen"* aus dieser Anfangszeit der Automatisation kennzeichnet das Bestreben, durch große Produktionsmengen eine hohe Wirtschaftlichkeit der Fertigung zu erzielen. Das in Bild 3.8 b gezeigte Beispiel integrierter Schaltkreise zeigt, daß die Erfahrungskurve auch in der hochautomatisierten Massenproduktion heutiger Zeit ihre Gültigkeit besitzt.

Die aktuelle Situation in der Produktionstechnik ist aber weniger durch große Auftragsmengen, als vielmehr durch hohe Kundenorientierung und Produktvielfalt gekennzeichnet. Im Vordergrund der Bemühungen steht deshalb derzeit die Verkürzung der Zeit für die Umsetzung einer Produktidee bis zum marktfähigen Produkt. Kurze Durchlaufzeiten in Konstruktion und Entwicklung sowie in Planung und Fertigung erlauben eine frühzeitige Ausnutzung der Kosten-Erfahrungskurve. Der

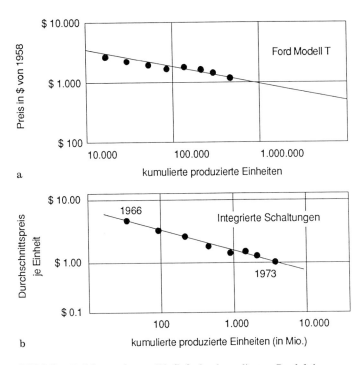

Bild 3.8. *Erfahrungskurve:* Einfluß der kumulierten Produktionsmenge auf den Preis eines Erzeugnisses am Beispiel **a** des Ford T-Modells, **b** integrierter Schaltkreise, nach [3.7]

Zeitvorteil ist deshalb zum entscheidenden Wettbewerbsfaktor in der Industrieproduktion geworden.

3.3.3 Konstruktive Maßnahmen zur Verkürzung der Belegungszeit

Als konstruktive Maßnahmen zur Verkürzung der *Hauptzeit*, d. h. der Zeit, in der tatsächlich ein Arbeitsfortschritt am Werkstück vollzogen wird, sind an erster Stelle höhere Antriebsleistungen und verbesserte Schneidstoffe zu nennen. Seit Beginn des Werkzeugmaschinenbaus ist die erreichbare Schnittgeschwindigkeit mit der Entwicklung immer leistungsfähigerer Schneidstoffe ständig gestiegen (vgl. Kap. 2, Bild 2.7). Derartige Leistungssteigerungen bedingen in gleichem Maße auch konstruktive Verbesserungen der Maschinen, insbesondere zur Anpassung der statischen und dynamischen Maschinensteifigkeit. Eine weitere wichtige Maßnahme zur Hauptzeitverkürzung besteht in der Gewährleistung optimaler Schnittbedingungen durch geeignete Auslegung der Haupt- und Vorschubantriebe.

Hohe Eilganggeschwindigkeiten und geringe Beschleunigungszeiten der Antriebe tragen ebenso zu einer Reduzierung der *Nebenzeiten* bei wie Vorrichtungen zum automatisierten Spannen und zum automatischen Werkzeug- und Werkstückwechsel.

Um die *Rüstzeit* gering zu halten, ist eine leichte Programmierbarkeit der Maschinen und eine einfache Anpaßbarkeit an unterschiedliche Bearbeitungsaufgaben auf der Werkstück- und der Werkzeugseite vorzusehen.
Die *Verteilzeit* wird in erster Linie von der Zuverlässigkeit bzw. Betriebssicherheit einer Werkzeugmaschine bestimmt. Diagnosesysteme tragen zu einer Erhöhung der Verfügbarkeit bei, indem Fehler infolge von Störungen oder defekten Maschinenkomponenten rechtzeitig erkannt und beseitigt werden können. Neben neueren Ansätzen wie beispielsweise der Prozeß- und Maschinenüberwachung, trägt auch die Beachtung grundlegender Konstruktionsregeln zur Verbesserung von Zuverlässigkeit und Betriebssicherheit bei: Einbau von Überlastsicherungen und Verriegelungen, guter Späneablauf bzw. Spänefall.

3.3.4 Überlagerung von Teilzeiten der Belegungszeit

Eines der effektivsten Mittel zur Steigerung der Mengenleistung einer Maschine ist die Überlagerung verschiedener Zeitanteile der Betriebsmittelbelegungszeit; sie wird bei modernen Werkzeugmaschinen in großem Umfang eingesetzt.
Als Möglichkeiten zur Überlagerung stehen zur Verfügung (Bild 3.9):
- Parallelschaltung von Hauptzeiten:
  Die gleichzeitige Ausführung mehrerer Bearbeitungsvorgänge an einem Werkstück wird durch die Mehrschlitten- oder Mehrschneidenbearbeitung ermöglicht. Dabei sind an einem einzigen Werkstück mehrere Schneiden zeitlich und geometrisch geeignet koordiniert im Eingriff (Bild 3.10).
  Die gleichzeitige Bearbeitung mehrerer Werkstücke in einer Maschine an verschiedenen Stationen zur Überlagerung von Hauptzeitanteilen wird in Mehrspindel-Drehautomaten oder Transferstraßen realisiert. Diese Maschinen arbeiten üblicherweise ebenfalls mit mehreren Werkzeugschlitten und stellen somit eine Kombination von Mehrschlitten- und Mehrstückbearbeitung dar. Wie aus der

Bild 3.9. Möglichkeiten der Parallelschaltung von Teilzeiten der Belegungszeit

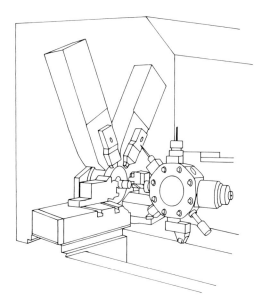

Bild 3.10. Arbeitsraum eines Einspindel-Mehrschlitten-Drehautomaten, nach [3.9]

Grafik in Bild 3.9 ersichtlich, wird bei der Parallelschaltung von Zeitanteilen die Operation mit der längsten Hauptzeit stückzeitbestimmend.
- Parallelschaltung von Haupt- und Nebenzeiten:
Typische Nebenzeitanteile sind Zeiten zum Messen oder Spannen des Werkstücks. Möglichkeiten zur Überlagerung mit Hauptzeitanteilen ergeben sich durch separate Spannstationen außerhalb des Arbeitsraums oder durch Messen parallel zur Bearbeitung an separaten Meßstationen.
- Parallelschaltung von Haupt- und Rüstzeiten:
Analog zum Spannen eines Werkstücks während der Bearbeitung des vorherigen kann auch die Werkzeugvoreinstellung oder auch der Aufbau einer neuen Spannvorrichtung erfolgen, während andere Operationen des vorhergehenden Auftrags durchgeführt werden.

3.4 Verbesserung der Flexibilität und der Integrationsfähigkeit

Der Begriff *Flexibilität* kennzeichnet die Anpassungsfähigkeit einer Werkzeugmaschine an unterschiedliche Fertigungsaufgaben. Ziel der Verbesserung der Flexibilität von Werkzeugmaschinen ist die Möglichkeit, verschiedene Werkstücke in wechselnder Reihenfolge und niedriger Losgröße ohne lange Rüst- und Stillstandszeiten wirtschaftlich herstellen zu können.
Notwendig wird erhöhte Flexibilität durch die immer kürzeren Innovationszyklen technischer Produkte und die steigende Produktvielfalt. Für die Fertigung bedeutet

dies niedrige Losgrößen und hohe Losfrequenzen. Die Schwierigkeit, künftige Produktentwicklungen genau prognostizieren zu können, zwingt die Unternehmen zu erhöhter Anpassungsfähigkeit ihrer Fertigungsanlagen.
Konzepte zur Verbesserung der Flexibilität müssen alle Merkmale erfassen, durch die eine Fertigungsaufgabe definiert wird (Bild 3.11). Dabei ist zu unterscheiden zwischen fertigungstechnischen Merkmalen (Geometrie, Technologie) und fertigungsorganisatorischen Merkmalen (Menge, Zeit).

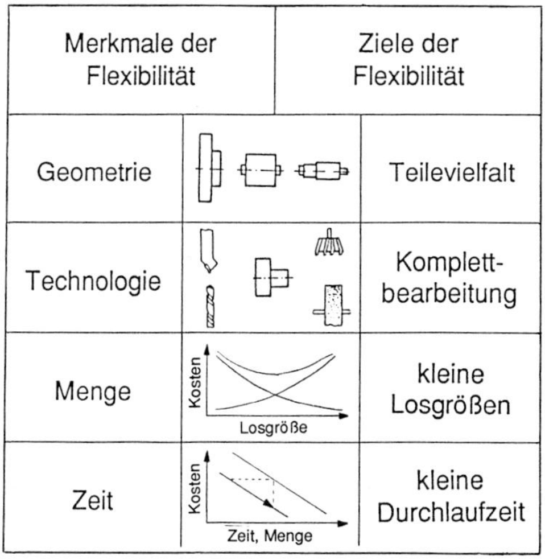

Merkmale der Flexibilität		Ziele der Flexibilität
Geometrie		Teilevielfalt
Technologie		Komplettbearbeitung
Menge		kleine Losgrößen
Zeit		kleine Durchlaufzeit

Bild 3.11. Flexibilitätsmerkmale einer Fertigungsaufgabe

Flexibilität in bezug auf Teilegeometrie und Technologie zielt auf Maschinenkonzepte, die unterschiedliche Werkstücke möglichst komplett bearbeiten können, z. B. durch Kombination von Dreh- und Fräsbearbeitung in einer Maschine mit Möglichkeiten zum automatisierten Umspannen zur allseitigen Bearbeitung. Zur optimalen Ausnutzung der vielfältigen Arbeitsmöglichkeiten benötigen diese Maschinen zusätzlich umfangreiche Werkzeugspeicher und verfügen häufig über automatische Wechseleinrichtungen für Werkzeuge und Werkstücke.
Neben diesen konstruktiven Voraussetzungen ist aber auch die Flexibilität in fertigungsorganisatorischer Hinsicht entscheidend für die Leistungsfähigkeit einer Maschine. Neben der effizienten Verwaltung der vorhandenen Werkzeuge sowie der Maschinenprogramme und -aufträge spielt dabei auch die Erfassung von Maschinen- und Prozeßdaten eine wichtige Rolle, um die Zuverlässigkeit und die technische Verfügbarkeit zu erhöhen. Bild 3.12 gibt einen Überblick über die Entwicklungsrichtungen bei der flexiblen Automatisierung von Werkzeugmaschinen.
Eine derartige flexibel automatisierte Werkzeugmaschine wird aber auch immer Teil eines komplexen Fertigungsablaufs sein. Erweitert man daher die Forderung nach Flexibilität von einer einzelnen Maschine auf ganze Fertigungsbereiche mit zusätz-

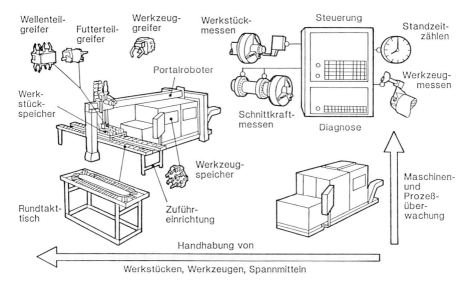

Bild 3.12. Möglichkeiten der flexiblen Automatisierung von Werkzeugmaschinen

lichen Handhabungs- und Transporteinrichtungen, ergibt sich die Integrationsfähigkeit einer Maschine als weiteres Bewertungskriterium. Die Hauptaufgabe bei der Integration einer Werkzeugmaschine in eine komplexe Fertigungsumgebung besteht in der Organisation und gegebenenfalls der Automatisierung der verschiedenen Material- und Informationsflüsse, die an einer Werkzeugmaschine zusammentreffen (Bild 3.13).

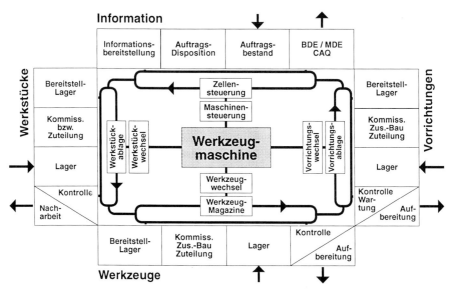

Bild 3.13. Systemstruktur eines Werkzeugmaschinen-Arbeitsplatzes in einer komplexen Fertigung, nach [3.12]

Bei der Auslegung von Werkzeugmaschinen muß diese Entwicklung verstärkt berücksichtigt werden. Dabei gewinnt der CIM-Gedanke (CIM = Computer Integrated Manufacturing = Rechnerintegrierte Produktion) zunehmend an Bedeutung.

3.5 Senkung der Fertigungskosten

Für einen Produktionsbetrieb als Anwender von Werkzeugmaschinen sind bei der Auswahl einer Maschine für eine definierte Fertigungsaufgabe die Fertigungskosten, die sich mit der Maschine für das betrachtete Teil oder Teilespektrum ergeben, von ausschlaggebender Bedeutung. Ziel des Werkzeugmaschinenherstellers muß es daher sein, zur Verbesserung des Kundennutzens Maschinen anzubieten, die beim Anwender zu niedrigen Fertigungskosten führen.

Als Fertigungskosten eines Teiles bzw. eines Auftrags mit der Losgröße m wird die Summe der Lohnkosten K_L, der Maschinenkosten K_M, der Werkzeugkosten K_W sowie weiterer nicht direkt zuzuordnender Gemeinkosten K_X des Betriebes definiert [3.10]:

$$K_F = K_L + K_M + K_W + K_X . \tag{3.2}$$

Betrieblicher Maßstab für die Kostenverursachung durch eine Maschine ist der Maschinenstundensatz K_{MH}[3.11]. In den Maschinenstundensatz eingehende Kosten sind kalkulatorische Kosten für Abschreibungen K_A und Zinsen K_Z, die vom Wiederbeschaffungswert einer Werkzeugmaschine abhängen, Raumkosten K_R, Energiekosten K_E und Instandhaltungskosten K_I. Die Summe dieser Kosten wird auf die jährliche Nutzungszeit der Maschine T_N, d. h. die theoretisch verfügbare gesamte Maschinenzeit T_G abzüglich Ruhezeit T_{RU} und Instandhaltungszeit T_{IH}, bezogen:

$$K_{MH} = \frac{K_A + K_Z + K_R + K_E + K_I}{T_N}$$

$$T_N = T_G - T_{IH} - T_{RU} . \tag{3.3}$$

Der Anteil der Maschinenkosten K_M an den Fertigungskosten K_F jedes einzelnen produzierten Auftrags mit der Losgröße m ergibt sich mit der Betriebsmittelbelegungszeit T_{bB} (vgl. Bild 3.7) zu

$$K_M = K_{MH} \cdot T_{bB} . \tag{3.4}$$

Aus der Sicht des Werkzeugmaschinenherstellers ergeben sich aus der Analyse der Kostenanteile der so bestimmten Maschinenkosten vielfältige Möglichkeiten zur Senkung der Fertigungskosten:
- Erhöhung der Nutzungszeit durch Erschliessung zeitlicher Nutzungsreserven und Erhöhung der technischen Verfügbarkeit,
- Senkung des Maschinenstundensatzes durch niedrige Herstellkosten einer Maschine (Verwendung von Baukastensystemen und Standardisierung, Teilefamilienfertigung, Beschränkung der Arbeitsbereiche, Typeneinschränkung oder Verwendung kostensparender Bearbeitungsverfahren), geringen Platzbedarf, geringen Energieverbrauch und hohe technische Zuverlässigkeit zur Senkung der Instandhaltungskosten,

- Verringerung der Betriebsmittelzeiten (vgl. Abschn. 3.3),
- Senkung der Lohnkosten durch verstärkte Automatisierung, Entkopplung der Maschinenlaufzeit von der Arbeitszeit des Bedieners (mannlose Schichten),
- Senkung der Werkzeugkosten durch Einsatz kostengünstiger Standardwerkzeuge und Optimierung der Schnittbedingungen zum Erreichen einer kostenoptimalen Standzeit (vgl. Abschn. 4.10).

3.6 Weitere Anforderungen an Werkzeugmaschinen

Die Anforderungen an Werkzeugmaschinen erschöpfen sich jedoch nicht allein in der Steigerung der Produktivität. Hinzu kommen Forderungen zur Unfallverhütung, zur Arbeitssicherheit, zum Umweltschutz sowie zur ergonomischen Anordnung der Bedienelemente, Schalttafeln und Ablagemöglichkeiten für Werkzeuge und Werkstücke. Die ansprechende äußere Gestaltung einer Werkzeugmaschine gewinnt darüber hinaus zunehmend an Bedeutung.

4 Grundlagen der Zerspanung

4.1 Einleitung

Die verschiedenen Fertigungsverfahren sind in DIN 8580 in 6 Hauptgruppen zusammengefaßt (Bild 1.2). Innerhalb der Hauptgruppe 3 - *Trennen* - werden die spanenden Fertigungsverfahren nach den eingesetzten Werkzeugen in
- Spanen mit *geometrisch bestimmten* Schneiden, Gruppe 3.2 und
- Spanen mit *geometrisch unbestimmten* Schneiden, Gruppe 3.3

unterschieden. Diese Gruppen werden weiter in die verschiedenen spanenden Fertigungsverfahren unterteilt; dabei dient die unterschiedliche Kinematik des Zerspanvorganges als Einteilungsmerkmal. In den folgenden Ausführungen wird auf die vier

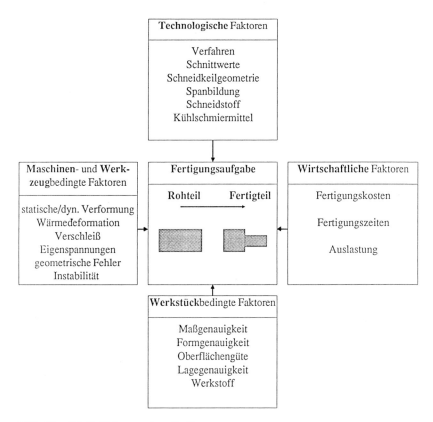

Bild 4.1. Einflußfaktoren eines Fertigungsprozesses

grundlegenden Verfahren *Drehen, Bohren, Fräsen* und *Schleifen* näher eingegangen. Die Wahl des Fertigungsverfahrens wird durch die Fertigungsaufgabe bestimmt. Dem Fertigungsverfahren ist ein Zerspanprozeß zugeordnet, welcher gewährleisten muß, daß das erwartete Arbeitsergebnis erreicht wird. Bei der Auslegung des Zerspanprozesses sind wirtschaftliche und technologische Randbedingungen und Einflußgrößen von Werkstück und Werkzeugmaschine zu berücksichtigen, die zu einem großen Teil voneinander abhängig sind (Bild 4.1).

4.2 Kinematik und Geometrie des Zerspanvorganges

4.2.1 Bewegungen beim Spanen

Beim Zerspanprozeß werden Werkstückformen durch die Geometrie des Werkzeugs und durch die Relativbewegungen zwischen Werkstück und Werkzeug erzeugt. Bewegungen, die unmittelbar an der Spanentstehung beteiligt sind, nennt man *Hauptbewegungen*. Sie bestehen aus Wirk-, Schnitt- und Vorschubbewegung. Nicht

Bewegungen

Def.: Die Bewegungen beim Zerspanvorgang sind Relativbewegungen zwischen Werkzeugschneide und Werkstück. Sie werden von der Werkzeugmaschine an der Wirkstelle erzeugt und sind auf das ruhende Werkstück bezogen.

Hauptbewegungen			Nebenbewegungen			
Die *Wirkbewegung* bewirkt den Zerspanvorgang	Die *Schnittbewegung* bewirkt ohne Vorschubbewegung nur eine einmalige Spanabnahme während einer Umdrehung oder eines Hubes	Die *Vorschubbewegung* ermöglicht zusammen mit der Schnittbewegung eine stetige oder mehrmalige Spanabnahme während mehrerer Umdrehungen oder Hübe	Die *Zustellbewegung* bestimmt im voraus die Dicke der jeweils abzunehmenden Schicht	Die *Nachstellbewegung* bewirkt eine Korrekturbewegung	Die *Anstellbewegung* führt das Werkzeug vor dem Zerspanvorgang an das Werkstück heran	Die *Rückstellbewegung* führt das Werkstück nach dem Zerspanvorgang vom Werkstück zurück

Bewegungsrichtungen

Def.: Die Bewegungsrichtungen beim Zerspanvorgang sind die momentanen Richtungen der verschiedenen Bewegungen im ausgewählten Schneidenpunkt

Wirkrichtung	*Schnittrichtung*	*Vorschubrichtung*	*Zustellrichtung*	*Nachstellrichtung*	*Anstellrichtung*	*Rückstellrichtung*

Geschwindigkeiten

Def.: Die Geschwindigkeiten beim Zerspanvorgang sind die momentanen Geschwindigkeiten der verschiedenen Bewegungen im ausgewählten Schneidenpunkt.

Wirkgeschwindigkeit v_e	*Schnittgeschwindigkeit* v_c	*Vorschubgeschwindigkeit* v_f

Bild 4.2. Bewegungen, deren Richtungen und Geschwindigkeiten beim Zerspanvorgang nach DIN 6580 [4.2]

unmittelbar an der Spanentstehung selbst beteiligt sind die *Nebenbewegungen* Zustellen, Nachstellen, Anstellen und Rückstellen. Diese zwei Gruppen von Bewegungen, deren Richtungen und Geschwindigkeiten sind in Bild 4.2 nach DIN 6580 [4.2] definiert.

Bei der Festlegung der Bewegungsrichtung wird davon ausgegangen, daß das Werkstück ruht und das Werkzeug allein die Bewegung ausführt.

Um eine einheitliche Betrachtungsweise der verschiedenen spanenden Fertigungsverfahren gewährleisten zu können, ist es erforderlich, Hilfsbegriffe (Vorschubrichtungswinkel φ, Wirkrichtungswinkel η, Arbeitsebene P_{fe}) einzuführen. Mit diesen lassen sich *kinematische Unterschiede* zwischen den verschiedenen spanenden Fertigungsverfahren kennzeichnen. Die Hilfsbegriffe sind nach DIN 6580 [4.2] in Bild 4.3 definiert.

Der *Vorschubrichtungswinkel* φ ist der Winkel zwischen Vorschubrichtung und Schnittrichtung. Er kann konstant sein, z.B. beim Drehen ($\varphi=90°$) oder sich während des Zerspanvorganges laufend ändern, z.B. Fräsen.

Der *Wirkrichtungswinkel* η ist der Winkel zwischen Wirkrichtung und Schnittrichtung.

Die *Arbeitsebene* P_{fe} ist eine gedachte Ebene, die die Schnittrichtung und die Vorschubrichtung im ausgewählten Schneidenpunkt enthält. In ihr vollziehen sich die Bewegungen, die an der Spanentstehung beteiligt sind.

Bild 4.3. Hilfsbegriffe zur Betrachtung des Zerspanvorganges nach DIN 6580 [4.2]

Die nach DIN 6580 allgemeingültig gehaltenen Definitionen sind in Bild 4.4 auf die Fertigungsverfahren Drehen, Bohren, Stirn- und Umfangsbearbeiten beim Fräsen und Schleifen sinngemäß übertragen.

4.2.2 Eingriffs- und Spanungsgrößen

Die *Eingriffsgrößen* beschreiben geometrisch das Ineinandergreifen von Werkzeug und Werkstück [4.2]. Sie sind keine festen Größen, sondern abhängig von den fertigungsbedingten Einstellungen der Werkzeugmaschine oder vom Werkzeug selbst. Beim Aufbohren z. B. ist die Schnittbreite a_p abhängig vom Bohrerdurchmesser, beim Drehen von der Zustellung des Werkzeugs. Beim Fräsen oder Schleifen sind die Eingriffsgrößen abhängig vom Werkzeugdurchmesser und von der Zustellung des Werkzeugs. In Bild 4.5 sind die wichtigsten Eingriffsgrößen definiert. Bild 4.6 zeigt diese Größen beispielhaft bei den Fertigungsverfahren Drehen, Bohren, Fräsen und Schleifen.

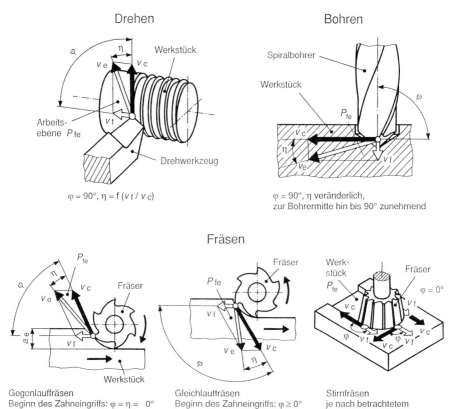

Bild 4.4. Bewegungsrichtungen, Geschwindigkeiten und Hilfsbegriffe beim Drehen, Bohren, Fräsen und Schleifen nach DIN 6580 [4.2]

> Die *Schnittiefe* bzw. *Schnittbreite* a_p ist die Tiefe bzw. Breite des Eingriffes des Werkzeuges senkrecht zur Arbeitsebene gemessen.
>
> Beim Längs- und Plandrehen, Stirnfräsen und Seitenschleifen spricht man von der Schnittiefe a_p, beim Einstechdrehen, Räumen, Umfangsdrehen und -schleifen von der Schnittbreite a_p und beim Bohren entspricht a_p dem halben Bohrerdurchmesser.

> Der *Arbeitseingriff* a_e ist die Größe des Eingriffes des Werkzeuges, gemessen in der Arbeitsebene und senkrecht zur Vorschubrichtung.

> Der *Vorschubeingriff* a_f ist die Größe des Eingriffes des Werkzeuges in Vorschubrichtung.

Bild 4.5. Eingriffsgrößen nach DIN 6580 [4.2]

Spanungsgrößen beschreiben die Maße der vom Werkstück abzuspanenden Schichten. Sie sind nicht identisch mit den Maßen der entstehenden Späne, da diese durch plastische Verformungen gestaucht werden. Die Spanungsgrößen lassen sich aus dem Profil der aktiven Schneide, den Eingriffsgrößen und den Vorschubgrößen ableiten. In Bild 4.7 sind die Spanungsgrößen definiert und anhand Bild 4.8 an einem Beispiel gezeigt. Die Spanungsgrößen gelten dabei für die vereinfachte Betrachtung nach DIN 6580 (gerade Schneiden, scharfkantige Schneidenecke, Neigungswinkel $\lambda_s = 0$, Werkzeug-Einstellwinkel der Nebenschneide $\kappa_r' = 0$) [4.2].

Vorschubgrößen ergeben sich aus den Vorschubbewegungen, die auf die Umdrehung oder auf den Hub bezogen werden [4.2]. Sie sind in Bild 4.9 definiert und in Bild 4.10 am ein- und mehrschneidigen Werkzeug dargestellt.

4.3 Schneidteilgeometrie

4.3.1 Bezugssysteme

Die Begriffsbestimmungen hinsichtlich der Geometrie am Schneidteil sind in DIN 6581 [4.3] festgelegt. Diese Norm definiert die Flächen, Schneiden, Ecken und Winkel am Schneidteil, zu deren Festlegung entsprechende Bezugssysteme eingeführt werden. Man unterscheidet Werkzeug- und Wirk-Bezugssystem.

Das *Werkzeug-Bezugssystem* kennzeichnet die geometrische Gestalt des Werkzeuges und ist für die Konstruktion, Herstellung, Aufbereitung und Prüfung des Werkzeuges von Bedeutung. Ausgehend von einer angenommenen Schnittrichtung des nicht im Einsatz befindlichen Werkzeugs werden die benötigten Ebenen in einem Orthogonalsystem an einem ausgewählten Schneidenpunkt angetragen (Bild 4.11):

- P_r *Werkzeugbezugs*ebene
  Ebene senkrecht zur angenommenen Schnittrichtung und parallel zur Auflageebene,

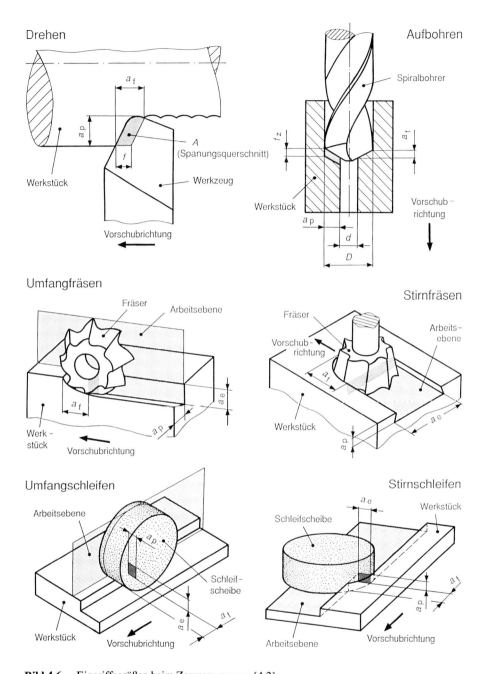

Bild 4.6. Eingriffsgrößen beim Zerspanvorgang [4.2]

Das *Spanungsvolumen V* ist das vom Werkstück abzuspanende Werkstoffvolumen bezogen z.B auf eine Zeiteinheit oder auf den Arbeitsgang.

Das auf eine Zeiteinheit bezogene Spanungsvolumen heißt *Zeitspanvolumen Q*. Es ist im allgemeinen auf das Werkzeug bezogen, kann aber auch auf einen einzelnen Zahn bezogen werden (Q_z).

Der *Spanungsquerschnitt A* ist die Querschnittsfläche eines abzunehmenden Spanes, gemessen senkrecht zur Schnittrichtung.

Die *Spanungsbreite b* ist die Breite des Spanungsquerschnittes.

Die *Spanungsdicke h* ist die Dicke des Spanungsquerschnittes.

Bild 4.7. Spanungsgrößen nach DIN 6580 [4.2]

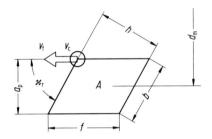

mit
Spanungsquerschnitt $A = a_p \cdot f$
$ = b \cdot h$

$b = \dfrac{a_p}{\sin \varkappa_r} \qquad h = f \cdot \sin \varkappa_r$

Zeitspanvolumen $Q = A_T \cdot v_f = \pi d_m \cdot a_p \cdot v_f$

mit
A_T Spanungsschicht (abgetragene Werkstoffschicht senkrecht zur Vorschubrichtung)
d_m mittlerer Durchmesser der Spanungsschicht

Bild 4.8. Spanungsgrößen nach DIN 6580 [4.2] beim Drehen

Der *Vorschub f* ist der Vorschub je Umdrehung oder Hub in der Arbeitsebene gemessen.

Der *Zahnvorschub f_z* ist der Vorschubweg je Zahn oder je Schneide in der Arbeitsebene gemessen. Er ist somit gleich dem Abstand zweier unmittelbar hintereinander entstehender Schnittflächen, gemessen in der Vorschubrichtung.
Beim Räumen ergibt sich der Zahnvorschub aus der Staffelung der Zähne des Räumwerkzeuges.

Der *Schnittvorschub f_c* ist gleich dem Abstand zweier unmittelbar hintereinander entstehender Schnittflächen in der Arbeitsebene senkrecht zur Schnittrichtung gemessen.

Der *Wirkvorschub f_e* ist gleich dem Abstand zweier unmittelbar hintereinander entstehender Schnittflächen in der Arbeitsebene senkrecht zur Wirkrichtung gemessen.

Bild 4.9. Vorschubgrößen nach DIN 6580 [4.2]

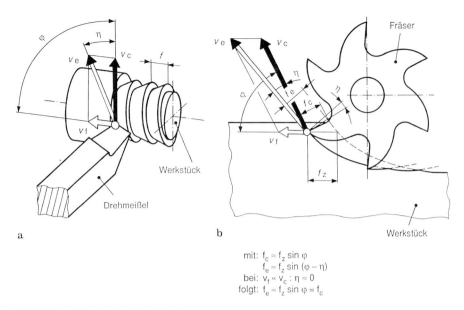

mit: $f_c \approx f_z \sin \varphi$
$f_e \approx f_z \sin (\varphi - \eta)$
bei: $v_f \ll v_c : \eta \approx 0$
folgt: $f_e \approx f_z \sin \varphi = f_c$

Bild 4.10. Vorschubgrößen bei ein- und mehrschneidigen Werkzeugen [4.2]. **a** einschneidiges Werkzeug z. B. Drehmeißel; **b** mehrschneidiges Werkzeug z. B. Fräser beim Gegenlauffräsen

- P_s Werkzeugschneidenebene
  eine die Hauptschneide enthaltende Ebene senkrecht zur Werkzeugbezugsebene,
- P_o Werkzeugorthogonalebene
  (früher: Werkzeugkeilmeßebene)
  Ebene senkrecht zur Schneidenebene und senkrecht zur Werkzeugbezugsebene,
- P_f angenommene Arbeitsebene
  Ebene senkrecht zur Werkzeugbezugsebene und parallel zur angenommenen Vorschubrichtung.

Das *Wirk-Bezugssystem* ist zur Beschreibung der jeweiligen Lage von Werkzeug und Werkstück und der Kinematik zwischen Werkzeug und Werkstück von Bedeutung. Dieses System ist gegenüber dem Werkzeug-Bezugssystem um den Wirkrichtungswinkel η gedreht, und die Schnittkante der Bezugsebenen zeigt in die Wirkrichtung. Die Ebenen im Wirkbezugssystem tragen dieselben Bezeichnungen wie im Werkzeugbezugssystem und sind zusätzlich durch einen Index e (effektiv) gekennzeichnet. Der Größenunterschied von Werkzeug- und Wirkwinkeln ergibt sich aus dem Verhältnis von Vorschub- und Schnittgeschwindigkeit v_f / v_c. Eine ungünstige Einstellung der Maschine und Anstellung des Werkzeuges zum Werkstück kann z. B. bewirken, daß der Wirkfreiwinkel bei positivem Werkzeugfreiwinkel negativ wird, der Meißel mit der Freifläche an das Werkstück drückt und somit in seiner Schneidfähigkeit eingeschränkt ist.
Bild 4.11 zeigt die Ebenen im Werkzeug- und Wirk-Bezugssystem am Beispiel des Drehmeißels.

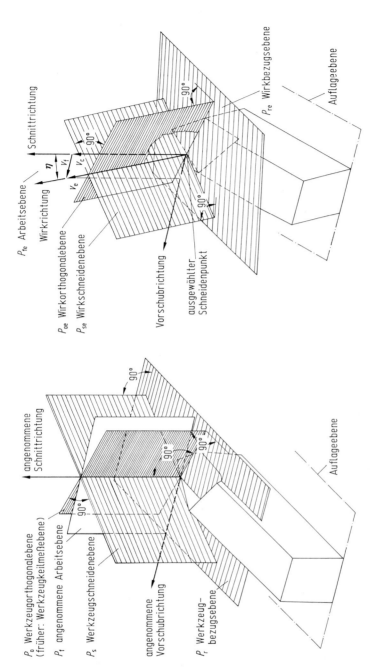

Bild 4.11. Werkzeug- und Wirk-Bezugssystem [4.3]

4.3.2 Flächenbezeichnungen

Die *Freiflächen* am Schneidkeil sind den am Werkstück entstehenden Schnittflächen, die von den Werkzeugschneiden erzeugt werden, zugekehrt. Man unterscheidet zwischen Hauptfreifläche A_α, die sich an der Hauptschneide des Werkzeugs befindet, und der Nebenfreifläche A_α', die an der Nebenschneide des Werkzeugs liegt. Wird die Freifläche von der Schneide aus so abgewinkelt, daß sich eine Verstärkung des Schneidkeils an der Schneide ergibt, so heißt der an der Schneide anschließende Teil Freiflächenfase. Ihre Breite wird mit b_α bezeichnet (Bild 4.12).
Über die *Spanfläche* A_γ läuft der entstehende Span ab. Spanfläche und Freifläche bilden den *Schneidkeil*. Falls eine Abwinkelung der Spanfläche an der Schneide vorgenommen wird, nennt man den Teil der Spanfläche, der an der Schneide liegt, *Spanflächenfase*. Ihre Breite wird mit b_γ bezeichnet (Bild 4.12).

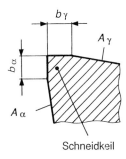

Bild 4.12. Frei- und Spanflächenfase am Schneidkeil nach DIN 6582 [4.4].
b_α Breite der Freiflächenfase; b_γ Breite der Spanflächenfase; A_α Freifläche; A_γ Spanfläche

4.3.3 Schneidenbezeichnung

Die *Schnittkanten* der Spanfläche mit den Freiflächen werden als Schneiden bezeichnet. Man unterscheidet zwischen *Haupt-* und *Nebenschneiden*. Die Hauptschneide ist die der Vorschubrichtung zugekehrte Schneidkante, sie trennt den Span in seiner Breite ab. Die Nebenschneide schließt an die Hauptschneide an und trennt den Span in seiner Dicke ab (Bild 4.14).
Die Stelle, an der Haupt- und Nebenschneide mit gemeinsamer Spanfläche zusammentreffen, wird als *Schneidenecke* bezeichnet. Die Schneidenecke kann theoretisch spitz sein, wird aber in der Praxis mit einer Eckenrundung (Eckenradius r_ε) oder mit einer *Eckenfase* zur Verstärkung des Schneidkeils versehen, deren Breite in der Werkzeugbezugs-Ebene P_r gemessen und mit b_ε bezeichnet wird (Bild 4.13), [4.4].

4.3.4 Winkel am Werkzeug

Die Winkel am Schneidteil werden nach DIN 6581 [4.3] in verschiedenen Ebenen gemessen und mit deren Index versehen:
- Werkzeug-Bezugsebene P_r
  Einstellwinkel κ_r, Eckenwinkel ε_r ;

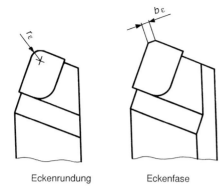

Eckenrundung   Eckenfase

Bild 4.13. Eckenrundung und Eckenfase am Schneidkeil nach DIN 6582 [4.4].
r_ε Eckenrundung; b_ε Breite der Eckenfase

- Werkzeug-Orthogonalebene P_o
  Freiwinkel α_o, Keilwinkel β_o, Spanwinkel γ_o;
- Werkzeugschneidenebene P_s
  Neigungswinkel λ_s;
- Arbeitsebene P_f
  Seitenwinkel α_f, β_f, γ_f.

Im folgenden sind *Winkel-, Flächen-* und *Schneidenbezeichnungen* für die Werkzeuge Drehmeißel, Spiralbohrer und Messerkopf, in Anlehnung an DIN 6581 und DIN 6582 [4.3, 4.4], in Bild 4.14 dargestellt.

Der *Freiwinkel* α ist der Winkel zwischen Freifläche A_α und Werkzeug-Schneidenebene P_s (Bild 4.14, 4.15). Für die Drehbearbeitung von Stahlwerkstoffen liegt der Freiwinkel bei der Verwendung von Schnellarbeits-Schneidstoffen bei 6° bis 8°, bei Hartmetall-Schneidstoffen bei 6° bis 12° [4.6]. Kleine Freiwinkel bewirken eine erhöhte Reibung und somit einen erhöhten Freiflächenverschleiß. Durch große Freiwinkel wird die Ausbruchgefahr der Schneide erhöht, da der Keilwinkel β verkleinert wird [4.5].

Der *Spanwinkel* γ ist der Winkel zwischen der Spanfläche A_γ und der Werkzeug-Bezugsebene P_r (Bild 4.15). Er ist abhängig vom Werkstoff, Schneidstoff und von den Arbeitsbedingungen und liegt für Stahlwerkstoffe im Bereich von $-6° < \gamma < +20°$. Ein positiver Spanwinkel verringert die Schnittkräfte und begünstigt die Spanabfuhr sowie die Oberflächengüte. Als Nachteil entsteht durch den kleinen Keilwinkel β eine größere Ausbruchgefahr der Schneide. Außerdem wird die Fließspanbildung begünstigt. Ein negativer Spanwinkel verbessert die Schneidenstabilität und ist deshalb vorteilhaft für den unterbrochenen Schnitt. Gleichzeitig werden aber auch die Schnittkraft, die Spanstauchung und der Kolkverschleiß erhöht.

Der *Keilwinkel* β ist der Winkel zwischen der Freifläche A_α und der Spanfläche A_γ (Bild 4.15). Seine Größe wird hauptsächlich von der Bearbeitungsaufgabe bestimmt. Bei harten und zähen Materialien (Stahlguß, Cr-Ni-Stahl) werden große Keilwinkel im Bereich von $75° < \beta < 90°$ verwendet, weiche und zähe Werkstoffe (z. B. Alumi-

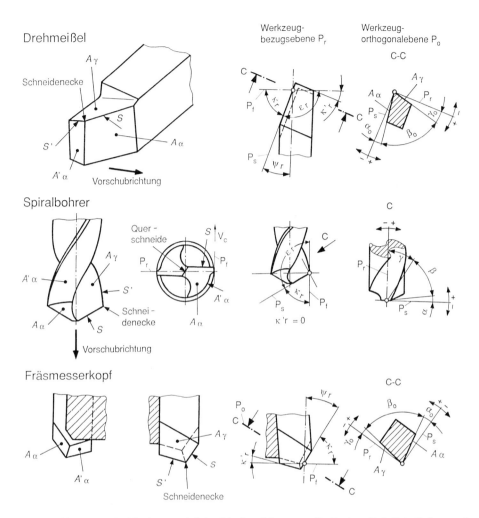

Bild 4.14. Winkel-, Flächen- und Schneidenbezeichnungen für Drehmeißel, Spiralbohrer und Messerkopf nach [4.3, 4.4]. Schneidenbezeichnung: S Hauptschneide, S' Nebenschneide; Flächenbezeichnung: A_α Spanfläche, A'_α Nebenfreifläche, A_γ Spanfläche; Winkelbezeichnung: α Freiwinkel, β Keilwinkel, γ Spanwinkel, κ_r Einstellwinkel, κ'_r Einstellwinkel der Nebenschneide, ε_r Eckenwinkel

nium, Kupfer, Kunststoff) werden mit kleinen Keilwinkeln im Bereich von $50° < \beta < 65°$ zerspant [4.5]. Ein kleiner Keilwinkel hat eine erhöhte Ausbruchgefahr der Schneide und einen erhöhten Wärmestau bei hohen Schnittgeschwindigkeiten zur Folge.

Der *Eckenwinkel* ε ist der Winkel zwischen der Haupt- und Nebenschneide P_S und P_S' (Bild 4.14) und liegt bei der Stahlzerspanung üblicherweise zwischen 60° und 120°. Eckenwinkel von 90° und größer sind vorteilhaft, da mit zunehmendem Eckenwinkel die Stabilität des Werkzeugs erhöht wird. Der maximale Eckenwinkel ist

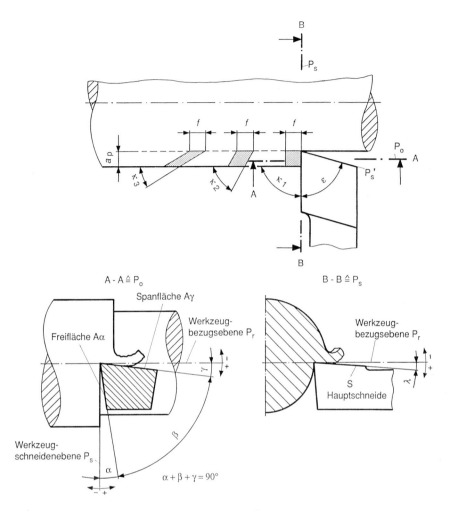

Bild 4.15. Winkel am Drehmeißel. α Freiwinkel, β Keilwinkel, γ Spanwinkel, ε Eckenwinkel, κ Einstellwinkel, λ Neigungswinkel

jedoch begrenzt, da die Lage der Hauptschneide durch den Einstellwinkel vorgegeben ist und der Winkel zwischen Nebenschneide und Vorschubrichtung zur Vermeidung eines Nachschabens mindestens 2° betragen soll. Durch das Anbringen einer Eckenrundung oder Eckenfase (Bild 4.13) wird die Ecke entlastet.

Der *Neigungswinkel* λ ist der Winkel zwischen der Schneiden- und der Werkzeug-Bezugsebene P_s und P_r (Bild 4.15). Er hat Einfluß auf die Spanlenkung und bestimmt den Auftreffkontakt des Spans an der Schneide. Ein negativer Neigungswinkel verlegt bei unterbrochenem Schnitt den Erstkontakt zwischen Werkzeug und Werkstück von der Schneidenspitze weg. Dadurch wird die Schneidenecke entlastet und somit die Ausbruchgefahr der Schneide verringert. Die Werte des Neigungswinkels liegen bei unterbrochenem Schnitt und bei Schruppbearbeitungen in einem Bereich von $-4° < \lambda < -8°$ [4.5]. Bei den anderen Drehbearbeitungen werden in der Regel neutrale oder positive Neigungswinkel bis 6° mit HM-Schneidstoffen verwendet. Positive Neigungswinkel sind vor allem beim Innendrehen und beim Feinbearbeiten notwendig, da der Span vom Werkstück weggelenkt wird und somit die Werkstückoberfläche durch den ablaufenden Span nicht beschädigt wird.

Der *Einstellwinkel* κ ist der Winkel zwischen der Schneidenebene P_s und der Arbeitsebene P_f, gemessen in der Werkzeug-Bezugsebene P_r (Bild 4.15). Er beeinflußt die Spanungsdicke h und die Spanungsbreite b und somit die Form des Spanungsquerschnittes A. Günstige Schnittverhältnisse ergeben sich allgemein bei einem Einstellwinkel von $45° < κ < 60°$ [4.1]. Bei abnehmendem Einstellwinkel ergibt sich eine erhöhte Rattergefahr (Überschreiten der Grenzspanungsbreite b_{cr} [4.14]).

4.4 Spanbildung, Spanarten und Spanformen

4.4.1 Übersicht

Beim Vorgang der *Spanbildung* dringt ein Schneidkeil in den Werkstoff ein. Der Werkstoff wird dabei verformt, getrennt und fließt als Span über die Spanfläche ab. Werkstoffeigenschaften und Schnittbedingungen bewirken aufgrund unterschiedlich ablaufender Verformungs- und Trennvorgänge die Entstehung verschiedener *Spanarten*. Der tatsächlich entstehende Span wird nach seiner geometrischen Form und Größe einer *Spanform* zugeordnet. Spanarten und Spanformen sind voneinander abhängig, d. h. bei Variation der Spanungs- und Schnittbedingungen während des Zerspanprozesses treten unter den Spanarten verschiedene Spanformen auf.

4.4.2 Spanbildung

Unter Wirkung der Zerspankraft dringt das Werkzeug in den Werkstoff ein. Dadurch wird der Werkstoff elastisch und plastisch verformt und läuft nach Überschreiten seiner Verformungsfähigkeit in der Scherebene als Span über die Spanfläche ab. Den Spanbildungsvorgang zeigt Bild 4.16 anhand einer schematischen Darstellung der Spanentstehungsstelle und anhand einer Spanwurzelaufnahme. Dabei läßt sich die Spanwurzel in fünf Bereiche unterteilen (Bild 4.16).

Der Spanbildungsvorgang unterliegt Einflußgrößen, die zum Teil werkstoffspezifisch und zum Teil werkzeugspezifisch sind (Bild 4.17).

4.4.3 Spanarten

Die Verformbarkeit des Werkstoffs und die Bedingungen des Zerspanvorganges wie Vorschub, Spanwinkel und Schnittgeschwindigkeit bewirken beim Spanbildungsvorgang die Entstehung verschiedener Spanarten. Man unterscheidet zwischen *Fließ-, Lamellen-, Scher-* und *Reißspänen*. In Bild 4.18 sind die Zusammenhänge zwischen den vier Spanarten und dem Verlauf im Schubspannungs-Verformungs-Diagramm angegeben.

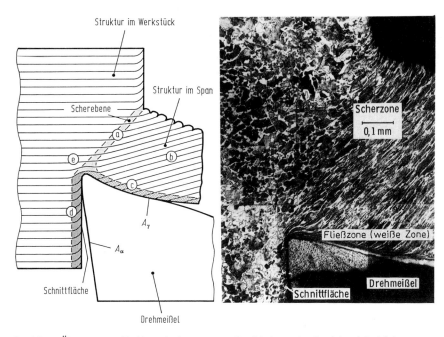

Bereich a: Übergang vom Strukturverlauf des Werkstücks in den Strukturverlauf des Spans durch Scheren; bei spröden Werkstoffen ist bereits in der Scherebene eine Werkstofftrennung möglich.

Bereich b: plastisch verformter Span

Bereich c: starke Verformung bei hoher Zug-, Druck- und Temperaturbelastung; starke plastische Verformung in der Randzone beim Abgleiten über der Spanfläche (viskoser Fließvorgang parallel zur Spanfläche in der Fließzone).

Bereich d: analog Bereich c, jedoch keine ausgeprägte Fließzone.

Bereich e: hier erfolgt die Werkstofftrennung bei Materialien mit höherer Verformungsfähigkeit.

Bild 4.16. Spanbildung nach König [4.6]. Werkstoff Ck 53 N, Schneidstoff HM P 30, Schnittgeschwindigkeit $v_c = 100$ m/min, Spanungsquerschnitt $a_p \cdot f = 2 \cdot 0{,}315$ mm^2

Fließspäne entstehen bei *kleinen* bis *mittleren Spanungsdicken* und hoher Schnittgeschwindigkeit bei ausreichend *verformungsfähigen* Werkstoffen [4.16]. Dabei *fließt* ein gleichförmiger, zusammenhängender Span, dessen Materialschichten gegenseitig verschoben sind, über die Spanfläche ab. Weitere Voraussetzungen zur Fließspanbildung sind ein gleichmäßiges Gefüge im Spanbereich, kein Auftreten von Versprödungserscheinungen während der Verformung und keine Beeinflussung des Zerspanvorganges durch äußere Schwingungen [4.6]. Der Fließspan wird in der Praxis als

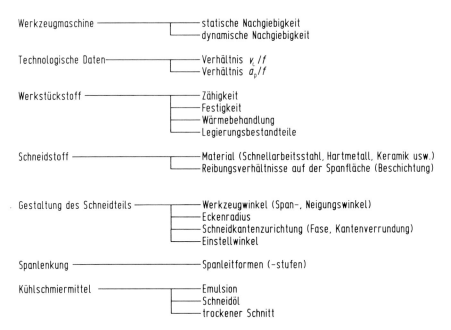

Bild 4.17. Einflußfaktoren auf den Spanbildungsvorgang

ungünstig eingestuft, speziell unter dem Aspekt der Unfallgefährdung und Automatisierung.

Bei Werkstoffen mit ungleichmäßigem Gefüge, bei Spanungsdickenänderung durch Relativbewegungen (Schwingungen) zwischen Werkzeug und Werkstück und bei großen Spanungsdicken treten *Lamellenspäne* auf. Im Vergleich zu Fließspänen weisen sie in regelmäßigen Abständen Stellen mit hohem Verformungsgrad und solche mit wesentlich geringerer Verformung auf. An der Spanoberseite ist eine ausgeprägte Lamellenbildung zu beobachten.

Scherspäne bestehen aus Spanteilen, die durch Überschreitung der Verformbarkeit in der Scherebene getrennt werden und beim Ablaufen über die Spanfläche wieder miteinander verschweißen. Einsatzstähle wie z. B. 18 CrNi 8 und Werkstoffe, deren Gefüge aufgrund der Verformung versprödet, neigen zur Scherspanbildung. Bei Materialien, die in der Scherzone nur eine geringe plastische Verformung zulassen (spröde Werkstoffe mit ungleichmäßigem Gefüge oder Gefügeeinlagerungen), werden einzelne Spanelemente aus dem Werkstoff herausgerissen. Die dabei gebildeten *Reißspäne* bewirken meist eine ungünstige Werkstückoberfläche.

4.4.4 Spanformen

Die *Spanform* bezeichnet die *geometrische Form* und *Größe* des Spanes, der nach Abschluß des Spanbildungsvorganges die Spanfläche des Werkzeugs verläßt. Sie hat einen wesentlichen Einfluß auf den Produktionsablauf und das Arbeitsergebnis.

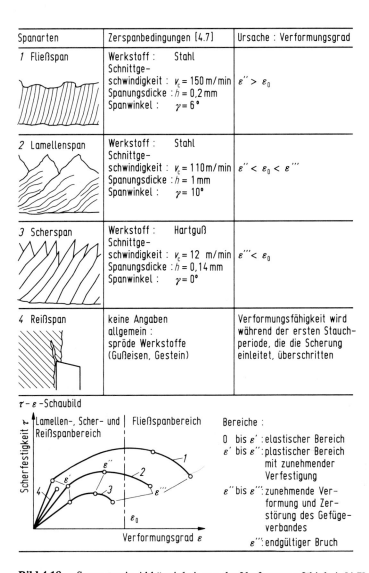

Bild 4.18. Spanarten in Abhängigkeit von der Verformungsfähigkeit [4.7]

Ungünstige Spanformen erhöhen die Unfallgefahr, vermindern die Oberflächengüte des Werkstücks und die Automatisierungsmöglichkeiten und erhöhen die Gefahr der Werkzeug- und Werkzeugmaschinenbeschädigung. Um diese negativen Einflüsse klein zu halten, geht das Bestreben dahin, möglichst kurzbrüchige Späne zu erzielen. Diese können schnell von der Wirkstelle entfernt werden und ermöglichen bei automatischem Späneabtransport einen weitestgehend störungsfreien Fertigungsablauf. Dieses Kriterium ist bei der zunehmenden Automatisierung der Bearbeitung und den steigenden Spanleistungen von großer Bedeutung. Um eine *günstige Span-*

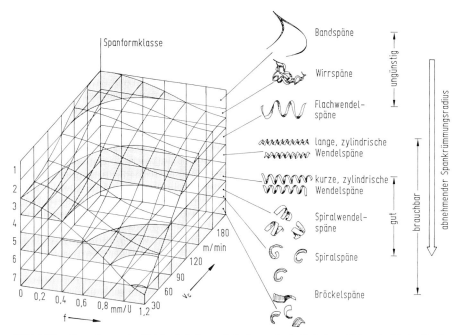

Bild 4.19. Spanformen in Abhängigkeit von Schnittgeschwindigkeit und Vorschub beim Drehen von Stahl nach [4.15]

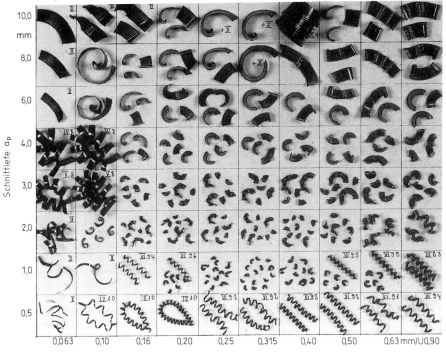

Bild 4.20. Spanformen im a_p–f–Diagramm [4.21] beim Drehen von 50 CrV4

form zu erreichen, wird versucht, die Einflußgrößen bei der Spanentstehung entsprechend auszuwählen. Bild 4.19 zeigt den Einfluß von Schnittgeschwindigkeit v_c und Vorschub *f* auf die Spanform beim Drehen.
Neben dem Verhältnis von Schnittgeschwindigkeit zu Vorschub (v_c / f) hängt die Spanform auch vom Verhältnis der *Schnittiefe* zu *Vorschub* (a_p / f) (Bild 4.20), *Schmierung* und *Kühlung, Werkzeuggeometrie, Werkstoff* und *der kinematischen Spanbrechung (Spanleitstufe)* ab. Bild 4.21 zeigt Möglichkeiten zur Änderung dieser Einflußgrößen unter dem Aspekt, günstige kurzbrechende Wendelspäne zu erzielen.

Schnittbedingungen	$v_c \downarrow$ $a_p \downarrow$ $f \uparrow$
Schneidengeometrie	$\gamma \downarrow$ $\uparrow \kappa$
Werkstoff	Legierungselemente Pb, S
Spanlenkung	Spanbrecher, -leitstufe

Bild 4.21. Möglichkeiten der Einflußnahme zur Erzielung kurzbrechender Spanformen

4.5 Mechanische Beanspruchung

Der Schneidkeil leistet an der Wirkstelle, an der Werkzeug und Werkstück im Eingriff sind, die Zerspanarbeit. Die mechanische Belastung, die bei diesem Vorgang durch die wirksamen Komponenten der Zerspankraft am Schneidkeil auftritt, hat auf die Konstruktion der Werkzeugmaschine einen maßgeblichen Einfluß.
Die *Zerspankraft*, die beim Zerspanvorgang zwischen Werkstück und Werkzeug wirkt, läßt sich in Kräfte in der Arbeitsebene und Kräfte senkrecht zur Arbeitsebene einteilen (Bild 4.22).
In der Arbeitsebene liegt die *Aktivkraft* F_a, die maßgeblich für die Berechnung der Zerspanleistung ist, und senkrecht zur Arbeitsebene die *Passivkraft* F_p; sie leistet keinen Beitrag an der Zerspanleistung.
Die Aktivkraft F_a kann entsprechend der Vorschub- und Schnittrichtung in der Arbeitsebene in die Komponenten *Schnittkraft* F_c und *Vorschubkraft* F_f zerlegt werden.
Ein einfaches und somit zur praktischen Nutzung besonders geeignetes *Zerspankraftgesetz* stellten in den fünfziger Jahren Kienzle und Victor [4.11] vor. Dieses Gesetz wurde empirisch und ursprünglich nur für die Schnittkraft F_c beim Drehen ermittelt. Es stellt einen proportionalen Zusammenhang zwischen dem *Spanungsquerschnitt* A_s (Produkt aus Schnittiefe a_p und Vorschub *f*) und der Schnittkraft her. Mit dem Proportionalitätsfaktor k_c, der als *spezifische Schnittkraft* bezeichnet wird, lautet das Zerspankraftgesetz

$$F_c = k_c \, a_p f . \qquad (4.1)$$

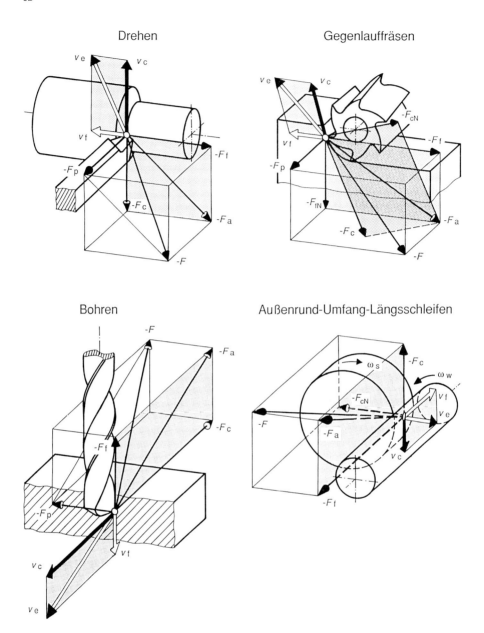

Bild 4.22. Komponenten der Zerspankraft. F Zerspankraft, F_c Schnittkraft, F_f Vorschubkraft, F_a Aktivkraft, F_p Passivkraft, F_{cN} Schnittnormalkraft, F_{fN} Vorschubnormalkraft, ω_s Winkelgeschwindigkeit der Schleifscheibe, ω_w Winkelgeschwindigkeit des Werkstückes

Die spezifische Schnittkraft berücksichtigt hierbei die Werkstückstoffeigenschaften bei sonst definierten Schnittbedingungen. Außer durch die Einstellgrößen läßt sich die Zerspankraft auch durch die *Spanungsgrößen b* und *h* (Spanungsbreite und -dicke) beschreiben

$$F_c = k_c\, b\, h\,. \tag{4.2}$$

In Versuchen wurde festgestellt, daß die spezifische Schnittkraft k_c eine Funktion von der *Spanungsdicke h* ist, während eine Änderung der Spanungsbreite b keinen nennenswerten Einfluß auf die spezifische Schnittkraft hat. Ein typischer Verlauf der spezifischen Schnittkraft k_c als Funktion der Spanungsdicke h ist in Bild 4.23 gezeigt. Bei einer doppeltlogarithmischen Darstellung von k_c über h kann die Kurve näherungsweise als Gerade angeglichen werden. Somit läßt sich k_c als Funktion von h zu

$$k_c = \text{const}\, h^{-m_c} \tag{4.3}$$

schreiben. Die Ermittlung der Proportionalitätskonstanten erfolgt bei einem gedachten Spanungsquerschnitt der spezifischen Schnittkraft von $A = b\,h = 1 \times 1$ mm^2 und wird als *Hauptwert der spezifischen Schnittkraft* $k_{c1.1}$ bezeichnet. Mit m_c als Steigung der Geraden $k_c = k_c(h)$ im doppeltlogarithmischen Diagramm ergibt sich die Schnittkraft zu

$$F_c = b\, h^{1-m_c}\, k_{c\,1.1}\,. \tag{4.4}$$

$1 - m_c$ wird als Anstiegswert der spezifischen Schnittkraft bezeichnet.
Die Kennwerte der Zerspankraft müssen für die unterschiedlichen Werkstoffe unter Berücksichtigung verschiedener Einflußfaktoren für das jeweilige Bearbeitungsverfahren experimentell ermittelt werden.
Genauere Untersuchungen haben ergeben, daß die Annäherung der Kurve im k_c-h-Diagramm als Gerade nur bereichsweise Gültigkeit hat [4.16]. Der Gesamtbereich der bei geometrisch bestimmten Schneiden verwendeten Spanungsdicke ist deshalb unter Umständen in mehrere Bereiche einzuteilen. Bild 4.24 zeigt eine solche Eintei-

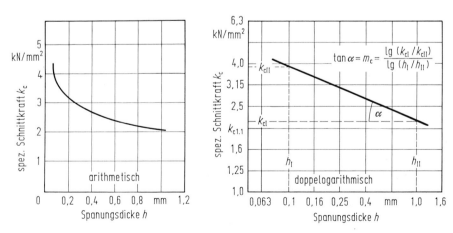

Bild 4.23. Spezifische Schnittkraft k_c in Abhängigkeit von der Spanungsdicke h [4.16]

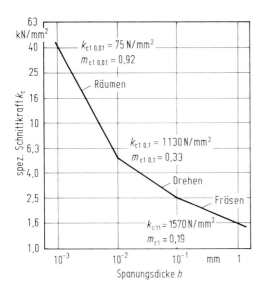

Bild 4.24. Bereiche der spezifischen Schnittkraft k_c im Spanungsdickenbereich von 0,001 bis 1 mm [4.16], Werkstoff Ck 45 N

lung, bei der jeder Bereich einen eigenen Hauptwert $k_{c1.1}$ der spezifischen Schnittkraft und einen eigenen Anstiegswert $(1 - m_c)$ hat, die getrennt ermittelbar sind. Experimentelle Untersuchungen haben außerdem gezeigt, daß der Ansatz von Kienzle und Victor außer auf die Drehbearbeitung (einschneidiges Werkzeug) auch auf andere Verfahren mit gleichbleibender Spanungsdicke und sogar auf Verfahren mit veränderlicher Spanungsdicke sowie zur Berechnung von Vorschub- und Passivkraft anwendbar ist. Die Vorschubkraft ergibt sich analog zur Schnittkraftformel zu

$$F_f = b\, h^{1 - m_f}\, k_{f\,1.1}\,. \tag{4.5}$$

Die Passivkraft als weitere Zerspankraftkomponente wird bei der Leistungsauslegung des Hauptantriebs nicht berücksichtigt, da sie an der Zerspanleistung unbeteiligt bleibt ($v_p = 0$). Zur Berechnung von statischen Verformungen von Werkzeugmaschinenbauteilen kann sie über die Gleichung

$$F_p = b\, h^{1 - m_p}\, k_{p\,1.1} \tag{4.6}$$

berechnet werden.

Neben den grundlegenden Einflußgrößen (Werkstückstoff, Einstell- und Spanungsgrößen) sind die Zerspankraftkomponenten u. a. abhängig von der Schneidkeilgeometrie (Spanwinkel γ), der Schnittgeschwindigkeit, dem Schneidstoff und dem Werkzeugverschleiß. Die errechneten Zerspankraftkomponenten können näherungsweise durch entsprechende Korrekturwerte berichtigt werden [4.25, 4.15].

Das Informationszentrum für Schnittwerte (INFOS) sammelt und dokumentiert Zerspandaten in Form von Richtwert-Tabellen. In Bild 4.25 ist eine solche Tabelle für die spezifischen Zerspankraftkomponenten beim Drehen gezeigt.

Werkstoff	$k_{c1.1}$ in N/mm²	$1-m_c$	$k_{f1.1}$ in N/mm²	$1-m_f$	$k_{p1.1}$ in N/mm²	$1-m_p$	Schneidstoff
St 50 - 2	1499	0,7078	351	0,2987	274	0,5089	HM P10
C 35 N	1516	0,7349	321	0,1993	259	0,4648	HM P10
CK 45 N	1644	0,7445	400	0,1998	332	0,4246	HM P10
42 Cr Mo 4	1773	0,8283	354	0,4313	252	0,4889	HM P10
AlCuMg 2	585	0,7287	81	0,2965	88	0,4751	S18-1-2-10
GD-AlSi 12*	567	0,7002	263	0,6234	135	0,6064	HM K10
X 20 Cr 13 V	1645	0,8362	343	0,3592	294	0,6360	HM P10
GG 20*	892	0,6520	271	0,3323	297	0,4964	HM K10
GGG 50*	1053	0,6957	333	0,4506	330	0,5933	HM K10
NiCr 20 TiAl**	2454	0,8030	704	0,6211	733	0,7213	HM K10
50 CrV 4 V	1698	0,7811	295	0,2772	195	0,4399	HM P10

Bild 4.25. Spezifische Schnittkraftwerte für die Drehbearbeitung metallischer Werkstoffe, v_c = 100 m/min, * v_c = 200 m/min, ** v_c = 10 m/min; Auszug aus [4.18]; in [4.18] weitere Abhängigkeit von der Schneidteilgeometrie

In Bild 4.26 sind für die verschiedenen Fertigungsverfahren Drehen, Bohren, Fräsen und Schleifen die zur Schnittkraftberechnung benötigten *Spanungsgrößen* definiert.

Während für die Dimensionierung von Maschinengestellen, Werkzeugen und Vorrichtungen die Zerspankräfte maßgebend sind, ist für den Antrieb der *Leistungsbedarf* von entscheidender Bedeutung. Allgemein berechnet sich die Leistung bei translatorischer Kinematik aus dem *Produkt* von *Kraft* und zugehöriger *Geschwindigkeit* oder bei rotatorischen Bewegungsabläufen aus dem *Produkt* von *Moment* und zugehöriger *Winkelgeschwindigkeit*. Die Leistungsberechnung kann alternativ über das *Zeitspanvolumen Q* als Produkt aus Vorschubgeschwindigkeit v_f und Spanungsschicht A_T erfolgen. Der Eigenleistungsbedarf des Hauptantriebs wird durch entsprechende Wirkungsgrade η (Reibungsverluste) des Antriebsstranges berücksichtigt. Eine *Formelzusammenstellung* zur Zerspankraft- und Zerspanleistungsberechnung für die verschiedenen Fertigungsverfahren zeigt Bild 4.27.

4.6 Thermische Beanspruchung

4.6.1 Energieumwandlungsprozeß

Fast die gesamte Energie, die die Werkzeugmaschine bei der Zerspanung aufbringt, wird in Wärmeenergie umgewandelt. Neben der Umsetzung in Wärmeenergie wird dem Span noch kinetische und potentielle Energie durch die Verspannung der Gitterstruktur und der daraus folgenden Verfestigung der Oberfläche des Werkstücks zugeführt. Die Zerspanarbeit ergibt sich als Summe aus Verformungs- (Scher-),

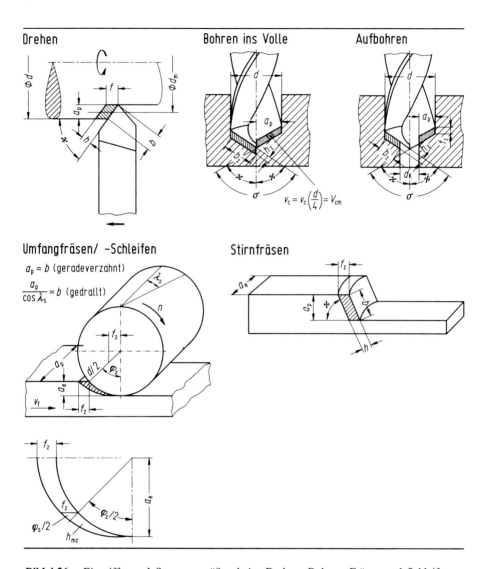

Bild 4.26. Eingriffs- und Spanungsgrößen beim Drehen, Bohren, Fräsen und Schleifen. a_e Schnittiefe, a_p Schnittbreite/-tiefe, b Spanungsbreite, d Durchmesser, f Vorschub, h Spanungsdicke, v Schnittgeschwindigkeit, φ_s Schnittbogenwinkel, σ Spitzenwinkel, λ_s Drallwinkel, κ Einstellwinkel; Index Z Zahn, m mittlere

Trenn- und Reibungsarbeit. Bild 4.28 bietet einen Überblick über diese Aufteilung. Es werden drei Wärmeentstehungszonen unterschieden, die sogenannte Scher- und Trennzone am Schneidkeil und die Reibungszone zwischen Werkzeug und Span bzw. zwischen Werkstück und Freifläche. Die Abfuhr der in diesen Zonen entstehenden Wärme erfolgt durch Wärmeleitung, Strahlung und erzwungene oder freie

	Drehen	Bohren	Aufbohren	Umfangsfräsen	Stirnfräsen	Schleifen (Fläche)
Schnittkraft F_c	$F_c = A \cdot k_c$ $= a_p \cdot f \cdot k_c$ $= b \cdot h \cdot k_c$ $F_c = b \cdot h^{1-m_c} \cdot k_{c1.1}$	$F_{cz} = A_z \cdot k_c$ $= a_p \cdot f_z \cdot k_c$ $= b/2 \cdot f_z \cdot k_c$ $F_{cz} = b_z \cdot h_z \cdot k_c$ $F_{cz} = b_z \cdot h_z^{1-m_c} \cdot k_{c1.1}$ $= \dfrac{D}{2} \cdot \dfrac{1}{\sin\varkappa} (f_z \sin\varkappa)^{1-m_c}$ $\cdot k_{c1.1}$	$F_{cz} = \dfrac{D-d}{2} \cdot \dfrac{1}{\sin\varkappa}$ $(f_z \sin\varkappa)^{1-m_c} \cdot k_{c1.1}$	$F_{cz} = b \cdot h_m \cdot k_c$ mit $h_m = \dfrac{360°}{\pi\varphi_s} \cdot \dfrac{a_e}{D} f_z \sin\varkappa$ $\varkappa = 90 - \lambda_s$ bei gedralltem Fräser $b = \dfrac{a_p}{\cos\lambda_s}$ $F_c = F_{cz} \cdot z_E$ mit $z_e = \dfrac{\varphi_s \cdot z}{360°}$	$F_{cz} = b \cdot h_m \cdot k_c$ mit $h_m = \dfrac{360°}{\pi\varphi_s} \cdot f_z \dfrac{a_e}{D} \sin\varkappa$ $b = \dfrac{a_p}{\sin\varkappa}$ z_E Zähne im Eingriff z Zähnezahl des Fräsers	$F_c = F_{cm} \cdot z_e = b \cdot h_m \cdot k_c \cdot z_e$ mit $z_E = \dfrac{\pi D \cdot \varphi}{\lambda_{ke} 360°}$ λ_{ke} effekt. Kornabstand $h_m = \dfrac{\lambda_{ke}}{q} \sqrt{\dfrac{a_e}{D}}$ $q = \dfrac{v_c}{v_w}$ v_w Werkstückgeschwindigkeit
Vorschubkraft F_f	$F_f = b \cdot h^{1-m_f} \cdot k_{f1.1}$	$F_{fz} = \dfrac{D}{2}\left(\dfrac{f}{z}\sin\varkappa\right)^{1-m_f} \cdot k_{f1.1}$	$F_{fz} = \dfrac{(D-d)}{2}\left(\dfrac{f}{z}\sin\varkappa\right)^{1-m_f} \cdot k_{f1.1}$			
Schnittmoment M_c	$M_c = F_c \cdot \dfrac{d}{2}$ (exakt $d = d_m$ $= d - a_p$)	$M_{cz} = F_{cz} \cdot \dfrac{D}{4}$ $M_c = z \cdot M_{cz}$	$M_{cz} = F_{cz} \cdot \dfrac{D+d}{4}$	$M_c = z_E \cdot F_{cz} \cdot \dfrac{D}{2}$	$M_c = z_E \cdot F_{cz} \cdot \dfrac{D}{2}$	
Schnittleistung P_c	$P_c = F_c \cdot v_{cm}$ $= z \cdot F_{cz} \cdot v_{cm}$ mit $v_{cm} = \dfrac{v_{cmax}}{2}$ $P_c = M_c \cdot \omega$	$P_c = F_c \cdot v_{cm}$ mit $v_{cm} = \dfrac{v_{cmax} + v_{cmin}}{2}$		$P_c = F_{cz} \cdot z_E \cdot v_c$; $P_c = M_c \cdot \omega$ mit Zeitspanvolumen: $P_c = A_T \cdot v_f = a_e \cdot a_p \cdot v_f \cdot k_c$	$P = F_{cm} \cdot z_E \cdot v_c$	$P_c = a_e \cdot a_p \cdot v_f \cdot k_c$
Allgemein: Vorschubleistung $P_f = F_f \cdot v_f$		Wirkleistung $P_e = \vec{F_e} \cdot \vec{v_e} = F_c \cdot v_c + F_f \cdot v_f$				

Bild 4.27. Berechnungsformeln

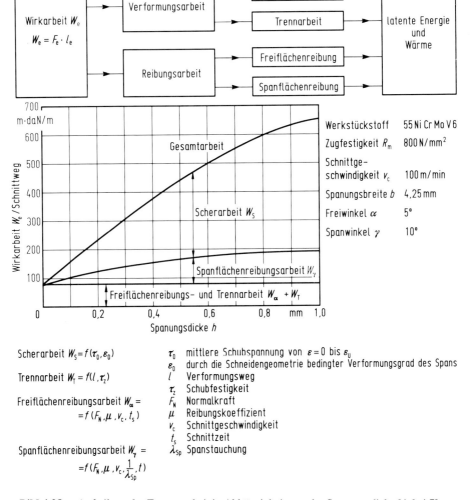

Bild 4.28. Aufteilung der Zerspanarbeit in Abhängigkeit von der Spanungsdicke [4.6, 4.7]

Konvektion an die Umgebung. Die Gebiete an der Wirkstelle, an denen diese Wärmeübertragungsarten erfolgen, sind anhand Bild 4.29 schematisch dargestellt. Durch die komplexen Verformungs- und Reibungsmechanismen in der Spanentstehungszone können die Temperaturen bisher analytisch kaum ermittelt werden. Man verwendet daher experimentelle Verfahren, wie die Ein- und Zweimeißelmethode, den Einsatz eines vollständigen Thermoelements und die Strahlungsmessung [4.10].

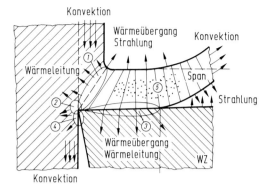

Bild 4.29. Wärmeübertragung bei der Zerspanung [4.19]

Energieumwandlungsstellen (Wärmequellen):
- Scherzone (1)
  plastische Verformung des Werkstoffes in und um die Scherebene. Die Scherwärme ist nur vom Spanvolumen (Werkstoffeigenschaften) abhängig und nicht von den Schnittbedingungen.

- Trenngebiet (2)
  hohe Temperaturentwicklung von der Schneidkante, weil hier vor allem bei zähen Werkstoffen die Verformung bis zur völligen Werkstofftrennung erfolgt. Die Trennwärme verteilt sich bei geringem v_c annähernd zu gleichen Teilen auf Span und Werkstück.

- Reibungszone (3,4)
  Wärmeentwicklung durch Reibung an der Freifläche (4) ist abhängig vom Verschleißzustand (bei scharfer Schneide unbedeutend);
  beim Gleiten über die Spanfläche (3) wird der Span durch Reibungswärme erhitzt. Die Erhitzung in der Grenzschicht von Span- und Schneidstoff ist umso größer, je höher v_c ist, da weniger Zeit zur Wärmeabfuhr zur Verfügung steht. Die Spanungsdicke hat neben der Schnittgeschwindigkeit den größten Einfluß.

- Span (5)
  der Temperaturgradient von Spanfläche in Richtung Span ist so groß, daß dieser in etwa die Scherzonentemperatur beibehält.

4.6.2 Temperaturverteilung und Temperaturabhängigkeit

Die bei der Zerspanung entstehende Wärmemenge Q wird je nach den Schnittbedingungen zum Großteil über den Span (ca. 75 %), über das Werkzeug (ca. 20 %) und zu einem kleinen Teil über das Werkstück (ca. 5%) abgeführt (nach [4.16] bei der Stahlzerspanung mit einer Schnittgeschwindigkeit von $v_c = 100$ m/min). Infolge dieser Wärmeaufteilung bilden sich im Werkzeug und Werkstück entsprechende Temperaturfelder aus. Diese Zusammenhänge sind in Bild 4.30 dargestellt.

Die Temperaturfelder unterliegen verschiedenen Einflußfaktoren. Die Intensität und Lage der Wärmequellen ist ebenso maßgeblich wie die Wärmeleitfähigkeit und die

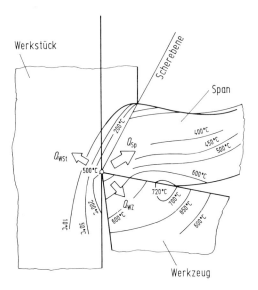

Bild 4.30. Temperaturverteilung im Werkstück, Werkzeug und Span nach [4.6, 4.16]. Schneidstoff HM P 20, Werkstoff Stahl, Schnittgeschwindigkeit $v_c = 60$ m/min, Spanungsdicke $h = 0,32$ mm, Spanwinkel $\gamma = 10°$, Wärmemenge Q

spezifische Wärmekapazität c_p von Werkzeug und Werkstück, die Größe der wärmeabführenden Querschnitte, die Kontaktzeit von Werkstück/Werkzeug und Werkzeug/Span und eine zusätzliche Wärmeabfuhr durch Kühlmittel [4.19]. Das Bestreben geht dahin, die Parameter dahingehend zu beeinflussen, daß die Wärmeentwicklung möglichst minimiert wird und die Wärmemenge möglichst schnell von der Wirkstelle abgeführt werden kann. Eine durch die Temperatur an der Wirkstelle (bis über 1300 °C) bedingte Beschleunigung der chemischen und elektrochemischen Vorgänge kann dadurch verringert und die thermisch bedingte Verschleißneigung minimiert werden [4.1]. Außerdem lassen sich die durch die Temperatur entstehenden Materialspannungen in Werkzeug und Werkstück reduzieren.

Die Höhe der Werkzeugtemperatur hängt in erster Linie von der Schnittgeschwindigkeit ab. Die Größenordnung der Temperatur an der Spanfläche zeigt Bild 4.31. Der Kurvenknick im Bereich v_c = 20 bis 50 m/min ist auf eine gestörte Wärmeübertragung aufgrund von Aufbauschneidenbildung zurückzuführen.

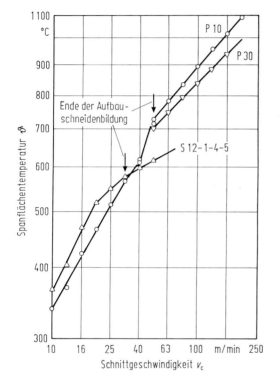

Bild 4.31. Mittlere Spanflächentemperatur [4.6]

4.7 Verschleiß und Standgrößen

4.7.1 Verschleißmechanismen

Beim Zerspanvorgang wird eine Werkzeugabnutzung durch gleichzeitige thermische und mechanische Beanspruchung des Schneidkeils hervorgerufen. Als Verschleißursachen treten Diffusionsvorgänge, mechanischer Abrieb, Verzunderung, Abscheren von Preßschweißteilchen und Rißbildungen auf. Der Grad der Abnutzung ist u. a. abhängig vom Werkstückstoff, vom Schneidstoff und von den Schnittbedingungen. Als Konsequenzen dieses Verschleißes treten Kosten (Nachschleifen oder Erneuern des Werkzeuges), Genauigkeitsprobleme bei der Fertigung und eine erhöhte mechanische und thermische Beanspruchung von Werkzeug und Werkzeugmaschine auf. Bild 4.32 stellt einen Überblick dar.

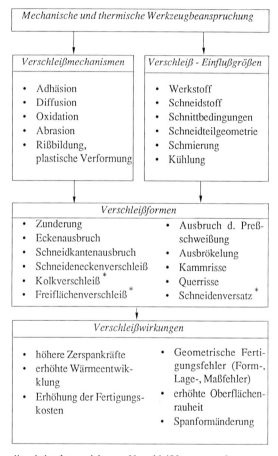

die mit * gekennzeichneten Verschleißformen werden zur Verschleißmessung herangezogen

Bild 4.32. Ursachen, Mechanismen und Auswirkungen des Werkzeugverschleißes

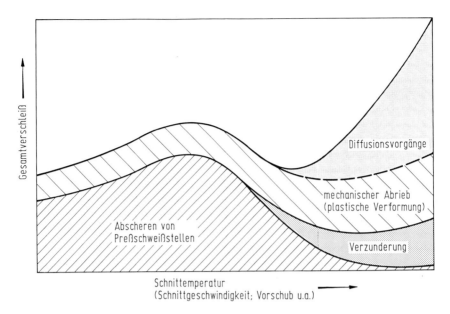

Bild 4.33. Anteil der wichtigsten Verschleißmechanismen am Gesamtverschleiß in Abhängigkeit von den Schnittbedingungen [4.6]

Im folgenden werden die wichtigsten Verschleißmechanismen, anteilmäßig am Gesamtverschleiß, in Abhängigkeit von der Schnittemperatur anhand Bild 4.33 qualitativ dargestellt.

- *Abscheren von Preßschweißteilchen (Adhäsion)*
  Werkstoffpartikel verschweißen auf der Spanfläche und Freifläche und werden anschließend wieder abgetrennt, wobei die Scherstelle im Schneid- und im Werkstückstoff liegen kann. Dieser Vorgang läuft bei niedrigen Schnittgeschwindigkeiten ab und hat eine Aufbauschneidenbildung und eine Mikroausbröckelung an den Kontaktflächen von Werkzeug und Werkstück zur Folge. Bei rauher Werkzeugoberfläche, bei intermittierendem Kontakt zwischen Werkstückstoff und Werkzeug sowie bei Störungen im Späneabfluß über die Werkzeugoberfläche [4.6] muß mit erhöhter Adhäsionsneigung gerechnet werden.
- *Diffusionsvorgänge*
  Diffusion erfolgt bei hohen Temperaturen (über 800 °C) und bei einer gegenseitigen Löslichkeit der Partner. Dieser Vorgang ist bei Hartmetallen, z. B. Wolframkarbid-Kobalt-Legierungen (WC-Co), von Bedeutung, und als Folge entsteht eine Auskolkung der Spanfläche [4.9]. Die dabei ablaufenden chemischen Reaktionen zwischen der Kobalt-Bindemittelphase und dem Stahl des Werkstückes sind sehr komplex [4.6]. WS (Werkzeugstahl) und HSS (Hochleistungsschnellschnittstahl, high speed steel) sind von Diffusionsvorgängen nicht betroffen, da die dazu erforderlichen hohen Temperaturen die Warmfestigkeit dieser Schneidstoffe übersteigen.

- *Mechanischer Abrieb (Abrasion)*
  Unter dem Einfluß von äußeren Kräften werden, bedingt durch harte Teilchen im Werkstückstoff (Karbide, Oxide), Schneidstoffpartikel abgetragen [4.10]. Abrasiver Verschleiß ist oft in Verbindung mit Adhäsions- und Diffusionsverschleiß zu beobachten.
- *Verzunderung*
  Die Verzunderung ist eine Oxidation des Werkzeugs. Dieser Vorgang erfolgt bei hohen Temperaturen (700 bis 800 °C) und ist anhand der Anlauffarben an den Kontaktzonen zu erkennen. Aus dem gleichen Grund wie bei den Diffusionsvorgängen (Überschreiten der Warmfestigkeit) ist der Verschleiß durch Verzunderung bei WS und HSS nicht von Bedeutung.
- *Beschädigung der Schneidkante infolge mechanischer und thermischer Überbelastung*
  Mechanische und thermische Überbeanspruchung der Schneidkante, hervorgerufen durch hohe Schnittkräfte, Schnittunterbrechungen, Schnittkraftwechsel oder Temperaturschock, können Ausbrüche, Querrisse, Kammrisse und plastische Verformungen zur Folge haben.

4.7.2 Verschleißformen und Verschleißmeßgrößen

Bild 4.34 zeigt eine Werkzeugschneide mit den verschiedenen Verschleißformen, die beim Zerspanprozeß auftreten können. Im folgenden werden die wichtigsten Verschleißformen kurz beschrieben.
- *Freiflächenverschleiß*
  Infolge von mechanischem Abrieb, Kaltpreßschweißung und chemischen Reaktionen tritt ein Verschleiß an der Freifläche des Werkzeugs und an der Schneidenecke auf. Dieser Freiflächenverschleiß wird erhöht durch hohe Schnittgeschwindigkeiten, ungünstigen Vorschub und Aufbauschneidenbildung. Als Folgen des Freiflächenverschleißes ergibt sich ein Anstieg der Schnittkraft und der Temperatur (erhöhte Reibung zwischen Werkstück/Werkzeug) und eine Verringerung der Oberflächengüte und Maßgenauigkeit.

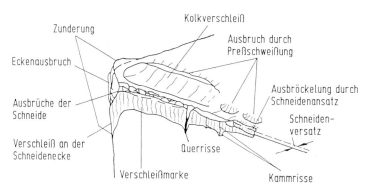

Bild 4.34. Verschleißformen an einem Werkzeug [4.1]

- *Kolkverschleiß*
  Kolkverschleiß entsteht durch das Zusammenwirken von Diffusion, Oxidation und Reibung an der Spanfläche. Dieser Vorgang ist sehr temperaturabhängig und wird somit stark von der Schnittgeschwindigkeit beeinflußt. Als Folgen des Kolkverschleißes bilden sich muldenartige Aushöhlungen an der Spanfläche, die eine Schneidkantenschwächung und eine Vergrößerung der Spanverformung nach sich ziehen.

Die Größe des Verschleißes am Werkzeug ist vor allem von der Höhe der Schnittgeschwindigkeit v_c, aber auch von Vorschub f, Schnittiefe a_p, Spanwinkel γ, Freiwinkel α und Einstellwinkel κ abhängig:

Mit der Erhöhung der Schnittbedingungen nimmt die Beanspruchung des Werkzeuges und damit der Verschleiß zu. Ein kleiner Freiwinkel bewirkt erhöhte Reibung zwischen Werkstück und Freifläche. Große Frei- und Spanwinkel führen zur Schwächung des Schneidkeiles; negative Spanwinkel bewirken eine größere Spanstauchung. Beides führt zu höherem Verschleiß. Kleine Einstellwinkel κ sind vor allem bei der Zerspanung von hochfesten Werkstoffen anzustreben, da mit kleiner werdendem κ bei konstantem Vorschub f und Schnittiefe a_p die Spanungsbreite b steigt und gleichzeitig die spezifische Schneidenbelastung sinkt (vgl. Bild 4.15).

Verschleißmeßgrößen erfassen die meßbaren Ausprägungen der einzelnen Verschleißformen. Sie werden verwendet, um die Zeit des im Einsatz befindlichen Werkzeuges festzulegen, innerhalb der noch eine brauchbare Zerspanungsarbeit geleistet wird. Die Verschleißmarkenbreite *VB* und das Kolkverhältnis *K* sind einfach zu messende Größen und sind deshalb die am häufigsten verwendeten Verschleißmeßgrößen. In Bild 4.35 werden diese Größen an einem Drehmeißel gezeigt.

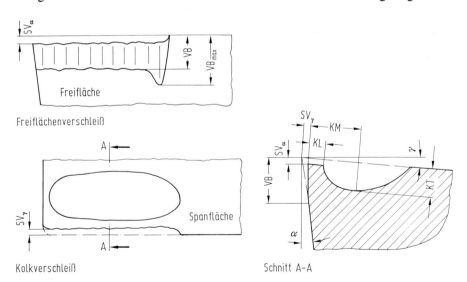

Bild 4.35. Verschleißmeßgrößen [4.6]. *VB* Verschleißmarkenbreite, *KT* Kolktiefe, *KM* Kolkmittenabstand, *KL* Kolklippenbreite, $SV\alpha$ Schneidenversatz in Richtung Freifläche, $SV\gamma$ Schneidenversatz in Richtung Spanfläche

- *Verschleißmarkenbreite VB*
  Bedingt durch verschiedene Verschleißmechanismen während der Bearbeitung entsteht ein Freiflächenverschleiß am Schneidkeil. Durch diesen *Freiflächenverschleiß* bilden sich senkrechte Verschleißriefen an der Freifläche, deren gemittelte Breite als Verschleißmarkenbreite *VB* bezeichnet wird. *VB* wird in Millimeter angegeben; übliche Grenzwerte beim Schlichten liegen bei 0,2 mm und beim Schruppen bei 0,8 mm.
- *Kolkverhältnis K*
  Eine Beurteilung der Verschleißmeßgröße beim Kolkverschleiß erfolgt über das Kolkverhältnis *K*. Definitionsgemäß wird das Kolkverhältnis *K* als Verhältnis von *Kolktiefe KT* zu *Kolkmittelabstand KM* berechnet (Bild 4.35). Dieses Kolkverhältnis *K* ist ein Kriterium für die *Stabilität der Schneide*, da die Schneide mit zunehmendem Kolkverschleiß zum Ausbrechen neigt. Als übliche Grenze sollte der Wert $K = 0{,}2$ bis $0{,}3$ nicht überschritten werden [4.6, 4.8].
- *Schneidenversatz* $SV\gamma$ auf der Spanfläche und $SV\alpha$ auf der Freifläche
  Durch den Freiflächen- und Spanflächenverschleiß entsteht an diesen Flächen ein Schneidenversatz (Bild 4.35). Aus dem Schneidenversatz ergibt sich die *Lageänderung* zwischen ursprünglicher und verschlissener Schneide und damit der Einfluß auf die Maßgenauigkeit.

4.7.3 Standgrößen

Zur Beurteilung der *Schneidhaltigkeit des Schneidstoffes* und der *Zerspanbarkeit des Werkstoffes* können unterschiedliche Größen wie Standgrößen, Zerspankraft, Oberflächenrauhigkeit und Spanbildung herangezogen werden. Dabei hat das Kriterium Standgröße in der Praxis die größte Bedeutung. Für unterschiedliche Fertigungsverfahren werden u. U. unterschiedliche *Standgrößen* verwendet, z. B. für Drehen die *Standzeit*, für Bohren der *Standweg*, für Räumen die *Standmenge* oder für Schleifen das *Standvolumen*. Die gebräuchlichste Standgröße ist jedoch die Standzeit.
Die *Standzeit* ist die Zeit in Minuten, während der ein Werkzeug vom Anschliff bis zur Unbrauchbarkeit aufgrund eines vorgegebenen Standkriteriums unter definierten Zerspanbedingungen Zerspanarbeit leistet.
Der *Standweg* ist eine Längenangabe, die den Weg des Werkzeugs bis zum Erreichen eines vorgegebenen Standkriteriums festlegt (z. B. Länge von *n* Durchgangsbohrungen).
Die *Standmenge* ist ein Maß für die Anzahl von Werkstücken oder Arbeitsgängen, die ein Werkzeug oder eine Schneide bis zum Erreichen eines vorgegebenen Standkriteriums bearbeiten kann [4.10].
Das *Standvolumen* ist das Werkstückvolumen, das von der Schneide während der Standzeit zerspant wird.
- *Ermittlung der Standzeit*
  Man unterscheidet zwischen Kurzzeit- und Langzeitversuchen. Kurzzeitversuche werden gegenüber Langzeitversuchen mit extrem erhöhten Zerspanbedingungen und damit geringerem Zeit- und Materialaufwand durchgeführt. Sie bringen als

Ergebnis nur Vergleichswerte für die Zerspanbarkeit verschiedener Werkstoffe, wogegen aus Langzeitversuchen genaue Standzeitwerte gewonnen werden. Als Langzeitversuche werden Temperatur-Standzeitversuche und Verschleiß-Standzeitversuche durchgeführt.

- *Temperatur-Standzeitversuch*
  Als Kriterium gilt die Zeit bis zum Erliegen der Schneide (Blankbremsung). Dieser Versuch wird dann durchgeführt, wenn als Haupteinflußfaktor auf die Standzeit die Schnittemperatur und nicht der Verschleiß im Vordergrund steht.

- *Verschleiß-Standzeitversuch*
  Der Verschleiß-Standzeitversuch wird dann durchgeführt, wenn überwiegend der Verschleiß am Werkzeug und nicht die Schnittemperatur maßgebend für die Standzeit ist. Die Verschleißgrößen Freiflächen- und Kolkverschleiß werden dabei in Abhängigkeit von der Zeit und bestimmten Spanungsbedingungen (z. B. v_c) ermittelt und in ein doppeltlogarithmisches Koordinatenkreuz aufgetragen (Bild 4.36 oben).

Aus diesem Verschleißdiagramm kann ein *Standzeitdiagramm* entwickelt werden (Bild 4.36 unten). Dabei werden Verschleißgrenzen festgelegt (z. B. $VB_{zul} = 0,2$ mm, $K_{zul} = 0,1$), die zugehörigen Standzeitwerte $T_i = f(v_{ci})$ aus dem Verschleißdiagramm ermittelt und diese Werte in einem doppeltlogarithmischen Koordinatenkreuz aufgetragen. Die sich dabei ergebende *Standzeitkurve* kann im technisch interessan-

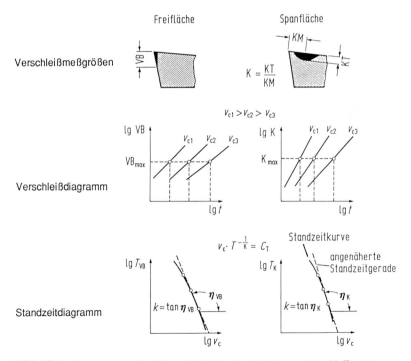

Bild 4.36. Auswertung eines Verschleiß-Standzeit-Drehversuches [4.6]

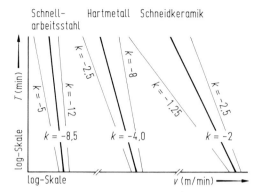

Bild 4.37. Neigung der Standzeitgeraden für verschiedene Schneidstoffe [4.20]

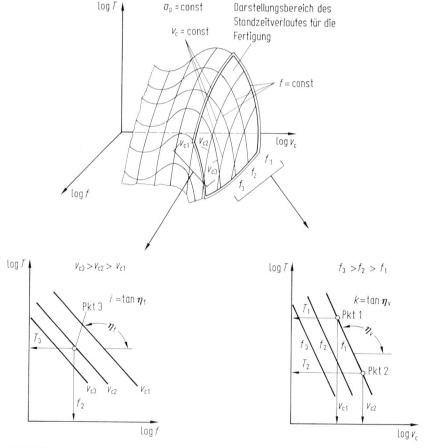

Bild 4.38. Erweiterte Taylor–Gleichung [4.6]

ten Gebiet durch eine Standzeitgerade angenähert werden,

$$\log T = k \log v_c + \log C_V, \tag{4.7}$$

die durch Entlogarithmieren zur *Taylorgleichung* führt (Bild 4.36)

$$T = C_V v_c^k. \tag{4.8}$$

Der Steigungswert k liegt üblicherweise bei HSS zwischen – 12 bis – 5, bei HM zwischen – 8 bis – 2,5 und bei Schneidkeramik zwischen – 2,5 und – 1,25 (Bild 4.37).

In die Taylorgleichung kann auch der Einfluß des *Vorschubes f* miteinbezogen werden (erweiterte Taylor-Gleichung, Bild 4.38), [4.6]

$$T = C v_c^k f^i. \tag{4.9}$$

Der Exponent i hat ein negatives Vorzeichen und ist betragsmäßig kleiner als k. Durch die erweiterte Taylor-Gleichung wird die Standzeit durch eine Fläche im räumlichen, logarithmischen Koordinatensystem beschrieben.

4.8 Schneidstoffe

4.8.1 Übersicht

Schneidstoffe sind während der Zerspanung hohen mechanischen und thermischen Belastungen ausgesetzt. Daraus ergeben sich fünf wesentliche Anforderungen:
- große Härte und Druckfestigkeit,
- große Biegefestigkeit,
- hohe Verschleißfestigkeit,
- hohe Temperaturbeständigkeit,
- Wirtschaftlichkeit.

Einen Schneidstoff, der alle diese Anforderungen optimal erfüllt, gibt es nicht. Es muß je nach Bearbeitungsfall entsprechend den vorherigen Anforderungen der Schneidstoff ausgewählt werden, der aus technischen und wirtschaftlichen Gründen am geeignetsten ist. Bild 4.39 zeigt die Temperaturbeständigkeit der verschiedenen Schneidstoffe in Abhängigkeit von Härte und Biegebruchfestigkeit. Die Schnittgeschwindigkeitsbereiche für verschiedene Schneidstoffe sind in Bild 4.40 dargestellt.

4.8.2 Metallische Schneidstoffe

4.8.2.1 Unlegierte und legierte Werkzeugstähle

Unlegierte Werkzeugstähle besitzen einen Kohlenstoffgehalt von 0,6 bis 1,3 % und haben eine Warmhärte von ca. 200 °C. Legierte Werkzeugstähle enthalten neben Kohlenstoff einen geringen Prozentsatz von Cr, W, Mo und V, die Warmhärte wird auf ca. 300 °C erhöht. Diese Schneidstoffe werden infolge der geringen zulässigen Schnittgeschwindigkeit (v_c = 15 m/min für Stahl) und der geringen Warmfestigkeit bei der Metallbearbeitung kaum noch eingesetzt.

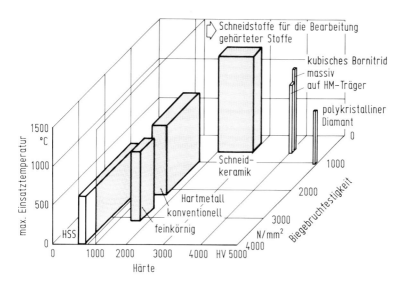

Bild 4.39. Schneidstoffe für die Hartbearbeitung [4.13]

4.8.2.2 Schnellarbeitsstähle

Schnellarbeitsstähle sind hoch legierte Schneidstoffe, die durch Legierungselemente eine Warmhärte bis 600 °C erreichen und bei Schnittgeschwindigkeiten (Drehbearbeitung von Stahl) bis zu 50 bis 60 m/min [4.9] einsetzbar sind.
Wichtige Legierungselemente sind dabei Wolfram W und Vanadin V (Eröhung der Warmhärte), Chrom Cr (Erhöhung der Durchhärtung), Molybdän Mo (gute Zähigkeit, erhöhte Durchhärtung) und Kobalt Co (Erhöhung der Anlaßbeständigkeit, höhere Warmhärte).
Schnellarbeitsstähle werden entsprechend der Zulegierung und dem Leistungsvermögen in vier Gruppen eingeteilt [4.6], (Bild 4.41):
- 18 % W–Gruppe: Schruppen von Stahl und Gußeisen;
- 12 % W–Gruppe: Schlichten von Stahl, Automatenarbeiten, Bearbeiten von NE-Werkstoffen, geeignet für die Herstellung formschwieriger Werkzeuge bei hohem Vanadium-Anteil;
- 6 % W– und 5 % Mo–Gruppe: *kobaltfrei:* mittlere bis geringe Beanspruchung z. B. Reiben; *kobalthaltig*: höchste Beanspruchung, Schruppen und Schlichten von Stahl;
- 2 % W– und 9 % Mo–Gruppe: *kobaltarm:* mittlere Beanspruchung, zur Herstellung aller Werkzeuge; *kobalthaltig*: robuste Beanspruchung, geeignet zur Herstellung formeinfacher Werkzeuge.

Durch Nitrieren, Dampfanlassen, Hartverchromen, Beschichten und pulvermetallurgisches HSS-Herstellverfahren kann bei HSS-Schneidstoffen eine Standzeitverbesserung erreicht werden.

Zerspanbarkeits-klasse*	Schneidstoff	Schnittiefe a_p in mm	Vorschub f in mm	v_{c10}	Schnittgeschwindigkeit v_c in m/min v_{c20}	v_{c40}	v_{c60}
11 z.B. Ck 10	HSS	1...6	0,1...0,5				50...90
	Hartmetall P 10/15				240...440	200...370	
	Hartmetall P 20/30	2...6	0,16...0,63		190...320	160...250	
	beschichtetes Hartmetall				320...540	280...420	
	Schneidkeramik	1...4	0,1...0,4	600...1100	480...750		
12 z.B. St 52 Ck 35 N	HSS	1...6	0,1...0,5				30...70
	HM-P 10/15				200...350	170...280	
	HM-P 20/30	2...6	0,16...0,63		150...260	120...210	
	HM-beschichtet				230...450	200...370	
	Schneidkeramik	1...4	0,1...0,4	500...900	370...600		
13 z.B. Ck 60 G 16 Mn Cr 5 U	HSS	1...6	0,1...0,5				20...50
	HM-P 10/15				160...290	140...240	
	HM-P 20/30	2...6	0,16...0,63		120...220	100...190	
	HM-beschichtet				170...370	150...310	
	Schneidkeramik	1...4	0,1...0,4	380...600	280...440		
14 z.B. 50 Cr Mo 4 G	HM-P 10/15				120...240	110...210	
	HM-P 20/30	2...6	0,16...0,63		90...180	80...160	
	HM-beschichtet				140...320	120...270	
	Schneidkeramik	1...4	0,1...0,4	280...500	220...380		
15 z.B. 30 Cr Ni Mo 8 V	HM-P 10/15				100...200	90...180	
	HM-P 20/30	2...6	0,16...0,63		70...160	60...140	
	HM-beschichtet				110...280	100...240	
	Schneidkeramik	1...4	0,1...0,4	200...370	150...340		

leicht ← zerspanbar → schwer

* Die Zerspanbarkeit beschreibt, wie sich ein Werkstoff spanend bearbeiten läßt. Dazu werden Zerspanbarkeitskennwerte (Taylorexponenten, Oberflächenkennwerte, Spanformziffern usw.) von Werkstückstoffen ermittelt und Zerspanbarkeitsklassen zugeordnet. v_{c20} Schnittgeschwindigkeit in m/min bei einer Standzeit von 20 min.

Bild 4.40. Richtwerte der Schnittgeschwindigkeit für das Außenlängsdrehen im nichtunterbrochenen Schnitt [4.12]

Stahlgruppe	Kurzbezeichnung W-Mo-V-Co	Bisherige Klassen-Bezeichnung	Zur Bearbeitung von Stahl bei mittlerer Beanspruchung	bei höchster Beanspruchung Schruppen	Schlichten
18 % W	S 18 - 0 - 1 S 18 - 1 - 2 - [5] S 18 - 1 - 2 - [10] S 18 - 1 - 2 - [15]	B 18 E 18 Co 5 E 18 Co 10 E 18 Co 15	x x	- x xx xx	- - - -
12 % W	S 12 - 1 - 2 S 12 - 1 - [4] S 12 - 1 - [2] - 3 S 12 - 1 - [4] - [5]	D EV 4 E Co 3 EV 4 Co	x	- - (x) (x)	- x x xx
	S 3 - 3 - 2	ABC III	x	-	-
6 % W + 5 % Mo	S 6 - 5 - 2 S 6 - 5 - [3] S 6 - 5 - 2 - [5] S 10 - 4 - [3] - [10]	D Mo 5 E Mo 5 V 3 E Mo 5 Co 5 EW 9 Co 10	xx	- - xx xx	- x - xx
2 % W + 9 % Mo	S 2 - 9 - 1 S 2 - 9 - 2 S 2 - 9 - 2 - [5] S 2 - 9 - 2 - [8]	B Mo 9 M 7 } nach M 30 } AISI M 34	x x	- - x xx	- - - x

Bild 4.41. Einteilung der Schnellarbeitsstähle [4.6]

4.8.2.3 Hartmetalle

Hartmetallschneidstoffe werden beim Drehen von Stahl bis zu einer Schnittgeschwindigkeit von ca. 300 m/min (vgl. Bild 4.40, [4.12]) verwendet und besitzen eine Temperaturbeständigkeit bis 1000 °C. Es handelt sich um eisenfreie *Sinterwerkstoffe*, die aus Bindephase und Carbiden bestehen. Bei HM wird eine Einteilung in folgende drei Gruppen vorgenommen (Bild 4.42):
- P: hohe Warmfestigkeit, für langspanende Werkstoffe,
- M: Universalsorte, mittlere Eigenschaften,
- K: geringere Warmfestigkeit, hohe Abriebfestigkeit, höhere Zähigkeit, für kurzspanende Werkstoffe.

Leistungssteigerungen werden mit *beschichteten Hartmetallen* erreicht. Diese bestehen aus einem zähen Hartmetallkörper mit einer oder mehreren Schichten. Als Werkstoff für den HM-Grundkörper werden herstellerabhängig P20-, P40- oder M10-Sorten gewählt [4.6]. Die Beschichtungen aus Titankarbid, Titannitrid, Titankarbonid sowie Keramik werden ein- oder mehrlagig aufgebracht.

4.8.3 Keramische Schneidstoffe

Keramische Schneidstoffe besitzen eine Temperaturbeständigkeit bis 1200 °C bei Schnittgeschwindigkeiten von bis zu 1100 m/min (Drehen von Stahl, [4.12]). Dieser naturharte, aber relativ spröde Schneidstoff wird vor allem auf *Aluminiumoxidbasis* und *Siliziumbasis* durch Sintern oder Heißpressen hergestellt. Kennzeichnend für keramische Schneidstoffe sind

Zerspanungs-anwendungs-gruppe nach ISO	In Pfeilrichtung zunehmend	Zusammensetzung			Vickers-härte	Biege-festigkeit	Druck-festigkeit	Elastizitäts-modul	Wärme-dehnung
		WC	TiC + TaC	Co					
		%	%	%	HV 30	N/mm^2	N/mm^2	N/mm^2	μm/m grd
P 02	↑ Härte(Schnittgeschwindigkeit) / ↓ Zähigkeit (Vorschub) / ↑ Verschleißverhalten	33	59	8	1650	800	5100	440000	7,5
P 03		32	56	12	1500	1000	5250	430000	8
P 04		62	33	5	1700	1000	5250	500000	7
P 10		55	36	9	1600	1300	5200	530000	6,5
P 15		71	20	9	1500	1400	5100	530000	6,5
P 20		76	14	10	1500	1500	5000	540000	6
P 25		70	20	10	1450	1750	4900	550000	5,5
P 30		82	8	10	1450	1800	4800	560000	5,5
P 40		74	12	14	1350	1900	4600	560000	5,5
M 10		84	10	6	1700	1350	6000	580000	5,5
M 15		81	12	7	1550	1550	5500	570000	5,5
M 20		82	10	8	1550	1650	5000	560000	5,5
M 40		79	6	15	1350	2100	4400	540000	5,5
K 03		92	4	4	1800	1200	6200	630000	5
K 05		92	2	6	1750	1350	6000	630000	5
K 10		92	2	6	1650	1500	5800	630000	5
K 20		92	2	6	1550	1700	5500	620000	5
K 30		93		7	1400	2000	4600	600000	5,5
K 40		88		12	1300	2200	4500	580000	5,5

Bild 4.42. Einteilung von Hartmetallschneidstoffen [4.6]

- hohe Verschleißfestigkeit,
- geringe Diffusionsneigung,
- hohe Oxidationsbeständigkeit,
- geringe Wärmeleitfähigkeit, aber auch
- geringe Biegebruchfestigkeit und hohe Empfindlichkeit gegenüber Schlag und Temperaturschock.

Diesen Werkzeugeigenschaften entsprechend müssen bei der Bearbeitung mit keramischen Schneidstoffen folgende Voraussetzungen erfüllt werden:
- Das System Werkzeugmaschine, Werkzeug und Werkstück muß eine entsprechende Steifigkeit aufweisen.
- Auf den Einsatz von *Kühlschmiermittel* muß bei *Oxidkeramik* aufgrund der Thermoschockempfindlichkeit verzichtet werden. Bei Mischkeramiken muß der Kühlschmiermitteleinsatz auf Sonderfälle beschränkt bleiben [4.9].
- Der Anschnitt wird bei Werkzeugen mit negativen Neigungs- und Spanwinkeln zur Verringerung der Schneidkantenbelastung von der Schneidenecke in Richtung Schneidenmitte verlegt.

4.8.4 Diamant und kubisches Bornitrid

Bei Diamant handelt es sich um den härtesten und teuersten Schneidstoff. Es wird sowohl Naturdiamant als auch synthetisch hergestellter Diamant verwendet. Aufgrund der großen chemischen Affinität des Diamant-Kohlenstoffes zum Eisen kann er nicht zur Zerspanung von Stählen und Eisen-Gußwerkstoffen verwendet werden. Als Schneidstoff für Leichtmetalle, Messing etc. wird er jedoch zur Feinbearbeitung eingesetzt (z. B. Feindrehen statt Schleifen). Bei dieser Schlichtbearbeitung wird in der Regel ein monokristalliner Diamant verwendet (a_p bis 1,5 mm), während bei Schruppbearbeitungen polykristalliner Diamant eingesetzt wird.

Bei kubisch-kristallinem Bornitrid (CBN) handelt es sich um einen polykristallinen Sinterstoff mit einer Härte, die zwischen der von Keramik und Diamant liegt, und sehr hoher Wärmebeständigkeit (bis 1200 °C). Es eignet sich vor allem zum Bearbeiten von schwer zerspanbaren Werkstoffen, wie z. B. gehärteten Stählen und Hartguß, wobei die Schnittgeschwindigkeit bei gehärtetem Stahl bis zu 120 m/min, bei Grauguß bis zu 800 m/min [4.8] betragen kann.

4.9 Kühlschmiermittel

4.9.1 Aufgabe von Kühlschmierstoffen

Kühlschmierstoffe werden in erster Linie eingesetzt, um die Standzeit des Werkzeuges und die Oberflächengüte des Werkstückes zu erhöhen. Daraus ergeben sich die grundsätzlichen Aufgaben von Kühlschmiermittel:
- Kühlung,
- Schmierung,
- Reinigung,
- Korrosionsschutz.

Unter der Kühlung versteht man die Abfuhr der entstehenden Verformungs-, Umformungs- und Reibungswärme während des Zerspanvorganges. Durch den Schmiereffekt wird die Reibung zwischen Werkzeug, Werkstück und Span gesenkt. Dadurch wird eine größere Zerspanleistung bei besserer Oberflächengüte ermöglicht. Das Wegspülen der Späne von der Wirkstelle verhindert ein frühzeitiges Verschleißen des Werkzeuges (z. B. Schleifscheibe) und ein Zerkratzen der Werkstückoberfläche. Dies ist besonders wichtig, wenn kleine Späne anfallen, z. B. beim Schleifen oder Läppen.

Die Auswirkung einer Kühlschmieremulsion auf die Standzeit eines Werkzeuges zeigt Bild 4.43.

4.9.2 Kühlschmiermittelarten

Die gängigen Kühlschmiermittel werden unterteilt in wasserhaltige und wasserfreie Arten. Bei hohen Schnittgeschwindigkeiten liegt die Hauptaufgabe des Kühlschmiermittels in der Wärmeabfuhr. Wasser in reiner Form wäre dazu gut geeignet, wird aber aus Korrosionsgründen nicht eingesetzt. Deshalb werden Zusätze (Additive) verwendet, die der Emulsion sowohl Kühl- als auch Schmierwirkung verleihen sollen. Bei niedrigen Schnittgeschwindigkeiten steht der Schmiereffekt, also die Senkung der Reibung im Vordergrund, weshalb bei diesen Bearbeitungen vorzugs-

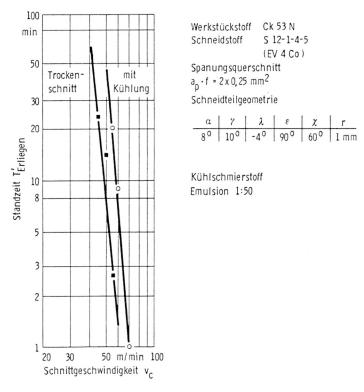

Bild 4.43. Verschleißverhalten mit und ohne Kühlschmiermittel [4.6]

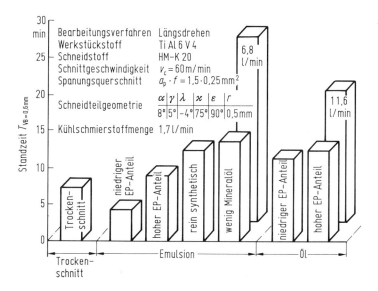

Bild 4.44. Wirksamkeit einzelner Kühlschmiermittel [4.6]

weise wasserfreie Kühlschmiermittel verwendet werden. Die Wirksamkeit einzelner Kühlschmierstoffe auf die Standzeit beim Drehen kann Bild 4.44 entnommen werden.
Bei sämtlichen Kühlschmiermittelarten müssen bei der Herstellung und Anwendung noch zwei wichtige Punkte beachtet werden:
- Gesundheitsaspekte, speziell Hautverträglichkeit und Allergien,
- Umweltfreundlichkeit und Entsorgungsmöglichkeiten.

4.10 Wirtschaftliche Schnittbedingungen

Die Optimierung der Fertigung strebt in der Regel die Minimierung der *Fertigungskosten* K_F an (bei Terminnot oder temporärem Mangel an Fertigungsmaschinen auch die Minimierung der *Fertigungszeit*). Die Fertigungskosten K_F *je Einheit* setzen sich aus
- *maschinen*gebunden Kosten K_M,
- *lohn*gebundenen Kosten K_L,
- *werkzeug*gebundenen Kosten K_W und
- *restlichen Fertigungsgemein*kosten K_X

zusammen:

$$K_F = K_M + K_L + K_W + K_X \,. \tag{4.10}$$

Bei der Kostenrechnung hat sich die Einführung der Kostenanteile *pro Stunde* (DM/h) und der Werkzeugkosten K_{WT} pro Standzeit T als vorteilhaft erwiesen [4.20]. Man erhält die Größen

K_{LH} Lohnkosten/h,
K_{MH} Maschinenstundensatz (Abschn. 3.5),
K_{xH} Restfertigungsgemeinkosten/h,

deren Summe als Kostensatz K_{ML} bezeichnet wird

$$K_{ML} = K_{LH} + K_{MH} + K_{xH} \,. \tag{4.11}$$

Eine detaillierte Auflösung und Zuordnung der Maschinenkosten, der Lohnkosten, der Werkzeugkosten und der Restfertigungsgemeinkosten zu den Belegungs-Teilzeiten t_i verdeutlicht den Einfluß auf die Gesamtfertigungskosten anhand schnitt- und hauptzeitabhängiger und -unabhängiger Kostenanteile (Bild 4.45). Die Fertigungskosten K_F können dann durch einen haupt- und schnittzeitabhängigen und -unabhängigen Term beschrieben werden

$$K_F = K_{WT}\frac{t_s}{T} + K_{ML}\frac{t_h}{60} + K_{ML}\frac{t_r/m + t_n + t_v}{60} \,. \tag{4.12}$$

Dabei bedeuten:
t_r Rüstzeit für den Auftrag mit der Losgröße m,
t_v Verteilzeit für unregelmäßig auftretende Vorgänge,
t_n Nebenzeit für alle mittelbaren Vorgänge wie Spannen, Messen, Werkzeugwechseln,

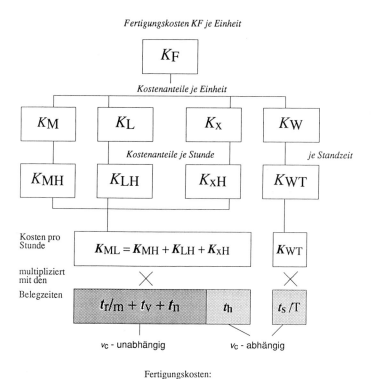

Bild 4.45. Aufschlüsselung der Fertigungskosten in schnittgeschwindigkeitsabhängige und -unabhängige Kostenterme

t_h Hauptzeit, in der ein unmittelbarer Fortschritt im Sinne des Fertigungsauftrages entsteht,
t_s reine Schnittzeit, Wege über unterbrochene Stellen (z.B. Drehen eines Keilwellenprofils) bleiben unberücksichtigt.

Der Übergang von den *zeitabhängigen* zu den *schnittgeschwindigkeitsabhängigen* Kostenanteilen soll anhand der Drehbearbeitung erläutert werden. Beim Drehen eines Wellenteils (Außenlängsdrehen mit Durchmesser d, Länge l, Vorschub f und Drehzahl n; kein unterbrochener Schnitt, d. h. $t_s=t_h$) ergibt sich die Schnittzeit t_s, die in diesem Falle identisch mit der Hauptzeit t_h ist, aus

$$t_s = t_h = \frac{l}{nf} = \frac{l\pi d}{f v_c}. \tag{4.13}$$

Beschreibt man das schnittgeschwindigkeitsabhängige Verschleißverhalten des Werkzeugs durch die Taylorgleichung

$$T = C_v v_c^k, \tag{4.14}$$

und setzt (4.13) und (4.14) in (4.12) ein, so ergeben sich die Fertigungskosten K_F eines Werkstückes bei konstantem Vorschub zu

$$K_F = C_1 + \frac{C_2}{v_c} + \frac{C_3}{v_c^{k+1}}.\qquad(4.15)$$

Bild 4.46 zeigt die Abhängigkeit der Fertigungskosten und der Einzelkostenanteile von der Schnittgeschwindigkeit.

Mit steigender Schnittgeschwindigkeit steigen die werkzeuggebundenen Kosten K_W progressiv an (Absinken der Standzeit), während sich die maschinen- und lohngebundenen Kosten degressiv vermindern. Der durch Rüst-, Neben- und Verteilzeiten verursachte Kostenanteil bleibt konstant (die Werkzeugwechselzeit t_W wird t_n zugeschlagen). Durch Addition aller Kostenanteile erhält man eine Becherkurve, bei deren Minimum sich die kostenoptimale Schnittgeschwindigkeit befindet. Die für die Schnittgeschwindigkeit geltenden Zusammenhänge können analog auf den Vorschub f über die erweiterte Taylor-Gleichung übertragen werden.

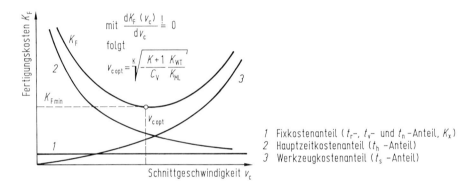

Bild 4.46. Fertigungskosten als Funktion der Schnittgeschwindigkeit

5 Dynamisches Verhalten von Werkzeugmaschinen

5.1 Übersicht

Die Fertigungsgenauigkeit einer Werkzeugmaschine wird durch unterschiedliche Störgrößen beeinflußt. Neben den thermischen Verformungen und dem Verschleiß des Werkzeugs und der Maschine treten als hauptsächliche Störeinflüsse mechanische Verformungen der Maschine auf. Die statischen Verformungen werden im wesentlichen durch Gewichtskräfte und den Konstantanteil der Zerspankräfte verursacht, zu deren Beschreibung die Kinematik des Fertigungsverfahrens und die Art der Werkzeug- und Werkstückkonfiguration ausreicht. Statische Verformungen wirken sich als konstante Fertigungsfehler aus und können somit relativ leicht berücksichtigt bzw. kompensiert werden. Im Gegensatz zur statischen Belastung versteht man unter dynamischer Belastung auf die Maschine einwirkende, sich zeitlich verändernde äußere oder innere Kräfte, die periodische Wechselverformungen an der Maschine hervorrufen. Von besonderer Bedeutung sind dabei Schwingungen der Maschine, die eine Relativbewegung zwischen Werkzeug und Werkstück verursachen und somit die Fertigungsqualität beeinflussen. Eine Kompensation der Wechselverformungen ist i. allg. nicht möglich. Dies kann dazu führen, daß in der Praxis auftretende dynamische Störungen den Leistungsbereich einer Maschine unvorhersehbar einschränken. Die Ursache einer dynamischen Störung läßt sich meist nur mit größerem Aufwand analysieren und beseitigen, da das dynamische Verhalten einer Maschine sowohl durch den Zerspanprozeß als auch durch die Maschinenstruktur bestimmt wird. Dynamische Probleme treten an Werkzeugmaschinen in zunehmendem Maße auf. Ursache hierfür sind Forderungen nach immer größerer Zerspanleistung bei gleichbleibender oder kleinerer Baugröße und geringerem Materialeinsatz oder auch die Bearbeitung moderner, schwer zerspanbarer Werkstoffe, wodurch sich höhere dynamische Belastungen ergeben.

Als Schwingungsursachen sind in erster Linie *fremderregte* und *selbsterregte* Schwingungen zu nennen. Der Unterschied beider Schwingungsarten kann anhand des Blockschaltbildes (Bild 5.1) veranschaulicht werden. Bei einer fremderregten Schwingung wirkt neben der konstanten Zerspankraft F_S eine wechselnde Störkraft $F_{stör}$ auf die Maschine ein, beispielsweise aufgrund der wechselnden Schnittkräfte beim Fräsen, die durch die periodischen Schneideneingriffe des Werkzeugs bedingt sind. Aufgrund der Nachgiebigkeit der Maschine werden dadurch Wechselverformungen x verursacht. Bei einer selbsterregten Schwingung ist dagegen keine andauernd wirkende äußere Störkraft notwendig, sondern es handelt sich hierbei um eine Instabilität des Gesamtsystems von Maschine und Zerspanprozeß, die nur unter

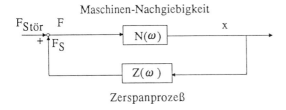

Bild 5.1: Regelungstechnisches Blockschaltbild des Systems Werkzeugmaschine - Zerspanprozeß

bestimmten Zerspanbedingungen durch die Rückwirkung der aus dem Zerspanprozeß resultierenden Kräfte auf die nachgiebige Maschine möglich ist.
Zur Selbsterregung können auch *parametererregte* Schwingungen an Werkzeugmaschinen führen, wenn sich die Systemeigenschaften zeitlich periodisch verändern. Bei Werkzeugmaschinen betrifft dies in erster Linie sich periodisch ändernde Federsteifigkeiten, wie dies z. B. in Getrieben durch die wechselnde Anzahl sich im Eingriff befindlicher Zähne einer Zahnradpaarung gegeben ist. In der Praxis sind Störfälle aufgrund einer Parametererregung jedoch äußerst selten, daher werden im folgenden nur die zuerst genannten Schwingungsursachen weiter ausgeführt.
Im Betrieb auftretende dynamische Störungen können entweder durch eine Änderung des Zerspanprozesses oder durch eine gezielte Versteifung der Maschine beseitigt werden. Da eine Werkzeugmaschine für Bearbeitungen unter sehr unterschiedlichen Zerspanbedingungen einsetzbar sein sollte, kommt der Verbesserung des dynamischen Verhaltens durch die Optimierung der Steifigkeit der Maschine große Bedeutung zu. Die Bestimmung der dynamischen Steifigkeit einer Maschine dient daher einerseits zur Vorherbestimmung des dynamischen Verhaltens einer Maschinenkonstruktion, andererseits aber auch zur gezielten Beseitigung von im Betrieb auftretenden dynamischen Störungen. Eine Analyse der dynamischen Steifigkeit ist anhand der Eigenschwingungen der Maschinenstruktur möglich, die durch eine rechnerische bzw. experimentelle Modalanalyse ermittelt werden können.

5.2 Beschreibung des dynamischen Verhaltens, Modalanalyse

5.2.1 Dynamische Steifigkeit

Im Gegensatz zur statischen Steifigkeit eines Bauteils ist die dynamische Steifigkeit eine Funktion der Frequenz. Dies sei im folgenden anhand des einfachen Modells eines Einmassenschwingers dargestellt (Bild 5.2). Für dieses System gilt die Bewegungsdifferentialgleichung

$$m\ddot{x} + d\dot{x} + cx = F(t). \tag{5.1}$$

Bei einer sinusförmigen Kraftanregung mit der Amplitude $\hat{F}$ und der Frequenz ω

$$F(t) = \hat{F} e^{j\omega t} \tag{5.2}$$

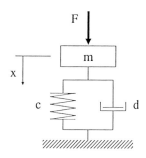

Bild 5.2: Modell des Einmassenschwingers

stellt sich nach dem Einschwingvorgang eine stationäre, sinusförmige Schwingung mit der Amplitude $\hat{x}$ ein, die um den Phasenwinkel φ gegenüber dem Kraftsignal verschoben ist.

$$x(t) = \hat{x}\, e^{\,j\omega t + \varphi}. \tag{5.3}$$

Durch Einsetzen dieser stationären Lösung in die Bewegungsgleichung erhält man

$$\hat{x}\,(-m\omega^2 + j\,d\,\omega + c) = \hat{F}. \tag{5.4}$$

Die dynamische Nachgiebigkeit $N(\omega)$ ergibt sich daraus als Quotient (Systemverhältnis) aus Weg und Kraft in Abhängigkeit von der Frequenz zu

$$N(\omega) = \frac{1}{-m\omega^2 + j\,d\,\omega + c}. \tag{5.5}$$

Setzt man die Eigenfrequenz des ungedämpften Einmassenschwingers

$$\omega_e = \sqrt{\frac{c}{m}} \tag{5.6}$$

sowie die *Lehrsche* Dämpfung als Maß für die Dämpfung

$$D = \frac{d}{2\,m\,\omega_e} = \frac{d}{2\sqrt{c\,m}} \tag{5.7}$$

ein, so ergibt sich für die dynamische Nachgiebigkeit

$$N(\omega) = \frac{1/c}{1 + j\,2\,D\,\omega/\omega_e - (\omega/\omega_e)^2} \tag{5.8}$$

mit

$$\mathrm{Re}(N) = \frac{(1-(\omega/\omega_e)^2)/c}{(1-(\omega/\omega_e)^2)^2 + 4\,D^2\,(\omega/\omega_e)^2}$$

und

$$\mathrm{Im}(N) = \frac{-2\,D\,(\omega/\omega_e)/c}{(1-(\omega/\omega_e)^2)^2 + 4\,D^2\,(\omega/\omega_e)^2}.$$

Diese aufgrund der Phasenverschiebung zwischen Kraft und Bewegung komplexe Funktion wird als *Nachgiebigkeits-Frequenzgang* bezeichnet, für den allgemein drei Darstellungsarten gebräuchlich sind (Bild 5.3):
- als Real- und Imaginärteilfunktion (Re(N), Im(N)) in Abhängigkeit von der Frequenz,
- als Betrags- und Phasenfrequenzgang

$$|N(\omega)| = \sqrt{(\text{Re}(N))^2 + (\text{Im}(N))^2},$$

$$\varphi(\omega) = \arctan\left(\frac{\text{Im}(N)}{\text{Re}(N)}\right)$$

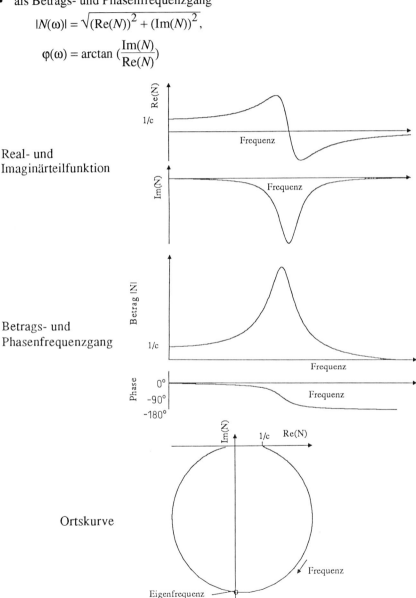

Bild 5.3: Darstellungsarten für Frequenzgänge

- oder als Ortskurve für die Darstellung des Imaginärteils über dem Realteil.

Als Grenzfall für die Frequenz $\omega = 0$ ergibt sich die statische Nachgiebigkeit aus dem Frequenzgang als Kehrwert der statischen Steifigkeit. Für die Eigenfrequenz ($\omega = \omega_e$) erhält man für den Betrag der Resonanznachgiebigkeit

$$|N(\omega = \omega_e)| = \frac{1}{2\,c\,D} = \frac{\sqrt{m/c}}{d}. \tag{5.9}$$

Eine Verringerung der Resonanznachgiebigkeit kann daher durch eine Reduktion der Masse oder eine Erhöhung der statischen Steifigkeit oder der Dämpfung des Systems erreicht werden. Dieser Zusammenhang gilt für den in Bild 5.4 dargestellten Einmassenschwinger. Für ein System mit mehreren Freiheitsgraden sind die relevanten physikalischen Massen, Steifigkeiten und Dämpfungen nicht einfach zu lokalisieren und beeinflussen sich gegenseitig.

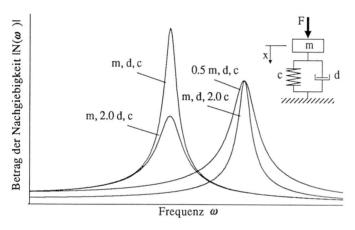

Bild 5.4: Dynamische Nachgiebigkeit des Einmassenschwingers bei einer Variation der Systemparameter

5.2.2 Experimentelle Modalanalyse

Unter Modalanalyse ist die Charakterisierung des dynamischen Verhaltens eines schwingungsfähigen Systems mit Hilfe seiner Eigenschwingungen zu verstehen. Die Kenntnis der Eigenschwingungen ermöglicht nicht nur eine einfache Beschreibung des dynamischen Systemverhaltens, sondern bietet einem Konstrukteur auch die Möglichkeit, durch gezielte Maßnahmen Schwachstellen zu beseitigen und einen unerwünschten Resonanzbetrieb der Maschine zu verhindern.

Eine reale Maschinenstruktur verhält sich i. allg. nicht wie ein Einmassenschwinger, sondern ist als mechanisches Kontinuum zu betrachten. Dementsprechend hat eine Maschine theoretisch unendlich viele Eigenfrequenzen bzw. Eigenschwingungen. In der Praxis sind jedoch Eigenschwingungen hoher Frequenz meist nicht von Bedeutung, da sie selten kritische Zerspanbedingungen verursachen. Zur Charakterisierung des dynamischen Verhaltens einer Maschine ist daher eine endliche Anzahl von

Eigenschwingungen ausreichend, die im tieferen Frequenzbereich eine deutliche Resonanzüberhöhung in den Frequenzgängen aufweisen. In Bild 5.5 ist ein gemessener Frequenzgang für eine relativ wirkende Kraft zwischen Werkzeug und Werkstück und der daraus resultierenden Relativbewegung (Relativ-Frequenzgang) an einer Bettfräsmaschine dargestellt, für den aus dem Betragsfrequenzgang mehrere Resonanzstellen deutlich erkennbar sind. In der Ortskurvendarstellung ergibt sich bei mehreren Eigenfrequenzen ein "schleifenförmiger" Verlauf, die Resonanzstellen liegen an den Punkten der Ortskurve, für die der Abstand vom Ursprung ein lokales Maximum aufweist.

Dieses relativ komplizierte dynamische Verhalten läßt sich mathematisch auf einfache Weise beschreiben, wenn die Voraussetzung eines *linearen Systemverhaltens* erfüllt ist, d. h. wenn die wirksamen Massen, Federsteifigkeiten und Dämpfungen keine Funktion der Zeit und der Bewegung, sondern konstant sind. In diesem Fall gilt das Superpositionsprinzip, so daß sich der Frequenzgang eines Systems mit mehreren Eigenfrequenzen aus der Überlagerung von mehreren Frequenzgängen von Einmassenschwingern ergibt. Die allgemeine mathematische Beschreibung eines Nachgiebigkeits-Frequenzgangs erfolgt somit als Summe von Frequenzgängen einzelner, für die betreffenden Eigenfrequenzen "äquivalenter" Einmassenschwinger.

$$N(\omega) = \sum_e \frac{N_e}{1 + j\, 2\, D_e\, \omega/\omega_e - (\omega/\omega_e)^2}. \tag{5.10}$$

Ein beliebig komplizierter Frequenzgang läßt sich damit durch eine Anzahl e sog. *modaler Parametersätze* bestehend aus:
- Eigenfrequenz ω_e,
- Lehrscher Dämpfung D_e,
- Eigenvektorkomponente
  (Kenn-Nachgiebigkeit N_e)

beschreiben. Diese Art der Darstellung wird als *modale Beschreibung* bezeichnet.
Die als Kenn-Nachgiebigkeit bezeichnete Eigenvektorkomponente N_e entspricht der statischen Nachgiebigkeit $1/c_e$ eines Einmassenschwingers, durch den die jeweilige Eigenschwingung beschrieben werden kann. In Bild 5.5 sind zusätzlich zu dem gemessenen Frequenzgang die Frequenzgänge der "modalen" Einmassenschwinger dargestellt, aus denen sich der gemessene Frequenzgang zusammensetzt.

Die experimentelle Bestimmung der modalen Parameter kann anhand gemessener Frequenzgänge erfolgen. Hierzu wird die Geometrie der Maschinenstruktur durch eine Vielzahl von Meßpunkten idealisiert, zwischen denen die Übertragungs-Frequenzgänge zwischen einer Stelle der Struktur, an der eine äußere Kraft aufgebracht wird, und einer Stelle, an der die Bewegung der Maschine gemessen wird, aufgenommen werden. Als Stelle ist dabei ein Meßpunkt mit zugehöriger Richtung zu verstehen, d. h. zur Beschreibung des räumlichen Verhaltens eines Punktes sind drei Stellen erforderlich. Für die exakte Bezeichnung eines gemessenen Übertragungs-Frequenzgangs ist demnach die Angabe der Kraftangriffstelle k und der Bewegungsstelle i nötig ($N(\omega) = N_{ik}(\omega)$).

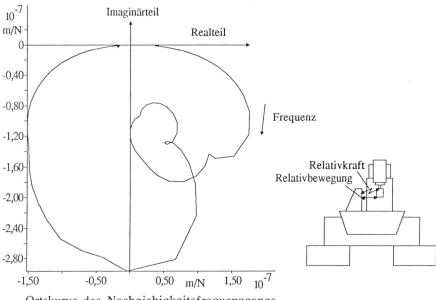

Ortskurve des Nachgiebigkeitsfrequenzgangs

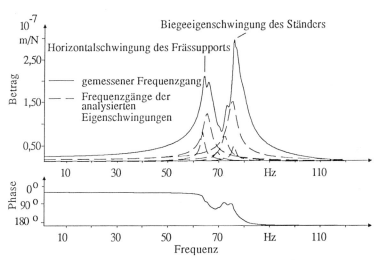

Betrag und Phase des Nachgiebigkeitsfrequenzgangs

Bild 5.5: Relativ-Nachgiebigkeits-Frequenzgang zwischen Werkzeug und Werkstück an einer Bettfräsmaschine

Die modalen Parameter Eigenfrequenz ω_e und *Lehrsche* Dämpfung D_e sind in den Übertragungs-Frequenzgängen zwischen allen Stellen der Struktur gleich, also ortsunabhängig. Dagegen sind die Kenn-Nachgiebigkeiten N_e (Eigenvektorkomponenten) abhängig von der Stellenkombination, für die der Frequenzgang gemessen wurde ($N_e = N_{e\,ik}$). Je größer die Amplitude der Schwingbewegung für eine Eigenschwingung an einer Stelle i der Maschinenstruktur ist, desto größer ist auch die Kenn-Nachgiebigkeit $N_{e\,ik}$ zwischen der Kraftangriffstelle k und der Stelle i. Dies bedeutet, daß durch die Kenn-Nachgiebigkeiten die *Eigenschwingungsform* (Eigenvektor) der Struktur für die jeweilige Eigenfrequenz ω_e beschrieben wird. Eine quantifizierende Darstellung der Eigenschwingungsform sollte unabhängig sein von der Nachgiebigkeit an der willkürlich gewählten Kraftangriffstelle. Dies erreicht man durch eine geeignete Skalierung, wobei als Skalierungsfaktor die Wurzel der Kenn-Nachgiebigkeit an der Kraftangriffsstelle $\sqrt{N_{e\,kk}}$ verwendet wird. Diese Skalierung bietet den Vorteil, daß die so ermittelten Eigenvektorkomponenten physikalisch interpretierbare Größen sind. Die als Kenn-Nachgiebigkeits-Wurzeln bezeichneten Eigenvektorkomponeneten $n_{e\,i}$ sind ein Maß für die Feder-Nachgiebigkeit an den einzelnen Meßstellen i bezüglich der e-ten Eigenschwingungsform.

$$n_{ei} = \frac{N_{eik}}{\sqrt{N_{ekk}}} \tag{5.11}$$

Durch diese Art der Skalierung wird ein quantitativer Vergleich der einzelnen Eigenschwingungen untereinander ermöglicht.

Durch Multiplikation zweier Eigenvektorkomponenten $n_{e\,i}$ und $n_{e\,k}$ zweier Stellen der Struktur läßt sich die Feder-Nachgiebigkeit zwischen diesen Stellen für die e-te Eigenschwingungsform in Form der Kenn-Nachgiebigkeit $N_{e\,ik}$ berechnen (siehe z.B. auch [5.1]):

$$N_{eik} = n_{ei}\,n_{ek}$$

Durch das vektorielle Auftragen der Eigenvektorkomponenten an den Meßstellen der Maschinenstruktur erhält man ein sog. Verformungsdiagramm, aus dem die Eigenschwingungsform für jede Eigenfrequenz der Maschine ersichtlich wird. Anhand dieser Verformungsdiagramme ist eine gezielte Analyse der dynamischen Schwachstellen möglich. An Stellen mit großen Änderungen der Verformungen kann durch eine Erhöhung der Federsteifigkeit eine deutliche Verringerung der Resonanznachgiebigkeiten erreicht werden, an Stellen mit großen Absolutverformungen (Schwingungsbäuche) bewirkt eine Massenreduzierung eine Verringerung der Resonanznachgiebigkeiten. In Bild 5.6 sind beispielsweise für die gleiche Bettfräsmaschine, für die in Bild 5.5 der Relativ-Frequenzgang an der Zerspanstelle abgebildet ist, die Verformungsdiagramme für die wesentlichen Eigenfrequenzen bei 64 Hz und 78 Hz dargestellt. Hieraus ist deutlich für die Eigenform mit der niedrigeren Eigenfrequenz eine wesentliche Nachgiebigkeit in der Führung des Frässupports und für die zweite Eigenform eine Biegeschwingung des Ständers zu erkennen. Das dynamische Verhalten der Maschine kann in erster Linie durch eine höhere Federsteifigkeit der Führung und des Ständers verbessert werden.

Für die Durchführung einer experimentellen Modalanalyse wird i. allg. die stillstehende Maschine über einen (elektrodynamischen oder elektrohydraulischen) Krafterreger an einer Stelle der Maschine fremderregt. Die Bewegungen an den einzelnen Meßpunkten werden in drei Koordinatenrichtungen, z. B. mit Beschleunigungsaufnehmern, gemessen. Zur Ermittlung der Eigenschwingungsformen aus den Kraft- und Bewegungssignalen gibt es prinzipiell zwei Möglichkeiten:

Horizontalschwingung des Frässupports
Eigenfrequenz $f_e = 64\,Hz$, Lehrsche Dämpfung $D_e = 0{,}035$
Verformungsmaßstab: ⊢————⊣ $1 \cdot 10^{-4}\,\sqrt{m/N}$

Biegeschwingung des Ständers
Eigenfrequenz $f_e = 78\,Hz$, Lehrsche Dämpfung $D_e = 0{,}043$
Verformungsmaßstab: ⊢————⊣ $1 \cdot 10^{-4}\,\sqrt{m/N}$

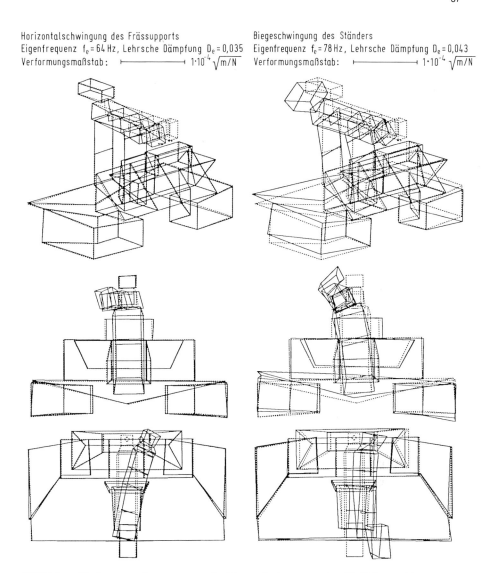

Bild 5.6: Verformungsdiagramme zweier Eigenschwingungen einer Bettfräsmaschine

- Entweder man erregt die Maschinenstruktur mit einer sinusförmigen Kraft in einer Eigenfrequenz der Maschine und mißt die Bewegungen an den Meßpunkten, ohne die Frequenz der Kraftanregung zu variieren. Für Eigenfrequenzen, die deutlich voneinander getrennt sind, oder bei Verwendung mehrerer Erreger und einer geeigneten Abstimmung der Erreger untereinander entspricht die Verteilung der Schwingungsamplituden an den Meßstellen einem Eigenvektor. Die einzelnen Eigenvektoren werden nacheinander für die verschiedenen Eigenfrequenzen bestimmt. Diese Methode wird als Sinus-Reinerregung oder als Phasenresonanzverfahren bezeichnet.

- Oder man mißt das Übertragungsverhalten zwischen den Bewegungsmeßstellen und der Kraftangriffsstelle und berechnet daraus über eine numerische Kurvenanpassung die modalen Parameter (Phasentrennungstechnik). Hierzu existieren auch Verfahren, die aus den gemessenen Zeitverläufen des Kraft- und des Bewegungssignals (statt anhand der Übertragungs-Frequenzgänge) die modalen Parameter bestimmen (Zeitbereichsverfahren).

Allgemein ist die Methode der Phasentrennungstechnik besonders dann geeignet, wenn die Eigenfrequenzen einer Maschinenstuktur dicht beieinander liegen (hohe modale Dichte), wie dies bei komplizierten mechanischen Strukturen im Werkzeugmaschinenbau i. allg. der Fall ist. Im folgenden soll daher diese Methode näher erläutert werden.

Für die Messung der Frequenzgänge kann ein sinusförmiges Kraftsignal verwendet werden, wobei der interessierende Frequenzbereich stufenweise mit konstanten Frequenzen durchfahren wird. Bei jeder einzelnen Meßfrequenz wird der eingeschwungene Zustand der Struktur abgewartet, die Zeitsignale der Kraft und der Bewegung aufgenommen und daraus die Nachgiebigkeit für die aktuelle Meßfrequenz ω_i berechnet:

$$N(\omega_i) = \frac{\hat{x}_i \sin(\omega_i t + \varphi_i)}{\hat{F}_i \sin(\omega_i t)},$$
$$= \frac{\hat{x}_i}{\hat{F}_i} e^{j\varphi_i} = |N_i| e^{j\varphi_i}. \qquad (5.12)$$

Bei diesem über Rechner automatisierbaren Meßvorgang erhält man schrittweise den Frequenzgang der Maschinenstruktur.

Eine weitere Möglichkeit der Frequenzgangmessung ergibt sich aus der Verwendung von Kraftsignalen, die quasi gleichzeitig alle Meßfrequenzen des interessierenden Frequenzbereichs beinhalten (breitbandige Anregung). Solche Erregersignale sind beispielsweise Impulse oder rauschförmige Signale, die über einen Erregerhammer oder einen elektrodynamischen (bzw. elektrohydraulischen) Erreger auf die Maschinenstruktur übertragen werden. Bei dieser Art der Anregung beinhalten die Bewegungssignale an den Meßpunkten der Maschine die Antwortsignale auf alle Frequenzen des interessierenden Frequenzbereichs, d. h. sie können als Kombination von Sinus-Signalen unterschiedlicher Frequenzen aufgefaßt werden. Die Auswertung dieser Signale erfolgt mit der diskreten *Fourier-Transformation*, durch die das Amplitudenspektrum eines Zeitsignals berechnet werden kann. Die Spektrumsdarstellung gibt die Amplitudenverteilung eines Signals über der Frequenz wieder, d. h. es läßt sich daraus ersehen, aus welchen Frequenzkomponenten sich ein Zeitsignal zusammensetzt. Für einige charakteristische Zeitsignale sind in Bild 5.7 die Spektren der Signale dargestellt. Die Ermittlung des Nachgiebigkeits-Frequenzgangs kann durch die Berechnung des komplexen Quotienten aus den Spektren des Wegsignals $x(\omega)$ und des Kraftsignals $F(\omega)$ bei einer breitbandigen Anregung erfolgen.

$$N_{ik}(\omega) = \frac{x_i(\omega)}{F_k(\omega)}. \qquad (5.13)$$

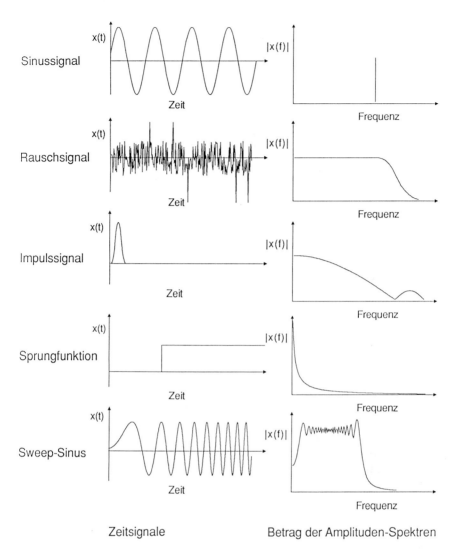

Bild 5.7: Für Frequenzgangmessungen gebräuchliche Kraftanregungssignale und deren Amplitudenspektren

Diese Art der Frequenzgangmessung wird in der Praxis mittels spezieller Fourier-Analysatoren durchgeführt, bei denen die Berechnung der Spektren über eine sog. "schnelle Fourier-Transformation" (FFT) erfolgt und der Übertragungs-Frequenzgang mit Hilfe der Leistungsspektren und Kreuzleistungsspektren berechnet wird, um Störeinflüsse zu minimieren.

Ein Beispiel für den prinzipiellen Meßaufbau zur Durchführung von Frequenzgangmessungen ist aus Bild 5.8 ersichtlich. Ein über Rechner gesteuerter Frequenzganganalysator erzeugt das elektrische Signal zur Fremdanregung der Maschine; dieses

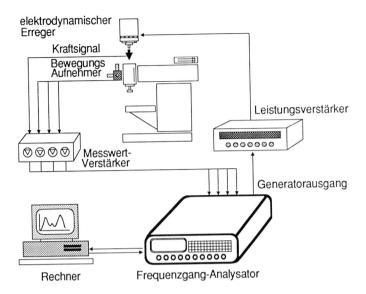

Bild 5.8: Meßaufbau zur Durchführung experimenteller Modalanalysen

Signal wird über einen Leistungsverstärker einem elektrodynamischen Erreger zugeführt. Das auf die Maschinenstruktur übertragene Kraftsignal kann beispielsweise durch einen piezoelektrischen Kraftaufnehmer erfaßt werden. Als Bewegungsaufnehmer sind piezoelektrische Beschleunigungsaufnehmer üblich, die für eine schnellere Durchführung der Messungen auch kombiniert in drei Koordinatenrichtungen eingesetzt werden können. Über einen Meßwertverstärker werden die Signale dem Frequenzganganalysator zugeführt, der daraus die Übertragungs-Frequenzgänge zwischen der Stelle der Kraftanregung und den Bewegungsstellen berechnet. Weiterführende Literatur zu dem Themenkomplex "experimentelle Modalanalyse" beinhalten [5.1 bis 5.9].

5.2.3 Rechnerische Modalanalyse

Eine rechnerische Modalanalyse kann im Gegensatz zur experimentellen Modalanalyse schon vor der Fertigung eines Prototyps einer Maschine durchgeführt werden, um das dynamische Verhalten im vorhinein abschätzen zu können. Zur Durchführung einer rechnerischen Modalanalyse wird die Maschinenstruktur anhand der Konstruktionsdaten durch eine endliche Anzahl Einzelelemente, z. B. nach der Methode der Finiten Elemente (FEM), idealisiert. Die n Verbindungsknotenpunkte der Einzelelemente können räumliche Bewegungen in 6 Freiheitsgraden ausführen, so daß das dynamische Verhalten des freien Systems ohne äußere Kraftanregung durch 6 n gekoppelte, lineare Differentialgleichungen 2. Ordnung gemäß der Bewegungsgleichung

$$[M]\{\ddot{x}(t)\} + [D]\{\dot{x}(t)\} + [C]\{x(t)\} = \{0\} \tag{5.14}$$

beschrieben werden kann. Hierbei sind [M] die Massenmatrix, [D] die Dämpfungsmatrix und [C] die Federsteifigkeitsmatrix, die allgemein als Systemmatrizen bezeichnet werden und die physikalischen Eigenschaften der Struktur charakterisieren. Durch das Element m_{ik} der Zeile i und Spalte k der Massenmatrix [M] wird beispielsweise die Massenwirkung zwischen den Verbindungsknotenpunkten i und k beschrieben.

Für die Bestimmung der Eigenschwingungen wird meist eine einschränkende Annahme bezüglich der Dämpfungscharakteristik der Struktur gemacht. Anstatt einer allgemein viskosen Dämpfung, für die die Dämpfungsmatrix beliebig aufgebaut sein kann, setzt man voraus, daß sich die Dämpfungsmatrix aus einer Linearkombination der Massen- und Steifigkeitsmatrizen zusammensetzen läßt (proportionale Dämpfung):

$$[D] = \alpha\,[M] + \beta\,[C]. \tag{5.15}$$

Für diesen Fall sind die Eigenschwingungsformen des gedämpften Systems identisch mit denen des ungedämpften Systems. Wählt man als Lösungsansatz für die stationäre Schwingung

$$\{x(t)\} = \{x_e\}\sin(\omega_e\,t) \tag{5.16}$$

und setzt diesen Ansatz in die Bewegungsgleichung für das ungedämpfte System ein, so erhält man das reelle Eigenwertproblem in Form des algebraischen Gleichungssystems:

$$([C] - \omega_e^2\,[M])\,\{x_e\} = \{0\}. \tag{5.17}$$

Die numerische Lösung dieser sog. charakteristischen Gleichung liefert die Eigenfrequenzen ω_e und die Eigenvektoren $\{x_e\}$ der ungedämpften Struktur. Hierbei werden durch die Eigenvektoren $\{x_e\}$ die Eigenschwingungsformen der Verbindungsknotenpunkte beschrieben. Ebenso wie bei der experimentellen Modalanalyse kann das Eigenschwingungsverhalten durch je einen Einmassenschwinger für jede Eigenschwingung charakterisiert werden. Die Massen-, Dämpfungs- und Federsteifigkeitswerte dieser Einmassenschwinger (sog. "modale" Masse, "modale" Dämpfung und "modale" Federsteifigkeit) ergeben sich aus den Bestimmungsgleichungen

$$m_e = \{x_e\}^t\,[M]\,\{x_e\},$$
$$d_e = \{x_e\}^t\,[D]\,\{x_e\},$$
$$c_e = \{x_e\}^t\,[C]\,\{x_e\},$$
$$\omega_e^2 = \frac{c_e}{m_e}. \tag{5.18}$$

Da die Eigenvektoren nach der numerischen Lösung des Eigenwertproblems beliebig skaliert sind, werden i. allg. diese Beziehungen zur Normierung der Eigenvektoren benutzt. Neben der meist üblichen Beschleunigbarkeits-Normierung ($m_e = 1$; in der Literatur auch als Massennormierung bezeichnet) und der ebenso möglichen Beweglichkeits-Normierung ($d_e = 1$) weist eine Nachgiebigkeits-Normierung ($c_e = 1$) den

Vorteil auf, daß die normierten Eigenvektoren $\{n_e\}$ nachgiebigkeitsproportionale Größen und somit untereinander quantitativ vergleichbar sind. Für eine Nachgiebigkeits-Normierung berechnen sich die Eigenvektoren nach der Beziehung

$$\{x_e\}^t [C] \{x_e\} = \{n_e\}^t [C] \{n_e\} = 1,$$

d. h.

$$\{n_e\} = \frac{\{x_e\}}{\sqrt{\{x_e\}^t [C] \{x_e\}}}, \tag{5.19}$$

wobei die Komponenten des Eigenvektors als Kenn-Nachgiebigkeits-Wurzeln n_{ei} bezeichnet werden können. Es ergeben sich somit für die Eigenvektoren aus einer rechnerischen Modalanalyse die gleichen quantitativen Größen wie bei einer experimentellen Modalanalyse (5.11).

Faßt man die Eigenvektoren spaltenweise in der sog. Modalmatrix $[\Phi]$ zusammen, so läßt sich über eine Hauptachsentransformation

$$\{x\} = [\Phi] \{q\} \tag{5.20}$$

das DGL-System (5.14) entkoppeln.

$$\text{diag}[m_e] \{\ddot{q}\} + \text{diag}[d_e] \{\dot{q}\} + \text{diag}[c_e] \{q\} = \{0\}. \tag{5.21}$$

Durch den Übergang zu den sog. Hauptkoordinaten q kommt zum Ausdruck, daß das Schwingungssystem für jede Eigenfrequenz nur in einer Koordinate von q Bewegungen ausführen kann (die Systemmatrizen werden zu Diagonalmatrizen). Das Eigenschwingungsverhalten des Systems kann daher durch eine Anzahl äquivalenter Einmassenschwinger beschrieben werden. Die bei der Lösung des reellen Eigenwertproblems für das konservative System vernachlässigte proportionale Dämpfung läßt sich im nachhinein durch die auf die jeweilige Eigenschwingung bezogene Lehrsche Dämpfung D_e berücksichtigen. Analog zu einem Einmassenschwinger ergibt sich für die e-te Eigenschwingung die Bewegungsgleichung

$$\ddot{q}_e + 2 D_e \omega_e \dot{q}_e + \omega_e^2 q_e = 0 \tag{5.22}$$

mit der Lehrschen Dämpfung

$$D_e = \frac{d_e}{2 \sqrt{m_e c_e}}. \tag{5.23}$$

Macht man - wie bisher geschehen - für die Maschinenstruktur nicht die Einschränkung einer proportionalen Dämpfungscharakteristik, sondern setzt allgemein viskose Dämpfung voraus, so muß die charakteristische Gleichung von (5.14)

$$([M] \lambda_e^2 + [D] \lambda_e + [C]) \{x_e\} = \{0\} \tag{5.24}$$

durch die Identität

$$- [M] \lambda_e \{x_e\} + [M] \lambda_e \{x_e\} = \{0\}$$

ergänzt werden. Dies führt auf das nichtsymmetrische Eigenwertproblem

$$\begin{bmatrix} [0] & [E] \\ -[M]^{-1}[C] & -[M]^{-1}[D] \end{bmatrix} - \lambda_e \begin{bmatrix} [E] & [0] \\ [0] & [E] \end{bmatrix} \begin{pmatrix} \{x_e\} \\ \lambda_e \{x_e\} \end{pmatrix} = \begin{pmatrix} \{0\} \\ \{0\} \end{pmatrix}. \tag{5.25}$$

Die Lösung mittels numerischer Standardverfahren ergibt die komplexen Eigenwerte
$$\lambda_e = -\sigma_e + j\,\nu_e, \tag{5.26}$$
die sich aus den Abklingkoeffizienten σ_e als Maß für die Dämpfung und den gedämpften Eigenfrequenzen ν_e zusammensetzen. Die Abklingkonstante läßt sich in die Lehrsche Dämpfung umrechnen zu
$$D_e = \frac{\sigma_e}{\omega_e}. \tag{5.27}$$
Für den Zusammenhang zwischen der ungedämpften und der gedämpften Eigenfrequenz gilt die Beziehung
$$\nu_e = \omega_e \sqrt{1 - D_e^2}. \tag{5.28}$$
Die berechneten Eigenvektoren des nichtsymmetrischen Eigenwertproblems sind i. allg. komplexe Größen:
$$\{x_e\} = \mathrm{Re}(\{x_e\}) + j\,\mathrm{Im}(\{x_e\}). \tag{5.29}$$
Dies bedeutet, daß die Verbindungsknotenpunkte der Maschinenstruktur bei den Eigenschwingungen nicht alle gleichzeitig die Endlagen der Schwingung erreichen, sondern beliebige Phasenlagen zueinander haben können. Die Schwingungsknotenpunkte (Verbindungsknotenpunkte ohne Auslenkung) sind damit nicht ortsfest an bestimmten Stellen der Maschinenstruktur, sondern wandern im Verlauf der Schwingung an andere Stellen. Komplexe Eigenschwingungsformen treten bevorzugt bei Strukturen auf, bei denen die Dämpfung nicht mehr oder weniger gleichmäßig über die Bauteilgeometrie verteilt, sondern besonders auf bestimmte, statisch nachgiebige Stellen der Struktur konzentriert ist. Zur Ermittlung dynamischer Schwachstellen einer Maschinenstruktur in der Konstruktionsphase dürfte es i. allg. allerdings ausreichend sein, reelle Eigenschwingungsformen (speziell proportionale Dämpfung) anzunehmen.

Die numerische Berechnung des dynamischen Verhaltens von Werkzeugmaschinen anhand rechnerischer Modalanalysen war in der Vergangenheit Thema zahlreicher Forschungsarbeiten [5.10 bis 5.13]. Die Problematik einer rechnerischen Modalanalyse liegt in erster Linie in der Unkenntnis exakter Federsteifigkeits- und Dämpfungswerte für die Fugenverbindungen zwischen einzelnen Bauteilen. Obwohl hierzu ebenfalls zahlreiche Untersuchungen vorliegen [5.14 bis 5.17], ist aufgrund der möglichen Streubreite dieser Parameter die experimentelle Überprüfung einer rechnerischen Modalanalyse empfehlenswert.

Beispielberechnung:
Anhand des in Bild 5.9 abgebildeten einfachen Systems mit zwei Freiheitsgraden sei im folgenden die Vorgehensweise der rechnerischen Modalanalyse dargestellt.
Die Bewegungsdifferentialgleichung für dieses System lautet

$$m_1\,\ddot{x}_1 + (d_1 + d_2)\,\dot{x}_1 - d_2\,\dot{x}_2$$
$$\quad + (c_1 + c_2)\,x_1 - c_2\,x_2 = 0,$$
$$m_2\,\ddot{x}_2 + (d_2 + d_3)\,\dot{x}_2 - d_2\,\dot{x}_1$$
$$\quad + (c_2 + c_3)\,x_2 - c_2\,x_1 = 0$$

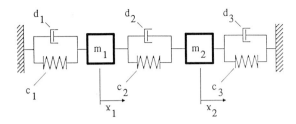

Bild 5.9: System der Beispielberechnung mit zwei Freiheitsgraden

mit
$c_1 = c_2 = 2 \cdot 10^3$ N/m, $c_3 = 4 \cdot 10^3$ N/m,
$m_1 = 1$ kg, $m_2 = 3$ kg,
$d_1 = 2$ Ns/m, $d_2 = 1$ Ns/m, $d_3 = 5$ Ns/m

bzw. in Matrizenschreibweise

$$[M]\{\ddot{x}\} + [D]\{\dot{x}\} + [C]\{x\} = \{0\},$$

$$\begin{bmatrix} m_1 & 0 \\ 0 & m_2 \end{bmatrix} \begin{pmatrix} \ddot{x}_1 \\ \ddot{x}_2 \end{pmatrix} + \begin{bmatrix} (d_1+d_2) & -d_2 \\ -d_2 & (d_2+d_3) \end{bmatrix} \begin{pmatrix} \dot{x}_1 \\ \dot{x}_2 \end{pmatrix} +$$

$$\begin{bmatrix} (c_1+c_2) & -c_2 \\ -c_2 & (c_2+c_3) \end{bmatrix} \begin{pmatrix} x_1 \\ x_2 \end{pmatrix} = \begin{pmatrix} 0 \\ 0 \end{pmatrix},$$

$$\begin{bmatrix} 1 & 0 \\ 0 & 3 \end{bmatrix} \begin{pmatrix} \ddot{x}_1 \\ \ddot{x}_2 \end{pmatrix} + \begin{bmatrix} 3 & -1 \\ -1 & 6 \end{bmatrix} \begin{pmatrix} \dot{x}_1 \\ \dot{x}_2 \end{pmatrix} + 10^3 \begin{bmatrix} 4 & -2 \\ -2 & 6 \end{bmatrix} \begin{pmatrix} x_1 \\ x_2 \end{pmatrix} = \begin{pmatrix} 0 \\ 0 \end{pmatrix}.$$

Für das reelle Eigenwertproblem

$$([C] - \omega_e^2 [M])\{x_e\} = \{0\}$$

erhält man die Eigenfrequenzen als nichttriviale Lösung aus der Beziehung

$$\det \begin{vmatrix} c_1 + c_2 - \omega_e^2 m_1 & -c_2 \\ -c_2 & c_2 + c_3 - \omega_e^2 m_2 \end{vmatrix} = 0,$$

$$\omega_e^4 m_1 m_2 - \omega^2 ((m_1+m_2)c_2 + m_1 c_3 + m_2 c_1) + c_1 c_2 + c_1 c_3 + c_2 c_3 = 0,$$

$$\omega_e^4 - 6 \cdot 10^3 \omega_e^2 + 6{,}67 \cdot 10^6 = 0,$$

$$\omega_1^2 = 1473 \ \frac{\text{rad}^2}{\text{s}^2},\ \omega_1 = 38{,}4 \ \frac{\text{rad}}{\text{s}}, f_1 = 6{,}1 \text{ Hz},$$

$$\omega_2^2 = 4526 \ \frac{\text{rad}^2}{\text{s}^2},\ \omega_2 = 67{,}3 \ \frac{\text{rad}}{\text{s}}, f_2 = 10{,}7 \text{ Hz}.$$

Setzt man diese Eigenfrequenzen wieder in eine der Gleichungen des Eigenwertproblems ein, so erhält man für die Eigenvektoren:

$$(c_1 + c_2 - \omega_e^2 m_1) x_{e1} = c_2 x_{e2},$$

$$\frac{x_{11}}{x_{12}} = 0{,}791, \qquad \frac{x_{21}}{x_{22}} = -3{,}8.$$

Also z. B.:

$$\{x_1\} = \begin{pmatrix} 0{,}791 \\ 1 \end{pmatrix}, \qquad \{x_2\} = \begin{pmatrix} -3{,}8 \\ 1 \end{pmatrix},$$

aus denen sich die Modalmatrix

$$[\Phi] = \begin{bmatrix} 0{,}791 & -3{,}8 \\ 1 & 1 \end{bmatrix}$$

zusammensetzt.

Als modale Massen, Dämpfungen und Steifigkeiten ergeben sich die Größen

$$\text{diag}[m_e^*] = [\Phi]^t [M] [\Phi],$$

$$\begin{bmatrix} m_1^* & 0 \\ 0 & m_2^* \end{bmatrix} = \begin{bmatrix} 3{,}626 & 0 \\ 0 & 17{,}44 \end{bmatrix} \text{kg},$$

$$\text{diag}[d_e^*] = [\Phi]^t [D] [\Phi],$$

$$\begin{bmatrix} d_1^* & 0 \\ 0 & d_2^* \end{bmatrix} = \begin{bmatrix} 6{,}295 & 0 \\ 0 & 56{,}92 \end{bmatrix} \frac{\text{Ns}}{\text{m}},$$

$$\text{diag}[c_e^*] = [\Phi]^t [C] [\Phi],$$

$$\begin{bmatrix} c_1^* & 0 \\ 0 & c_2^* \end{bmatrix} = \begin{bmatrix} 5{,}339 & 0 \\ 0 & 78{,}96 \end{bmatrix} 10^3 \frac{\text{N}}{\text{m}}.$$

Dies bedeutet, daß das Eigenschwingungsverhalten durch zwei einzelne Einmassenschwinger mit diesen Größen beschrieben werden kann. Eine Diagonalisierung der Dämpfungsmatrix zur Ermittlung der modalen Dämpfungen ist hierbei nur aufgrund der proportionalen Dämpfung

$$[D] = \alpha [M] + \beta [C]$$

möglich, mit

$$\alpha = 1{,}0 \text{ s}^{-1}, \beta = 0{,}5 \cdot 10^{-3} \text{ s}.$$

Als charakteristisches Dämpfungsmaß für die Eigenschwingungen ergeben sich folgende Lehrschen Dämpfungen:

$$D_1 = \frac{6{,}295}{\sqrt{5{,}339 \cdot 10^3 \cdot 3{,}626}} = 0{,}045 \ (4{,}5\ \%),$$

$$D_2 = \frac{56{,}92}{\sqrt{78{,}96 \cdot 10^3 \cdot 17{,}44}} = 0{,}049 \ (4{,}9\ \%).$$

Die zahlenmäßig berechneten Eigenvektoren sind bisher beliebig skaliert, da nur das Verhältnis der Eigenvektorkomponenten eines Eigenvektors festgelegt ist. Um beide Eigenvektoren bezüglich ihrer Nachgiebigkeit untereinander quantitativ vergleichen zu können, ist eine Nachgiebigkeitsnormierung der Eigenvektoren sinnvoll, so daß die Beziehung erfüllt sein muß:

$$c_e = (a_e \{x_e\}^t) [C] (a_e \{x_e\}) = \{n_e\}^t [C] \{n_e\} = 1.$$

Die Skalierung der Eigenvektoren $\{x_e\}$ erfolgt also mit

$$a_e = \frac{1}{\sqrt{c_e}},$$

$$a_1 = 1{,}369 \cdot 10^{-2} \sqrt{\frac{m}{N}},$$

$$a_2 = 3{,}559 \cdot 10^{-3} \sqrt{\frac{m}{N}}.$$

Die skalierten Eigenvektoren (Kenn-Nachgiebigkeits-Wurzeln) sind

$$\{n_1\} = \begin{pmatrix} 1{,}082 \cdot 10^{-2} \\ 1{,}369 \cdot 10^{-2} \end{pmatrix} \sqrt{\frac{m}{N}},$$

$$\{n_2\} = \begin{pmatrix} -1{,}352 \cdot 10^{-2} \\ 0{,}356 \cdot 10^{-2} \end{pmatrix} \sqrt{\frac{m}{N}}.$$

Daraus ist beispielsweise erkennbar, daß für die erste Eigenschwingung die Stelle 2 eine wesentlich höhere Feder-Nachgiebigkeit aufweist als für die zweite Eigenschwingung, was aus den unskalierten Eigenvektoren nicht zu entnehmen ist.

Das Quadrat einer so skalierten Eigenvektorkomponente ist eine "Kenn-Nachgiebigkeit" (siehe 5.11) und somit ein direktes Maß für die Federnachgiebigkeit an der betreffenden Stelle (1 oder 2) des Systems für die jeweilige Eigenschwingung. Die Kenn-Nachgiebigkeit zwischen zwei verschiedenen Stellen erhält man aus dem Produkt der Eigenvektorkomponenten dieser Stellen:

$$N_{1\,11} = 1{,}173 \cdot 10^{-4} \frac{m}{N},$$

$$N_{1\,12} = N_{1\,21} = 1{,}482 \cdot 10^{-4} \frac{m}{N},$$

$$N_{1\,22} = 1{,}874 \cdot 10^{-4} \frac{m}{N},$$

$$N_{2\,11} = 1{,}828 \cdot 10^{-4} \frac{m}{N},$$

$$N_{2\,12} = N_{2\,21} = -0{,}481 \cdot 10^{-4} \frac{m}{N},$$

$$N_{2\,22} = 0{,}127 \cdot 10^{-4} \frac{m}{N}.$$

Damit lassen sich nach der Frequenzganggleichung

$$N_{ik}(\omega) = \sum_e \frac{N_{e\,ik}}{1 + j\,2\,D_e\,\omega/\omega_e - (\omega/\omega_e)^2}$$

die in Bild 5.10 dargestellten direkten Nachgiebigkeitsfrequenzgänge an den Stellen 1 und 2 sowie der Übertragungs-Frequenzgang zwischen der Stelle 1 und 2 berechnen.

Für viele Anwendungsfälle interessiert man sich allerdings für die *relative* Nachgiebigkeit zwischen zwei Stellen an einer Struktur (beispielsweise relativ zwischen Werkzeug und Werkstück), also für die Nachgiebigkeit, die sich aus einer Relativbewegung aufgrund einer Relativkraft ergibt. Für die Reihenschaltung der nachgiebigen Elemente im Kraftfluß läßt sich die Relativnachgiebigkeit zwischen zwei Elementen aus der Differenz der Nachgiebigkeiten an beiden Stellen berechnen. Diese Überlegung führt auf folgende Bestimmungsgleichung für die relative Kenn-Nachgiebigkeit zwischen den Stellen 1 und 2:

$$N_{1\,12\,rel} = (n_{1\,1} - n_{1\,2})^2 = 8{,}14 \cdot 10^{-6}\,\frac{m}{N},$$

$$N_{2\,12\,rel} = (n_{2\,1} - n_{2\,2})^2 = 2{,}92 \cdot 10^{-4}\,\frac{m}{N}.$$

Hieraus wird erst ersichtlich, daß die zweite Eigenschwingung eine wesentlich höhere Relativnachgiebigkeit zwischen den beiden Stellen (aufgrund der gegenphasigen Bewegung) verursacht.

Für den relativen Frequenzgang $N_{12\,rel}(\omega)$, der in Bild 5.11 dargestellt ist, ergibt sich die Frequenzganggleichung

$$N_{e\,12}(\omega) = \sum_e \frac{(n_{e\,1} - n_{e\,2})^2}{1 - j\,2\,D_e\,\omega/\omega_e - (\omega/\omega_e)^2}.$$

Da sich die Übertragungsfrequenzgänge der verschiedenen Stellen der Struktur nur in den Kenn-Nachgiebigkeiten für die verschiedenen Eigenfrequenzen unterscheiden und die globalen modalen Parameter (Eigenfrequenz und Lehrsche Dämpfung) in allen Übertragungsfrequenzgängen identisch sind, läßt sich die obige Frequenzganggleichung mit Hilfe der sog. Standardfrequenzgänge

$$S_e = \sum_e \frac{1}{1 + j\,2\,D_e\,\omega/\omega_e - (\omega/\omega_e)^2}$$

folgendermaßen aufspalten:

$$N_{e\,12} = \sum_e \frac{n_{e\,1}^2}{S_e} + \sum_e \frac{n_{e\,2}^2}{S_e} - 2 \sum_e \frac{n_{e\,1} n_{e\,2}}{S_e}.$$

Man erkennt, daß der relative Frequenzgang auch aus den absoluten Frequenzgängen $N_{11}(\omega)$ und $N_{22}(\omega)$ an den Stellen 1 und 2 und durch den Übertragungsfrequenzgang $N_{12}(\omega)$ zwischen beiden Stellen nach folgender Berechnungsvorschrift ermittelt werden kann:

$$N_{12\,rel}(\omega) = N_{11}(\omega) + N_{22}(\omega) - 2\,N_{12}(\omega).$$

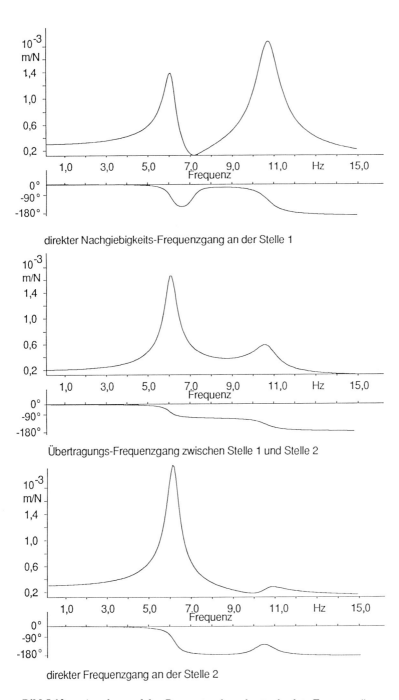

Bild 5.10: Aus den modalen Parametern berechnete absolute Frequenzgänge

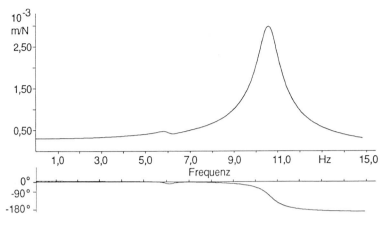

Relativ-Nachgiebigkeits-Frequenzgang zwischen den Stellen 1 und 2

Bild 5.11: Aus den modalen Parametern berechneter Relativ-Frequenzgang

Die Bestimmung der Relativ-Nachgiebigkeit zwischen zwei Stellen kann also entweder anhand der Eigenvektorkomponenten oder aus den Absolut-Frequenzgängen für beide Stellen erfolgen.

5.3 Schwingungserscheinungen an Werkzeugmaschinen

5.3.1 Freie Schwingungen

Wenn auf eine Maschine kurzzeitig eine Kraft einwirkt (z. B. stoßförmig oder sprungförmig), so wird die Maschine dadurch verformt und schwingt nach der Kraftanregung in einer Schwingungsform aus, die sich aus einer Überlagerung aller Eigenfrequenzen zusammensetzt. Die stets vorhandenen Dämpfungskräfte bewirken, daß die freien Schwingungen abklingen. Je größer die Dämpfungskräfte sind, desto schneller kommt die Maschine wieder in ihre Ruhelage. Die Dämpfungskräfte sind für die höheren Frequenzen i. allg. größer als für die tiefen, so daß von den freien abklingenden Schwingungen meist nur diejenigen mit tiefen Eigenfrequenzen als Störungen in Erscheinung treten. Diese Störungen sind umso stärker, je kleiner die Dämpfung der Maschine und je größer die kurzzeitige Kraftamplitude ist. Verformungen dieser Art führen meist nur bei Feinbearbeitungsmaschinen unmittelbar zu Störungen, da hier schon relativ kleine Störbewegungen mangelhafte Bearbeitungsergebnisse verursachen können. Freie abklingende Schwingungen einer Werkzeugmaschine können durch eine äußere Krafteinwirkung verursacht werden, die über das Fundament der Maschine eingeleitet wird, aber auch durch Kräfte, die von der Maschine selbst verursacht werden, wie beispielsweise durch das schnelle Anfahren und Positionieren von Tischen.

Das Bewegungsverhalten der freien Schwingung läßt sich durch eine homogene Differentialgleichung beschreiben, z. B. für den Einmassenschwinger:

$$m\ddot{x} + d\dot{x} + cx = 0. \tag{5.30}$$

Die homogene Lösung dieser Differentialgleichung liefert die mit der gedämpften Eigenfrequenz ω_d abklingende freie Schwingung (für Lehrsche Dämpfung $D_e < 1$)

$$x = e^{-\sigma t}(A\cos(\omega_d t) + B\sin(\omega_d t)) \tag{5.31}$$

mit der Abklingkonstante

$$\sigma = D\omega_0,$$

der ungedämpften Eigenfrequenz

$$\omega_0 = \sqrt{\frac{c}{m}}$$

und der gedämpften Eigenfrequenz

$$\omega_d = \omega_0 \sqrt{1 - D^2}.$$

Die Koeffizienten A und B der Lösung ergeben sich aus den Anfangsbedingungen $x(0)$ und $\dot{x}(0)$.

5.3.2 Fremderregte Schwingungen

Eine fremderregte Schwingung der Maschine tritt auf, wenn an irgendeiner Stelle der Maschine eine periodische Kraft mit konstanter Frequenz einwirkt. Nach dem Abklingen eines evtl. Einschwingvorgangs wird dadurch eine stationäre Wechselverformung der Maschine mit der gleichen Frequenz, mit der die Kraft einwirkt, verursacht. Die auftretenden Schwingungsamplituden sind abhängig von der dynamischen Steifigkeit der Maschine und der Größe der wirksamen Kraftamplitude. Aus der Frequenzganggleichung für die dynamische Nachgiebigkeit läßt sich direkt der Schwingweg für die stationäre Schwingung an der Stelle i einer Maschine berechnen, wenn an der Stelle k eine sinusförmige Kraft mit der Frequenz ω und der Amplitude $\hat{F}_k$ angreift:

$$x_i = \hat{F}_k \sum_e \frac{N_{e\,ik}}{1 + j\,2\,D_e \omega/\omega_e - (\omega/\omega_e)^2}. \tag{5.32}$$

Der Schwingweg ist eine komplexe Größe, da i. allg. eine Phasenverschiebung zwischen der sinusförmigen Kraft und der Verformung auftritt. Erfolgt eine Fremdanregung in der Nähe einer Eigenfrequenz der Maschine, so werden die Verformungen maximal, da nur noch die Dämpfungskräfte der Anregungskraft entgegenwirken. In diesem Fall genügen schon kleine Kräfte, um eine Störung des Bearbeitungsprozesses hervorzurufen. Gerade aber kleine Störkräfte können oft nur mit größerem Aufwand merklich verringert werden. Deshalb ist es empfehlenswert, die Verformungen wesentlich herabzusetzen, indem entweder die Frequenz der Störkraft oder die betreffende Eigenfrequenz der Maschine verändert wird. Führt eine Fremderregung außerhalb einer Eigenfrequenz der Maschine zu einer Störung, so muß die Störkraft relativ groß sein und es kann meist mit wirtschaftlich gerechtfertigtem Aufwand entweder die Störkraft deutlich verringert oder die Steifigkeit der Maschine wesentlich erhöht werden.

I. allg. wird angestrebt, die dynamische Steifigkeit der Maschine gezielt zu optimieren. Hierzu ist es notwendig, die Eigenschwingungen der Maschine möglichst genau zu kennen. Aus den Eigenformen ersieht man die Stellen der Maschine, die bei den betreffenden Eigenfrequenzen am stärksten verformt werden. Die Versteifung dieser dynamischen Schwachstellen ermöglicht es, die Eigenfrequenzen wirkungsvoll zu erhöhen und die Verformungen zu verringern.

Fremderregte Schwingungen können an Werkzeugmaschinen in der Praxis durch folgende Anregungsarten hervorgerufen werden:

- aus dem Schnittprozeß durch periodisch wechselnde Schnittkräfte, z. B. bei unterbrochenem Schnitt oder (z. B. beim Fräsen) durch periodische Werkzeugeingriffsstöße,
- aus den Antrieben der Maschine, z. B. Eingriffswechselkräfte und Kräfte durch Teilungsfehler an Zahnradstufen, Überrollkräfte bei Wälzlagern und Lagerfehler, Unwuchten und Exzentritäten von Wellen oder periodische Drehmomentenschwankungen von Antriebsmotoren,
- von außerhalb der Maschine durch Einleitung von Störkräften über das Fundament.

Als Beispiel für eine Fremdanregung ist in Bild 5.12 ein typischer, gemessener Schnittkraftverlauf beim Kreissägen dargestellt. Neben einem Konstantanteil der Schnittkraft ist ein relativ großer Wechselanteil der Schnittkraft erkennbar, der durch die periodisch schwankende Anzahl der sich im Eingriff befindlichen Schneiden bedingt ist. In dem ebenfalls abgebildeten Amplitudenspektrum der Schnittkraft wird deutlich, daß die Maschine nicht nur mit der Schneideneingriffsfrequenz fremdangeregt wird, sondern auch die ganzzahligen Vielfachen (Harmonischen) dieser Frequenz im Kraftsignal beinhaltet sind, da der Kraftverlauf keiner reinen Sinusfunktion entspricht.

5.3.3 Selbsterregte Schwingungen

Vom Wirkungsprinzip her sind selbsterregte und fremderregte Schwingungen grundsätzlich verschieden. Bei fremderregten Schwingungen wird der Maschine die Schwingbewegung durch eine Störkraft aufgezwungen, die stationären Schwingbewegungen erfolgen mit den Frequenzen der periodischen Störkraft. Selbsterregte Schwingungen werden dagegen durch eine Instabilität des Gesamtsystems Maschine und Zerspanprozeß verursacht. Erst die Rückwirkung des Schnittprozesses auf die nachgiebige Maschinenstruktur kann den instabilen Bearbeitungsfall verursachen. Dies geschieht anschaulich, indem bei bestimmten Schnittvorgängen kleine Wechselverformungen der Maschine Relativbewegungen zwischen Werkzeug und Werkstück erzeugen und damit auch Wechselkräfte, die auf die Maschine zurückwirken und zwar so, als seien sie Dämpfungskräfte mit negativen Vorzeichen. Wenn unter bestimmten Zerspanbedingungen diese negativen Dämpfungskräfte betragsmäßig

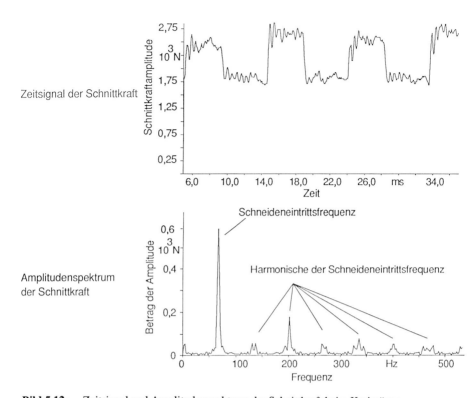

Bild 5.12: Zeitsignal und Amplitudenspektrum der Schnittkraft beim Kreissägen

größer werden als die Eigen-Dämpfungskräfte der Maschine, so werden die Relativbewegungen zwischen Werkzeug und Werkstück anwachsen und der Bearbeitungsprozeß wird instabil, d. h. die Maschine "rattert". Durch unterschiedliche Rattermechanismen wird die Energie zur Aufrechterhaltung der Schwingung periodisch aus dem Antrieb der Maschine entnommen und zwar annähernd mit der Periode (Eigenfrequenz), bei der die Werkzeugmaschine die geringste dynamische Steifigkeit relativ zwischen Werkzeug und Werkstück aufweist. Charakteristisch für eine selbsterregte Schwingung ist demnach, daß sie annähernd mit einer Eigenfrequenz der Maschine auftritt und die Schwingungsform annähernd mit der zugehörigen Eigenschwingungsform übereinstimmt. Die Amplituden der Schwingbewegung wachsen nicht unbegrenzt an, sondern erreichen einen stationären Wert, sobald beispielsweise aufgrund der Relativbewegungen an der Zerspanstelle Werkzeug und Werkstück kurzzeitig nicht mehr in Eingriff miteinander sind.

Als häufigste Ursache für die Instabilität des Zerspanprozesses lassen sich folgende Rattermechanismen anführen (Bild 5.13):

- Regeneratives Rattern:
  eine einmalige, geringe Störung erzeugt eine abklingende Eigenschwingungsbewegung, die sich auf der Oberfläche des Werkstücks abbildet. Durch das wieder-

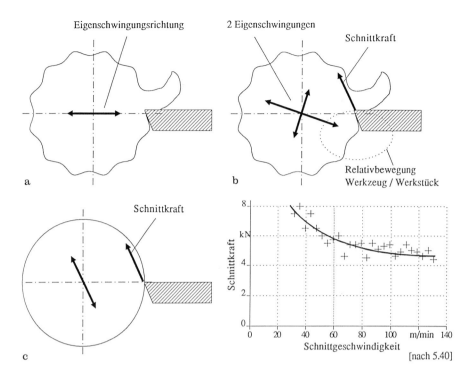

Bild 5.13: Modellvorstellungen für die instabile Bearbeitung
a) Regenerativeffekt b) Lagekopplung c) Fallende Schnittkraft-Schnittgeschwindigkeitskennlinie

holte Einschneiden in die wellige Oberfläche nach einer bestimmten Zeit (z. B. nach einer Umdrehung des Werkstücks beim Drehen) kann unter bestimmten Bedingungen die Schwingung angefacht werden. Charakteristisch für diesen Rattermechanismus ist die periodische Spandickenänderung und die notwendige Überschneidung zwischen aufeinanderfolgenden Schnitten. Da für diese Rattererscheinung meistens eine dominierende Eigenschwingungsform verantwortlich ist, erfolgt die Schwingungsbewegung relativ zwischen Werkzeug und Werkstück mehr oder weniger auf einer räumlichen Geraden.
- Lagekopplung:
Wird die geringste dynamische Steifigkeit relativ zwischen Werkzeug und Werkstück durch zwei frequenzmäßig eng benachbarte Eigenschwingungen verursacht, so können beide Eigenschwingungen über den Zerspanprozeß miteinander gekoppelt werden. Dadurch treten periodische Relativbewegungen an der Zerspanstelle gleichzeitig in beiden Eigenschwingungsrichtungen auf. Es ergibt sich damit eine ebene, geschlossene Bewegungskurve mit charakteristischer Umlaufrichtung, die zu einem instabilen Zerspanprozeß führen kann. Für diesen Rattermechanismus ist keine Überschneidung zwischen nachfolgenden Schnitten erforderlich.

- Fallende Schnittkraft - Schnittgeschwindigkeitskennlinie:
Diese Erscheinung kann analog zu dem bekannten Phänomen von Reibschwingungen gesehen werden, die beispielsweise auch an Führungen von Werkzeugmaschinen auftreten (Stick-Slip), wenn der Reibungskoeffizient eine fallende Charakteristik über der Verfahrgeschwindigkeit besitzt. Für einen Einmassenschwinger ergibt sich die Bewegungsgleichung aufgrund einer äußeren, geschwindigkeitsproportionalen Reibungskraft zu:

$$m\ddot{x} + d\dot{x} + cx = F_r(\dot{x}); \quad F_r = r\dot{x}. \tag{5.33}$$

Faßt man die Reibungskraft als innere Kraft des Systems auf und schreibt sie auf die linke Seite der Bewegungsgleichung, so erkennt man, daß sie für eine fallende Kennlinie destabilisierend wirkt, da die geschwindigkeitsproportionale Dämpfungskraft des Systems reduziert wird:

$$m\ddot{x} + (d - r)\dot{x} + cx = 0. \tag{5.34}$$

Analog hierzu kann auch bei der Zerspanung eine negative, geschwindigkeitsproportionale Dämpfungskraft aufgrund einer fallenden Schnittkraft - Schnittgeschwindigkeitskennlinie entstehen. Da die fallende Charakeristik der Schnittgeschwindigkeitskennlinie nur bei niedrigen Schnittgeschwindigkeiten ausgeprägter ist, ist dieser Rattermechanismus auch hauptsächlich für Zerspanvorgänge mit niedrigeren Schnittgeschwindigkeiten relevant. Die für das Rattern ursächliche Eigenschwingungsform muß an der Zerspanstelle eine Komponente der Eigenschwingungsrichtung in Schnittkraftrichtung aufweisen.

Neben den hier aufgeführten Rattermechanismen sind noch weitere Ursachen für einen instabilen Zerspanvorgang denkbar. Man muß allerdings berücksichtigen, daß die angeführten Rattermechanismen Modellvorstellungen sind, die in der Praxis nicht unbedingt in isolierter Form auftreten. Vielmehr können die verschiedenen Ursachen auch gleichzeitig für einen bestimmten Zerspanprozeß destabilisierend wirken. Die grundlegenden Modellvorstellungen sind beispielsweise in [5.7, 5.18 bis 5.21] dargestellt.

Eine gesamtheitliche Betrachtungsweise, die die verschiedenen Ratterursachen berücksichtigt, erfolgt am günstigsten durch eine regelungstechnische Modellbehandlung des Systems Werkzeugmaschine-Zerspanprozeß ([5.7], [5.8], [5.19] bis [5.26]). Zu diesem Zweck kann der Bearbeitungsprozeß an einer Maschine durch das in Bild 5.14 dargestellte regelungstechnische Blockschaltbild beschrieben werden. Das Nachgiebigkeitsverhalten der Maschine, charakterisiert durch die Relativ-Frequenzgänge an der Zerspanstelle, bewirkt eine Verformung x aufgrund einer Störkraft $F_{stör}$. Diese Relativverformung x verursacht bei der Zerspanung eine zusätzliche Schnittkraftkomponente F_S, die durch die Rückkopplung auf die Maschine zurückwirkt. Das Verhalten des Zerspanprozesses läßt sich im Frequenzbereich durch den Übertragungsfrequenzgang $Z(\omega)$ charakterisieren. Da die dynamische Nachgiebigkeit der Maschine ebenso wie die dynamische Steifigkeit des Zerspanvorgangs richtungsabhängige Größen sind, müßte für eine exakte Beschreibung jeweils

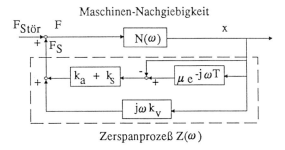

Bild 5.14: Regelungstechnisches Blockschaltbild des Bearbeitungsvorgangs

nicht nur ein einzelner Relativ-Frequenzgang zwischen Werkstück und Werkzeug berücksichtigt werden, sondern vollständige Frequenzgang-Matrizen, die die Übertragungsfrequenzgänge zwischen den drei Koordinatenrichtungen an der Zerspanstelle beinhalten.

$$[N(\omega)] = \begin{bmatrix} N'_{xx} & N'_{xy} & N'_{xz} \\ N'_{yx} & N'_{yy} & N'_{yz} \\ N'_{zx} & N'_{zy} & N'_{zz} \end{bmatrix},$$

$$[Z(\omega)] = \begin{bmatrix} Z'_{xx} & Z'_{xy} & Z'_{xz} \\ Z'_{yx} & Z'_{yy} & Z'_{yz} \\ Z'_{zx} & Z'_{zy} & Z'_{zz} \end{bmatrix}. \tag{5.35}$$

Die Richtungsorientierung der räumlichen Schnittkraft zu den Richtungen der gemessenen Nachgiebigkeits-Frequenzgänge der Maschine kann durch bearbeitungsspezifische Richtungsfaktoren d_{ik} berücksichtigt werden:

$$N'_{ik} = N_{ik}\, d_{ik}. \tag{5.36}$$

Die so umgerechneten Frequenzgänge werden als *gerichtete* Maschinenfrequenzgänge bezeichnet.

Das Übertragungsverhalten im Vorwärts- und Rückwärtszweig des in Bild 5.14 dargestellten Regelkreises ist damit durch die Matrizengleichungen

$$\{x(\omega)\} = [N(\omega)]\,\{F_S(\omega)\}$$

und

$$\{F_S(\omega)\} = [Z(\omega)]\,\{x(\omega)\} \tag{5.37}$$

gegeben. Für eine einfachere und anschaulichere Darstellung seien aber im folgenden die Kopplungen der verschiedenen Richtungen untereinander nicht berücksichtigt und nur ein einfaches System mit *einem Freiheitsgrad* (Koordinatenrichtung) betrachtet.

Der Übertragungsfrequenzgang $Z(\omega)$, der den Zerspanvorgang beschreibt, läßt sich hierfür aus der Abhängigkeit der Schnittkraft $F(t)$ von dem momentanen Relativweg $x(t)$ und Relativgeschwindigkeit $\dot{x}(t)$ zwischen Werkzeug und Werkstück herleiten:

$$F(t) = (k_a + k_s)\, x(t) + k_v\, \dot{x}(t). \tag{5.38}$$

Die Faktoren

$$k_a = \frac{dF(a)}{da}\frac{da}{dx},$$

Einflußfaktor für die Schnittiefe (Fräsen) bzw. Schnittbreite (Drehen) a,

$$k_s = \frac{dF(s)}{ds}\frac{ds}{dx},$$

Einflußfaktor für den Vorschub s,

$$k_v = \frac{dF(v)}{dv}\frac{dv}{d\dot{x}},$$

Einflußfaktor für die Schnittgeschwindigkeit v, geben die Abhängigkeit der Zerspankraft vom jeweiligen Zerspanparameter sowie die Abhängigkeit des jeweiligen Zerspanparameters vom Relativweg (bzw. von der Relativgeschwindigkeit) für verschiedene Bearbeitungsfälle wieder. Wenn ein Bearbeitungsvorgang mit Überschneidung vorliegt, muß zusätzlich berücksichtigt werden, daß die momentane Spandicke auch eine Funktion der Relativbewegung zum Zeitpunkt des vorherigen Schneideneingriffs ist (s. Bild 5.15). Damit erhält man als Zeitfunktion für die Schnittkraft

$$F(t) = (k_a + k_s)\,(\mu\, x(t-T) - x(t)) + k_v\, \dot{x}(t) \tag{5.39}$$

mit μ als Überdeckungsfaktor, der die Überdeckung zwischen zwei aufeinanderfolgenden Schnitten angibt und T, der für die jeweilige Bearbeitung typischen Totzeit. Für die Drehbearbeitung entspricht diese Totzeit beispielsweise der Dauer einer Umdrehung des Werkstücks. Führt man für diese Differentialgleichung der Schnittkraft eine Fouriertransformation durch, so erhält man für den Übertragungsfrequenz-

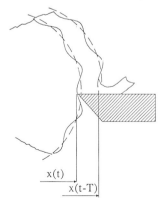

Bild 5.15: Momentane Spandicke bei einer Bearbeitung mit Überschneidung

gang des Schnittprozesses:

$$Z(\omega) = \frac{F(\omega)}{x(\omega)} = (k_a + k_s) \cdot (\mu e^{-j\omega T} - 1) + j k_v \omega. \tag{5.40}$$

Das Totzeitglied $\mu e^{-j\omega T}$ charakterisiert die Ratterneigung des Systems bezüglich regenerativen Ratterns, und das Differentialglied $j k_v \omega$ berücksichtigt die Ratterneigung aufgrund einer fallenden Schnittkraft - Schnittgeschwindigkeitskennlinie. Für $\mu = 0$ wird bei Berücksichtigung mehrerer Freiheitsgrade die Lagekopplung beschrieben. Bei Vernachläßigung des Schnittgeschwindigkeitseinflusses ($k_v = 0$) beschreibt die Ortskurve des Zerspanprozesses einen Kreis, dessen Mittelpunkt auf der negativen Realteilachse liegt und den Ursprung berührt. Für die Zeiteinheit, die der Totzeit des Zerspanprozesses entspricht, wird dieser Kreis einmal im Uhrzeigersinn durchlaufen. Für Werte $k_v \neq 0$ wird die Ortskurve in Richtung der Imaginärteilachse auseinandergezogen, so daß sich der in Bild 5.16 dargestellte schleifenförmige Verlauf ergibt.

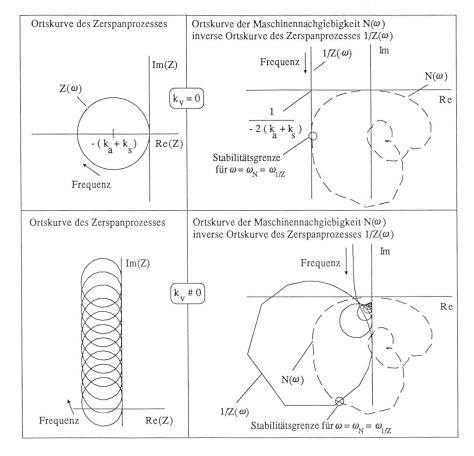

Bild 5.16: Stabilitätsanalyse anhand der Ortskurven des Zerspanprozesses und der Maschine

Das Gesamtsystemverhalten von Maschine und Zerspanprozeß gemäß des in Bild 5.14 abgebildeten Regelkreises mit Rückführung wird durch den Frequenzgang

$$G(\omega) = \frac{N(\omega)}{1 - N(\omega)\, Z(\omega)} \tag{5.41}$$

beschrieben. Das System wird dann instabil, wenn der Nenner dieses Ausdrucks verschwindet, also für

$$1 - N(\omega)\, Z(\omega) = 0$$

oder

$$N(\omega) = \frac{1}{Z(\omega)}. \tag{5.42}$$

Die Stabilitätsgrenze ist also genau dann erreicht, wenn für irgendeine Frequenz der Relativfrequenzgang der Maschinennachgiebigkeit mit dem inversen Frequenzgang des Zerspanprozesses übereinstimmt, wenn also an den Schnittpunkten dieser beiden Ortskurven die Frequenzen übereinstimmen. Wenn für jeweils die gleiche Frequenz und bei gleicher Phasenlage der Ortskurvenpunkte der Betrag des inversen Frequenzgangs des Zerspanprozesses größer ist als der Betrag des Maschinenfrequenzgangs, ist das System stabil (Zweiortskurven-Verfahren, entspricht dem *Nyquist*-Kriterium). Bei Vernachlässigung des Schnittgeschwindigkeitseinflusses ($k_V = 0$) nimmt der inverse Frequenzgang der Zerspanung die Form einer Geraden parallel zur Imaginärteilachse an. Die Entfernung dieser Geraden vom größten negativen Realteil der gerichteten Maschinenortskurve ist ein Maß für die Stabilität des Zerspanprozesses. Für eine Stabilitätsanalyse nach dem hier dargestellten Verfahren sind die Relativfrequenzgänge an der Zerspanstelle meßtechnisch mit guter Genauigkeit zu ermitteln. Schwierigkeiten bereitet hingegen die exakte Erfassung der für die Zerspanung relevanten Parameter k_a, k_S und k_V. Aus experimentellen Untersuchungen läßt sich entnehmen, daß diese werkstoffabhängigen Größen relativ weit streuen ([5.26 bis 5.30]). Zudem ergaben diese Untersuchungen, daß die Spandickenänderung frequenzabhängig und phasenverschoben zur Schnittkraftschwankung verläuft und somit der Einflußfaktor k_S für den allgemeinen Fall als frequenzabhängige, komplexe Größe angenommen werden muß. Da die experimentell bestimmten Einflußfaktoren allerdings selbst für den gleichen Werkstoff weit streuen, ist es für die praktische Anwendung meist ausreichend, von reellen Einflußfaktoren auszugehen, zumal hierdurch (nach [5.7]) der ungünstigste Fall angenommen wird.

5.4 Beeinflussung des dynamischen Verhaltens

5.4.1 Allgemeines

Für eine gezielte Beseitigung störender Schwingungen, die während der Bearbeitung an einer Werkzeugmaschine auftreten, ist es notwendig, die Schwingungsursache meist experimentell genauer zu identifizieren. Entscheidend ist die Feststellung, ob eine fremderregte oder eine selbsterregte Schwingung für den Störfall verantwortlich ist. Im Falle einer fremderregten Schwingung kann die Störung meist mit relativ geringem Aufwand durch eine Beseitigung oder Reduzierung der verursachenden Störkraft behoben werden. Bei einer selbsterregten Schwingung ist keine ursächliche Störkraft vorhanden, so daß ein instabiler Bearbeitungsvorgang nur durch eine Beeinflussung des Maschinenverhaltens oder des Zerspanprozesses verhindert werden kann. Experimentell kann relativ einfach zwischen fremd- und selbsterregten Schwingungen unterschieden werden, da fremderregte Schwingungen mit den Frequenzen der Störkraft, selbsterregte Schwingungen annähernd mit den Eigenfrequenzen der Maschine auftreten. Da für die verschiedenen Rattermechanismen unterschiedliche Zuordnungen der Schnittkraftrichtung zur Eigenschwingungsrichtung ausschlaggebend für die Stabilität des Bearbeitungsvorgangs sind, ist es nützlich, im Falle einer selbsterregten Schwingung den relevanten Rattermechanismus näher zu identifizieren. Eine mögliche Vorgehensweise zur Bestimmung der Schwingungsursache ist in Bild 5.17 als Ablaufdiagramm dargestellt.

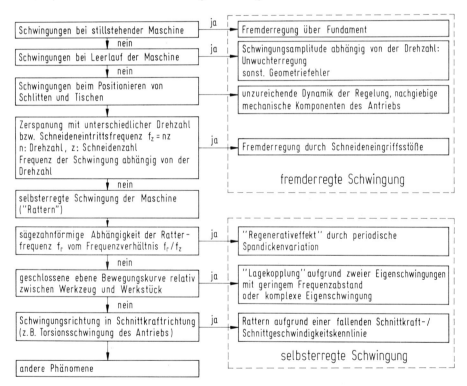

Bild 5.17: Mögliche Vorgehensweise für die Analyse dynamischer Störfälle

5.4.2 Beeinflussung des dynamischen Verhaltens über die Maschineneigenschaften

I. allg. wirken sich Schwachstellen bezüglich der statischen Steifigkeit der Maschinenkonstruktion auch als dynamische Schwachstellen aus. Dementsprechend sollten

auskragende Bauteile, Spiel zwischen den Bauteilen und eine geringe Eigensteifigkeit der Bauteile vermieden werden. Im Gegensatz zur statischen Steifigkeit ist für die dynamische Steifigkeit zusätzlich die Massenwirkung der Maschinenbauteile relevant. Eine Massenkonzentration an Stellen der Maschine, die große Schwingbewegungen ausführen, sollte daher vermieden werden. Vielmehr sollte eine Dimensionierung der Bauteile proportional zu den auftretenden Belastungen erfolgen, um durch einen hohen Ausnutzungsgrad die Bauteilmassen gering zu halten. Da speziell bezüglich der Massenwirkungen das dynamische Verhalten einer Maschinenkonstruktion nur schwer abzuschätzen ist, kann eine gezielte Schwachstellenanalyse nur durch die Analyse des Eigenschwingungsverhaltens anhand einer experimentellen oder rechnerischen Modalanalyse erfolgen. Dabei muß berücksichtigt werden, daß alle im Kraftfluß der Maschine befindlichen Bauteile zum Gesamtsteifigkeitsverhalten beitragen. Es sind daher im einzelnen
- das Maschinengestell,
- die Haupt- und Vorschubantriebseinheiten und
- das Werkzeug und Werkstück sowie deren Einspannung

bezüglich dynamischer Schwachstellen zu untersuchen.

Aus einer statistischen Analyse der dynamischen Schwachstellen von Werkzeugmaschinen [5.8] geht hervor, daß speziell das Spindellagersystem des Hauptantriebs in einer Vielzahl der Fälle dynamische Störungen verursacht (bei Futterdrehmaschinen 65%, bei Konsolfräsmaschinen 60% der Störfälle aufgrund von Rattererscheinungen).

Darüber hinaus ist aus experimentellen Untersuchungen bekannt, daß auch die Aufstellung der Maschine einen wesentlichen Einfluß auf die Relativsteifigkeit zwischen Werkzeug und Werkstück haben kann ([5.7, 5.31, 5.32]). Bei eigensteifen Maschinengestellen bewirkt eine weiche, dämpfende Aufstellung mittels spezieller Aufstellelemente eine Reduzierung der Resonanznachgiebigkeiten. Bei nicht selbsttragenden Maschinengestellen, bei denen der Kraftfluß über ein Fundament geleitet wird, müssen das Fundament sowie die Verbindungen zwischen Fundament und Maschinengestell möglichst steif ausgeführt werden.

Neben einer möglichst hohen statischen Steifigkeit der Maschinenkonstruktion kann ein verbessertes dynamisches Verhalten allgemein durch eine hohe Eigendämpfung der Maschine erreicht werden. Hierzu haben Untersuchungen gezeigt, daß die Dämpfung einer Maschinenkonstruktion hauptsächlich durch die in den Verbindungsstellen der Einzelbauteile auftretenden Fugendämpfung bedingt ist (Bild 5.18). Demgegenüber macht sich eine erhöhte Werkstoffdämpfung spezieller Werkstoffe wie beispielsweise Polymerbeton nur relativ gering bemerkbar. Ursache hierfür ist die Abhängigkeit der Dämpfung von den Relativbewegungen, die vor allem in Fugenverbindungen auftreten. Daraus ergibt sich die teilweise widersprüchliche Forderung einer möglichst statisch steifen Konstruktion mit geringen Relativbewegungen zwischen den Bauteilen und einer möglichst hohen Dämpfung, die proportional zu den Relativbewegungen ist.

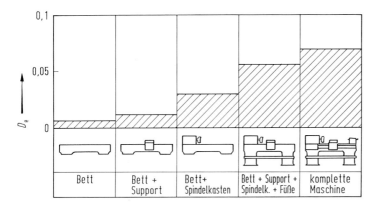

Bild 5.18: Dämpfung einer Werkzeugmaschine in unterschiedlichen Montagestadien (nach [5.33])

Eine nachträgliche Erhöhung der dynamischen Steifigkeit einer Maschinenkonstruktion kann durch passive oder aktive Zusatzsysteme erreicht werden ([5.31, 5.34, 5.35]). Neben einer reinen Erhöhung der Dämpfung durch zusätzliche Reibungsdämpfer oder Dämpfungsbüchsen, kann durch sog. "Hilfsmassendämpfer" die dynamische Steifigkeit an der Zerspanstelle gezielt bezüglich einer speziellen Eigenschwingung optimiert werden. Ein Hilfsmassendämpfer besteht aus einer feder- und dämpfungswirksam angekoppelten Zusatzmasse, so daß aufgrund des zusätzlichen Freiheitsgrades eine zusätzliche Resonanzstelle (bzw. Eigenschwingung) in den Relativfrequenzgängen an der Zerspanstelle auftritt. Bei einer optimierten Auslegung des Hilfsmassendämpfers kann aber erreicht werden, daß die Resonanzstellen nur sehr geringe Resonanznachgiebigkeiten aufweisen und somit das Gesamtsystemverhalten wesentlich günstiger ist. In Bild 5.19 ist die Auswirkung einer Variation der Federsteifigkeit und Dämpfung des Zusatzsystems auf die dynamische Nachgiebigkeit dargestellt. Eine sehr hohe Dämpfung wirkt ebenso wie eine sehr steife Ankopplung in erster Linie wie eine Erhöhung der Maschinenmasse und führt daher zu einer größeren Resonanznachgiebigkeit. Bei einer sehr geringen Dämpfung wirkt das Zusatzsystem wie ein Tilger, d. h. bei der Frequenz, die der Eigenfrequenz der Maschine ohne Zusatzsystem entspricht, reduziert sich zwar die Resonanznachgiebigkeit erheblich, links und rechts dieser Frequenz treten aber Resonanzstellen mit hoher Nachgiebigkeit auf. Für eine optimale Abstimmung der Federsteifigkeit und Dämpfung läßt sich eine wesentliche Verringerung der Resonanznachgiebigkeit erreichen, die um so größer ist, je größer die Masse des Hilfsmassendämpfers gewählt wird. Neben passiven Zusatzsystemen wurden auch aktive Zusatzsysteme zur Erhöhung der Stabilität erprobt. Bei aktiven Zusatzsystemen werden die Verformungen an der Zerspanstelle unter Verwendung eines Stellgliedes (beispielsweise Piezoelemente) aktiv ausgeregelt. Diese relativ aufwendige Verbesserungsmaßnahme konnte sich bisher allerdings nicht in der Praxis durchsetzen.

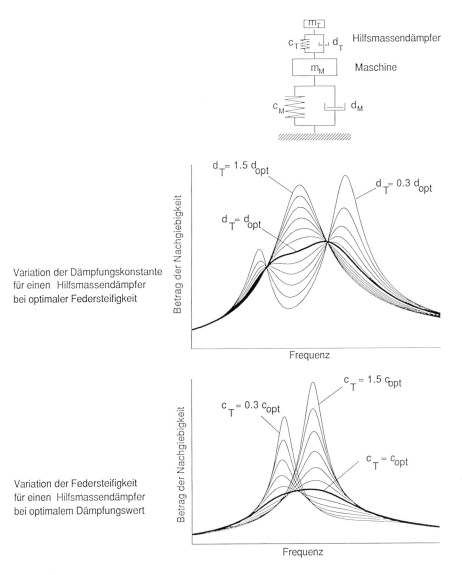

Variation der Dämpfungskonstante für einen Hilfsmassendämpfer bei optimaler Federsteifigkeit

Variation der Federsteifigkeit für einen Hilfsmassendämpfer bei optimalem Dämpfungswert

Bild 5.19: Beeinflussung der dynamischen Nachgiebigkeit durch einen Hilfsmassendämpfer für unterschiedliche Ankoppelsteifigkeiten und -dämpfungen

5.4.3 Beeinflussung des dynamischen Verhaltens über den Zerspanprozeß

Bei Bearbeitungsvorgängen mit mehrschneidigen Werkzeugen (Fräsen, Sägen) treten oftmals störende, fremderregte Schwingungen aufgrund der Schneideneingriffsstöße des Werkzeugs auf. Diese Schwingungen sind meist um so stärker ausgeprägt, je weniger Schneiden sich gleichzeitig in Eingriff mit dem Werkstück befinden.

Durch eine Vergrößerung der Eingriffslänge und evtl. eine ungleichmäßige Teilung mehrschneidiger Werkzeuge können daher diese Störungen beseitigt oder minimiert werden.
Bezüglich selbsterregter Schwingungen (Rattern) hat der Zerspanprozeß besondere Bedeutung, da hierdurch erst eine Instabilität des Gesamtsystems ermöglicht wird. Die Vielzahl der Einflußfaktoren des Zerspanprozesses (Schnittparameter, Werkstoff, Schneidengeometrie, Verschleiß) sowie die Wechselwirkung dieser Faktoren untereinander erschweren allgemein quantitative Aussagen über deren Auswirkung auf das Stabilitätsverhalten. Zudem läßt sich der Zerspanprozeß nicht isoliert, sondern nur während der Bearbeitung an einer speziellen Werkzeugmaschine experimentell untersuchen, so daß die Ergebnisse oftmals vom Nachgiebigkeitsverhalten der Maschine beeinflußt werden. Trotzdem können einige trendmäßige Aussagen über die wichtigsten Zerspanparameter gemacht werden.
Wie bereits aus der Stabilitätsbetrachtung von Abschn. 5.3.3 hervorgeht, ist die Spanungsbreite (beim Drehen) bzw. die Spanungstiefe (beim Fräsen) ein wesentlicher Einflußfaktor auf die Ratterneigung. Praktisch kann jede Werkzeugmaschine durch Erhöhung dieses Parameters zum Rattern gebracht werden. Daher wird die Größe der Spanungsbreite (bzw. -tiefe), ab der der Bearbeitungsprozeß instabil wird (Grenzspanungsbreite), als Beurteilungskriterium für andere Zerspanparameter verwendet. Ergebnisse aus experimentellen Untersuchungen über den Einfluß des Vorschubs und der Schnittgeschwindigkeit auf die Ratterneigung sind in den Bildern 5.20 und 5.21 wiedergegeben. Daraus ist zu entnehmen, daß es bezüglich der Schnittgeschwindigkeit ein Minimum gibt, bei dem für geringe Spanungsbreiten die Rattergrenze erreicht wird. Ein geringer Vorschub während der Zerspanung hat zunehmend destabilisierende Wirkung. In der Praxis läßt sich daher u. U. ein instabiler Bearbeitungsvorgang durch Erhöhung des Vorschubs und evtl. durch Erhöhung der Schnittgeschwindigkeit vermeiden. Für den Effekt des regenerativen Ratterns

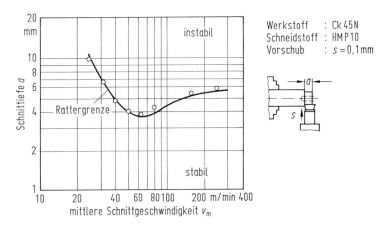

Bild 5.20: Experimentell ermittelte Grenzspanungstiefe in Abhängigkeit von der Schnittgeschwindigkeit beim Drehen (nach [5.36])

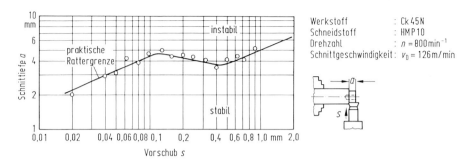

Bild 5.21: Experimentell ermittelte Grenzspanungstiefe in Abhängigkeit vom Vorschub beim Drehen (nach [5.36])

wird durch die Schnittgeschwindigkeit (bzw. Spindeldrehzahl) die Totzeit zwischen zwei aufeinanderfolgenden, sich überdeckenden Schnitten und somit auch die Phasenlage, mit der in die wellige Oberfläche wieder eingeschnitten wird, bestimmt. Sind für bestimmte Drehzahlen die Oberflächenwelligkeiten gleichphasig (Bild 5.22), so findet keine Spandickenmodulation statt, und die erreichbare Grenzspanungsbreite nimmt sehr hohe Werte an, wie aus der in Bild 5.22 dargestellten Stabilitätskarte für eine Fräsbearbeitung zu entnehmen ist. Durch eine geeignete Drehzahlwahl können daher u. U. die sich daraus ergebenden zusätzlichen stabilen Bereiche ausgenutzt werden.

Wie experimentelle Untersuchungen zeigen ([5.35, 5.37]), läßt sich auch ohne genaue Kenntnis der zusätzlichen stabilen Drehzahlbereiche eine Erhöhung der Stabilität der Zerspanung durch eine periodische Schnittgeschwindigkeitsvariation erreichen. Diese periodische Schnittgeschwindigkeitsvariation kann entweder durch eine Drehzahlvariation des Hauptantriebs oder durch eine ungleichmäßige Teilung eines mehrschneidigen Werkzeugs realisiert werden.

Zusammenfassend läßt sich der Einfluß der Zerspanparameter Vorschub und Schnittiefe auf die das Zeitspanvolumen begrenzende Rattergrenze durch das in Bild 5.23 dargestellte Diagramm veranschaulichen.

Bezüglich der Werkzeuggeometrie sind vor allem diejenigen Maßnahmen günstig, die eine erhöhte Reibung und damit Dämpfung an der Zerspanstelle bewirken. Somit wirken ein geringer Freiwinkel und ein geringer oder negativer Spanwinkel sowie zunehmender Verschleiß des Werkzeugs stabilisierend.

Für eine Erhöhung der Stabilität eines Bearbeitungsprozesses kann außerdem die Richtungsorientierung der dynamischen Steifigkeit an der Zerspanstelle ausgenutzt werden. In Bild 5.24 ist die maximal erreichbare Grenzspanungsbreite aufgrund zweier Eigenschwingungen der Maschine in Abhängigkeit von der Vorschubrichtung für eine Fräsbearbeitung in einem Polarkoordinatensystem aufgetragen. Da jede Eigenschwingung eine ausgezeichnete Eigenschwingungsrichtung an der Zerspanstelle aufweist, ergeben sich daraus bevorzugte Vorschubrichtungen, bei denen entweder die Schnittkraft normal zu einer kritischen Eigenschwingungsrichtung steht oder die Werkstückoberfläche an der Zerspanstelle parallel zu einer kritischen Eigen-

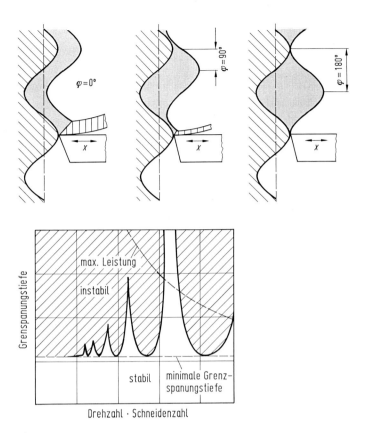

Bild 5.22: Abhängigkeit der Grenzspanungstiefe von der Totzeit bzw. von der Phasenlage aufeinanderfolgender Schnitte beim Regenerativeffekt (nach [5.7])

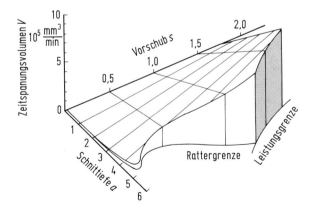

Bild 5.23: Leistungsbeschränkende Größen des Zerspanprozesses (nach [5.36])

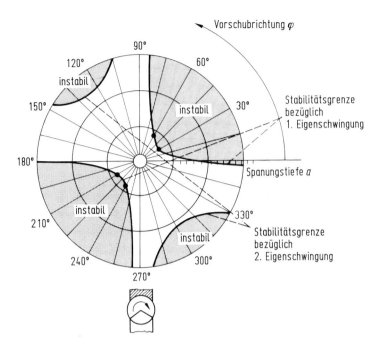

Bild 5.24: Abhängigkeit der Grenzspanungstiefe von der Vorschubrichtung (nach [5.7])

schwingungsrichtung ist und somit große Grenzspanungsbreiten erreicht werden können. Die Ausnutzung der Richtungsorientierung für die Drehbearbeitung ist schematisch in Bild 5.25 dargestellt.

Die Komplexität der dargestellten Zusammenhänge, die das dynamische Verhalten von Werkzeugmaschinen beeinflussen, macht deutlich, daß Störungen aufgrund dynamischer Beanspruchungen meist nur anhand eingehender Untersuchungen geklärt und beseitigt werden können.

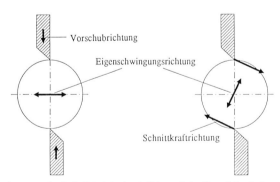

Bild 5.25: Einfluß der Eigenschwingungsrichtung auf die Stabilität des Zerspanprozesses

6 Gestelle

6.1 Beanspruchungen von Gestellen

6.1.1 Allgemeines

Das Gestell einer Werkzeugmaschine ist die tragende und verbindende Einheit der einzelnen Komponenten. Die räumliche Anordnung der Einzelkomponenten ist durch die Kinematik des Fertigungsprozesses, also durch die Lage und die Länge der Bewegungsachsen bedingt. Für die verschiedenen Fertigungsaufgaben haben sich daher typische Gestellbauformen entwickelt, die sich aufgrund fertigungs- und montagetechnischer Gesichtspunkte aus charakteristischen Einzelkomponenten zusammensetzen (Bild 6.1).

Die wesentliche Anforderung an ein Werkzeugmaschinengestell ist die Einhaltung einer exakten Zuordnung der einzelnen Bewegungsachsen zueinander auch unter Last. Neben einer ausreichenden Fertigungsgenauigkeit des Gestells muß daher gewährleistet sein, daß die auf das Gestell einwirkenden Beanspruchungen nur zulässig kleine Verformungen hervorrufen. Damit ergibt sich die Forderung nach einer ausreichend
- statisch und
- dynamisch steifen sowie
- thermisch günstigen

Konstruktion.

Darüber hinaus müssen für die Gestellkonstruktion fertigungs- und montagetechnische Anforderungen berücksichtigt werden.

6.1.2 Statische Beanspruchung des Gestells

Die Fertigungsgenauigkeit ist ein wesentliches Qualitätsmerkmal einer Werkzeugmaschine. Um eine ausreichend kleine Verlagerung zwischen Werkzeug und Werkstück zu gewährleisten, ist daher in der Regel eine Auslegung auf *Steifigkeit* und nicht auf Festigkeit üblich. Die statischen Belastungen werden hierbei im wesentlichen durch die Schnittkräfte und die Eigengewichte der teilweise verfahrbaren Einzelbauteile und Werkstücke verursacht. Für die statische Beanspruchung des Gestells muß man je nach Art der Krafteinleitung zwischen
- Zug- / Druck-,
- Biege- und
- Torsionssteifigkeit

unterscheiden. Anhand eines einfachen Kragbalkens sind in Bild 6.2 die unterschiedlichen Arten der Steifigkeit formelmäßig dargestellt. Wie daraus zu erkennen ist, sind

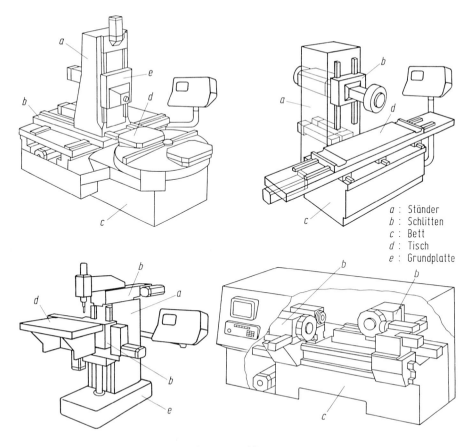

Bild 6.1. Gestellbauformen von Werkzeugmaschinen

für die verschiedenen Arten der Steifigkeit unterschiedliche Geometrie- und Stoffgrößen relevant. Dementsprechend ist es für die Optimierung der statischen Steifigkeit eines Gestells notwendig, die Art der Belastungen auf die sich im Kraftfluß befindlichen Einzelkomponenten zu analysieren. Am Beispiel eines Bohr- und Fräswerks ist in Bild 6.3 eine Analyse des über das Werkstück geschlossenen Kraftflusses dargestellt. Aus dieser Analyse ist ersichtlich, daß die einzelnen Komponenten des Gestells als in Reihe und parallel geschaltete Federn wirksam sind. Für eine Parallelschaltung einzelner Federn ergibt sich die Gesamtsteifigkeit als Summe der einzelnen Steifigkeiten

$$c_p = c_{p1} + c_{p2} + c_{p3} + \ldots = \sum_i c_{pi}, \tag{6.1}$$

während sich für eine Reihenschaltung die Gesamtsteifigkeit aus der Beziehung

$$\frac{1}{c_r} = \frac{1}{c_{r1}} + \frac{1}{c_{r2}} + \frac{1}{c_{r3}} + \ldots = \sum_k \frac{1}{c_{rk}} \tag{6.2}$$

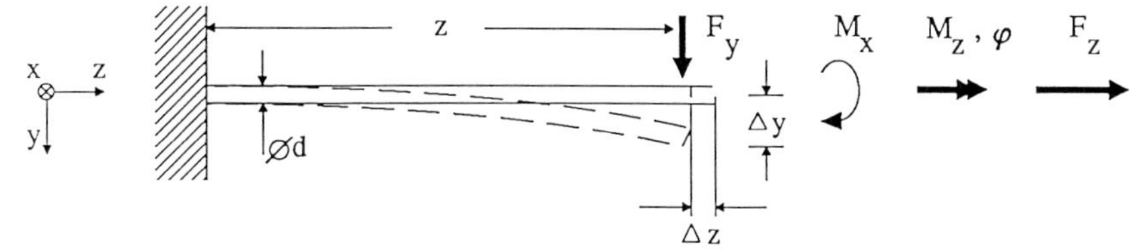

Zug- / Drucksteifigkeit: $c_z = F_z / \Delta z = EA/z$

Biegesteifigkeit: $c_{b,F} = F_y / \Delta y = 3EI_x / z^3$

$c_{b,M} = M_x / \Delta y = 2EI_x / z^2$

Torsionssteifigkeit: $c_t = M_z / \varphi = GI_t / z$

E : Elastizitätsmodul I_x : Flächenträgheitmoment um die x-Achse
A : Querschnittsfläche I_t : polares Flächenträgheitsmoment
G : Schubmodul

Bild 6.2. Statische Steifigkeit eines Kragbalkens

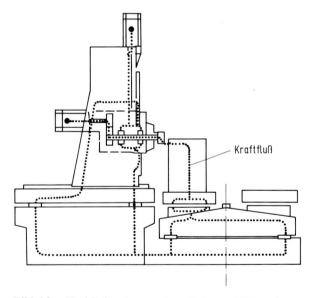

Bild 6.3. Kraftflußanalyse an einem Bohr- und Fräswerk

ergibt. Aus (6.2) wird deutlich, daß die Gesamtnachgiebigkeit des Gestells immer größer ist als das nachgiebigste in Reihe geschaltete Element im Kraftfluß. Eine Optimierung der Steifigkeit muß demnach gezielt am nachgiebigsten in Reihe geschalteten Element ansetzen. Eine Versteifung eines nachgiebigen Elements, das parallel zu einem Element liegt, bringt hingegen nur eine geringere Erhöhung der Gesamtsteifigkeit. Bei dieser Betrachtung ist zu berücksichtigen, daß nicht nur die einzelnen Gestellbauteile als Nachgiebigkeiten wirken, sondern auch die Spannmittel und das Werkstück. Besondere Bedeutung kommt auch den Verbindungselementen zwischen den einzelnen Bauteilen zu, also speziell den bewegten oder unbeweglichen Fügestellen, deren Nachgiebigkeit häufig nur schwer zu quantifizieren ist. Experimentell läßt sich eine statische Verformungsanalyse, wie in Bild 6.4 am Beispiel einer Portalfräsmaschine gezeigt, für unterschiedliche Kraftangriffsrichtungen am Werkzeug und unterschiedliche Positionen des Querbalkens durchführen. Während die Verformungen des Ständers besonders von der Lage des Querbalkens abhängen, werden die Verformungen des Querbalkens hauptsächlich durch die Richtung des Kraftangriffs beeinflußt. Die Steifigkeit einer Gestellkonstruktion ist somit nicht nur von der Belastungsart, sondern auch von der Lage der verfahrbaren Bauteile abhängig. Für unterschiedliche Bearbeitungsfälle wirkt daher eine Werkzeugmaschine unterschiedlich nachgiebig.

Darüber hinaus ist die Steifigkeit einer Gestellkonstruktion auch eine Funktion der Baugröße. Dies kann durch Modellgesetze für einfache Bauteile dargestellt werden. Vergrößert man beispielsweise den in Bild 6.2 verwendeten Kragbalken um den linearen Längenmaßstab

$$\lambda = \frac{z_1}{z_2} = \frac{d_1}{d_2},$$ (6.3)

so vergrößern sich die Flächen- und Torsionsträgheitsmomente nichtlinear um den Faktor

$$\frac{I_{x1}}{I_{x2}} = \frac{I_{t1}}{I_{t2}} = \lambda^4.$$ (6.4)

Für gleiche Werkstoffe ($E_1 = E_2$, $G_1 = G_2$) ergibt sich somit für die in Bild 6.2 aufgeführten Steifigkeiten eine Vergrößerung von

$$c_{z1} = \lambda\, c_{z2},$$
$$c_{b,F1} = \lambda\, c_{b,F2},$$
$$c_{b,M1} = \lambda^2\, c_{b,M2},$$
$$c_{t1} = \lambda^3\, c_{t2}.$$ (6.5)

Aus dieser statischen Betrachtung ist ersichtlich, daß bei einer linearen Vergrößerung einer Maschine die auftretenden Belastungen je nach Belastungsfall proportional bzw. überproportional ansteigen dürfen, wenn man gleiche Verformungen zuläßt. Bei dieser Überlegung bleibt allerdings unberücksichtigt, daß auch die Fügestellensteifigkeiten um den Vergrößerungsmaßstab anwachsen müssen, was durch eine lineare Vergrößerung der geometrischen Abmessungen meist nicht erreicht wird. Darüber hinaus wirken sich auch die erhöhten Bauteilgewichte negativ aus, insbesondere verursachen diese neben einer zusätzlichen statischen Belastung eine z. T. erhebliche Verminderung der dynamischen Steifigkeit, die eine Leistungsbeschränkung einer vergrößerten Maschine bewirken kann. Modellgesetze für statische Bela-

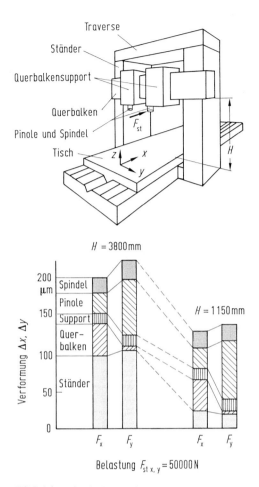

Bild 6.4. Statische Verformungsanalyse einer Portalfräsmaschine (nach [6.1])

stungen sind daher oftmals von untergeordneter Bedeutung. Für dynamische Steifigkeiten ist eine Betrachtung anhand von Modellgesetzen i. allg. nicht sinnvoll, da sich die Eigenschwingungen einer komplizierten Maschinenstruktur bei einer Variation der Baugröße nicht kontinuierlich verändern.

6.1.3 Steifigkeitsgerechte Konstruktion

Das Gestell einer Werkzeugmaschine ist eine komplizierte mechanische Struktur, für die eine Steifigkeitsauslegung nach den analytischen Regeln der Kontinuumsmechanik in der Praxis nicht mehr möglich ist. Eine Lösungsmöglichkeit bieten hier Finite-Elemente-Programme (s. Absch. 6.3), mit deren Hilfe schon in der Konstruktionsphase eine rechnerische Verformungsanalyse duchgeführt werden kann. Aufgrund des relativ hohen Aufwands für die Idealisierung der Gestellstruktur durch Finite Elemente ist diese Vorgehensweise allerdings bis heute noch nicht die Regel.

Unabhängig davon ist es nach wie vor von entscheidender Bedeutung, einige Grundregeln für eine steifigkeitsgerechte Konstruktion bereits bei der Konzeption, aber auch bei der Detailkonstruktion zu berücksichtigen.
Durch das Gestellkonzept wird bereits im wesentlichen der Verlauf des Kraftflusses festgelegt. Eine günstige Gestaltung des Kraftflusses wird i. allg. durch eine möglichst *geschlossene Gestellbauweise*, bei der große Kraglängen vermieden werden, erreicht. Bei gleicher Baugröße ist demnach eine Portalbauweise i. allg. steifer als ein offenes Gestell.
Bei der Dimensionierung und Anordnung der Einzelkomponenten sollte auf einen möglichst *kurzen Kraftfluß* geachtet werden. Je größer bei einseitig gelagerten Bauteilen der Abstand der Führungen vom Zerspanort ist, desto stärker wirkt sich am Zerspanort auch die Fugennachgiebigkeit der Führung aufgrund des in Bild 6.5 dargestellten Übersetzungseffektes aus.
Für die Steifigkeit der einzelnen Bauteile ist die Wahl einer der Beanspruchung entsprechenden *Querschnittsform* maßgeblich [6.2]. Um möglichst hohe Flächenträgheitsmomente mit geringem Materialaufwand zu erreichen, sind allgemein große, geschlossene Querschnitte, wie sie beispielsweise in Bild 6.6 für das Bett einer Drehmaschine verwendet wurden, am günstigsten. In Bild 6.7 sind die Torsionsflächenmomente und axialen Flächenträgheitsmomente verschiedener Querschnittsformen mit gleichem Materialquerschnitt für Torsions- und Biegebelastung zusammengestellt. Daraus läßt sich erkennen, daß
- nicht geschlossene Querschnitte eine sehr geringe Torsionssteifigkeit besitzen,
- für Biegebelastungen Querschnitte mit großer Querschnittshöhe bzw. Rechteckquerschnitte und
- für Torsionsbelastung Kreisquerschnitte

bei gleichem Materialaufwand die größte Steifigkeit aufweisen.

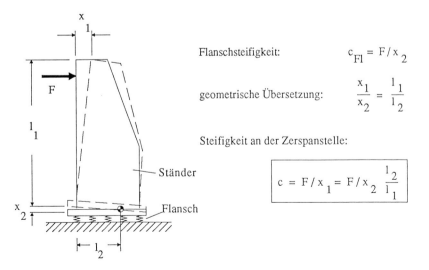

Bild 6.5. Übersetzungseffekt für die Fugensteifigkeit an einem Maschinenständer

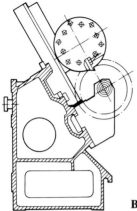

Bild 6.6. Querschnitt eines Drehmaschinenbetts (nach [6.9])

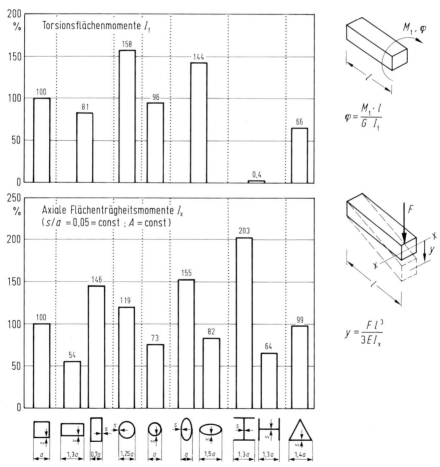

Bild 6.7. Vergleich der Flächenträgheitsmomente für unterschiedliche Querschnittsformen mit gleichem Materialaufwand (nach [6.11])

Die hohe Steifigkeit geschlossener Querschnittsformen kann durch zusätzliche *Wanddurchbrüche* für die Leitungsführung oder für im Gestell liegende Baugruppen erheblich herabgesetzt werden [6.3, 6.4]. Dies betrifft insbesondere die Torsionssteifigkeit, die auch durch ein nachträgliches Verschließen des Durchbruchs nicht mehr wesentlich erhöht werden kann (Bild 6.8).

Im allgemeinen werden große einzelne Gestellbauteile nicht als reine Hohlkörper ausgebildet, sondern zusätzlich durch *Verrippungen* in sich versteift [6.6, 6.7]. Einerseits ergibt dies eine größere Steifigkeit des gesamten Bauteils, andererseits können dadurch lokale Nachgiebigkeiten dünnwandiger Bauteile vermieden werden. Wie aus den Ergebnissen einer experimentellen Untersuchung an einem Ständermodell in Bild 6.9 ersichtlich ist, ist sowohl für Torsions- als auch Biegebelastung eine doppelt diagonale Längsverrippung am günstigsten. Für das unverrippte Modell ist bei Torsionsbeanspruchung der wesentliche Einfluß einer Kopfplatte erkennbar (geschlossener Hohlkörper), die eine Querschnittsverzerrung behindert. Der hohe analytisch berechnete Wert der Torsionssteifigkeit unterscheidet sich aufgrund der trotz Kopfplatte auftretenden Querschnittsverzerrung wesentlich von dem real gemessenen Wert.

In Bild 6.10 ist eine geschlossene Gußkonstruktion eines Werkzeugmaschinenständers mit doppelt diagonaler Längsverrippung abgebildet. Der Führungsbereich sowie die Wände des Ständers sind zusätzlich verrippt, um örtliche Nachgiebigkeiten zu vermeiden und eine günstige Krafteinleitung zu erreichen.

Bei der Dimensionierung des Gestells muß die Wahl des *Werkstoffs* berücksichtigt werden. Die unterschiedlichen Steifigkeiten der Werkstoffe werden durch den E-Modul charakterisiert:

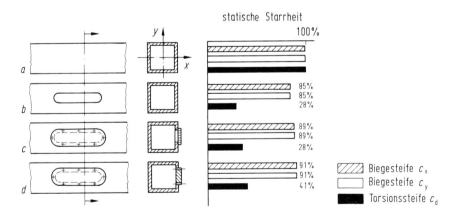

Bild 6.8. Steifigkeitsverringerung durch offene und verschlossene Durchbrüche (nach[6.5])
a) geschlossener Querschnitt b) mit Durchbruch c) Durchbruch mit Deckel d) Durchbruch mit eingepaßtem Deckel

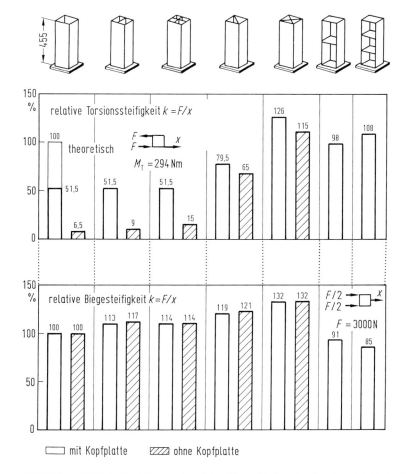

Bild 6.9. Steifigkeitserhöhung eines Maschinenständers durch unterschiedliche Verrippungsarten (nach [6.5])

Werkstoff	E-Modul
GGL 15	80000 - 90000 N/mm^2
GGG 30	170000 - 185000 N/mm^2
Stahl	196000 - 216000 N/mm^2
Beton	20000 - 40000 N/mm^2

Eine Konstruktion aus GGL 15 muß demnach um das 2,5-fache dickwandiger dimensioniert werden, um eine vergleichbare statische Steifigkeit einer Stahlkonstruktion zu erreichen. Für eine Betonkonstruktion wird eine ausreichende Steifigkeit meist durch die Verwendung von Vollquerschnitten erreicht. Neben der durch den E-Modul charakterisierten Federsteifigkeit der Werkstoffe ist auch die Dämpfung für eine hohe dynamische Steifigkeit von Bedeutung. Wie experimentelle Untersuchungen zeigten (Bild 5.18), ist die äußere Dämpfung in den Fugenverbindungen wesent-

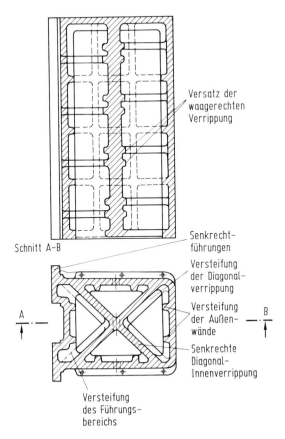

Bild 6.10. Innenverrippung eines Maschinenständers (nach [6.8])

lich höher als die innere werkstoffabhängige Dämpfung. Um eine Dämpfungserhöhung zu erreichen, wird speziell bei Feinbearbeitungsmaschinen häufig Beton als Gestellwerkstoff verwendet, da dieser eine höhere Werkstoffdämpfung aufweist. Exakte Werte für die Werkstoffdämpfung sind von der Bauteilgeometrie sowie von den auftretenden Verformungen abhängig, so daß nur grobe Anhaltswerte für das Verhältnis der Werkstoffdämpfung zwischen unterschiedlichen Werkstoffen angegeben werden können [6.1, 6.9, 6.10]:

$$d_{Beton} : d_{GGL} : d_{GGG} : d_{St} = 1{,}0 : 0{,}15 : 0{,}06 : 0{,}03.$$

Neben der Gestaltsteifigkeit der einzelnen Gestellkomponenten ist die *Fügestellensteifigkeit* zwischen den Bauteilen von erheblicher Bedeutung für die Gesamtnachgiebigkeit des Gestells. Als Verbindungselement der Gestellbauteile wird meist eine ebene Flanschverbindung mit mehreren Schrauben verwendet. Ein Modell für die Steifigkeit einer Flanschverbindung ist die Parallelschaltung zweier Federelemente,

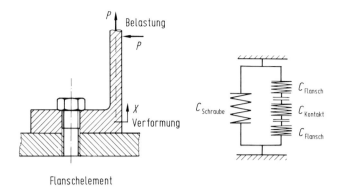

Bild 6.11. Steifigkeitsmodell einer Flanschverbindung

wobei die eine Feder die Steifigkeit der Schraube und die parallelgeschalteten Federn die Flanschsteifigkeit und Kontaktsteifigkeit der Fuge charakterisieren (Bild 6.11). Solange die in der Flanschverbindung auftretenden Betriebskräfte kleiner sind als die Schraubenvorspannung, sind die wesentlich größeren Kontakt- und Flanschsteifigkeiten maßgeblich für die Gesamtsteifigkeit der Flanschverbindung. Bei hohen Betriebskräften besteht die Gefahr des Aufklaffens der Fuge, was durch eine geeignete Flanschgestaltung vermieden werden kann. Zur Erhöhung der Federsteifigkeit einer Flanschverbindung sind folgende konstruktive Maßnahmen zu nennen:
- eine gleichmäßige Anordnung mehrerer kleiner Schrauben ist günstiger als die Verwendung weniger größerer Schrauben,
- Schrauben möglichst nahe an die Ständerwand oder in Aussparungen (Taschen) der Ständerwand legen,
- ein optimales Verhältnis von Flanschdicke zu Schraubendurchmesser (Bild 6.12),

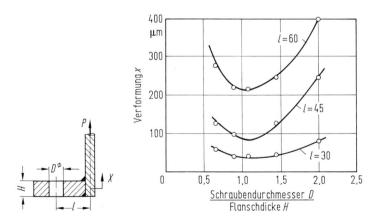

Bild 6.12. Einfluß der Flanschdicke und des Schraubendurchmessers auf die Steifigkeit einer Fugenverbindung (nach [6.5])

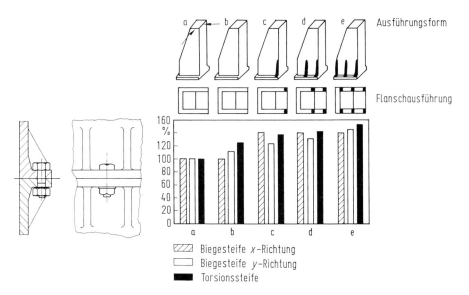

Bild 6.13. Zusätzliche Verrippung einer Flanschverbindung (nach [6.5])

- eine zusätzliche Verrippung des Flansches (Bild 6.13),
- eine geringe Oberflächenrauheit in der Fuge bzw. Freischaben oder Aussparen der Kontaktzone im Bereich der Schraube bewirkt eine Umlenkung des Kraftflusses und somit eine höhere Kontaktsteifigkeit (Bild 6.14).

Nur eine ausreichende Gestaltsteifigkeit der einzelnen Komponenten des Gestells in Verbindung mit einer hohen Fügestellensteifigkeit führt zu einer statisch steifen Gesamtkonstruktion des Gestells.

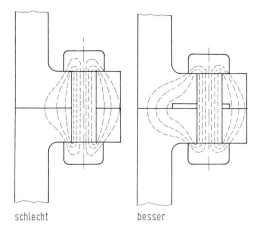

Bild 6.14. Versteifung einer Schraubenverbindung durch Umlenkung des Kraftflusses

6.1.4 Dynamische Beanspruchung des Werkzeugmaschinengestells

Allgemein kann man feststellen, daß sich Schwachstellen bezüglich der statischen Steifigkeit einer Gestellkonstruktion auch als dynamische Schwachstellen bemerkbar machen. Ausgeprägte statische Schwachstellen zeigen meist in mehreren verschiedenen Eigenschwingungsformen die gleichen Zonen großer Verformbarkeit an. Darüber hinaus hängt das dynamische Verhalten einer Gestellkonstruktion von der Massenverteilung und von der Dämpfung ab. In bezug auf ein günstiges dynamisches Verhalten ist daher eine Konstruktion anzustreben, bei der Massenkonzentrationen an Stellen, die große Schwingungsamplituden ausführen, vermieden werden. Ein in dieser Beziehung ungünstiges Gestellkonzept ist in Bild 6.15 dargestellt, bei dem die massive, vertikale Vorschubeinheit am auskragenden Ende des Horizontal-Supports angeordnet ist. Die Massenverteilung einer Gestellkonstruktion wird von der Stellung der verfahrbaren Maschinenkomponenten bestimmt. Eine Werkzeugmaschine weist daher in extremen Arbeitspositionen meist eine besonders hohe dynamische Nachgiebigkeit relativ zwischen Werkzeug und Werkstück auf.

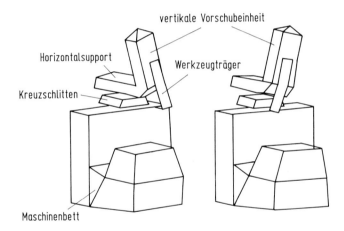

Bild 6.15. Eigenschwingungsform einer Werkzeugmaschine mit ungünstig hoher Masse der Vertikal-Vorschubeinheit

Trotz der Abhängigkeit des Eigenschwingungsverhaltens von der Arbeitsstellung und trotz der im Detail sehr unterschiedlichen Konstruktionen verschiedener Werkzeugmaschinen des gleichen Typs gibt es für jeden Maschinentyp charakteristische Eigenschwingungsformen, da sich für bestimmte Maschinentypen auch charakteristische Gestellkonzepte durchgesetzt haben. So ist beispielsweise eine bei Konsolfräsmaschinen typische Eigenschwingungsform die horizontale, gegenphasige Bewegung der Konsole und des Spindelkastens, bei Drehmaschinen mit einer langen, schlanken Bettbauform die Torsionsschwingung des Maschinenbetts, bei Portalfräsmaschinen die Biegeschwingungen des Portals bzw. bei einer Ständerbauweise die Biegeschwingungen des Ständers (Bild 6.16). In einer Vielzahl der Fälle (nach [6.11] über 60% bei Dreh- und Konsolfräsmaschinen) tritt als relevante dynamische

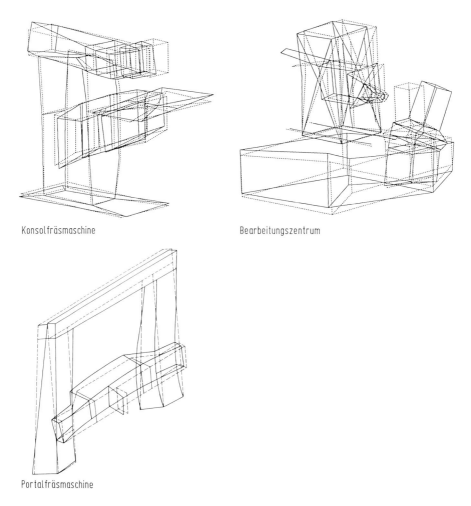

Konsolfräsmaschine

Bearbeitungszentrum

Portalfräsmaschine

Bild 6.16. Typische Eigenschwingungsformen einer Konsolfräsmaschine, eines Bearbeitungszentrums und einer Portalfräsmaschine

Schwachstelle einer Maschine nicht eine Gestelleigenschwingung, sondern die Eigenschwingung des Spindellagersystems auf. Wie ausgeprägt diese typischen Eigenschwingungen sich auf das dynamische Verhalten auswirken, ist allerdings abhängig von den konstruktiven Details (Führungsspiel, Flanschgestaltung, Bauteilsteifigkeiten, Verrippungen etc.).
Für ein bestimmtes Maschinenkonzept sind die Eigenschwingungsformen qualitativ abhängig vom Frequenzbereich, in dem diese Eigenschwingungen auftreten. Bei niedrigen Frequenzen verhält sich die gesamte Maschine als Starrkörper, so daß sich in diesem Bereich vor allem Aufstellschwingungen bemerkbar machen. Im mittleren Frequenzbereich sind die Eigenschwingungen durch Verformungen des gesamten

Maschinengestells gekennzeichnet, während bei hohen Frequenzen zunehmend Verformungen der Einzelkomponenten auftreten.
Die bei dynamischer Beanspruchung auftretenden Verformungen sind abhängig von der Systemdämpfung der Maschinenstruktur. Hierbei setzt sich die vorhandene Dämpfung zusammen aus der Werkstoffdämpfung und der Dämpfung, die in den Fügestellen der Einzelkomponenten auftritt. Durch die Wahl günstiger Gestellwerkstoffe läßt sich zwar die Werkstoffdämpfung erhöhen (speziell bei Verwendung von Polymerbeton), die Gesamtdämpfung wird aber vor allem durch die Fügestellendämpfung bestimmt. Eine gezielte, quantifizierbare Beeinflussung der Fügestellendämpfung ist nur schwer zu erreichen, da die Dämpfung in Fügestellen von verschiedenen Effekten bewirkt wird. Tendenziell kann man aber feststellen, daß die Dämpfung in verschraubten Fügestellen um so geringer ist, je besser die Oberflächenqualität der Fügeflächen und je geringer die Bewegungen in der Fuge sind. Daraus wird ersichtlich, daß sich i. allg. die Forderung nach einer hohen Dämpfung und die Forderung nach einer hohen Federsteifigkeit einer Fugenverbindung widersprechen. Eine zusätzliche Dämpfungserhöhung bei gleichbleibender Federsteifigkeit kann beispielsweise durch dämpfungswirksame Zwischenmedien in den Fugenverbindungen erreicht werden. Für die in Bild 6.17 gezeigte Eigenschwingungsform einer Konsolfräsmaschine konnte z. B. eine Verringerung der Resonanznachgiebigkeit um 40% aufgrund einer Dämpfungserhöhung mittels Polychloropren als Fugenzwischenmedium erreicht werden [6.12].

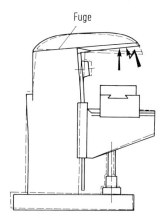

Kenngröße	leere Fuge	Polychloropren
f_e (Hz)	205,5	207,1
D_e (%)	2,51	3,23
c_e (N/m)	$2,34 \cdot 10^8$	$2,50 \cdot 10^8$
S_e (N/m)	$1,53 \cdot 10^7$	$2,59 \cdot 10^7$

Bild 6.17. Erhöhung der Fugendämpfung zur Verringerung der Resonanznachgiebigkeit der dargestellten Eigenschwingungsform einer Konsolfräsmaschine
f_e :Eigenfrequenz, D_e : Lehrsche Dämpfung, c_e : Kenn-Steifigkeit, S_e : Resonanzsteifigkeit

6.1.5 Thermische Beanspruchung des Werkzeugmaschinengestells

Thermische Störeinflüsse können an Werkzeugmaschinen Relativverlagerungen zwischen Werkzeug und Werkstück hervorrufen, die in einer Größenordnung liegen, die die Fertigungsgenauigkeit erheblich beeinflussen kann.

Im allgemeinen ergibt sich durch innere oder äußere Wärmequellen eine örtlich und zeitlich veränderliche Temperaturverteilung in den einzelnen Bauteilen und somit auch eine zeitabhängige thermische Verlagerung. Die Zeitdauer bis zum Erreichen der Betriebstemperatur einer Maschine, nach der sich aufgrund einer stationären Temperaturverteilung keine weiteren thermischen Verformungen ergeben, kann einige Stunden betragen (Bild 6.18).

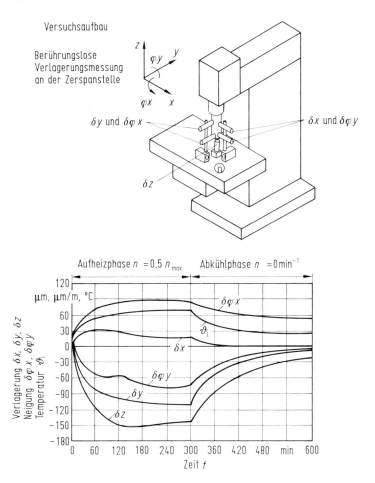

Bild 6.18. Zeitabhängige thermische Verlagerung einer Fräsmaschinenspindel (nach [6.11])

Eine Vorherbestimmung des thermischen Verhaltens schon in der Konstruktionsphase ist mittels FEM-Berechnungen zwar möglich, ähnlich wie bei der Berechnung des dynamischen Verhaltens liegt hier allerdings die Schwierigkeit in der Unkenntnis exakter Werte für die Systemparameter (Wärmeübergangskoeffizenten) an den Koppelstellen der einzelnen Bauteile.

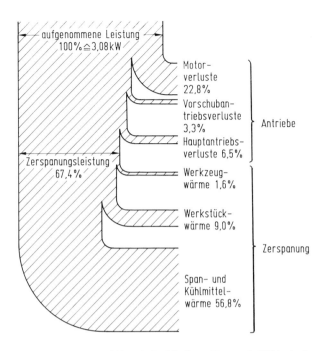

Bild 6.19. Wärmebilanz beim Umfangsfräsen mit Kühlschmiermittel (nach [6.13])

Die hauptsächlichen inneren Wärmequellen einer Werkzeugmaschine sind (Bild 6.19):

- *Zerspanvorgang*: Hierbei geht der größte Teil der Wärme in die Späne und in das Kühlmittel über, während Werkzeug und Werkstück relativ wenig Wärme aufnehmen.
- *Antriebe* der Maschine: Wärme entsteht hier aufgrund der Verlustleistung von elektrischen Motoren oder Hydraulikaggregaten und der Reibung in Getrieben, Lagern (Spindellagern) und Kupplungen.

Als äußere Wärmequellen sind die direkte Einstrahlung auf die Maschine und der Wärmeaustausch mit der Umgebung zu nennen.

Ein günstiges thermisches Verhalten der Maschine kann durch verschiedene konstruktive Maßnahmen erreicht werden:

- Da ein Großteil der erzeugten Wärme in die Späne übergeht, ist es wichtig, für eine schnelle Späneabfuhr zu sorgen.
- Wärmequellen sollten außerhalb des Gestells angeordnet sein. Empfehlenswert ist eine getrennte Aufstellung des Getriebes und des Hydraulikaggregates sowie eine Anbringung der Motoren, die eine möglichst gute Wärmeabfuhr ermöglicht.
- Neben einer effektiven Kühlung an der Zerspanstelle durch das Kühlschmiermittel können zusätzlich Einzelbauteile, in denen Wärme entsteht, entweder wärmeisoliert angebracht werden oder zusätzlich gekühlt werden. Eine weitere Möglich-

keit besteht darin, einzelne Bauteile (z. B. den Spindelkasten) auf die Betriebstemperatur vorzuheizen.
- Eine thermisch günstige Konstruktion sollte nach Möglichkeit so ausgeführt sein, daß die thermischen Dehnungen die Fertigungsgenauigkeit nicht oder nur geringfügig beeinflussen. Hierbei ist besonders auf eine günstige Fixierung der Einzelkomponenten zu achten. Bei Spindeln ist beispielsweise das axiale Festlager möglichst nahe am Zerspanort vorzusehen, so daß bei einer thermischen Dehnung der Spindel die geometrische Zuordnung zwischen Werkzeug und Werkstück nur geringfügig beeinflußt wird (Abschn. 8.2.4). Eine andere Möglichkeit für eine thermisch günstige Konstruktion geht aus der in Bild 6.20 dargestellten Untersuchung hervor. Aufgrund der Anbringung des Spindelkastens am Maschinengestell tritt in diesem Beispiel eine thermische Verlagerung der Spindel vor allem in x-Richtung auf. Eine Anordnung des Werkzeugs in y-Richtung zur Spindel bewirkt, daß die thermischen Dehnungen nur geringen Einfluß auf die Fertigungsgenauigkeit haben.
- Für die einzelnen Bauteile wirkt sich eine möglichst symmetrische Konstruktion mit möglichst gleichen Wanddicken dahingehend günstig aus, daß neben den linearen thermischen Ausdehnungen keine zusätzlichen Verzerrungen auftreten.
- Die Wahl des Gestellwerkstoffes hat ebenfalls Einfluß auf das thermische Verhalten der Maschine, da die verschiedenen Werkstoffe unterschiedliche Wärmeausdehnungskoeffizienten haben. Für die Längen- und Volumenänderung eines Bauteils ist der Längenausdehnungskoeffizient α die maßgebliche, werkstoffspezifische Größe:

Längenänderung $\Delta l = \alpha \, l \, \Delta T$,

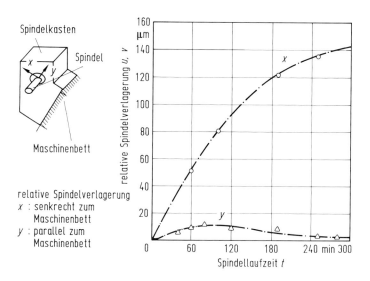

Bild 6.20. Thermische Verlagerung einer Drehmaschinenspindel (nach [6.14])

Volumenänderung $\Delta V = \gamma\, V\, \Delta T$
mit $\gamma = 3\,\alpha$.
Längenausdehnungskoeffizienten α für verschiedene Werkstoffe:
GG: $13 \cdot 10^{-6}$ [1 / °C]
Stahl: $16 \cdot 10^{-6}$ [1 / °C]
Beton: $12 \cdot 10^{-6}$ [1 / °C]
Aluminium: $23 \cdot 10^{-6}$ [1 / °C]
Aus diesen Richtwerten geht beispielsweise hervor, daß die thermischen Dehnungen einer Graugußkonstruktion geringer sind als die einer Stahlkonstruktion.
Neben konstruktiven Maßnahmen, die das thermische Verhalten einer Maschine bestimmen, kann zusätzlich eine Kompensation der thermischen Verformungen erfolgen, indem die Zustellung des Werkzeuges proportional zu den mit einem Meßwertaufnehmer erfaßten Dehnungen nachgeregelt wird (Meßsteuerung [6.15, 6.16]).
Für eine Reduktion des Störeinflusses äußerer Wärmequellen sollte eine direkte Wärmeeinstrahlung auf die Maschine vermieden und evtl. eine Klimatisierung des Raumes vorgesehen werden.

6.2 Konzepte für Werkzeugmaschinengestelle

6.2.1 Einflußgrößen auf das Gestellkonzept und Vorgehensweise für die Konzeption

Die Einsatzmöglichkeiten einer Werkzeugmaschine werden wesentlich von ihrem konstruktiven Aufbau bestimmt. Bei der Konzeption einer Maschine sind daher einerseits die Eigenschaften der zu fertigenden Werkstücke und andererseits das vorgesehene Fertigungsverfahren ausschlaggebend für die Maschinenkonzeption (Bild 6.21).
Durch die Geometrie der zu fertigenden Werkstücke sowie durch die Kinematik des Fertigungsprozesses ergeben sich die möglichen Anordnungen und Lagen der Bewegungsachsen der Maschine. Im allgemeinen wird man beispielsweise bei großen und schweren Werkstücken die Bewegungsachsen auf die Werkzeugseite legen, um die verfahrbaren Massen und Verfahrwege gering zu halten, während bei kleinen Werkstücken bevorzugt das Werkstück die Bewegungen ausführt. Um den Einfluß des Eigengewichts gering zu halten, ist es günstig, bei schweren Werkstücken eine senkrechte Lage der rotatorischen Bewegungsachsen zu wählen (z. B. Karusselldrehmaschine). Die mögliche Vielfalt der zu bearbeitenden Werkstücke sowie die Anzahl der unterschiedlichen Bearbeitungsvorgänge, die auf einer Maschine durchgeführt werden sollen, beeinflussen die notwendige Flexibilität der Maschine, im einzelnen also die Anzahl der Bewegungsachsen bzw. die Anzahl der Bearbeitungsstationen sowie die Baugröße der Maschine.
Abhängig von der Mengenleistung, die auf einer Werkzeugmaschine erreicht werden soll, muß die Maschine auf eine bestimmte Zerspanleistung und einen bestimmten Automatisierungsgrad ausgelegt werden. Daraus ergibt sich die notwendige An-

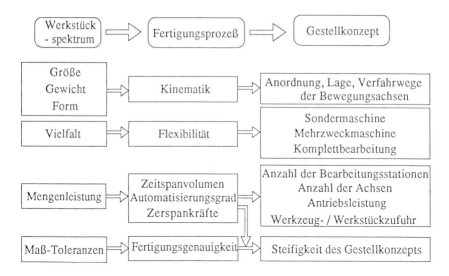

Bild 6.21. Einflußgrößen auf die Gestellkonzeption

triebsleistung, die Anzahl der Bearbeitungsstationen und Bewegungsachsen sowie die eventuelle Automatisierung der Werkzeug- und Werkstückhandhabung und der Späneentsorgung.

Die geforderte Fertigungsgenauigkeit des Werkstücks und die durch den Fertigungsprozeß bestimmten Zerspankräfte sind maßgeblich für die notwendige Steifigkeit einer Gestellkonstruktion.

Eine mögliche Vorgehensweise für eine Gestellkonzeption ist schematisch in Bild 6.22 dargestellt. Besondere Bedeutung kommt der Festlegung der Anforderungen als Grundlage der Konzeption zu, da nur durch eine möglichst exakte und detaillierte Bestimmung der Aufgabenstellung eine den Kundenwünschen entsprechende Lösung erarbeitet werden kann. Über eine Variation und Festlegung der Kinematik und der sich daraus ergebenden Bauteile des Gestells gelangt man zu einem Gestellkonzept, das durch Dimensionierung und Auswahl der Einzelkomponenten im Detail ausgearbeitet werden kann.

6.2.2 Wahl einer geeigneten Kinematik

Durch die unterschiedliche Zuordnung der Schnitt-, Zustell- und Vorschubbewegungen auf das Werkzeug oder das Werkstück sowie durch eine Variation der Hintereinanderschaltung der Bewegungsachsen lassen sich alle denkbaren kinematischen Variationen eines Gestellkonzepts systematisch ableiten (Bild 6.23). Für eine Bettfräsmaschine sind die realisierbaren kinematischen Variationen in Bild 6.24 zusammengestellt. Die einzelnen Konzeptvarianten können außerdem hinsichtlich der Winkellagen und Abstände der Führungsebenen zum Fundament variiert werden (z. B. Horizontal-, Schräg- oder Vertikalbett).

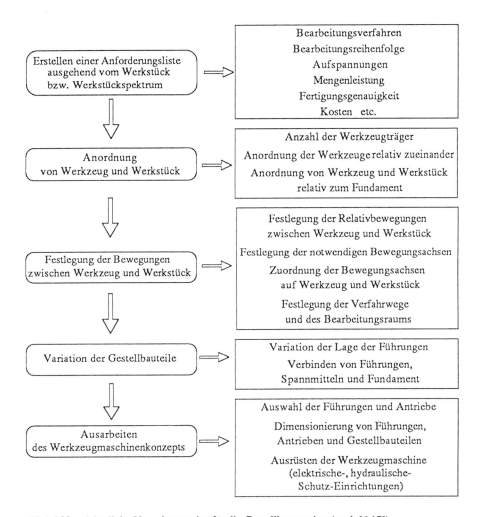

Bild 6.22. Mögliche Vorgehensweise für die Gestellkonzeption (nach [6.17])

Entscheidend ist die sorgfältige Auswahl einer geeigneten Variante, bei der
- fertigungstechnische Gesichtspunkte,
- voraussichtliche Fertigungskosten und
- ein günstiges Betriebsverhalten (Steifigkeit, Spänefluß, thermische Eigenschaften)

berücksichtigt werden. Hierfür lassen sich einige allgemeine Auswahlkriterien angeben, denen, abhängig von der Art und Abmessung einer Werkzeugmaschine, unterschiedliche Bedeutung zukommt. Einige der wichtigsten Kriterien sind in Bild 6.25 zusammengestellt.

Konzept Nr.	Bewegungen des Werkzeugs			Zerspanort	Bewegungen des Werkstücks			Beispiel
1	X	Y	S					Bearbeitungszentrum
2	Y	X	S					Bearbeitungszentrum
3		X	S		Y			Universal- oder
4		Y	S		X			Bettfräsmaschine
5			S		X	Y		Konsolfräsmaschine
6			S		Y	X		Flachschleifmaschine
7		X	Y		S			Drehmaschine
8		Y	X		S			Drehmaschine
9			Y		S	X		Langdrehautomat
10			X		S	Y		
11					S	X	Y	
12					S	Y	X	

S Schnittbewegung   X Vorschubbewegung   Y Zustellbewegung

Bild 6.23. Kinematische Variationsmöglichkeiten für eine Maschine mit drei Verfahrachsen; die aufgeführten Beispiele müssen nicht zwingend der jeweiligen kinematischen Variation entsprechen, die unterschiedliche Reihenfolge der Bewegungen entspricht den unterschiedlichen Hintereinanderschaltungen der einzelnen Achsen (nach [6.17])

6.2.3 Übliche Gestellkonzepte

Für die häufigsten Fertigungsverfahren haben sich im Laufe der Entwicklung spezielle Maschinenkonzepte bewährt. Bei einer maßstäblichen Vergrößerung eines Maschinenkonzepts machen sich ab einer bestimmten Baugröße die erhöhten Eigengewichte der Maschine und Werkstücke verstärkt bemerkbar. Abhängig von der Größe und dem Gewicht der zu fertigenden Werkstücke haben sich daher aus fertigungstechnischen Gesichtspunkten und zur Erzielung einer hohen Fertigungsgenauigkeit für unterschiedliche Baugrößen einer Maschine verschiedene Maschinenkonzepte durchgesetzt. Während bei kleinen Werkstücken eine Konsol- oder Bettbauweise üblich ist, werden große Maschinen meist in Ständer- oder Portalbauweise ausgeführt, bei denen eine steifere Führung des Werkstücks möglich ist und die Bewegungsachsen vermehrt ins Werkzeug verlegt werden. Kleinere Maschinen werden meist als eigensteife, selbsttragende Konstruktionen ausgeführt, bei großen Maschinen sind die Gestellbauteile über das Fundament der Maschine verbunden. Das Fundament nicht selbsttragender Maschinen hat daher erheblichen Einfluß auf die Gesamtsteifigkeit der Maschine. In Bild 6.26 sind einige typische Maschinen-

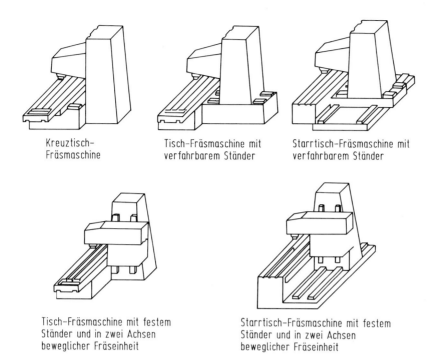

Bild 6.24. Kinematische Variation für eine Bettfräsmaschine (nach [6.18])

konzepte schematisch dargestellt, die sich aus den hauptsächlichen Baugruppen Grundplatte, Maschinenbett, Ständer, Ausleger, Portal, Konsole, Spindelkasten, Tische und Schlitten zusammensetzen.

6.2.4 Fertigungstechnische Gesichtspunkte

Aus funktionellen und fertigungstechnischen Gründen werden Werkzeugmaschinengestelle aus einzelnen Baugruppen zusammengesetzt. Ein wesentliches fertigungstechnisches Kriterium ist hierbei die Größe der Einzelbauteile. Bei wenigen großen Bauteilen ergibt sich eine schwierige Handhabung, und es sind große Maschinen für die Bearbeitung nötig. Setzt sich ein Gestell dagegen aus vielen einzelnen, kleineren Bauteilen zusammen, so müssen viele Trennfugen bearbeitet werden, und es entsteht ein erhöhter Montageaufwand. Zwischen diesen Extremen muß daher nach betriebstechnischen Gegebenheiten das Optimum für die Baugröße der Einzelkomponenten einer Gestellkonstruktion gesucht werden.

Um eine einfachere Bearbeitung zu ermöglichen, sollten die zu bearbeitenden Flächen parallel oder senkrecht zueinander angeordnet werden. Eine Verringerung des Bearbeitungsaufwands kann auch oftmals erreicht werden, indem man Fügeflächen nicht ganzflächig komplett bearbeitet, sondern Aussparungen vorsieht und nur die eigentlichen kräfteübertragenden Funktionsflächen bearbeitet. Dadurch wird auch eine hohe statische Überbestimmtheit verringert, die die Aufspannung der Bauteile

Führungen in möglichst geringem Abstand vom Wirkpunkt anordnen -Winkelfehler wirken sich dann nicht so stark auf die Form- und Maßfehler am Werkstück aus	Beispiel: Zustellführung einer Drehmaschine 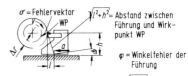 σ = Fehlervektor $\sqrt{l^2+h^2}$ = Abstand zwischen Führung und Wirkpunkt WP φ = Winkelfehler der Führung Betrag des Fehlervektors $|\sigma| = \varphi\sqrt{l^2+h^2}$ Radiusfehler am Werkstück $\Delta r = \varphi \cdot h$
Führungen so legen, daß sie eine direkte Leitung der Zerspankräfte und verlagerten Eigengewichte ermöglichen -direkte Kraftleitung führt zu gleichmäßig verteilter Last an den Führungsflächen, die Steifheit ist höher als bei ungleichmäßiger Flächenlast, wie sie z.B. durch Momentenbelastung entstehen kann -gleichmäßige Belastung verursacht weniger Verschleiß der Führungsflächen	Beispiel: Zustellführung einer Drehmaschine Kriterium erfüllt: Kriterium nicht erfüllt: p = const $p \neq$ const
Maßbestimmende Geradführung so legen, daß ihre Führungsebene durch den Wirkpunkt läuft (Abbesches Prinzip) -Führungsfehler wirken sich am Werkstück nur als Fehler zweiter Ordnung aus und sind damit vernachlässigbar	Beispiel: Zustellführung einer Drehmaschine Kriterium erfüllt: Kriterium nicht erfüllt: $\Delta r = 0 (h=0)$ $\Delta r = \varphi h$ 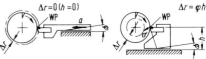
Maßbestimmende Führung so legen, daß sie eine möglichst geringe Masse bewegt -die Umkehrspanne einer Führung hängt u.a. von der Reibkraft ab. Die Reibkraft ist proportional der Führungsbelastung. Um daher bei hoher Führungsbelastung durch große Massen eine geringe Umkehrspanne zu erzielen, wäre erhöhter Aufwand notwendig (z.B. reibungsarme Führungen, steifer Antrieb der Führung)	Beispiel: Drehmaschine Kriterium erfüllt: Kriterium nicht erfüllt:  Zustellung a am Wirkpunkt WP im Werkzeug Zustellung a am Fundament im Werkstück vor anderen Führungen
Geradführungsebene parallel zur Drehachse der Arbeitsspindel anordnen -Abstand von der Spindelnase zur Führung ist geringer, dadurch höhere Steifheit -Anordnung des Antriebes an der Rückseite des Spindelkastens auf einfache Weise möglich und nicht behindert durch die Führung, die sonst eventuell zu teilen wäre	Beispiel: Kriterium erfüllt: Kriterium nicht erfüllt:

Lange Geradführung am Fundament fesseln – Versteifung der langen Führung durch das Fundament ist möglich – Abstützung am Fundament ermöglicht das Ausrichten der Führung – nahezu konstante Steifheit der Führung über dem Verfahrweg	Beispiel: Kriterium erfüllt: Kriterium nicht erfüllt: 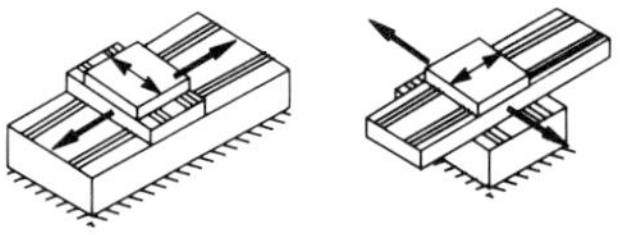
Geradführung so legen, daß sie möglichst kurz wird – Maschinen mit kürzeren Geradführungen erfordern geringere Material- und Herstellkosten als Maschinen mit längeren Führungen – Platzbedarf und Gewicht der Maschinen werden durch kürzere Geradführungen verringert	Beispiel: Hobelmaschine Kriterium erfüllt: Geradführung im Werkzeug Kriterium nicht erfüllt: Geradführung im Werkstück, Führung um Δl länger 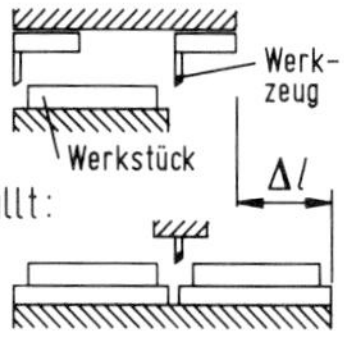
Kurze Geradführung auf langer Geradführung aufbauen – Führungsfehler übertragen sich weniger stark von einer langen Führung auf eine kurze Führung als umgekehrt – die Führungsverhältnisse l/b der einzelnen Führungen sind günstiger – die insgesamt zu bearbeitenden Führungsflächen und der umbaute Raum sind geringer, dadurch verringern sich Material- und Herstellkosten	Beispiel: Kriterium erfüllt: Kriterium nicht erfüllt: 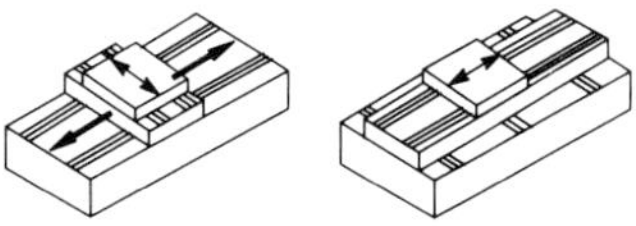
Führungsebenen der Geradführungen parallel legen – Eigengewichte verursachen kein Moment auf die Führungen – Verformungsmechanismus nahezu unabhängig von der Schlittenposition der oberen Führung – kürzerer Kraftflußverlauf, dadurch erhöhte Steifheit	Beispiel: Kriterium erfüllt: Kriterium nicht erfüllt: 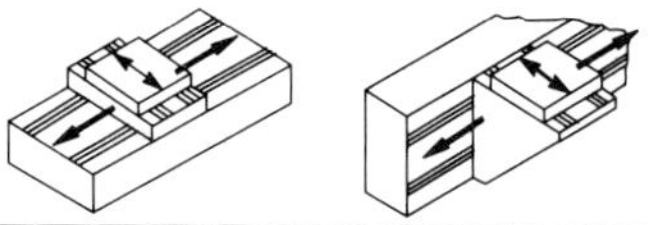
Drehführung (Drehtisch) auf Geradführung aufbauen – Geradführung baut kleiner, dadurch geringere Material- und Herstellkosten – Antrieb der Geradführung ist einfacher, da Energiezufuhr und sonstige Versorgung der Geradführung nicht durch ein drehendes System erfolgen muß	Beispiel: Kriterium erfüllt: Kriterium nicht erfüllt: 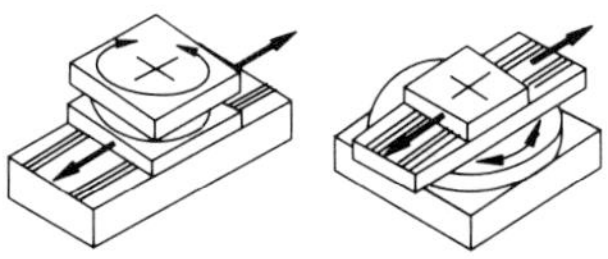

Bild 6.25. Einige Grundregeln für die Maschinenkonzeption (nach [6.17])

	Schleifmaschine	Drehmaschine	Fräsmaschine	Bearbeitungszentrum
Bettbauweise	Außenrundschleifen	Drehautomat	Waagerecht-Fräsmaschine / Senkrecht-Fräsmaschine	
Konsolbauweise			Konsolfräsmaschine	
Ständerbauweise	Flachschleifmaschine	Karussel-Schleifmaschine	Langfräsmaschine	
Portalbauweise	Führungsbahn-Schleifmaschine		Portalfräsmaschine	

erschwert. Die Lage und Größe der einzelnen Trennfugen sollte nach Möglichkeit so gewählt werden, daß eine komplette Bearbeitung des Bauteils in einer Aufspannung vorgenommen werden kann (Bild 6.27).

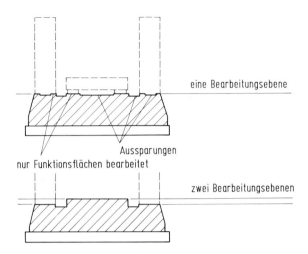

Bild 6.27. Fertigungsgerechte Anordnung von Fügestellen (nach [6.19])

Allgemein sollte bereits bei der Festlegung der Einzelbaugruppen einer Gestellkonzeption die mögliche Variantenvielfalt berücksichtigt werden, so daß nach dem Baukastenprinzip auf einfache Weise kundenspezifische Sonderwünsche realisiert werden können.

Darüber hinaus ist die fertigungsgerechte Gestaltung der Einzelkomponenten in erheblichem Maße von den vorhandenen Betriebseinrichtungen und den gewählten Fertigungsverfahren abhängig. Für die verschiedenen Gestellwerkstoffe sind daher die spezifischen Anforderungen für eine gußgerechte, schweißgerechte oder betongerechte Konstruktion zu beachten.

6.2.5 Werkstoffe für Werkzeugmaschinengestelle

Die herkömmlichen Werkstoffe für Werkzeugmaschinengestelle sind Grauguß (Lamellengraphit oder Kugelgraphit) oder Stahl. Bettkonstruktionen werden meist aus Grauguß mit Lamellengraphit (z. B. GG 30) gefertigt. Für Ständerkonstruktionen, bei denen höhere mechanische Belastungen auftreten oder bei denen die Masse gering gehalten werden soll, verwendet man u. U. Grauguß mit Kugelgraphit (z. B. GGG 40) oder führt sie als Schweißkonstruktion aus. Als neuere Werkstoffe werden seit einiger Zeit auch Zementbeton und Kunstharzbeton (Polymerbeton) eingesetzt. Die Wahl des jeweiligen Gestellwerkstoffs richtet sich nicht allein nach den techni-

◀
Bild 6.26. Grundtypen von Werkzeugmaschinengestellen für verschiedene Fertigungsverfahren

schen Eigenschaften und dem Preis des Werkstoffs, sondern auch nach den vorhandenen Fertigungsmöglichkeiten des Betriebs und der Erfahrung, die für die verschiedenen Fertigungsverfahren verfügbar sind. Die verschiedenen technischen Gesichtspunkte dieser Gestellwerkstoffe seien im folgenden kurz dargestellt.

Grauguß:
Vorteil einer gegossenen Maschinenkonstruktion ist die relativ große Gestaltungsfreiheit, so daß auch komplizierte Teile mit unterschiedlichen Wandstärken und variablen Querschnittsformen auf einfache Weise hergestellt werden können. Für das Gießverfahren ist allerdings ein relativ teures Gußmodell erforderlich, so daß die Wirtschaftlichkeit des Verfahrens von der Stückzahl abhängig ist. Die Gußwerkstoffe weisen eine gute Zerspanbarkeit auf, für das relativ ungenaue Gießverfahren sind aber i. allg. größere Bearbeitungszugaben erforderlich. Der steifigkeitsbestimmende E-Modul von Grauguß läßt sich nicht exakt angeben, sondern ist abhängig von der Form des Werkstücks und der Belastungsart [6.11]. Bei einem E-Modul von 50000 bis 110000 N/mm^2 muß eine Graugußkonstruktion deutlich stärker dimensioniert werden als eine Schweißkonstruktion. Für höher beanspruchte Teile ist daher die Verwendung von Gußeisen mit Kugelgraphit (GGG, E-Modul = 170000 N/mm^2) üblich. Das Reibungs- und Verschleißverhalten der Gußwerkstoffe ist schlechter als bei Stahl, durch Härten (z. B. im Bereich der Führungsbahnen) kann jedoch eine deutliche Verbesserung erzielt werden. Die Werkstoffdämpfung ist bei Gußwerkstoffen zwar wesentlich höher als bei Stahl, aber wie bereits erwähnt, ist dies gegenüber der Fügestellendämpfung einer Maschinenkonstruktion von untergeordneter Bedeutung.

Stahl:
Zur Ausführung von Schweißkonstruktionen sind nur einfache Hilfsvorrichtungen erforderlich, so daß bei kürzeren Produktionsdurchlaufzeiten die Wirtschaftlichkeit auch für Sonder- oder Einzelkonstruktionen gegeben ist. Dies bedeutet auch eine erhöhte Flexibilität bezüglich der Änderungsmöglichkeiten einer Gestellkonstruktion.
Bei einem E-Modul von 210000 N/mm^2 und einer spezifischen Dichte von $7,85 \cdot 10^3$ kg/m^3 (Gußeisen: $7,2 \cdot 10^3$ kg/m^3) kann eine Stahlkonstruktion bei gleicher Steifigkeit wesentlich leichter ausgeführt werden als ein Gußkonstruktion.

Zementbeton, Kunstharzbeton:
Zementbeton besteht aus Zement, Wasser und Gestein unterschiedlicher Körnung. Da Beton zwar eine hohe Druckfestigkeit, aber eine geringe Zugfestigkeit aufweist, ist es erforderlich, die Zugfestigkeit durch vorgespannte Stahleinlagen zu erhöhen (Spannbeton). Der Querschnitt eines Drehmaschinenbettes in Spannbetonbauweise ist in Bild 6.28 (oben) abgebildet. Bei Kunstharzbeton werden als Bindemittel Kunstharze (Epoxidharz, ungesättigte Polyesterharze oder Methacrylatharze) statt Zement verwendet. Zusätzlich ist für den Abbindevorgang von Kunstharzbeton ein Härterzusatz erforderlich. Da Beton als Führungsbahnwerkstoff ungeeignet ist, werden i. allg. Stahlleisten als Führungsbahnen mit eingegossen oder aufgeklebt bzw. aufgeschraubt. Der E-Modul von Zementbeton (20000 N/mm^2) und von Polymerbeton

(40000 N/mm^2) ist relativ niedrig. Um eine ausreichende Steifigkeit zu erreichen, werden daher entweder sehr dickwandige Gestellbauteile mit einem relativ kleinen Polyurethan-Kern oder Vollquerschnitte für die Gestellbauteile vorgesehen (Bild 6.28). Trotz der niedrigen mittleren spezifischen Dichte von 2,5 · 10^3 kg/m^3 ergeben sich damit meist relativ schwere Gestellbauteile. Das dynamische Verhalten einer Betonkonstruktion wird daher um so mehr durch die Steifigkeit der Fügestellen beeinflußt. Positiv wirkt sich bei Betonkonstruktionen die hohe Werkstoffdämpfung aus, die speziell bei Gestellen für Feinbearbeitungsmaschinen (Schleifmaschinen) Störeinflüsse aufgrund fremderregter Schwingungen vermindert.

Einige besondere Eigenschaften von Beton erfordern spezielle Erfahrungen im Umgang mit diesem Werkstoff. Während der Aushärtezeit, die bei Zementbeton ca. 28 Tage beträgt (bei Kunstharzbeton nur Stunden), schwinden die Bauteile, was bei der Dimensionierung anhand von Erfahrungswerten berücksichtigt werden muß. Kunstharzbeton weist diesbezüglich ein günstigeres Verhalten auf als Zementbeton. Aufgrund des hygroskopischen Verhaltens kann auch ein Quellen der Bauteile auftreten. Darüber hinaus kann eine Betonkonstruktion von Chemikalien angegriffen werden (Mineralöle, Schneidöle), so daß i. allg. eine Versiegelung der Oberflächen mit einer resistenten Kunststoffschicht erforderlich ist.

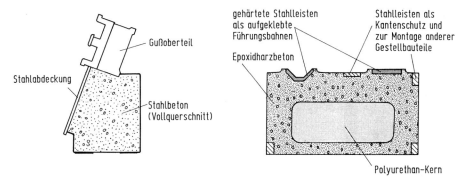

Bild 6.28. Querschnitt durch ein Drehmaschinenbett aus Zementbeton und aus Epoxidharzbeton (nach [6.9])

6.3 Berechnung von Gestellbauteilen - Finite-Elemente Methode (FEM)

Aufgrund der komplizierten Bauteilgeometrie sind bei Werkzeugmaschinengestellen analytische Berechnungsverfahren zur Lösung mechanischer Problemstellungen nur sehr eingeschränkt anwendbar. Als diskrete Näherungsmethoden für komplexe Aufgabenstellungen wurden in der technischen Mechanik im wesentlichen das Differenzenverfahren und das Verfahren der Finiten Elemente entwickelt. Während das Differenzenverfahren von der näherungsweisen Lösung eines durch spezielle Differentialgleichungen beschriebenen Problems ausgeht, bietet die Methode der Finiten

Elemente den Vorteil einer mehr schematisierten Vorgehensweise für den Benutzer, bei der die explizite Aufstellung der Differentialgleichungen nicht erforderlich ist. Die Methode der Finiten Elemente zeichnet sich dadurch aus, daß
- auch Strukturen mit komplizierter Geometrie relativ einfach berechenbar sind,
- unterschiedliche Problemstellungen (statische, dynamische, thermische Berechnungen) mit der gleichen Vorgehensweise erfaßt werden können und daß
- die Entwicklung dieser Methode parallel zur Entwicklung der elektronischen Datenverarbeitung verlief, wodurch eine besonders gute Anpassung und Ausnutzung rechnerspezifischer Eigenschaften erreicht wurde.

Die prinzipielle Vorgehensweise besteht darin, die zu berechnende Struktur in eine Anzahl, über Knotenpunkte verbundener, einfacher Elemente zu zerlegen und mit Hilfe der standardmäßig beschriebenen Elementeigenschaften nach der Matrixverschiebungsmethode [6.20, 6.21] eine Lösung für das Gesamtsystem zu erstellen. Der hauptsächliche Arbeitsaufwand des Anwenders besteht in der Modellierung der Struktur, d. h. in der Einteilung der Struktur in ein Knotenpunktnetz und der Auswahl geeigneter Elemente, um die lokalen Geometrie- und Stoffeigenschaften möglichst gut zu beschreiben [6.22]. Die Genauigkeit der Berechnungen hängt wesentlich von der Art der Modellierung der Struktur ab. Auch wenn die Vorgehensweise der Modellierung mehr oder weniger, wie in Bild 6.29 dargestellt, schematisierbar ist, ist hierfür einige Erfahrung bezüglich des mechanischen Verhaltens einer Struktur und der speziellen Elementeigenschaften erforderlich.

Im allgemeinen muß für eine statische Berechnung der Spannungen das Knotenpunktsnetz dichter gewählt werden als für eine dynamische Berechnung, wobei vor allem an den Stellen der Struktur eine verfeinerte Modellierung notwendig ist, an denen größere Spannungsänderungen auftreten oder eine Krafteinleitung erfolgt. Da die Abschätzung der Spannungsverteilung in einem komplizierten Bauteil oftmals schwierig ist, erfolgt eine FEM-Berechnung meist iterativ, indem anhand der Berechnungsergebnisse eine verfeinerte Modellierung vorgenommen wird.

Die Wahl der Finiten Elemente für das Knotenpunktsnetz richtet sich nach dem Spannungszustand im Bauteil bzw. nach den Freiheitsgraden, in denen Verschiebungen (bzw. Verdrehungen) an den Knotenpunkten auftreten bzw. Belastungen auf das Element einwirken können (Bild 6.30). Für den einachsigen Spannungszustand (Zug/Druck) stehen Stabelemente zur Verfügung. Wellenelemente können zusätzlich Torsionsmomente, Balkenelemente können Belastungen in allen Freiheitsgraden aufnehmen. Für einen zweiachsigen Spannungszustand können Scheibenelemente, bei zusätzlicher Belastung senkrecht zur Elementebene Platten- oder Schalenelemente verwendet werden. Bei dickwandigen Strukturen oder bei Bauteilen mit Vollquerschnitt ist ein räumlicher Spannungszustand zu erwarten, der sich am günstigsten durch dreidimensionale Finite Elemente beschreiben läßt. Für die Berechnung von Mehrkörperproblemen oder zur Idealisierung der Koppelstellen zwischen einzelnen Bauteilen stehen diskrete Feder-, Massen- oder Dämpfungselemente zur Verfügung. Daneben sind in den Programmbibliotheken der gebräuchlichsten FEM-Programme eine Vielzahl zusätzlicher Elemente für spezielle Anforderungen (Elemente mit unterschiedlicher Anzahl an Knotenpunkten, räumlich gekrümmte Elemente oder Elemente für nichtlineare Problemstellungen) vorhanden.

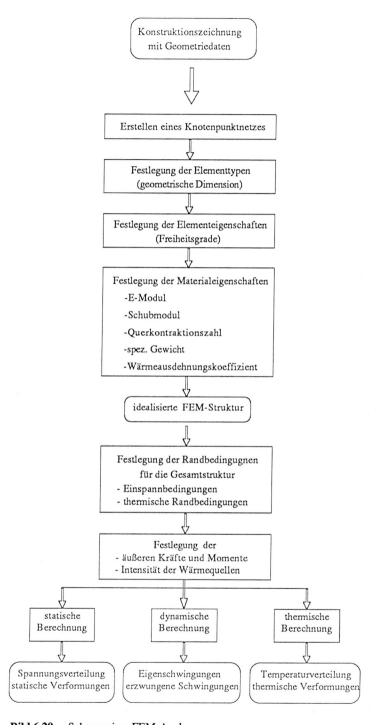

Bild 6.29. Schema einer FEM-Analyse

geometrische Dimension	Elementtyp	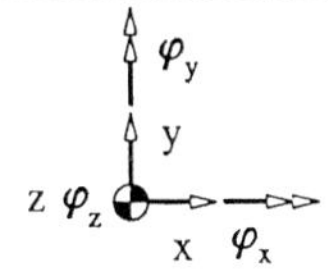	Freiheitsgrade pro Knotenpunkt
		φ_y $\uparrow$ y $z\,\varphi_z$ $\leftarrow\!\!\bullet\!\!\rightarrow$ $x\;\varphi_x$	
0	diskrete Feder, Masse, Dämpfer	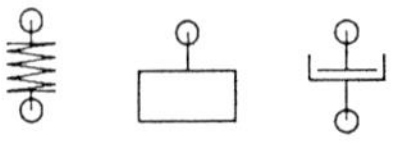	$x,y,z,\varphi_x,\varphi_y,\varphi_z$
1	Stabelement Wellenelement Balkenelement		x x,φ_x $x,y,z,\varphi_x,\varphi_y,\varphi_z$ *
2	Scheibenelement Plattenelement Schalenelement	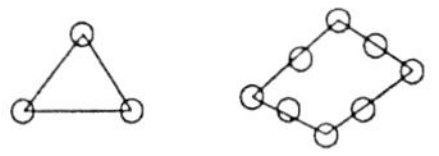	x,y,φ_z * z,φ_x,φ_y * $x,y,z,\varphi_x,\varphi_y,\varphi_z$
3	Hexaederelement Pentaederelement Tetraederelement	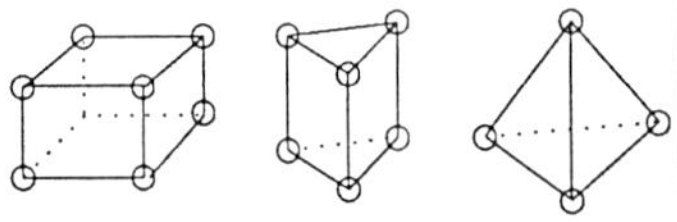	x,y,z x,y,z x,y,z

* die Aufteilung der Freiheitsgrade ist bei diesen Elementen teilweise programmspezifisch

Bild 6.30. Typen finiter Elemente

In einem weiteren Schritt der Modellierung ist es nötig, die Materialeigenschaften für die Finiten Elemente zu definieren. Anhand der Elementdaten können durch das FEM-Programm die Elementmatrizen (Federsteifigkeits-, Dämpfungs-, Massenmatrix) nach der Matrixverschiebungsmethode berechnet werden. Für thermische Berechnungen können die Temperatursteifigkeitsmatrizen nach den Grundgleichungen der Wärmeübertragung für die Elemente aufgestellt werden.
Aus dem erstellten Elemente-Datensatz werden von dem FEM-Programm unter Berücksichtigung der Kompatibilitätsbedingungen (gleiche Verschiebungen für Verbindungsknotenpunkte) und Gleichgewichtsbedingungen (Kräftegleichgewicht an den Knotenpunkten) die Systemmatrizen (Massen-, Federsteifigkeits- und Dämpfungsmatrix oder Temperatursteifigkeitsmatrix) aus den Elementmatrizen aufgebaut. Am Beispiel des sehr einfachen Falles einer Stabstruktur mit zwei Elementen ist dies in Bild 6.31 für den Aufbau der Federsteifigkeitsmatrix veranschaulicht. An den Verbindungsknotenpunkten werden die Elementsteifigkeiten addiert, Knotenpunkte, die nicht miteinander verbunden sind, weisen an den entsprechenden Stellen der Gesamtsteifigkeitsmatrix die Steifigkeit Null auf.
Für die idealisierte Gesamtstruktur müssen zusätzlich die Randbedingungen festgelegt werden. Abhängig von der gewählten Problemstellung sind als Eingabeparameter die Einspannbedingungen (Freiheitsgrade der Randknotenpunkte) sowie die äußeren auf das Bauteil wirkenden Kräfte und Momente für eine statische Berechnung erforderlich oder die thermischen Randbedingungen (Wärmeübergangsbedingungen

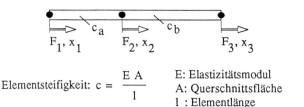
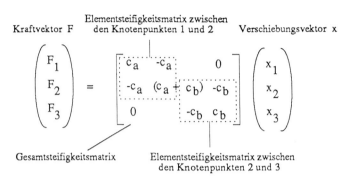

Bild 6.31. Gleichungssystem für die Statikberechnung einer Stabstruktur

an die Umgebung) sowie die Intensität vorhandener Wärmequellen für eine thermische Berechnung. Für eine Berechnung des dynamischen Verhaltens können entweder die Eigenschwingungen der Struktur oder die erzwungenen Schwingungen berechnet werden. Für letztere Problemstellung ist neben der Angabe der Einspannbedingungen die Festlegung der dynamischen Kräfte notwendig.

Die Effektivität des Einsatzes von FEM-Programmen wird wesentlich vom Aufwand der Modellierung einer Struktur beeinflußt. Als wichtiges Hilfsmittel für die Idealisierung werden daher i. allg. Preprozessor-Programme verwendet, die eine interaktive, grafikunterstützte Dateneingabe ermöglichen.

Für die durch Finite Elemente beschriebene Struktur können verschiedene Berechnungen durchgeführt werden:

- Statische Berechnungen:
  $[C] \{x\} = \{F\}$
  Für vorgegebene äußere Belastungen $\{F\}$ können entweder die sich daraus ergebende Spannungsverteilung in der Struktur oder die statischen Verformungen $\{x\}$ an den Knotenpunkten berechnet werden. Hierfür kann das System hochgradig statisch überbestimmt sein.
- Dynamische Berechnungen:
  $[M] \{\ddot{x}\} + [D] \{\dot{x}\} + [C] \{x\} = \{F\}$
  Für das freie System ($\{F\}=\{0\}$) können die Eigenschwingungen durch Lösung des Eigenwertproblems, wie in Abschn. 5.2.3 beschrieben, berechnet werden.

Für eine Fremdanregung der Struktur ($\{F\} \neq \{0\}$) können die erzwungenen Schwingungen $x(t)$ an den Knotenpunkten bestimmt werden.
- Thermische Berechnungen:
In einem ersten Berechnungsschritt wird die stationäre oder zeitabhängige Temperaturverteilung in der Struktur aufgrund der vorgegebenen Wärmequellen berechnet. In einem zweiten Schritt können aus der Temperaturverteilung in der Struktur thermische Ersatzkräfte an den Knotenpunkten bestimmt werden und daraus, ähnlich wie bei statischen Berechnungen, die Verformungen an den Knotenpunkten.

Um die numerischen Ergebnisse dieser Berechnungen anschaulich darzustellen, werden i. allg. entsprechende Postprozessor-Programme benutzt.

Als Beispiel sind in Bild 6.32 die Verformungen eines Spindelgehäuses für eine vorgegebene statische Belastung sowie die erste berechnete Torsionseigenschwingung dargestellt.

Die Methode der Finiten Elemente stellt ein Näherungsverfahren dar, bei dem die Genauigkeit der Berechnungen einerseits von der Art der Idealisierung der Struktur und andererseits von der Genauigkeit der Eingabeparameter sowie von numerischen Fehlern abhängt.

Bezüglich der Idealisierung sind die hauptsächlichen Einflußgrößen:
- Auswahl der finiten Elemente nach Elementtyp und Freiheitsgraden.
- Anzahl der verwendeten Knotenpunkte:
Bei zu wenig Knotenpunkten wird die Struktur unzureichend erfaßt – bei zu vielen Knotenpunkten wirken sich rechnerbedingte Rundungsfehler des numerischen Verfahrens stärker aus.
- Lage der Knotenpunkte:
An Stellen großer Spannungsänderungen muß ein dichteres Knotenpunktsnetz gewählt werden. Die Berechnung von Spannungen erfordert prinzipiell ein dichteres Knotenpunktnetz als die Berechnung von statischen Verschiebungen und Eigenschwingungsformen.
- Lage der Randbereiche:
Bereiche, in denen eine erhöhte Genauigkeit der Ergebnisse erforderlich ist, sollten durch mehrere Elemente von den Randbedingungen getrennt sein, da sich deren Einfluß über mehrere Elemente hinweg bemerkbar macht.

Für die Eingabeparameter bestehen zum Teil erhebliche Unsicherheiten bezüglich
- der Dämpfungswerte für die einzelnen Elemente,
- der Fugensteifigkeit zwischen einzelnen Bauteilen,
- der Wärmeübergangskoeffizienten zwischen verschiedenen Bauteilen sowie zwischen der Struktur und der Umgebung.

Im allgemeinen lassen sich daher einzelne Bauteile mit relativ hoher Genauigkeit berechnen, während die Berechnung zusammengesetzter Strukturen mit größeren Unsicherheiten behaftet ist. Üblicherweise wird daher eine FEM-Berechnung anhand experimenteller Untersuchungen überprüft. Für die Anpassung der Berechnung und Messung wurden spezielle mathematische Verfahren entwickelt (model-updating [6.23]).

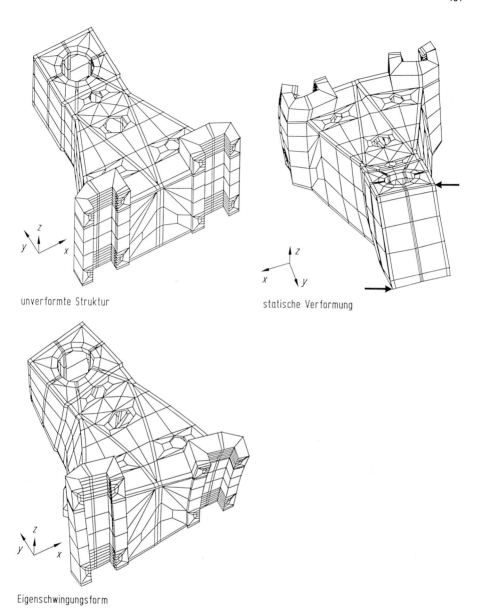

Bild 6.32. FEM-Struktur eines Spindelgehäuses und berechnete Verformungen bei statischer Belastung sowie für eine Eigenschwingungsform

Da eine einmalige FEM-Analyse einer Struktur nur den Istzustand erfaßt, ist es meistens erforderlich, anhand von Variantenrechnungen eine sukzessive Optimierung einer Struktur durchzuführen. Für eine gezielte konstruktive Variation wurden Verfahren entwickelt, die die Empfindlichkeit der Berechnungsergebnisse bezüglich der Eingabedaten anzeigen (Sensitivitätsanalyse [6.23]).

Ein weiterer Schwerpunkt in der Weiterentwicklung der Finite Elemente Methode ist die Erweiterung auf nichtlineare Problemstellungen, um z. B. auch geometrische Nichtlinearitäten oder nichtlineares Stoffverhalten einer Berechnung zugänglich zu machen [6.20, 6.21, 6.24].

7 Führungen

7.1 Anforderungen und Auslegung

Aufgabe einer Werkzeugmaschinenführung ist es, die Vorschub-, Zustell- oder die Hauptbewegung zu gewährleisten und gleichzeitig die Bearbeitungs-, Gewichts- und Beschleunigungskräfte aufzunehmen (Bild 7.1). Wichtige Anforderungen an die Führungen von Werkzeugmaschinen sind dabei hohe Führungsgenauigkeit über die gesamte Betriebsdauer sowie günstige Herstell- und Betriebskosten.

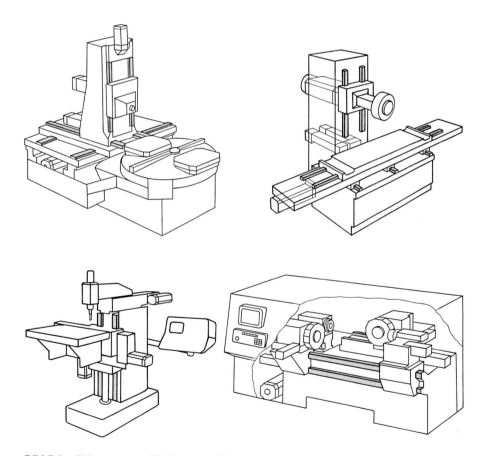

Bild 7.1. Führungen von Werkzeugmaschinen

Hohe Führungsgenauigkeit einer Werkzeugmaschine setzt voraus:
- geringe Haft- und Gleitreibung für genaues Positionieren mit möglichst kleinen Vorschubkräften,
- hohe statische Steifigkeit und geringes Führungsspiel, um die Abweichungen von der Soll-Bewegung der geführten Bauteile bei unterschiedlichen Belastungen gering zu halten,
- hohe Dämpfung in Trag- und in Verfahrrichtung, um die Neigung der Werkzeugmaschine zum Rattern und Ruckgleiten zu verringern,
- hohe thermische Steifigkeit zur Erhaltung der Führungsgenauigkeit während des gesamten Betriebszyklus,
- niedrigen Verschleiß.

Führungen sind konstruktiv so auszulegen, daß der Hebelarm zwischen Vorschubangriffspunkt und Kräfteschwerpunkt aus Bearbeitungs-, Reibungs- und Massenträgheitskräften möglichst kurz ist. Außerdem müssen Führungen gegen das Eindringen von Spänen geschützt und so angeordnet werden, daß ein ungehinderter Spänefall möglich ist.

Zur graphischen Veranschaulichung der Belastungsverhältnisse dient das Lastdiagramm (Bild 7.2). Anhand dieser qualitativen Darstellung kann ein Größenvergleich der auftretenden statischen Kräfte und Momente vorgenommen werden. Es muß sichergestellt sein, daß die Führungen unter den auftretenden Betriebsbedingungen funktionsfähig bleiben. Angreifende Kräfte und Momente dürfen nicht zu mechanischem Klemmen führen und Temperaturschwankungen nicht zu thermischem Klemmen.

Mechanisches Klemmen, auch *Schubladeneffekt* genannt, wird durch ein aus der Spindelkraft in Vorschubrichtung F_V und der Zerspankraft F resultierendes Drehmoment verursacht. Die geometrischen Verhältnisse sind in Bild 7.3 dargestellt. Durch das Spiel der Führung in x-Richtung verkantet der Schlitten und liegt an der Führungsbahn nur an den Punkten A und B an. Damit kann der Schlitten abhängig von den Belastungen und den Reibungsverhältnissen in der Führung entweder klemmen oder gleiten. Der Schlitten klemmt, wenn die Führung aufgrund von Haftreibung die

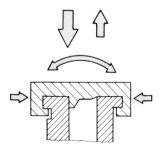

Bild 7.2. Lastdiagramm einer Flachführung

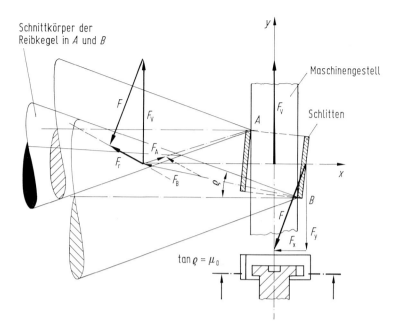

Bild 7.3. Klemmen einer Führung

Resultierende F_r der Kräfte F_V und F aufzunehmen vermag (F_r ergibt sich aus einer einfachen Gleichgewichtsbetrachtung). Dies ist immer dann der Fall, wenn die Wirkungslinie der Resultierenden F_r den Schnittkörper der Reibkegel (Reibwert $\mu_0 = \tan \rho$) durchdringt. Dann nämlich kann F_r in die Auflagerkräfte F_A und F_B zerlegt werden, die beide innerhalb der Reibkegel liegen. In diesem Fall klemmt der Schlitten, da die Haftreibung nicht überwunden wird. Liegen die Auflagerkräfte außerhalb der Reibkegel, so gleitet er. Charakteristisch für diesen Effekt der Selbsthemmung ist, daß sein Auftreten nur von der Lage der Wirkungslinie der äußeren Kraft abhängt, nicht jedoch von deren Betrag. Zur Vermeidung des mechanischen Klemmens sind hohe Schlittenlängen anzustreben. Ist die Schlittenlänge aus konstruktiven Gründen begrenzt, so kann durch ein geändertes Führungsprinzip die Reibungskraft reduziert werden, beispielsweise durch den Einsatz von Wälzführungen.

Thermisches Klemmen, welches durch unterschiedliche Wärmeausdehnung der beiden zueinander bewegten Bauteile verursacht wird, tritt besonders bei Werkzeugschlitten auf, die durch die Nähe zum Bearbeitungsvorgang starken Temperaturschwankungen unterworfen sind. Abhilfe schafft hier, den Abstand zwischen den Seitenführungen gering zu halten, da bei gleichen linearen Wärmeausdehnungskoeffizienten sich bei kleinen Stützbreiten b wesentlich kleinere absolute Längenänderungen Δs ergeben als bei großen. Man spricht dann von einer *Schmalführung* (Bild 7.4).

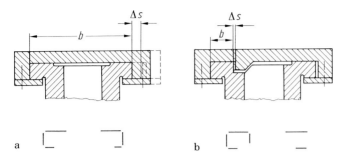

Bild 7.4. Flachführung als Breit- (a) und als Schmalführung (b) [7.1]

7.2 Klassifizierung von Werkzeugmaschinenführungen

7.2.1 Einleitung

Wird eine Führung während des Bearbeitungsprozesses bewegt, spricht man von einer Bewegungsführung (z. B. Werkzeugschlitten einer Drehmaschine). Erfolgt eine Relativbewegung nur ohne äußere Last zwischen den Bearbeitungsvorgängen, so liegt eine Verstellführung vor (z. B. Tischführung einer Säulenbohrmaschine). Vielfach vereinen Werkzeugmaschinenführungen beide Prinzipien, z. B. die Kreuztischführungen an Universalfräs- oder Drehmaschinen. Bewegungsführungen müssen höheren Ansprüchen bezüglich Schmierung und Verschleißfestigkeit der Führungselemente genügen als Verstellführungen, da bei ihnen die Bewegung unter Last erfolgt.

Ein starrer Körper weist maximal 6 mechanische Freiheitsgrade auf, 3 translatorische und 3 rotatorische. Führungen haben die Aufgabe, durch die Fesselung von 5 Freiheitsgraden nur noch die Bewegung in einem einzigen Freiheitsgrad zuzulassen. Entsprechend kann man Führungen nach der Art der Bewegung in translatorische oder rotatorische Führungen unterscheiden (Bild 7.5). In speziellen Fällen tritt auch eine Kombination aus Gerad- und Drehführung mit einem translatorischen und einem rotatorischen Freiheitsgrad auf, z. B. bei Bohrspindeln in Pinolen.

Im Gegensatz zum *Lager*, dessen Aufgabe darin besteht, in einem rotatorischen Freiheitsgrad eine allgemeine Drehbewegung zu ermöglichen, muß bei der rotatorischen *Führung* mit Hilfe einer entsprechenden Antriebseinheit eine definierte Winkelposition realisiert werden können.

Innerhalb eines Führungssystems wird nach folgenden Teilfunktionen unterschieden:
- Tragführung für die Hauptlast,
- Längs- oder Richtführung zur seitlichen Festlegung,
- Umgriffführung gegen Abheben des Schlittens.

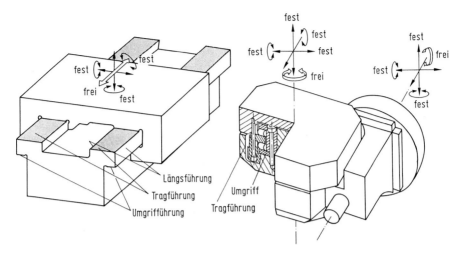

Bild 7.5. Funktion einer translatorischen und einer rotatorischen Führung

7.2.2 Einteilung nach Funktionsweise

Führungen lassen sich klassifizieren in Wälz- oder Gleitführungen (Bild 7.6). Bei Wälzführungen werden die relativ zueinander bewegten Elemente durch Wälzkörper voneinander getrennt. Bei Gleitführungen erfolgt diese Trennung durch ein flüssiges oder gasförmiges Medium. Je nach Art dieses Schmiermittels und des Schmierfilmaufbaus unterteilt man in

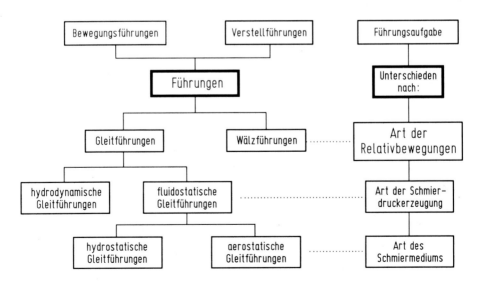

Bild 7.6. Klassifizierung der Führungen nach ihrer Funktionsweise

- hydrodynamische,
- hydrostatische und
- aerostatische Gleitführungen.

Hydrodynamische Gleitführungen stellen die am häufigsten eingesetzte Bauart dar. Gründe hierfür sind die geringen Herstell- und Betriebskosten, die guten Dämpfungseigenschaften und die hohe erreichbare Führungsgenauigkeit. Nachteilig wirken sich die relativ hohen Reibungskräfte und bei ungünstigen Reibbedingungen auch das Ruckgleiten im niedrigen Gleitgeschwindigkeitsbereich aus.

7.2.3 Einteilung nach Führungsbahngeometrie

Bild 7.7 gibt einen Überblick über die geometrischen Grundformen der Führungselemente. Technisch ausgeführte Varianten lassen sich bezüglich der wirtschaftlichen Herstellbarkeit, der möglichen Lastaufnahme, der Eignung zur Spieleinstellung und des benötigten Bauraumes unterscheiden.

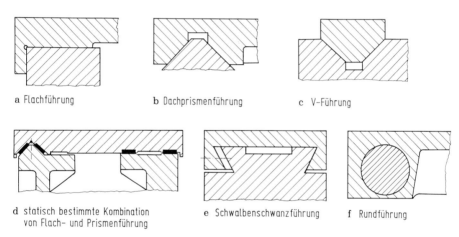

Bild 7.7. Grundformen der Führungselemente

7.2.3.1 Flachführungen

Flachführungen sind vergleichsweise einfach zu bearbeiten und somit kostengünstig zu fertigen. Sie eignen sich bei hohen Auflagekräften und langen Führungsbahnen. Die Spieleinstellung erfolgt jeweils getrennt für die waagerechte und senkrechte Richtung durch Einstelleisten. Der erforderliche Bauraum für diese Führung ist klein.

7.2.3.2 V- und Dachprismenführungen

V- und Dachprismenführungen haben dreieckförmige Querschnitte. Die Fertigung ist aufwendiger als bei Flachführungen. Nachteilig ist die Zerlegung der auf die Führungsbahn wirkenden Kraft in Teilkräfte, welche insgesamt zu höheren Reibungskräften führen. Gegen das mögliche Abheben des Schlittens bei seitlich angreifenden Kräften muß die Führung durch Umgriff gesichert werden. Ihr Vorteil besteht darin, daß sie sich innerhalb bestimmter Grenzen selbsttätig nachstellt.

Die Kombination einer V- oder Dachprismenführung mit einer Flachführung ergibt eine statisch bestimmte Anordnung. Doppelprismenführungen hingegen sind statisch überbestimmt, wodurch bei thermischer Belastung Verlagerungen in Tragrichtung auftreten. Es muß konstruktiv dafür Sorge getragen werden können, daß der Schlitten wegen der größeren Bauhöhe der Prismen keine Schwachzonen bzgl. der Steifigkeit aufweist. Bei der Dachprismenführung ist die Verschmutzungsgefahr der Führungsbahn geringer als bei der V-Führung, da bei ihr Schmutz, Späne und Schmiermittel abgleiten können.

7.2.3.3 Schwalbenschwanzführungen

Schwalbenschwanzführungen benötigen nur vier Führungsflächen für eine allseitige Kraftaufnahme. Sie bauen daher relativ klein. Allerdings ist der Fertigungsaufwand speziell wegen der umfangreicheren Anpaßarbeiten höher.

7.2.3.4 Rundführungen

Bei Rundführungen gleitet ein allseitig umgreifendes Führungselement auf einer Säule oder Stange mit Kreisquerschnitt. Die Feinbearbeitung dieser zylindrischen Führungen ist fertigungstechnisch günstig. Bei Rundführungen mit zwei oder mehr Führungssäulen sind allerdings wegen der statischen Überbestimmtheit der Anordnung enge Stichmaßtoleranzen einzuhalten. Ein nachträgliches Anpassen der Führungsteile ist nur schwer möglich. Eine durch Verschleiß entstandene Unrundheit kann nicht auf einfache Weise ausgeglichen werden. Durch den Umgriff eignet sich diese kompakte Führungsart für den Einsatz bei allseitiger Krafteinwirkung. Bei der Ein-Säulen-Zylinderführung ist eine Sicherung gegen Verdrehen nötig. Ohne eine derartige Sicherung hat diese Zylinderführung zwei Freiheitsgrade.

7.3 Hydrodynamische Gleitführungen

7.3.1 Tribologie

Zur Beschreibung der Einflußgrößen, die das Reibungs- und Verschleißverhalten einer hydrodynamischen Führung bestimmen, ist das komplette Tribosystem zu betrachten (Bild 7.8). Es setzt sich aus dem Führungsgrund- und -gegenkörper, dem Zwischenstoff und dem Umgebungsmedium zusammen.
Zwischenstoff und Umgebungsmedium wirken über ihre chemisch-physikalischen Oberflächeneigenschaften auf das System ein. Grund- und Gegenkörper beeinflussen das System zusätzlich über ihre Oberflächenstrukturen.
Wichtige Kenngrößen im Tribosystem sind Reibung und Verschleiß. Bei der Reibung unterscheidet man zwischen *Haftreibung* und den unterschiedlichen Gleitreibungszuständen *Festkörperreibung, Mischreibung* und *Flüssigkeitsreibung*. Die Verschleißmechanismen werden in abtragenden Verschleiß (abrasiv) und Freßverschleiß (adhäsiv) unterschieden. Dazu kommen als weitere Verschleißformen die *Oberflächenzerrüttung* und die *tribochemischen Reaktionen*, z. B. das Quellen der Führungsbahn bei Kunststoffbeschichtung.

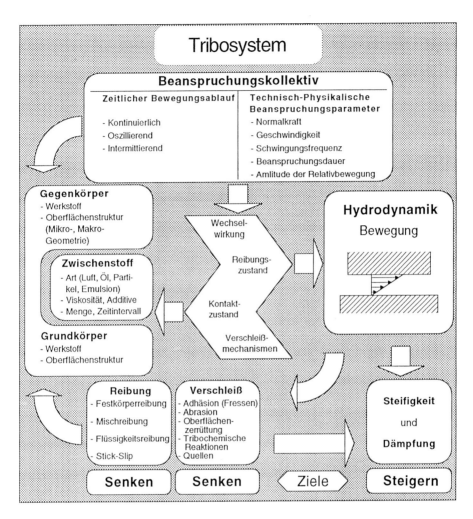

Bild 7.8. Zusammmenwirken der Komponenten bei hydrodynamischen Führungen

7.3.2 Hydrodynamische Schmierdruckbildung

Voraussetzung für die Aufrechterhaltung eines stabilen Schmierfilms ist ein quasistationäres Gleichgewicht zwischen dem in den Schmierspalt eindringenden und dem ausströmenden Fluid (Bild 7.9). Die eindringende Fluidmenge wird durch den Staudruck bestimmt, der sich aufgrund der Relativbewegung der Führungsbahnen aufbaut. Die abströmende Menge ist durch die Viskosität des Fluids begrenzt. Insbesondere bei niedrigen Geschwindigkeiten kann die Ausbildung des Staudrucks durch keilförmige Verengungen zwischen Grund- und Gegenkörper verbessert werden.

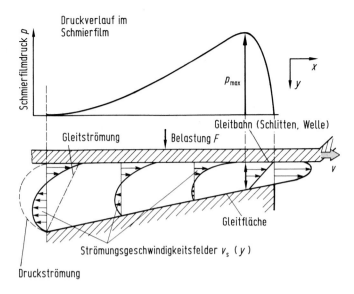

Bild 7.9. Hydrodynamische Schmierdruckbildung [7.1]

7.3.3 Stribeck-Kurve

Die Stribeck-Kurve läßt Aussagen über das Betriebsverhalten von Gleitführungen zu. Sie stellt die Reibungszahl μ in Abhängigkeit von der Gleitgeschwindigkeit v dar (Bild 7.10). Die Reibungszahl μ gibt das Verhältnis der Reibkraft zur Normalkraft an. Wichtige Einflußgrößen für den Verlauf der Stribeck-Kurve sind die Flächenpressung als Maß für die äußere Belastung und die Viskosität des Schmiermediums. Die Viskosität ist stark temperaturabhängig und somit im Betrieb Schwankungen unterworfen, da die auftretende Reibungsarbeit zum größten Teil im Schmiermittel in Wärme umgesetzt wird.

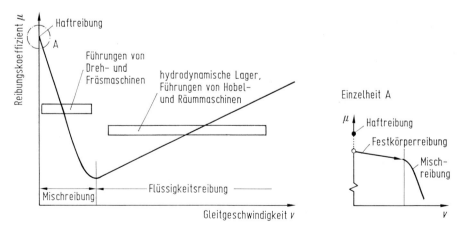

Bild 7.10. Stribeck-Kurve [7.1]

Im Verlauf der Stribeck-Kurve lassen sich vier charakteristische Gebiete der Gleitgeschwindigkeit unterscheiden:
- Haftreibung bei Stillstand ($v = 0$) mit dem Haftreibungskoeffizienten μ_0.
- Festkörperreibung bei Beginn der Bewegung. Hier ist der tragende Schmierfilm zwischen den bewegten Teilen noch nicht ausgebildet. Der Reibwert wird durch Trockenreibung (Coulombsche Reibung) bestimmt.
- Mischreibung. Es existiert örtlich und zeitlich variierend ein tragender Schmierfilm, der nicht ausreicht, die Führungsflächen vollständig voneinander zu trennen.
- Flüssigkeitsreibung. Ein durchgehender Schmierfilm ist aufgebaut, und die beiden Reibpartner sind vollständig voneinander getrennt. Bestimmend ist die viskose Reibung, die bei laminarer Strömung proportional zur Gleitgeschwindigkeit zunimmt.

7.3.4 Ruckgleiten

Ruckgleiten oder Stick-Slip tritt bei geringen Vorschubgeschwindigkeiten auf. Es äußert sich in einer ungleichförmigen, periodischen Bewegung des Schlittens in den Bereichen der Stribeck-Kurve mit negativer Steigung, d. h. im Haft-, Festkörper- oder Mischreibungsgebiet. In der Regel wird die Amplitude durch das zeitweise Auftreten von Haftreibung begrenzt.

Anschaulich stellt sich der Stick-Slip-Effekt folgendermaßen dar: Bei Anlegen einer Vorschubkraft an einen stillstehenden Schlitten verspannen sich die elastischen Teile des Vorschubsystems bis zur Überwindung der Haftreibung und dem Losreißen des Schlittens. Die Reibkraft fällt entsprechend der fallenden Stribeck-Kurve mit zunehmender Geschwindigkeit ab, die elastischen Teile des Vorschubsystems werden entspannt. Bei ungenügender Dämpfung beschleunigt der Schlitten über seine Sollgeschwindigkeit hinaus, bis er durch die langsamer laufende Vorschubbewegung oder durch Reibung gebremst wird. Aufgrund der Elastizität im System kommt es zum erneuten Stillstand des Schlittens, so daß wieder Haftreibungsbedingungen vorliegen und der Zyklus von neuem beginnt.

Mathematisch kann das Ruckgleiten an einem vereinfachten Ein-Massen-Modell erklärt werden, in dem die Masse für den Schlitten steht. Feder und Dämpfer repräsentieren die Elastizitäts- und Dämpfungseigenschaften des Vorschubantriebssystems. Aus der Wirkung der Massenträgheit, der geschwindigkeitsproportionalen Dämpfung, der Elastizitätskraft und der Reibkraft ergibt sich ein dynamisches Kräftegleichgewicht am Schlitten (Bild 7.11). Es gilt:

$$m\,\ddot{x} + d\,\dot{x} + c\,x + F_R = 0 \tag{7.1}$$

mit folgenden Systemgrößen: c ist die statische Federsteifigkeit des Vorschubsystems, d der Dämpfungskoeffizient des Vorschubsystems, F_R die Reibkraft, m die Schlittenmasse und x der Schlittenweg.

Eine Linearisierung der Abhängigkeit der Reibkraft von der Geschwindigkeit ergibt:

$$F_R = b\,\dot{x} + K \tag{7.2}$$

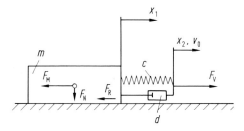

Bild 7.11. Ein-Massen-Schwinger-Modell zur Beschreibung des Stick-Slip-Effektes (F_M Massenkraft, F_N Normalkraft, F_R Reibkraft, F_V Vorschubkraft, $x = x_2 - x_1$, $v_0 = \dot{x}_2 = $ const, c Federkonstante, d Dämpferkonstante) [7.1]

mit b als Steigung der Stribeck-Kurve im Betriebspunkt v_0

$$b = F_N \frac{d\mu}{dv}\bigg|_{v_0} \quad (7.3)$$

und K als Reibkraft im Betriebspunkt v_0.
Im quasistationären Betrieb mit konstanter Vorschubgeschwindigkeit v_0 lautet dann die homogene Differentialgleichung:

$$m\ddot{x} + (d+b)\dot{x} + cx + K = 0. \quad (7.4)$$

Eine Diskussion dieser Bewegungsgleichung zeigt, daß der Summand $(d + b)$ nicht negativ werden darf, da es sonst zu einer anklingenden Schwingung kommt. Bedingung dafür ist, daß die Steigung b der Stribeck-Kurve entweder positiv oder betragsmäßig kleiner als der Dämpfungskoeffizient d des Vorschubsystems ist.
In Bild 7.12 ist der zeitliche Verlauf der Vorschubkraft und des Vorschubweges mit der Sollbewegung dargestellt. Die Lösung der aus dem Ein-Massen-Modell resultierenden linearen Differentialgleichung hat den gestrichelt angedeuteten sinusförmigen Verlauf. Am realen System kommt es jedoch meist zum vollständigen Haften des Schlittens und damit zu einer nichtlinearen Schwingung. Die Elastizitätskraft des Vorschubantriebssystems schwankt um einen statischen Mittelwert, der durch die Reibkraft bei Sollgeschwindigkeit v_0 (Betriebspunkt) gegeben ist. Zum Aufbau dieser statischen Vorschubkraft muß zunächst in der Anlaufphase die Differenz x_0 zwischen Sollbewegung und Schlittenweg erzeugt werden, um die das Antriebssystem vorgespannt wird. Verbleibt das System nach dem Abschalten des Antriebsmotors im vorgespannten Zustand, so kann der entspannte Zustand nur durch Richtungsumkehr und Abbau der elastischen Umkehrspanne wieder erreicht werden.
Zur Vermeidung des Ruckgleitens bieten sich an:
- Hohe Steifigkeit c des Vorschubantriebsstrangs und kleine bewegte Massen m, um die Schwingungsamplituden gering zu halten.
- Erhöhte Dämpfung d im Vorschubsystem und in der Führung, wobei letzteres allerdings mit erhöhten Reibkräften verbunden ist.
- Änderung der tribologischen Verhältnisse im Mischreibungsgebiet, um die negative Steigung b der Stribeck-Kurve zu vermindern oder zu vermeiden. Dies ist

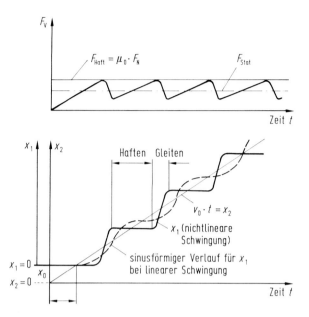

Bild 7.12. Zeitlicher Verlauf von Vorschubweg und Vorschubkraft beim Stick-Slip-Effekt ($F_{Stat} = K = c\, x_0 = \mu\, F_N$ Reibkraft im Betriebspunkt, μ Reibkoeffizient im Betriebspunkt, μ_0 Haftreibkoeffizient, x_0 Federdehnung im Betriebspunkt)

möglich durch die Verwendung geeigneter Führungsbahnwerkstoffe, durch Anbringen von Riefen quer zur Bewegungsrichtung, durch Erhöhung der Flächenpressung sowie durch Einsatz hochpolarer oder hochviskoser Schmierstoffe.

7.3.5 Werkstoffe für hydrodynamische Gleitführungen

Generell ist die schlittenseitige Führung mit dem weicheren Werkstoff auszuführen, da sie leichter nachzuarbeiten oder auszutauschen ist als die bettseitige Führung. Außerdem ergibt sich dadurch die stärkere Abnutzung am Schlitten und somit gleichmäßig über der gesamten Schlittenlänge, wodurch die Arbeitsgenauigkeit weniger beeinträchtigt wird. Die *Bettführung* bei gegossenen Gestellen ist in der Regel Bestandteil des Gestells und daher aus Grauguß. Bei Schweißkonstruktionen oder Betten aus Beton kommen vorgefertigte Stahlleisten zum Einsatz. Neuerdings werden auch Hartstoffschichten in Form von thermischen Spritzschichten als Gleitbeläge in Erwägung gezogen.

Die *Schlittenführungen* sind häufig auch in Grauguß ausgeführt.

Immer weitere Verbreitung bei Schlittenführungen finden Kunststoffe. Ihre Vorteile sind die einfache Verarbeitung und der geringe Reibwert im Mischreibungsgebiet. Grundsätzlich kann man zwei verschiedene Arten mit entsprechend unterschiedlichen Herstellungsweisen unterscheiden:

- Das Aufbringen von pastösen, aushärtenden Kunststoffen auf der Basis von Epoxidharzen (EPH) und
- das Aufkleben von Folien oder Leisten auf der Basis von Polytetrafluorethylen (PTFE).

Ein Überblick über die wichtigsten Vor- und Nachteile gängiger Werkstoffe wird in Bild 7.13 gegeben.

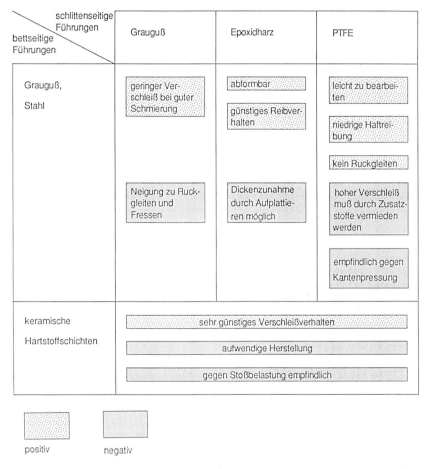

Bild 7.13. Werkstoffe für hydrodynamische Gleitführungen

7.3.6 Reibungsverhalten

Zwischen den einzelnen Materialpaarungen treten große Unterschiede hinsichtlich des Reibungsverhaltens auf, wie Bild 7.14 verdeutlicht. Je nach Betriebszustand können außerdem die auftretenden Reibungswerte stark streuen. Erstrebenswert sind Reibungskoeffizienten, die mit steigender Geschwindigkeit einen möglichst geringen Abfall oder besser einen Anstieg aufweisen. So steigen z.B. bei Kunststoffen die

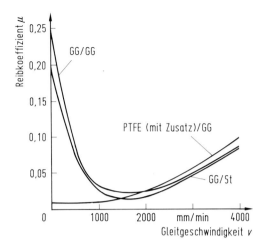

Bild 7.14. Reibwert verschiedener Gleitpaarungen [7.2]

Reibungskoeffizienten auch im unteren Gleitgeschwindigkeitsbereich stetig an, wodurch Ruckgleiten vermieden wird [7.3]. Dagegen liegen im Geschwindigkeitsbereich reiner Gleitreibung die Reibwerte etwas höher als bei metallischen Paarungen. In Bild 7.15 sind gemessene Stribeckkurven für die Materialpaarungen Grauguß auf Grauguß und Teflon auf Grauguß dargestellt. Bei der ersten Paarung läßt sich im unteren Geschwindigkeitsbereich kein eindeutiger Reibwert zuordnen, da die Reib-

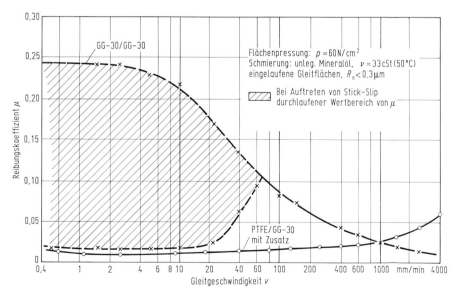

Bild 7.15. Einfluß der Gleitgeschwindigkeit auf das Reibungsverhalten zweier Werkstoffpaarungen [7.2]

verhältnisse aufgrund des ungenügend ausgebildeten Schmierfilms ständig zwischen Festkörperreibung und Gleitreibung variieren. Daher neigt eine derartige Führung in diesem Bereich zum Ruckgleiten.

In Bild 7.16 ist der Reibungskoeffizient als Funktion der Gleitgeschwindigkeit für unterschiedlich bearbeitete Graugußführungen aufgezeigt. Durch Umfangschleifen der schlitten- und bettseitigen Führung ergibt sich der steilste Reibwertabfall. Mit Bearbeitungsriefen quer zur Gleitrichtung verbessern sich die Gleiteigenschaften. Vorzugsweise werden diese Riefen am Schlitten durch Stirnschleifen oder noch besser durch Stirnfräsen mit Schneidkeramik erzeugt [7.5]. Soll aus fertigungstechnischen Gründen nicht auf das Umfangschleifen verzichtet werden, so lassen sich diese Verbesserungen durch die Anbringung von Querriefen mittels Schaben erreichen.

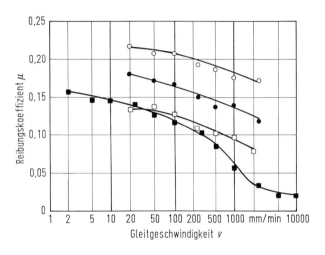

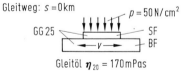

Bild 7.16. Einfluß der Gleitflächenbearbeitung auf das Reibungsverhalten (Meßwerte nach Rinker [7.4])

7.3.7 Verschleißverhalten

Zwei grundsätzlich verschiedene Verschleißmechanismen, nämlich *abrasiver Gleitverschleiß* und *adhäsiver Freßverschleiß,* treten an hydrodynamischen Gleitführungen auf. Im folgenden wird zunächst auf den unter normalen Betriebsbedingungen vorherrschenden Gleitverschleiß eingegangen:

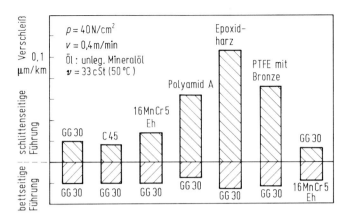

Bild 7.17. Verschleißverhalten verschiedener Gleitpaarungen nach [7.2]

Bild 7.17 zeigt Ergebnisse aus Untersuchungen des Verschleißverhaltens für unterschiedliche Gleitführungen. Der Verschleiß geschmierter, ungehärteter Grauguß- und Stahlführungen liegt bei einer Belastung von 40 N/cm^2 in der Größenordnung von 2 bis 3 μm je Probe nach 60 km Gleitweg. Diese Strecke entspricht bei Einschichtbetrieb einer Betriebsdauer von rund 5 Jahren.

Reines PTFE führt unter üblicher Belastung zu unvertretbar hohem Verschleiß. Durch Beigabe geeigneter Zusätze geht der Verschleiß in die Größenordnung ungehärteter Grauguß-Gleitführungen zurück.

Abformbare Kunststoffe zeigen bei ungünstigen Betriebsbedingungen einen "negativen Verschleiß" aufgrund von aufplattierten Verunreinigungen oder Ablagerung von Zusätzen im Schmiermittel. Ungünstig für das Führungsverhalten sind die Aufplattierungen besonders dann, wenn dadurch die Führungsflächen so glatt werden, daß die Haftreibung durch die Entstehung eines Saugeffektes extrem ansteigt. Daher ist bei Kunststoffführungen auf die Verwendung zugelassener Kühl-Schmierstoffe zu achten.

Unter den Beanspruchungsbedingungen einer geschmierten Gleitführung führt ein Härten der Grauguß- oder Stahlführungen nicht zu einer gravierenden Reduzierung des Verschleißes. Lediglich mit Keramik wird eine Verbesserung des Verschleißverhaltens erzielt. Bei einigen Hartstoffschichten kann der Verschleiß der Hartstoffschicht vollständig reduziert werden, jedoch steigt dann der Verschleiß des Gegenkörpers teilweise erheblich an. Nahezu die gleichen geringen Verschleißbeträge erreicht man mit ungehärteten Grauguß-Gleitführungen, wenn die Oberflächenstruktur mit Schneidkeramik stirngefräst wird und die Unterprobe umfanggeschliffen ist [7.3]. Die Aussage "Je härter das Material, desto geringer der Gesamtverschleiß" trifft lediglich bei rein abrasivem Gleitverschleiß zu. Als zweiter Verschleißmechanismus kommt jedoch der adhäsive Freßverschleiß hinzu. Er äußert sich durch ein grobes Schadensbild. Bei überhöhter Belastung und mangelhafter Schmierung wird die Oberfläche eines der beiden Reibpartner durch punktuelle Verschweißungen

aufgerissen und die Rauheit nimmt stark zu. Die Erfahrung zeigt, daß die Neigung zu Freßverschleiß umso geringer ist, je größer der Härteunterschied zwischen den Reibpartnern ist [7.6]. Ein solcher Härteunterschied fördert jedoch den abrasiven Verschleiß. Daher muß der Konstrukteur eine Werkstoffpaarung finden, die in bezug auf abrasiven und adhäsiven Verschleiß ein Optimum liefert.
Eine Möglichkeit zur Vermeidung des Freßverschleißes besteht in der Verwendung von Lagermetall. Lagermetall neigt nicht zum Fressen, weist aber einen hohen Oberflächenabtrag auf. Günstig sind Kunststoffführungen auf Grauguß, die keine Freßneigung oder Oberflächenausrisse selbst bei hohen Flächenpressungen zeigen. Ihre Notlaufeigenschaften sind bedeutend besser als die von metallischen Führungsflächen (Bild 7.18), jedoch liegt die zulässige Kantenpressung wesentlich niedriger. Bild 7.19 gibt eine qualitative Zusammenfassung der wichtigsten Eigenschaften gängiger Materialpaarungen.

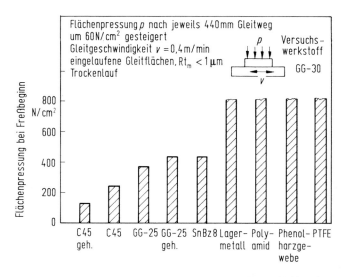

Bild 7.18. Neigung von Gleitpaarungen zum Freßverschleiß [7.2]

7.3.8 Einfluß der Flächenpressung

Als allgemeiner Richtwert für eine optimale Schmierfilmausbildung gilt eine Flächenpressung von 50 N/cm^2, im Falle von Kunststoffführungen ein Bereich von 30 bis 200 N/cm^2 [7.7]. Der Einfluß unterschiedlicher Flächenpressungen auf die Stribeck-Kurve ist in Bild 7.20 zu sehen. Höhere Flächenpressungen führen zu einem geringeren Haftreibungskoeffizienten und aufgrund des späteren Auftretens von hydrodynamischen Traganteilen zu einem höheren Reibwert im Mischreibungsgebiet. Daher ergibt sich ein flacherer Abfall der Stribeck-Kurve. Eine Flächenpressung von 20 N/cm^2 sollte deshalb nicht unterschritten werden.

Eigenschaften der Schlittenführung → Materialpaarung Schlitten-Bett Bearbeitungsverfahren	Reibwert bei Mischreibung	Verschleiß	Freßneigung	Neigung zu Stick-Slip	Nachgiebigkeit	Empfindlichkeit gegen Kantenpressung
GG 25 - GG 25 Umfangschleifen-Umfangschleifen	●	◐	●	●	○	○
GG 25 - GG 25 Stirnschleifen-Umfangschleifen	◐	◐	●	◐	○	○
GG 25 - GG 25 Stirnfräsen-Umfangschleifen	◐	◐	●	◐	○	○
EPH - GG 25 Abformen-Stirnfräsen HM	◐	◐	○	○	○	◐
PTFE - GG 25 Umfangschleifen-Umfangschleifen	○	●	○	○	●	●
PTFE + Bz - GG 25 Umfangschleifen-Stirnfräsen HM	○	◐	○	○	◐	●
GG 25 - GG 25 Umfangschleifen-Umfangschleifen	○	◐	○	○	◐	●
Keramik - GG 25 Umfangschleifen-Stirnfräsen HM	◐	○	●	◐	○	●
Keramik - gehärteter Stahl Umfangschleifen-Umfangschleifen	●	○	●	●	○	●

● hoch ◐ mittel ○ niedrig

Bild 7.19. Zusammenstellung typischer Eigenschaften gängiger Materialpaarungen

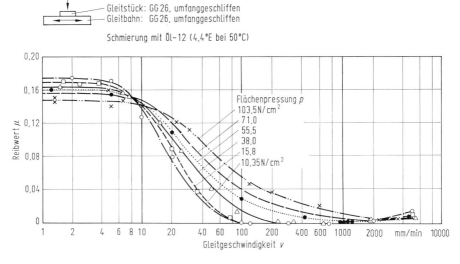

Bild 7.20. Einfluß der Flächenpressung auf den Reibwert [7.8]

Mit steigender Flächenpressung wächst i. allg. der abrasive Verschleiß, was einen kürzeren Einlaufweg der Führung zur Folge hat. Da bei metallischen Werkstoffen allerdings mit zunehmender Flächenpressung auch die Freßgefahr wächst, sollte bei diesen ein Wert von 80 N/cm^2 nicht überschritten werden.

7.3.9 Schmierung

Der Reibwert kann durch die Verwendung hochwertiger legierter Öle vermindert werden. Inhibitoren wirken Korrosionserscheinungen entgegen. Spezielle Additive steigern das Lasttragvermögen und die Lebensdauer. Ansonsten gelten für Metall- und Kunststoffführungen unterschiedliche Anforderungen:
Bei *metallischen Führungen* können hochpolare Zusätze eine Verminderung der Neigung zum Ruckgleiten bewirken. Die Moleküle werden infolge ihres Dipolcharakters von der Metalloberfläche adsorbiert und sorgen so für die bessere Ausbildung eines tragfähigen Schmierfilms. Hochpolymere Zusätze erhöhen die Viskosität und damit die Dämpfung. Dadurch wirken sie ebenfalls dem Ruckgleiten entgegen. Der Reibwert steigt allerdings etwas an. Additive Trockenschmiermittel wie Molybdändisulfid oder Graphit verbessern die Notlaufeigenschaften und beugen damit der Freßneigung vor.
Bei *Kunststoffführungen* sind Additive zu vermeiden, welche zu Aufplattierungen neigen.
Die Ölversorgung von Führungen jeglicher Art kann zyklisch dosiert oder kontinuierlich erfolgen.
Schmiernuten dienen der Zufuhr und Verteilung des Schmiermittels auf die gesamte Gleitfäche. Sie werden grundsätzlich in die Schlittenführung eingearbeitet. Schmiernuten im Bett würden Fremdkörper einlagern und in den Schmierspalt weitergeben. Außerdem würde an Stellen, die vom Schlitten nicht bedeckt werden, das Schmieröl unkontrolliert in die Umgebung austreten. Je nach Anbringung der Nuten (Bild 7.21) ergeben sich große Unterschiede im Schmierdruckaufbau. So sind Längsnuten ungeeignet, da sie den notwendigen Aufbau des Staudrucks verhindern. Schrägnuten vermindern den Staudruck und können somit bei hohen Gleitgeschwindigkeiten vorteilhaft sein, um ein zu starkes Aufschwimmen des Schlittens zu vermeiden. Quernuten wirken als Makroschmierspalte und können als solche den Schmierdruckaufbau begünstigen und die Tragkraft erhöhen.

7.3.10 Paßleisten

Paßleisten dienen dazu, Führungen spielfrei einzustellen. Daneben sollen sie ein gleichmäßiges Tragbild bewirken, was die Steifigkeit der Führung gewährleistet und lokal überhöhte Flächenpressungen vermeidet. Aufgrund der nachträglichen Einstellmöglichkeit wird die Fertigung und die Wartung der Führung vereinfacht. Es werden angepaßte oder einstellbare Paßleisten verwendet (Bild 7.22).
Angepaßte Leisten werden auf das jeweilige Maschinenmaß gefertigt. Bei Erreichung der Verschleißgrenze müssen sie ausgetauscht werden.

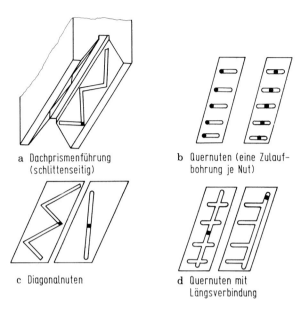

a Dachprismenführung (schlittenseitig)

b Quernuten (eine Zulaufbohrung je Nut)

c Diagonalnuten

d Quernuten mit Längsverbindung

Bild 7.21. Spitzprismenführung und mögliche Ausführungsformen von Schmiernuten

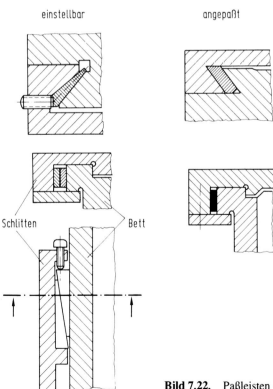

einstellbar

angepaßt

Schlitten   Bett

Bild 7.22. Paßleisten (einstellbar oder angepaßt) [7.1, 7.9]

Einstellbare Paßleisten werden auf ein festes, meist keilförmiges Maß gefertigt. Die Einstellung selbst erfolgt direkt an der montierten Maschine über Stellschrauben. Sie können schon bei kleinen Verschleißbeträgen nachgestellt werden.

7.4 Hydrostatische Gleitführungen

7.4.1 Funktionsweise

Hydrostatische Führungen arbeiten nach dem Prinzip der statischen Schmierdruckbildung. Der zur Erfüllung der Führungsaufgabe notwendige Schmierdruck wird im Gegensatz zu den hydrodynamischen Führungen durch eine separate Energiezuführung aufgebaut (Bild 7.23). Durch ein externes Ölversorgungssystem wird eine Ölmenge Q mit dem Systemdruck p_S derart in die Führung geleitet, daß die Berüh-

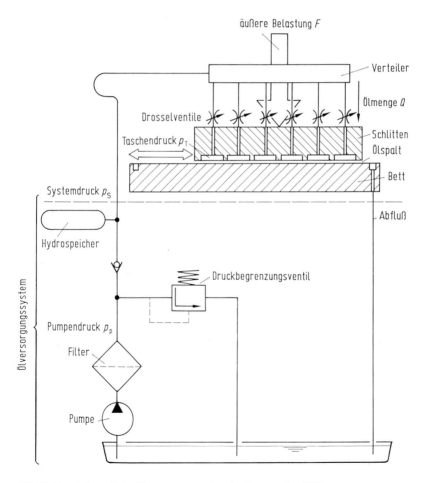

Bild 7.23. Wesentliche Komponenten einer hydrostatischen Führung

rungsflächen der aufeinander gleitenden Maschinenteile ständig durch einen Ölspalt h getrennt sind. Der Volumenstrom Q des Öles fließt über die taschenförmigen Vertiefungen im Schlitten zwischen den Führungspartnern hindurch in den Rückwärtszweig des Ölkreislaufs. An den Lagerstegen entsteht ein Ölspalt, der den Ölabfluß durch seinen hydraulischen Widerstand R_T drosselt und so den Aufbau des Taschendruckes p_T ermöglicht. Die Tragkraft hydrostatischer Gleitführungen wird durch den Taschendruck und die Taschenfläche bestimmt. Der Taschendruck wiederum kann durch Ölspalt, Volumenstrom und Abströmlänge (Bild 7.24) sowie durch die Abströmbreite (Bild 7.25) beeinflußt werden.

Hydrostatische Gleitführungen besitzen eine hohe Tragfähigkeit und hohe Dämpfung normal zur Führungsebene sowie eine geringe viskose Reibung. Sie arbeiten auch bei niedrigen Gleitgeschwindigkeiten verschleißfrei. Ruckgleiten tritt nicht auf. Nachteile hydrostatischer Gleitführungen sind die geringe Dämpfung in Verfahrrichtung und der hohe Aufwand des Ölversorgungssystems. Zur technischen Realisierung hydrostatischer Führungen werden mehrere Taschen in den Schlitten eingearbeitet (Bild 7.23).

Die Ölversorgung der einzelnen Taschen muß voneinander unabhängig erfolgen, damit sich entsprechend den Gleichgewichtsbedingungen unterschiedliche Taschendrücke einstellen. Dadurch können auch außermittige Lasten aufgenommen werden. Hydrostatische Gleitführungen werden zur Erhöhung der Führungssteifigkeit und zur Einstellung der Spielfreiheit in der Regel mit Umgriff konzipiert. Nur bei Maschinen mit hohem Schlittengewicht und niedrigen Arbeitskräften, z. B. bei Meßmaschinen, kann u. U. auf den Umgriff verzichtet werden.

Zur Gewährleistung der Führungsaufgabe bei Ausfall der Ölpumpe sind häufig mechanische Sicherungen (Hydrospeicher) als Druckreserve vorgesehen.

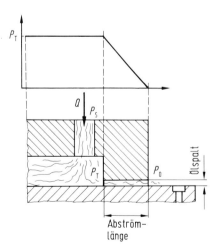

Bild 7.24. Idealisierter Druckverlauf über dem Abströmspalt

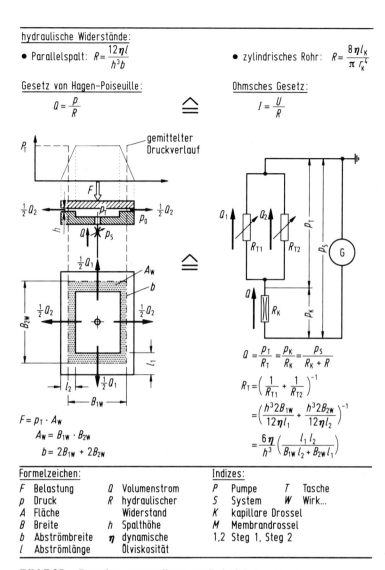

Bild 7.25. Berechnungsgrundlagen am Beispiel einer Tasche

7.4.2 Berechnungsgrundlagen

Am allgemeinen Fall der hydrostatischen Gleitführung mit einer Tasche und Ölabfluß über alle vier Stege sollen die hydrostatischen Zusammenhänge erfaßt werden (Bild 7.25).

Der Taschendruck p_T wird längs der Abströmlänge der Tasche auf den Umgebungsdruck p_0 gedrosselt.

Unter der Annahme eines ideal linearen Druckabfalls kann der längs der Abströmlänge abfallende Druckverlauf auf den konstanten Druck p_T bei halber Abströmlänge reduziert werden. Damit kann die Wirkfläche A_W einer Führung definiert werden. Die Tragkraft berechnet sich bei einer Anzahl von n Taschen zu:

$$F = \sum_{i=1}^{n} p_{T,i} A_{W,i}. \tag{7.5}$$

Taschendruck und Wirkfläche müssen so ausgelegt werden, daß die resultierende Tragkraft den Kräften am Schlitten entgegenwirken kann.

Die Wirkfläche A_W wird durch die konstruktive Auslegung der Tasche bestimmt. Die Einflußgrößen auf den Taschendruck p_T werden durch das *Hagen-Poiseuille-Gesetz* beschrieben. Danach ist der Druck p vom Volumenstrom Q und dem hydraulischen Widerstand R abhängig. Unter der Voraussetzung laminarer Strömung gilt $Q = p/R$. Der hydraulische Widerstand R wird rein durch die Geometrie des Spaltes bestimmt.

Die Analogie zwischen hydraulischen und elektrotechnischen Schaltkreisen bietet funktionale Zusammenhänge, die es erlauben, hydraulische Vorgänge durch die Ohmschen und Kirchhoffschen Gesetze zu beschreiben. Es gilt:
- Ölvolumenstrom Q entspricht dem elektrischen Strom I (Analogie der Ströme),
- Druck p entspricht der elektrischen Spannung U (Analogie der Potentiale) und
- der hydraulische Widerstand R entspricht dem Ohmschen Widerstand R (Analogie der Widerstände).

Durch Anwendung des Hagen-Poiseuilleschen und des Ohmschen Gesetzes können somit die hydrostatischen Beziehungen einer Öltasche zusammengestellt werden (Bild 7.25).

Die Taschenwiderstände R_T und Volumenströme Q_T sind so auszulegen, daß den Kräften am Schlitten zu jeder Zeit ein ausreichender Druck p_T entgegengesetzt werden kann. Als Geometriegrößen sind zu definieren: die Spalthöhe h, die Abströmlänge l und die Abströmbreite b.

Bei Berechnung der hydraulischen Größen wird auf die Gesetzmäßigkeit des elektrotechnischen Modells für Reihen- und Parallelschaltungen zurückgegriffen.

Die Abhängigkeit der hydraulischen Größen Druck, Volumenstrom, Widerstand und Schmierspalthöhe untereinander sind je nach Aufbau des Ölversorgungssystems unterschiedlich und deshalb getrennt zu diskutieren.

Beim *Ölversorgungssystem mit einer Pumpe je Tasche* (Bild 7.26 a) ist der Volumenstrom in den Taschen gleich der Fördermenge der Pumpen, also unabhängig von der äußeren Belastung konstant. Mit steigender Belastung nimmt die Spalthöhe ab und führt zu einer Erhöhung des Taschenwiderstandes R_T (Gesetz von Hagen-Poiseuille), was gemäß dem Ohmschen Gesetz eine Erhöhung des Taschen- bzw. Systemdruckes p_S bewirkt ($p_T = p_S \neq$ const). Theoretisch steigt dadurch die Steifigkeit mit abnehmender Schmierspalthöhe auf beliebig hohe Werte. Praktisch findet dieses System seine Grenze im maximal möglichen Pumpen- bzw. Systemdruck, der durch die maximale Leistung der Pumpe gemäß $P_P = p_S Q_P$ begrenzt ist. Nachteilig sind die hohen Anschaffungs- und Betriebskosten, da viele einzelne Pumpen notwendig sind.

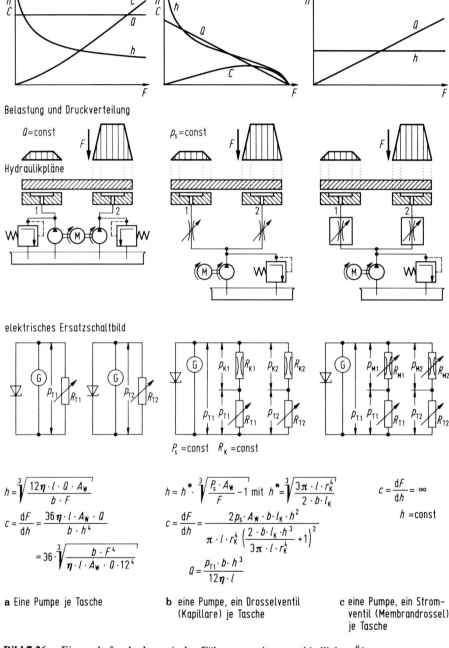

Bild 7.26. Eigenschaften hydrostatischer Führungen mit unterschiedlichen Ölversorgungssystemen [7.10]

Ölversorgungssysteme mit einem Drosselventil je Tasche (Bild 7.26 b) bieten die Möglichkeit, den Strömungswiderstand in der Drossel konstant einzustellen. An allen Drosselventilen liegt derselbe Systemdruck (p_S = const) an, der über die Strömungswiderstände von Drossel und Tasche auf den Umgebungsdruck abfällt. Dabei kann der Drosselwiderstand R_k der einzelnen Ventile jeweils auf einen festen Wert eingestellt werden, wodurch auch der jeweilige Taschendruck festgelegt wird ($p_{Ti} = p_S - p_{Ki}$ = const).
So lassen sich für jede Tasche an den Tragkraftanteil angepaßte getrennte Druckzustände schaffen. Die Spalthöhe sinkt mit zunehmender Normalbelastung. Dadurch nimmt bei konstantem Taschendruck der Volumenstrom durch Tasche und Drossel ab. Überschreitet die äußere Last die Tragkraft der Führung, so kommt der Volumenstrom zum Erliegen. Systembegrenzend ist der festeingestellte Taschendruck

$$p_{Ti} = p_S - p_{Ki}.\tag{7.6}$$

Als Drosseln werden vorwiegend Kapillaren verwendet, weil deren Durchflußgesetze in gleicher Weise eine Viskositätsabhängigkeit aufweisen wie die der Taschen.
Da die Steifigkeit der Führung nur in einem engen Kraftbereich gewährleistet ist, empfiehlt sich der Einsatz dieser Variante besonders bei bekannten äußeren Lastzuständen.
Ölversorgungssysteme mit einer gemeinsamen Pumpe und einem Stromregelventil je Tasche (Bild 7.26 c) besitzen einen lastabhängigen Strömungswiderstand in der Drossel. Damit wird erreicht, daß der Ölspalt h bei veränderlichem Arbeitswiderstand annähernd konstant bleibt. Dazu ändern sich der Durchfluß Q und der Taschendruck p_T proportional zueinander. Die Steifigkeit ist rein rechnerisch unendlich groß. Praktisch wird sie durch die maximale Leistung der Pumpe gemäß $P_P - p_S Q_P$ begrenzt. Somit kommen derartige Führungen dem Idealfall der Lastunabhängigkeit sehr nahe.

7.4.3 Konstruktive Ausführungsformen

Für die Taschengeometrie gelten folgende Anhaltswerte [7.1]:
- Schmierspalthöhe ca. 20 bis 80 µm abhängig von der äußeren Belastung,
- Taschentiefe in der Schlittenführung ca. zehn- bis hundertfache Schmierspalthöhe, also ca. 0,5 bis 5 mm tief und
- Abströmlänge ein Fünftel bis ein Drittel der Führungsbahnbreite.

Bei der Fertigung der Tragtaschen ist wegen der Verschmutzungsgefahr darauf zu achten, daß scharfkantige Taschenränder vermieden werden.
Tragtaschen in Form einer Ringnut besitzen durch die geringere Flächenpressung im Fall eines Pumpenausfalles bessere Notlaufeigenschaften. Die durch den Mittensteg zusätzliche viskose Reibung kann bei niedrigen Gleitgeschwindigkeiten vernachlässigt werden. Die Grundprofile in den Taschen beeinflussen weder Wirkfläche noch Abströmlänge (Bild 7.27).
Eine weitere konstruktive Variationsmöglichkeit ist der Abstand zwischen mehreren Taschen. Bild 7.28 zeigt drei grundsätzliche Taschenanordnungen.

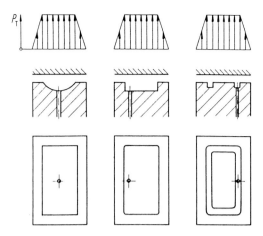

Bild 7.27. Verschiedene hydrostatische Taschen [7.10]

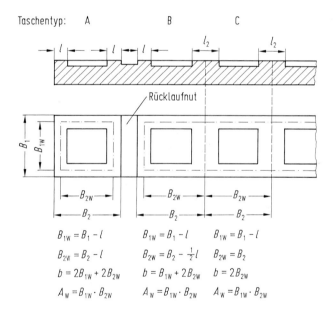

Bild 7.28. Verschiedene Taschentypen für hydrostatische Führungen nach [7.1]

Typ A zeichnet sich durch einen Ölabfluß über alle Stege aus. Dadurch ist ein größerer Öldurchsatz bei gleicher Tragfähigkeit notwendig. Bei *Typ B* ist ein Ölabfluß über drei Stege realisiert, bei *Typ C* über zwei Stege. Es fließt hier praktisch kein Öl zwischen zwei benachbarten Taschen, da diese in der Regel das gleiche Druckniveau haben.

Zur Aufnahme von Kippmomenten sind mindestens zwei Taschen je Führungsbahn notwendig. Mehr als zwei Taschen je Führungsbahn (dafür aber kürzere Taschen) sind günstig, um Welligkeiten der Führungsbahn auszugleichen und um Eigenverformungen des Tisches zu kompensieren.

Bild 7.29 zeigt mögliche Ausführungsformen hydrostatischer Schlittenführungen und die Wirkung einer Vorspannung durch Umgriff. Das Kräftegleichgewicht am Schlitten ergibt sich aus der Tragkraft sowie der Summe aus Gewichts-, Zerspan- und Umgriffkraft. Mit Hilfe der Umgriffkraft wird erreicht, daß die Führung bei einer höheren Tragkraft und damit in einem Bereich höherer Steifigkeit arbeitet.

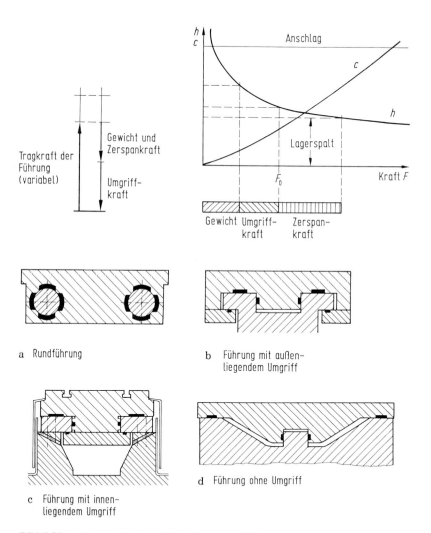

Bild 7.29. Hydrostatische Schlittenführungen [7.1]

7.5 Aerostatische Führungen

Luftlagerungen arbeiten analog zu den Hydrolagerungen nach dem aerodynamischen bzw. aerostatischen Prinzip mit dem Trennmedium Luft zwischen den Gleitflächen. Luftgelagerte Führungen funktionieren dabei im Gegensatz zu luftgelagerten Spindeln ausschließlich nach dem aerostatischen Prinzip, da wegen der geringen Viskosität und der hohen Kompressibilität der Luft bei niedrigen Gleitgeschwindigkeiten kein tragender Luftfilm aufgebaut werden kann.

7.5.1 Funktionsweise, Grundbegriffe, Merkmale

Technisch realisierte Ausführungen von aerostatischen Führungen arbeiten in der Regel nach dem Prinzip einer gemeinsamen Pumpe und mit einem Drosselventil (Blende, Kapillare, Düse) je Tasche. Die aerostatischen Taschen weisen sehr kleine Abmessungen auf, um federnde Luftpolster in den Taschen zu vermeiden. Die Taschen dienen im wesentlichen der Beruhigung der turbulenten Strömung aus der Drossel, um beim Eintritt in den Abströmspalt laminare Strömungsverhältnisse zu erreichen. Daher ist auch die Bezeichnung Beruhigungskammer anstatt Tasche gebräuchlich.

Zusätzlich zu den Vorteilen, die auch bei hydrostatischen Führungen gelten wie Spiel- und Verschleißfreiheit sowie ruckfreies Gleiten, sind für das Schmiermedium Luft noch folgende Eigenschaften kennzeichnend:
- Luft ist überall verfügbar, chemisch relativ inert, umliegende Maschinenteile werden nicht verschmutzt, und eine Rückführeinrichtung bzw. Abdichtung nach außen ist nicht notwendig.
- Die dynamische Viskosität der Luft ist sehr temperaturstabil. Daher zeigt das System über weite Temperaturbereiche konstantes Verhalten.
- Die niedrige Viskosität der Luft führt zu sehr geringer viskoser Reibung, erfordert aber sehr kleine Drosseldurchmesser und Spalte und damit eine sorgfältige Filterung der Luft. Diese kleinen Spalthöhen (ca. 10 bis 20 µm) stellen hohe Anforderungen an die Mikro- und Makrogeometrie der Führungsflächen.
- Mangelhafte Wasserabscheidung führt zur Korrosion der metallischen Führungsflächen.

Bild 7.30 zeigt die Darstellung einer aerostatischen Führung mit Umgriff durch Wälzlager (geringer Reibwert; ermöglicht den Ausgleich der Schlittendurchsenkung mit Hilfe einer Federvorspannung). Die Auslegung erfolgt nach dem hydrostatischen Konzept "gemeinsame Pumpe und Kapillardrosseln vor den Taschen". Im Gegensatz zum Schmiermedium Öl muß bei der Berechnung des notwendigen Luftstrom nicht der Volumenstrom Q, sondern der Massenstrom $\dot{m}$ der Luft ermittelt werden, um die hohe Kompressibilität zu berücksichtigen. Mit Hilfe der Umgriffkraft erreicht man bei der aerostatischen Führung, daß sie auch bei geringen Zerspankräften im Bereich des Steifigkeitsmaximums betrieben werden kann.

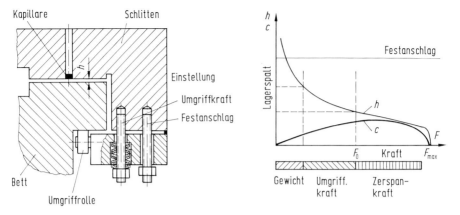

Bild 7.30. Funktionsprinzip einer aerostatischen Führung [7.11]

7.5.2 Konstruktive Ausführungsformen

Bild 7.31 zeigt das Konzept einer aerostatischen Längsführung zur Lagerung eines Drehtisches und des Supports mit aerostatischer rotatorischer Führung. Komponenten dieser Anordnung sind:
- aerostatische Flachführung und federbelastete Druckrollen im Umgriff,
- Tischmittenlagerung über ein vorgespanntes Zylinderrollenlager,
- hydromechanische Klemmung für die Tisch-Drehverstellung.

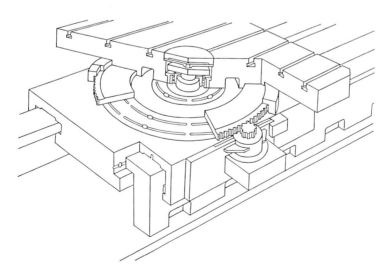

Bild 7.31. Ausgeführte Varianten aerostatischer Führungen (translatorisch und rotatorisch) [7.11]

7.6 Wälzführungen

Wälzführungen werden im Werkzeugmaschinenbau zunehmend eingesetzt, denn sie bieten bei steigenden Vorschubgeschwindigkeiten eine Reihe von Vorteilen gegenüber Gleitführungen. Aufgrund der vorliegenden Rollreibung weisen sie einen leichten, ruckfreien Lauf und geringen Verschleiß auf. Die statische Steifigkeit und damit die erreichbare Positioniergenauigkeit sind ausreichend hoch, wenn die Führung unter Vorspannung spielfrei eingestellt ist. Einfache Montage durch vorgefertigte und standardisierte Elemente sowie geringer Wartungsaufwand und niedriger Schmiermittelbedarf begünstigen den Einsatz.

Demgegenüber wirken sich die geringe Dämpfung insbesondere in Tragrichtung und die Neigung zu unruhigem Lauf nachteilig aus. Dies gilt in besonderem Maße bei Systemen, in denen die Wälzkörper rückgeführt werden, denn der Wiedereintritt der Wälzkörper in die Belastungszone kann Schwingungsanregungen verursachen. Die erforderliche große Anzahl an Tragelementen führt in der Regel zur statischen Überbestimmtheit der Lagerung, was einen hohen Justieraufwand erforderlich macht.

7.6.1 Wälzkörper- und Wälzbahngeometrie

Für die Wälzkörper kommen als rotationssymmetrische Grundformen Kugel, Zylinder und Kegel in Betracht.

Kugeln weisen die kleinste Berührfläche auf (Punktberührung), woraus eine geringere Steifigkeit resultiert. Zylinder und Kegel haben aufgrund der vorliegenden Linienberührung eine höhere Steifigkeit. Ihre Verwendung setzt jedoch die Einhaltung von engen Toleranzen bezüglich der Parallelität der Führungsbahnen voraus. Ist dies nicht gewährleist, so brechen die Wälzkörper seitlich aus und führen durch Bohrreibung zu übermäßigem Verschleiß am Käfig. Kegel sind wegen des über ihrer Länge veränderlichen Abrollumfangs nur für Drehführungen geeignet.

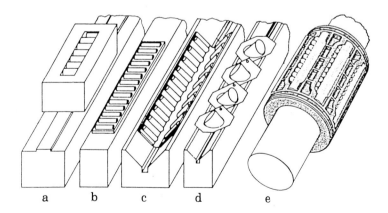

Bild 7.32. Verschiedene Wälzführungen (a) im Schlitten fest gelagerte Zylinderrollen, b) Zylinderrollen mit Käfig, c) V-Führung mit Zylinderrollen, d) V-Führung mit Kreuzrollenkette, e) Rundführung mit Kugeln) [7.10]

Im Prinzip sind alle in Abschn. 7.2.3. beschriebenen Führungsgeometrien realisierbar, doch steigt mit komplizierterer Bauform auch der Fertigungsaufwand. Bild 7.32 zeigt Beipiele für Flach-, Prismen-, und Rundführungen. Eine spezielle Ausführung ist die Kreuzrollenkette (Bild 7.32 d), bei der die Rollen abwechselnd um 90° gedreht sind. Ihr besonderer Vorteil ist die geringe Baugröße.

Die Führungsbahnen müssen wegen der hohen auftretenden Flächenpressungen gehärtet und geschliffen werden. Hohe Oberflächengüte und enge Formtoleranzen sind einzuhalten, um einwandfreien Lauf zu gewährleisten.

7.6.2 Fesselung der Wälzkörper

Die Wälzkörper sind in einen Käfig eingebettet. Dadurch wird die Wälzkörperachse senkrecht zur Bewegungsrichtung gehalten, was insbesondere bei zylinderförmigen Wälzkörpern unnötige Gleitreibung in der Führungsbahn und ein seitliches Ausbrechen verhindert.

In Bild 7.33 sind verschiedene Möglichkeiten zur Führung von Wälzkörpern aufgezeigt. Im Falle a) ohne Wälzkörperrückführung muß die Länge der Wälzkörperkette die halbe Schlittenweglänge zuzüglich der Schlittenlänge betragen. Der Schlitten baut niedrig und er wird auf der ganzen Länge unterstützt, wodurch sich eine niedrige Flächenpressung ergibt. Da die Wälzkörper nur die Hälfte des Schlittenweges zurücklegen, sind lange Wälzkörperketten nötig. Im Fall b) laufen die Wälzkörper auf einer ebenen Auflagefläche. Sie werden intern zurückgeführt. Dadurch sind unbe-

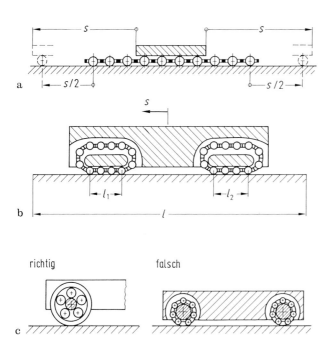

Bild 7.33. Variationen von Wälzführungen [7.1, 7.9]

grenzte Weglängen möglich. Als negative Eigenschaften sind die kleinere statische Steifigkeit und die größere Bauhöhe zu nennen. Im Fall c) erfolgt die Rückführung über eine Kreisbahn. Die Wälzkörper müssen hier von einem Außenring umgeben sein, um einen gleichmäßigen Bewegungsablauf zu gewährleisten. Auch bei dieser Bauform sind unbegrenzte Weglängen möglich und die Lagerung ist statisch bestimmt. Nachteilig ist die insgesamt kleinere Kontaktzone und die geringere Steifigkeit. Welche der Varianten zum Einsatz gelangt, hängt vom verfügbaren Bauraum sowie von den Steifigkeitsanforderungen und der Schlittenbelastung ab.

Zur Schmierung von Wälzführungen kommen sowohl Öle als auch Fette in Betracht. Fette verursachen durch ihre Verdickerkomponente eine höhere Walkarbeit und damit höhere Reibung. Gekapselte Systeme können mit einer Lebensdauerschmierung versehen werden.

7.6.3 Steifigkeit und Dämpfung

Die Steifigkeit einer Wälzführung steigt mit der Anzahl der Wälzelemente an. Die Größe der einzelnen Wälzkörper spielt dabei eine untergeordnete Rolle. Da die Wälzkörper in der Kontaktzone eine progressive Federkennlinie aufweisen, steigt die Steifigkeit mit wachsender Verformung bzw. Vorspannung. Selbst bei linear angenommener Federkennlinie steigt die Steifigkeit eines solchen Systems mit gegenüberliegenden Wälzkörpern durch Vorspannung auf den doppelten Wert, solange die äußere Last kleiner als die doppelte Vorspannkraft ist. Zur Erklärung kann man sich die Wälzkörper modellhaft als gegenüberliegende ideale Druckfedern vorstellen, von denen ohne Vorspannung jeweils nur eine, mit Vorspannung aber beide zur Federsteifigkeit beitragen (Bild 7.34).

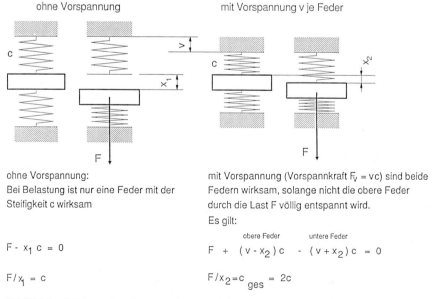

ohne Vorspannung:
Bei Belastung ist nur eine Feder mit der Steifigkeit c wirksam

$F - x_1 c = 0$

$F/x_1 = c$

mit Vorspannung (Vorspannkraft $F_v = vc$) sind beide Federn wirksam, solange nicht die obere Feder durch die Last F völlig entspannt wird.
Es gilt:

$\quad\quad\quad\quad\quad$ obere Feder $\quad\quad$ untere Feder
$F + (v - x_2)c - (v + x_2)c = 0$

$F/x_2 = c_{ges} = 2c$

Bild 7.34. Wirkung der Vorspannung von Wälzkörpern

Einen weiteren Einfluß hat die Form der Kontaktzone. So läßt sich z. B. auch bei Kugelführungen durch ein geeignetes Profil – die Gotik-Bogen-Form – unter Vorspannung Linienberührung und damit eine erhöhte Steifigkeit erreichen (Bild 7.35). Dies muß allerdings gegenüber einem einfacheren Laufprofil in V-Form mit erhöhter Reibung und höheren Kosten erkauft werden.
Die geringe Dämpfung von Wälzführungen ist eine Folge des reinen Festkörperkontakts der im Kraftfluß befindlichen Bauteile zwischen Gestell und Schlitten. Die Materialdämpfung allein ist sehr gering.

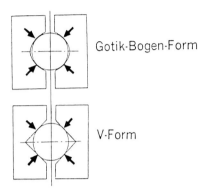

Bild 7.35. Kontaktzonen von Linearkugellagern [7.16]

7.6.4 Konstruktive Ausführung

Die Auslegung von Wälzführungen erfolgt nach der statischen und dynamischen Beanspruchung, den Steifigkeitsanforderungen sowie nach der Lebensdauer.
Einstell- und Vorspannmöglichkeiten müssen vorgesehen sein, um ein optimales Tragverhalten und Spielfreiheit der Führungskomponenten zu gewährleisten. Wie im vorangegangenen Abschnitt dargestellt wurde, ist die Vorspannung wichtig zur Erzielung einer hohen Steifigkeit. Die Lebensdauer einer Wälzführung wird aber durch eine zu starke Vorspannung herabgesetzt. Hier muß ein Optimum gefunden werden.
Bild 7.36 zeigt einige konstruktive Möglichkeiten zur Spieleinstellung. Im Normalfall wirkt die Stellschraube direkt auf die Schiene. Sie muß mit der Rollenmitte ausgerichtet sein. Für höhere Genauigkeits- und Steifigkeitsanforderungen wird eine Zwischenplatte verwendet. Bei höchsten Anforderungen kommen Doppelkeilleisten zum Einsatz.

7.7 Fertigung, Montage und Umbauteile von Führungen

Abhängig von den gewählten Führungsprinzipien (Gleit-, Wälzführungen) werden unterschiedliche Anforderungen an die Führungsflächen gestellt. Damit sind auch verschiedene Bearbeitungs- und Montageverfahren zu betrachten.

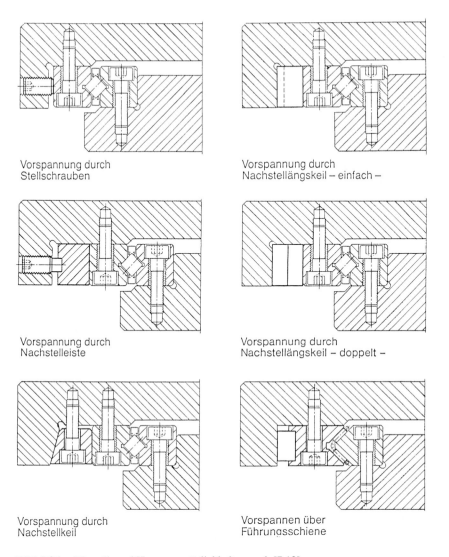

Bild 7.36. Einstell- und Vorspannmöglichkeiten nach [7.12]

7.7.1 Fertigung und Montage

Günstig für Fertigung und Montage ist die Verwendung vorgefertigter Führungskomponenten in Form separater Gleitschichten bis hin zu standardisierten Führungsleisten, die auf den Träger (Schlitten oder Maschinenbett) geklebt, geschweißt oder geschraubt werden können. Bei Gestellen aus Polymerbeton werden die Führungsbahnkomponenten häufig direkt eingegossen.

Beim Abformen einer Schlittenführung liegt der Gleitwerkstoff (Epoxidharz) zunächst als pastöse Masse vor, die zwischen Bettführung und Schlitten eingebracht wird. Auf die Bettführung wird zuvor ein Trennmittel aufgetragen, so daß der Gleitbelag nach der Aushärtung nur an den Schlitten gebunden ist. Bei diesem Verfahren wird die fertigbearbeitete Bettführung exakt auf die Gleitfläche abgebildet. Dadurch entfällt eine Endbearbeitung der Schlittenführung.

Da Wälzführungen grundsätzlich gehärtete Führungsbahnen benötigen, werden hier meist vorgefertigte Führungsleisten eingesetzt.

7.7.2 Umbauteile

Führungen benötigen zur Sicherung ihrer Funktion zusätzliche Umbauteile wie *Abdeckungen* (z. B. Faltenbälge oder Teleskop-Deckbleche) und *Abstreifer* (z. B. Gummilippen oder Filzstreifen) zum Schutz der Führungsbahnen vor Verunreinigungen und Spänen (Bild 7.37).

Bei Verstellführungen sind *Klemmeinrichtungen* notwendig, die die bewegte Komponente der Führung in definierter Lage fixieren. Möglich sind die Prinzipien der kraftschlüssigen oder formschlüssigen Klemmeinrichtung. Erstere liefert eine kontinuierliche, letztere eine diskontinuierliche Verstellmöglichkeit.

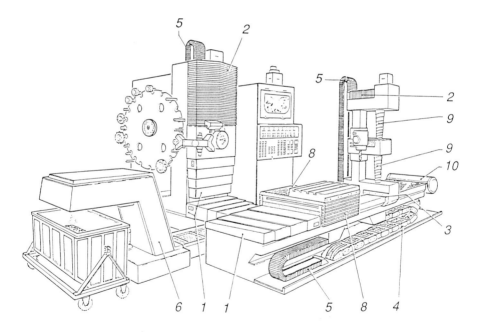

Bild 7.37. Führungsbahnschutz, Energiezuführungseinrichtungen, Abdeckungen und Späneförderer (1 Teleskop-Stahlabdeckungen, 2 Faltenbälge, 3 Führungsbahnabstreifer, 4 Energieführungsketten, 5 STABIFLEX Leitungsführungen, 6 Späneförderer, 7 Maschinenraum-Verkleidungen, 8 Abdeckschürzen, 9 Teleskop-Federn, 10 Rollo-Abdeckungen) [7.13]

7.8 Gegenüberstellung der Führungsprinzipien

Zum Vergleich sind die wichtigsten Eigenschaften der verschiedenen Führungsprinzipien in Bild 7.38 qualitativ gegenübergestellt. In den folgenden Ausführungen soll dieser Vergleich noch quantifiziert werden:

Merkmale	Führungsprinzip			
	hydro-dynamisch	wälzend	hydro-statisch	aero-statisch
Steifigkeit	●	◐	●	○
Dämpfung	●	○	●	●
Leichtgängigkeit	○	◐	●	●
Verschleißfestigkeit	○	◐	●	●
Stick-Slip-Freiheit	◐	●	●	●
Geschwindigkeitsbereich	◐	●	●	●
Betriebssicherheit	●	●	◐	◐
Standardisierungsgrad	○	●	○	○

Bewertung der Eigenschaften: ● hoch ◐ mittel ○ niedrig

Bild 7.38. Eigenschaften verschiedener Führungsprinzipien

Bild 7.39 zeigt den Zusammenhang von Tragkraft und Verlagerung. Die höchste Steifigkeit weist eine hydrostatische Führung mit Stromregelventil, die niedrigste Steifigkeit dagegen eine aerostatische Führung mit Blende auf. Die Steifigkeit von hydrodynamischen Gleitführungen hängt von der Oberflächenbeschaffenheit ab. Ist der Traganteil gering, so weist die Steifigkeit bei niedriger Last zunächst einen geringen Wert auf. Steigt die Flächenpressung, so wächst der Traganteil und damit auch die Steifigkeit.

In Bild 7.40 sind die Stribeck-Kurven verschiedener Führungen aufgezeichnet. Aerostatische und hydrostatische Führungen weisen unabhängig von der Geschwindigkeit im Vergleich zu hydrodynamischen Führungen eine vernachlässigbare Reibung auf. Der Reibungskoeffizient einer Wälzführung liegt nur wenig darüber. Sämtliche hydrodynamischen Gleitführungen zeigen einen höheren Reibwert. Die Reibungskoeffizienten sind hierbei, wie schon in Abschn. 7.4 dargelegt, stark abhängig von der Materialpaarung und der Oberflächenbeschaffenheit.

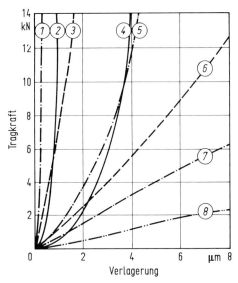

Bild 7.39. Tragverhalten unterschiedlicher Führungen (1 hydrostatisches System mit Stromregelventil, 2 Gleitfläche geschliffen, 3 Doppelnadelflachkäfig, 4 Gleitfläche geschabt, 5 hydrostatisches System mit einer Pumpe je Tasche, 6 Rollenumlaufschuh, 7 hydrostatisches System mit Kapillare, 8 aerostatisches System mit Blende) [7.10]

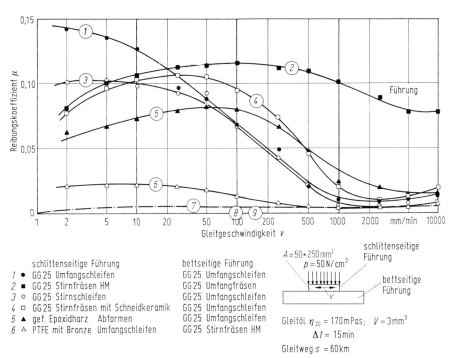

Bild 7.40. Reibungsverhalten unterschiedlicher Führungen (1 bis 6 hydrodynamische Gleitführung, 7 Wälzführung, 8 hydrostatische Führung, 9 aerostatische Führung) [7.14]

7.8.1 Herstellkosten

Bild 7.41 zeigt einen Vergleich der Herstellkosten bei Anwendung der unterschiedlichen Führungsprinzipien in Abhängigkeit von der Bahnlänge.
Hydrodynamische Gleitführungen sind außer bei sehr großen Bahnlängen am kostengünstigsten. Teuer ist das Schleifen der Führungsbahnen, insbesondere das der meist gehärteten Bettführungen. Kostengünstiger fällt das Stirnfräsen mit Schneidkeramik aus. Nacharbeit in Form von manuellem Schaben ist zeit- und kostenaufwendig. Daher wird es kaum mehr angewandt. Kosteneinsparungen lassen sich durch die Verwendung von Kunststoffen erreichen, da diese leicht zu bearbeiten oder abformbar sind.

Hydrostatische Führungen fordern den höchsten Einstandspreis, da unabhängig von der Länge der Führung eine Drucköversorgung nötig ist. Der Kostenanstieg ist jedoch mit wachsender Bahnlänge relativ gering, weil diese Führungen kleine Ebenheitsfehler tolerieren und keine gehärteten Bahnen erfordern. Eine Pumpe für jede Tasche bedingt den größten Aufwand, bietet aber auch den besten Schutz gegen Überlastung der Führung.

Wälzführungen bestehen fast ausschließlich aus vorgefertigten Elementen. Gehärtete, genau geschliffene Führungsbahnen sind erforderlich, da Ungenauigkeiten direkt übertragen werden. Auch die Anforderungen an die Montagegenauigkeit sind ent-

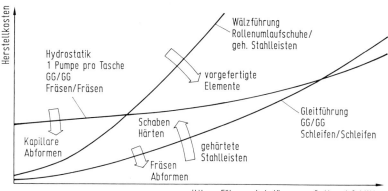

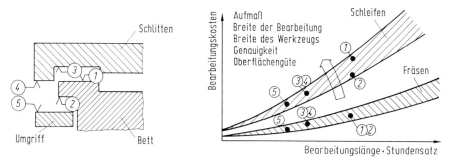

Bild 7.41. Herstellkosten verschiedener Führungen [7.14]

sprechend hoch. Daher ist hier mit wachsender Führungsbahnlänge der stärkste Kostenanstieg verbunden.

7.8.2 Auswahlkriterien

Neben den Herstellkosten bestimmen die folgenden technologischen Kriterien die Auswahl des Führungsprinzips:
- Tragkraft,
- Steifigkeit und Dämpfung,
- Geschwindigkeitsbereich,
- auftretende Vorschubkräfte,
- Genauigkeitsanforderungen,
- Zuverlässigkeit und
- Lebensdauer.

Entsprechend den genannten Kriterien verteilen sich die eingesetzten Führungen auf die verschiedenen Typen von Werkzeugmaschinen mit ihren unterschiedlichen Anforderungen. Eine Befragung von 33 Herstellern ergab 1981 insgesamt folgende Verteilung [7.15] (Bild 7.42): Die Mehrzahl (58 %) war mit hydrodynamischen Gleitführungen ausgestattet. Es folgten die Wälzführungen mit 19 % und die kombinierten Wälz-/Gleitführungen mit 14 %. Hydro- und aerostatische Führungen gelangten nur bei 9 % der Maschinen zum Einsatz.

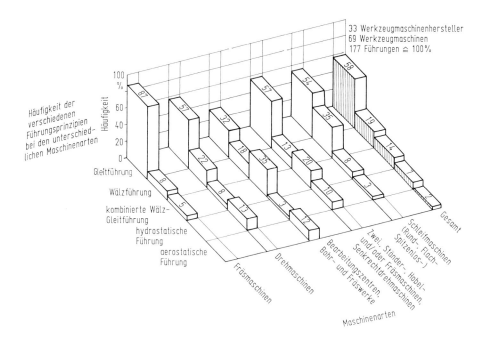

Bild 7.42. Häufigkeit der verschiedenen Führungsprinzipien bei den unterschiedlichen Maschinenarten [7.15]

Die reinen Gleitführungen sind am häufigsten bei Fräsmaschinen vertreten. Hohe Steifigkeit und Dämpfung sowie geringe Herstellkosten sind hier maßgebend. Bearbeitungszentren sind zu 32 % mit reinen Gleitführungen und zu 35 % mit kombinierten Wälz-/Gleitführungen ausgestattet. Die geforderten hohen Zustellgeschwindigkeiten bei gleichzeitig hohen Anforderungen an die Dämpfung sind hierfür entscheidend.

Wälzführungen finden bei Schleifmaschinen mit 35 % relativ häufig Verwendung. Grund dafür ist die geforderte hohe Zustellgenauigkeit.

Hydrostatische und aerostatische Führungen gelangten nur bei großen Maschinen mit Spindelantriebsleistungen von mehr als 15 kW zum Einsatz.

8 Hauptspindeln

8.1 Anforderungen

Eine hohe Maß-, Form-, Lagegenauigkeit und Oberflächengüte des zu bearbeitenden Werkstücks kann nur durch eine entsprechende Arbeitsgenauigkeit einer Werkzeugmaschine erreicht werden. Die Bearbeitungsqualität hängt dabei in hohem Maße von der Konstruktion der Hauptspindel ab [8.1 bis 8.8], da sich hier Fehler unmittelbar auf das Bearbeitungsergebnis abbilden. Für Hauptspindeln ergeben sich dabei zwei grundlegende Aufgaben, die zu erfüllen sind: Genaue geometrische Fixierung und Aufnahme von Werkstücken oder Werkzeugen sowie Leistungsübertragung bzw. Aufnahme von äußeren Kräften. Hieraus lassen sich die folgenden Anforderungen an Hauptspindeln ableiten:
- hohe Fertigungsgenauigkeit der Spindel, große mechanische und thermische Steifigkeit in allen Richtungen, geringes Lagerspiel, hohe Rundlaufgenauigkeit, geringer Verschleiß.
- zusätzliche Randbedingungen: hohe Aufnahmegenauigkeit für Werkzeuge oder Werkstücke, Raum für Betätigungsorgane von Kraftspannmitteln, schnelle Lösbarkeit von Spannzeugen oder Werkstücken, geringe Raumbeanspruchung.

Weitere spezielle Anforderungen ergeben sich durch die Einteilung der Hauptspindeln nach dem Einsatzgebiet (Bild 8.1):
- Bei *werkstücktragenden Spindeln* (z. B. bei Drehmaschinen) ist oft ein Durchlaß für Werkstücke (Stangen) vorzusehen. Ein hohes Werkstückgewicht kann hierbei großen Einfluß auf die Konstruktion haben.
- *Werkzeugtragende Spindeln* (z. B. Fräs-, Bohr- oder Schleifmaschinen) sind oft für hohe Drehzahlen auszulegen.

Dazu kommen noch konkrete Auslegungskriterien, die je nach Einsatzgebiet von unterschiedlicher Bedeutung sind: Der geforderte Drehzahlbereich hängt vom vorgegebenen Durchmesser- und Schnittgeschwindigkeitsbereich ab. Deshalb muß meist mit größeren Drehzahlvariationen gerechnet werden. Auch die Belastung der Hauptspindel kann stark variieren. Sie ist nicht nur von der Höhe der Zerspankraft, sondern auch von Ort und Richtung des Kraftangriffs und somit auch von der Größe des Arbeitsraumes abhängig. In die Konstruktion gehen außerdem unterschiedliche geometrische Bestimmungsgrößen ein: Auskraglänge, Lagerdurchmesser, Lagerabstand und Art der Betätigungsmittel zum Spannen von Werkzeug oder Werkstück.

Zur Charakterisierung von Hauptspindeln lassen sich die folgenden Konstruktionselemente verwenden:

Der *Spindelkopf* einer Hauptspindel nimmt Spann- oder Werkzeuge auf. Entsprechend dieser Aufgabe muß zur Erreichung einer hohen Steifigkeit die Auskraglänge

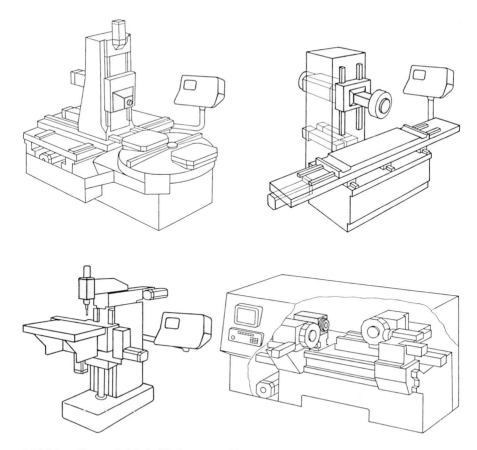

Bild 8.1: Hauptspindeln in Werkzeugmaschinen

so gering wie möglich sein. Eine kompakte Konstruktion mit geringer Raumbeanspruchung sollte eine schnelle Lösbarkeit von Spann- bzw. Werkzeugen bei hoher Aufnahmegenauigkeit ermöglichen, wobei zusätzlich Sicherungen gegen unbeabsichtigtes Lösen im Betrieb vorzusehen sind. Sowohl für werkstück- als auch für werkzeugtragende Spindeln gibt es genormte Aufnahmevorrichtungen [8.9 bis 8.11] (Bilder 8.2 , 8.3), nach denen sich die Spindelkonstruktion zu richten hat.

Die *Spindelbohrung* dient als Durchlaß für Betätigungsorgane von Kraftspannmitteln sowie unter Umständen als Stangendurchlaß. Zugleich wird durch eine Bohrung eine Schwungmassenverminderung bei nur unwesentlich verringerter Steifigkeit erreicht.

Die *Lagerung* hat großen Einfluß auf das dynamische und thermische Verhalten. Entscheidend sind Bauart, Lagerdurchmesser und -abstand sowie die Konstruktion der Umbauteile.

Das *Spindelende* dient oft zur Unterbringung von Betätigungsmitteln für Kraftspanner oder Einrichtungen zum automatischen Werkstoffvorschub.

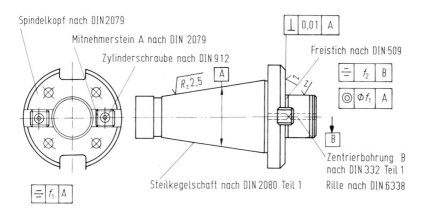

Bild 8.2: Beispiel eines genormten Aufnahmedorns für Fräsmesserköpfe an einer werkzeugtragenden Spindel [8.11]

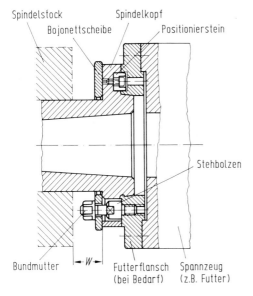

Bild 8.3: Beispiel eines genormten Spindelkopfs für Drehmaschinen mit häufigem Futterwechsel [8.9]

Der *Spindelantrieb* erfolgt heute zumindest bei schnellaufenden Spindeln meist über Riemenstufen, da eine räumliche Trennung von Getriebe und Spindel aus thermischen und dynamischen Gründen Vorteile gegenüber direkten Zahnradantrieben bringt. Bei sehr schnellaufenden Spindeln werden auch spezielle Motorspindeln eingesetzt (die verschiedenen Antriebskonzepte werden in Kap. 9 behandelt).

8.2 Steifigkeit von Hauptspindeln

8.2.1 Kräfte an einer Spindel

Da die Verlagerungen der Hauptspindel großen Einfluß auf die Arbeitsgenauigkeit haben, sind die Steifigkeit der Spindel und die wirkenden Kräfte und Momente von großer Bedeutung.

Bild 8.4 zeigt eine Drehmaschinenspindel, die mit Riemen angetrieben wird. Neben der Zerspankraft, die sich in einzelne Komponenten zerlegen läßt, treten weitere Kräfte unterschiedlicher Art auf: Die Riemen sind vorgespannt, wodurch eine konstante Querkraft in die Spindel eingeleitet wird.

- Lastabhängig tritt an Last- und Leertrum des Riemens ein Kräftepaar mit zwei betragsmäßig gleichgroßen, aber entgegengesetzt gerichteten Kräften auf, die ein Moment in die Spindel einleiten.
- Zusätzliche statische Kräfte können durch eine Einspannung F_E oder durch das Werkstückgewicht Q sowie durch Spannmittel hervorgerufen werden. Bei statisch unbestimmt gelagerten Spindeln treten auch Zusatzkräfte thermischen Ursprungs auf.
- Dynamische Kräfte können vielfältige Ursachen haben. Neben dynamischen Schnittkräften bei unterbrochenem Schnitt treten häufig Unwuchten auf, die zu einer Fremderregung des Spindellagersystems führen können. Hierbei spielen nicht nur Spindelunwuchten, sondern oft auch dynamische Kräfte anderer Bauteile wie z. B. des Werkstücks oder der Spannmittel eine Rolle, die über den Antrieb oder die Lager auf die Spindel übertragen werden.

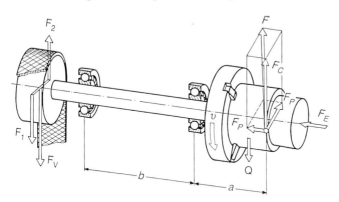

Bild 8.4: Kräfte an einer riemengetriebenen Drehmaschinenspindel
F : Zerspankraft, F_1=-F_2 : Riemenkräfte, F_V : Riemenvorspannkraft, Q : Gewichtskraft, F_E : Einspannkraft

8.2.2 Statische Steifigkeit

Da die an einer Spindel angreifenden Kräfte vielfältig und betragsmäßig sehr groß werden können, kommt der Optimierung der Steifigkeit eine besondere Bedeutung zu. Eine vereinfachte Betrachtungsweise kann hierbei darin bestehen, das Verformungsverhalten unter Einwirkung der Schittkraft zu untersuchen, da diese Kraft bei größeren Kraglängen den größten Verformungsanteil bewirkt und auch durch konstruktive Maßnahmen im Gegensatz zu Antriebsquerkräften nicht kompensiert werden kann.

Zur Untersuchung der Faktoren, die auf die Steifigkeit Einfluß ausüben, sei zunächst die Spindel isoliert betrachtet, d. h. die Nachgiebigkeit der Lager und Umbauteile sei vernachlässigt. Um eine analytische Betrachtungsweise anwenden zu können, müssen Vereinfachungen zur überschlägigen Ermittlung der Spindelbiegesteifigkeit getroffen werden. So kann in vielen Fällen der Spindeldurchmesser zwischen den Lagern und am Spindelkopf als konstant angenommen werden, wenn nicht zu große Durchmesserunterschiede auftreten. In [8.12] wurde für einen Belastungsfall nach Bild 8.5 gezeigt, daß sich eine Welle mit dem größten Durchmesser D, die so ausgebildet ist, daß sie eine über die Länge konstante Festigkeit aufweist, um 80 % mehr durchbiegt als eine Welle mit dem konstanten Durchmesser D. Da reale Konstruktionen zwischen diesen Extremen liegen, kann bei einer Auslegungsberechnung ein entsprechender Schätzwert für die Nachgiebigkeitserhöhung aufgrund der Schwächung durch Absätze eingesetzt oder als effektiver Durchmesser ein Mittelwert gewählt werden. Falls der Spindelkopf einen wesentlich höheren Durchmesser als der Rest der Spindel aufweist, so kann zur Berechnung der Biegesteifigkeit das Flächenträgheitsmoment vor dem vorderen Lager im Vergleich zum Rest der Spindel nach [8.13] als unendlich groß angenommen werden. Eine genauere Ermittlung der Spindelsteifigkeit kann z. B. mit dem grafischen Verfahren nach *Mohr* oder mit einer FEM-Berechnung erfolgen.

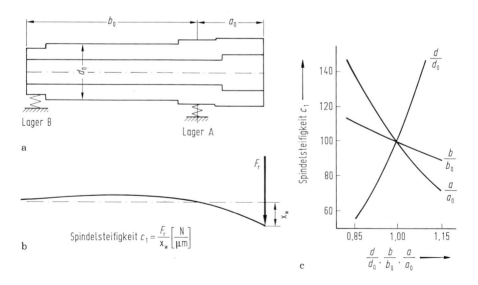

Bild 8.5: Einfluß der Spindelgeometrie auf die Spindelsteifigkeit (nach [8.14])
a) Geometrie b) Spindelsteifigkeit c_1 an der Wirkstelle c) Spindelsteifigkeit c_1 in Abhängigkeit von Kraglänge a, Durchmesser d und Lagerabstand b

Bild 8.5 zeigt die grundsätzlichen Einflüsse der Spindelgeometrie auf die Steifigkeit bei Annahme eines konstanten Durchmessers. Es ist deutlich zu erkennen, daß der Spindeldurchmesser den größten Einfluß auf die Steifigkeit ausübt, da sich das Flächenträgheitsmoment mit der 4. Potenz des Durchmessers ändert. Man sieht auch, daß die statische Steifigkeit in großem Maße von der Länge des Kragarms abhängig ist, d. h. das Lager A sollte so nah wie möglich an den Spindelkopf gesetzt werden. Den geringsten Einfluß hat in diesem Zusammenhang der Lagerabstand b.

Zu einer *überschlägigen Ermittlung der Gesamtsteifigkeit* einer Hauptspindel ist es unbedingt notwendig, auch die Lagersteifigkeiten und die Nachgiebigkeit der umgebenden Bauteile zu berücksichtigen. Hierzu hat sich ein Verfahren nach [8.13] bewährt, das nachfolgend beschrieben wird.

Bild 8.6 zeigt eine Spindel mit konstantem Durchmesser, die sich unter einer Kraft F um den Betrag x durchsenkt. Die Gesamtdurchsenkung läßt sich aufteilen in einen Anteil x_1, der von der Spindelbiegung herrührt, und einen Lagerfederungsanteil x_2, der sich aus der eigentlichen Lagerfederung und der Federung der Umbauteile zusammensetzt. Die Durchsenkung an der Zerspanstelle aufgrund der Lagernachgiebigkeit ergibt sich nach Aufstellen des Kräftegleichgewichts zu:

$$x_2 = F \left(\frac{(1+a/b)^2}{c_A} + \frac{(a/b)^2}{c_B} \right). \tag{8.1}$$

Die Durchsenkung aufgrund der Spindelbiegung errechnet sich unter der Voraussetzung eines konstanten Wellendurchmessers zu:

$$x_1 = \frac{F(a+b)a^2}{3EJ}. \tag{8.2}$$

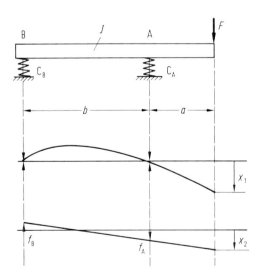

Bild 8.6: Modell zur Ermittlung des optimalen Lagerabstandes

Die gesamte Durchsenkung ist dann:

$$x = x_1 + x_2. \tag{8.3}$$

Unter der Voraussetzung, daß der Lagerabstand variabel ist, erhält man ein Minimum für die Nachgiebigkeit mit:

$$\frac{d(x/F)}{db} = 0, \tag{8.4}$$

$$\frac{b^3 a}{3 E J} - \frac{2b+2a}{c_A} - \frac{2a}{c_B} = 0. \tag{8.5}$$

Die Lösung dieser Gleichung für b liefert den optimalen Lagerabstand für eine konstante Auskraglänge a. Das Auftreten eines Nachgiebigkeitsminimums in dieser Gleichung läßt sich dahingehend interpretieren, daß, bezogen auf die Wirkstelle, die Spindelbiegesteifigkeit mit kleinerem Lagerabstand zunimmt, die Steifigkeit aufgrund der Lagerfederung jedoch abnimmt. Da der Einfluß der Auskraglänge besonders groß ist, sollte diese Optimierungsrechnung für den ungünstigsten Fall, d. h. für die größte in der Praxis geforderte Auskraglänge durchgeführt werden.

Bild 8.7 zeigt eine Spindellagerung mit Schrägkugellagern in Tandem-O-Anordnung und zweireihigem Zylinderrollenlager. Für drei unterschiedliche Lagerbauarten

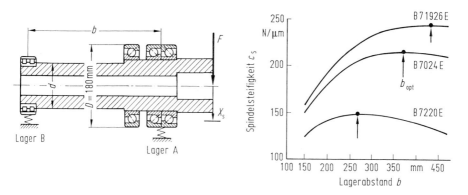

Lager A (3×)	Lager B	d	b_{opt}	Federsteifigkeiten [N/μm]			Federungsanteile [%] an C_s (F = 5kN)			
				System C_s	Lager A C_A	Lager B C_B	Kragarm	Spindel	Lager A	Lager B
B 7220 E	NN 3016	95	270	148	900	1500	17	40	40	3
B 7024 E	NN 3020	115	370	216	880	1700	13	36	49	2
B 71926 E	NN 3022	125	430	245	835	1900	11	34	53,5	1,5

Bild 8.7: Federsteifigkeiten und optimale Lagerabstände von drei Spindelkonzeptionen mit gleichem Bauraum, aber unterschiedlicher Lagerausführung [8.14]

[8.14] mit gleichem Bauraum (Außendurchmesser), jedoch unterschiedlichen Innendurchmessern, die entsprechende Spindeldurchmesser d erfordern, wurde jeweils die Abhängigkeit der Spindelfedersteifigkeit am Spindelkopf vom Lagerabstand b sowie die optimalen Lagerabstände berechnet. Man sieht, daß durch den Einsatz dünnwandiger Lager ein relativ großer Steifigkeitszuwachs erreicht werden kann, insbesondere wenn auf eine Vergrößerung des Lagerabstandes verzichtet wird, wobei die Lagerfedersteifigkeiten etwas abnehmen. Zusätzlich sind noch die prozentualen Federungsanteile an der Wirkstelle angegeben. Bei einer Optimierung sollte vor allem die steife Anbindung der Spindel an das Gestell nicht vernachlässigt werden, da sich die Spindelnachgiebigkeit durch Reihenschaltung der Teilnachgiebigkeiten ergibt.

Für eine *genaue Steifigkeitsberechnung* stehen Rechenprogramme [8.14] zur Verfügung, mit denen die Spindelgeometrie, die Lastverteilung in Lagern mit nichtlinearer Hertzscher Federung und Vorspannung [8.15] sowie die Nachgiebigkeit der Umbauteile berechnet werden können. Lagerhersteller teilen die zur Berechnung erforderlichen Lagerfederkennwerte auf Anfrage mit.

Der Einsatz von mehr als zwei Hauptlagerstellen in einer Spindellagerung (in Bild 8.7 sind mehrere Teillager zu zwei Hauptlagerstellen zusammengefaßt) hat keine prinzipiellen Vorteile, solange der optimale Lagerabstand bei zwei Lagerstellen eingehalten werden kann. Nur wenn dies aus konstruktiven Gründen oder aufgrund sehr unterschiedlicher Werkzeug- bzw. Werkstückabmessungen nicht möglich ist, bringt der Einsatz eines 3. oder 4. Lagers zwischen zwei Hauptlagern mit optimalem Abstand eine deutliche Erhöhung der statischen Steifigkeit. Der Einsatz von mehr als zwei Hauptlagerstellen wird in der Praxis auch wegen des Bearbeitungsaufwandes (Fluchtungs- und Winkelversatzfehler, Klemmneigung) vermieden [8.16]. Eine statische Biegeversteifung durch Büchsen, die auf der Welle montiert sind, wie z. B. Zahnradnaben, ist gering [8.17], da die Übertragung der Schubspannungen an den Auflagebereichen der Büchse gestört wird.

Je nach Art des verwendeten Antriebs (Zahnrad- /Riemenantrieb) werden unter Last hohe Querkräfte an der Antriebsstelle eingeleitet. Im Gegensatz zu den Kräften aus dem Zerspanprozeß können diese Kräfte durch eine getrennte Lagerung, z. B. des

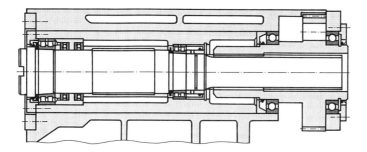

Bild 8.8: Querkraftfreier Antrieb der Hauptspindel einer Portalfräsmaschine (nach [8.18])

angetriebenen Zahnrades, direkt in das Spindelgehäuse eingeleitet werden, wodurch eine Spindelbiegeverformung durch den Antrieb verhindert wird. Wegen des erhöhten Aufwandes werden solche querkraftfreien Antriebe nur bei hohen Anforderungen gebaut (Bild 8.8).

8.2.3 Dynamische Steifigkeit

Eine statisch optimale Auslegung einer Hauptspindel ist nicht notwendigerweise auch dynamisch steif, jedoch in der Regel Voraussetzung für eine dynamische Optimierung, d. h. eine dynamische Optimierung ist erst dann sinnvoll, wenn die Möglichkeiten zur statischen Versteifung bereits ausgeschöpft wurden. Unter dieser Bedingung ist unter einer dynamischen Versteifung die Nachgiebigkeitsminimierung in kritischen Frequenzbereichen zu verstehen. Da Grundlagen und Hinweise zur Optimierung des dynamischen Verhaltens von Werkzeugmaschinen bereits im 5. Kapitel angegeben wurden, sei hier nur kurz die bei Hauptspindeln relevante Vorgehensweise zusammengefaßt:
- Als kritische Bereiche bezüglich stochastischer Fremderregung und Selbsterregung (Ratterneigung) sind grundsätzlich Resonanzstellen anzusehen, da hier die Nachgiebigkeit Maximalwerte erreicht. In der Regel genügt es, die Eigenschwingungen mit niedrigen Eigenfrequenzen, d. h. besonders die erste, zu untersuchen, da die Nachgiebigkeit zu hohen Eigenfrequenzen hin abnimmt (Zusammenhang: $c = \omega^2 m$; für einfache Überschlagsrechnung, eingehendere Erklärung der dynamischen Steifigkeit findet sich in Kap. 5).
- Sind äußere Kräfte nach Betrag und Frequenz bekannt, so sollte die Nachgiebigkeitsminimierung zusätzlich speziell in den Frequenzbereichen erfolgen, in denen Anregungskräfte auftreten. Äußere dynamische Kräfte können sein: Zerspankräfte bei unterbrochenem Schnitt (z. B. mit Zahneintrittsfrequenz und deren Harmonischen bei Fräswerkzeugen), Unwuchtkräfte der Spindel selbst oder anderer Bauteile.

Eine Erhöhung der Steifigkeit läßt sich, nachdem eine statische Optimierung durchgeführt wurde, in erster Linie durch eine Dämpfungserhöhung erreichen.Wenn mehrere Eigenschwingungen eine enge Frequenznachbarschaft aufweisen, läßt sich eine Reduzierung der maximalen Nachgiebigkeit auch durch "Umverteilen" erreichen, indem die Eigenfrequenzen der betreffenden Eigenschwingungen durch Feder- oder Massenänderung gezielt verstimmt werden, um so starke Überlagerungseffekte und damit große Nachgiebigkeiten zu verhindern.

Speziell bei Wälzlagern sind Dämpfungskennwerte meist nicht verfügbar. Da die Dämpfung zudem vom Schmierstoff abhängt (Bild 8.9) [8.19], müssen zur Ermittlung der Dämpfungseigenschaften einer Spindel in der Regel Messungen durchgeführt werden. Aus diesen Gründen werden Berechnungen des dynamischen Verhaltens meist ohne Dämpfung durchgeführt, was zumindest Aufschluß über Eigenfrequenzen und Eigenschwingungsformen gibt. Genauere FEM-Berechnungen sind bereits mit einfachen Programmen möglich, da nur Stabelemente eingesetzt werden und die Anzahl der notwendigen Freiheitsgrade gering ist. Der Aufwand steigt mit zunehmender Einbeziehung der Umbauteile, da hierfür mehr und kompliziertere

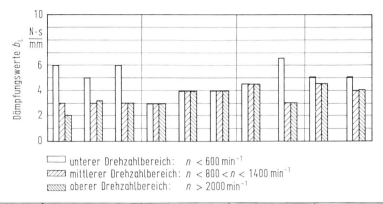

Bild 8.9: Dämpfungskennwerte einiger radial belasteter Wälzlager (nach [8.19])

Elemente eingesetzt werden müssen. Bild 8.10 zeigt ein berechnetes Verformungsdiagramm der ersten Eigenschwingung der Hauptspindel eines Bearbeitungszentrums unter Einbeziehung der Lager, des Spindelgehäuses und der Werkzeugspannvorrichtung.

Die Anbindung des Spindelgehäuses an Gestell bzw. Schlitten hat einen beachtlichen Einfluß auf die Steifigkeit des Gesamtsystems. Bild 8.11 zeigt ein gemessenes Verformungsdiagramm der Spindel bzw. des Spindelgehäuses eines Bearbeitungszentrums bei einer Eigenfrequenz von 446 Hz. Die Auslenkung am Werkzeug dieser Spindel resultiert nicht nur aus Spindelbiegung und Lagernachgiebigkeiten, sondern in erster Linie aus der Verformung des plattenförmigen Vertikalschlittens, auf dem die Spindel montiert ist. Dies zeigt, daß bei einer dynamischen Optimierung alle im Kraftfluß liegenden Komponenten berücksichtigt werden müssen. Für die dynamische Optimierung von Hauptspindeln stehen im Gegensatz zur Statik keine analytischen Verfahren zur Verfügung. Es bleibt der Weg, experimentelle oder rechnerische Parameterstudien [8.20] durchzuführen, oder der Einsatz moderner rechnerischer Methoden wie, z. B. der Empfindlichkeitsanalyse (Sensitivitätsanalyse) in Verbindung mit der modalen Beschreibung.

Bei schnellaufenden Spindeln, wie z. B. Bohrungsschleifspindeln oder Hochgeschwindigkeitsfrässpindeln, können Probleme aufgrund des Erreichens sogenannter "biegekritischer Drehzahlen" auftreten: Die Wellenumlauffrequenz erreicht eine Eigenfrequenz der Spindel. Bei Berechnungen muß hierbei berücksichtigt werden, daß die Eigenfrequenzen von der Drehzahl der Spindel abhängig sind (Rotordynamik). Erreicht die Drehzahl eine Eigenfrequenz des Spindellagersystems (biegekriti-

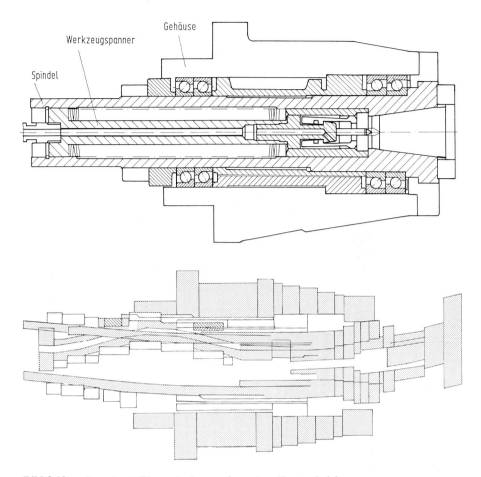

Bild 8.10: Berechnete Eigenschwingungsform einer Hauptspindel

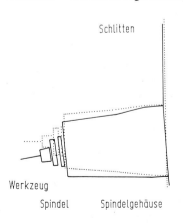

$F_1 = 446,0\,\text{Hz}$
$D_1 = 2,54\,\%$

Verformungsmaßstab
$10^{-6}\text{m/N}^{1/2}$

Bild 8.11: Gemessenes Verformungsdiagramm einer Hauptspindel unter Einbeziehung der Umbauteile

sche Drehzahl), so ist dies besonders gefährlich, da die Spindel in diesem Fall – obwohl umlaufend – eine rein statische Verformung erleidet und somit keinen Beitrag zur Systemdämpfung leisten kann. Da die Technologie moderner Schneidstoffe zunehmend höhere Schnittgeschwindigkeiten zuläßt, werden heute bereits Anstrengungen unternommen, die ein Arbeiten im überkritischen Drehzahlbereich ermöglichen. Das hierbei notwendige Durchfahren des kritischen Drehzahlbereichs erfordert spezielle Vorkehrungen zur Dämpfungserhöhung. Bild 8.12 zeigt eine Lagerung, bei der die Wälzlager sich in Büchsen befinden, die zusätzlich hydrostatisch im Gehäuse gelagert sind. Diese doppelte, unbestimmte Lagerung weist den Vorteil auf, daß die geringe Dämpfung der für hohe Drehzahlen nötigen Wälzlager durch die zusätzliche hydrostatische Lagerung erhöht wird.

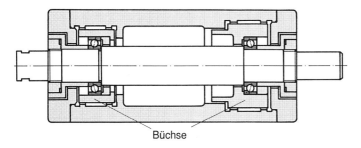

Bild 8.12: Dämpfungserhöhung wälzgelagerter Spindeln durch zusätzliche hydrostatische Lagerung [8.14]

Zur Verbesserung des dynamischen Verhaltens steht eine Reihe von Möglichkeiten zur Verfügung, z. B.:
- gezieltes Auswählen von Lagern mit hoher Dämpfung und Federkonstante, genaues Auswuchten, Verringerung der Massen;
- Dämpfungserhöhung durch sorgfältige Wahl des Passungsspiels zuweilen schon vorhandener oder speziell konstruierter Versteifungsbüchsen [8.17], die zwischen den Hauptlagern eingesetzt werden, oder Konstruktion spezieller Dämpfungsbüchsen nach [8.20], die am Spindelgehäuse fixiert werden (Bild 8.13);
- Dämpfungserhöhung durch Einbau eines dritten Lagers oder durch Ausnutzung der Fugensteifigkeit zwischen Lagerring und Gehäuse bei Wälzlagern [8.15] bzw. zusätzliche hydrostatische Lagerung wälzgelagerter Spindeln (s. o., Bild 8.12);
- Einsatz von Hilfsmassendämpfern (realisiert z.B. bei Tiefbohrmaschinen).

8.2.4 Thermische Steifigkeit

Neben der Laufgenauigkeit und der dynamischen Steifigkeit spielt auch das thermische Verhalten von Hauptspindeln eine genauigkeitsbestimmende Rolle. Wesentliche Ursache ist hierbei, daß Verformungen nicht nur aufgrund einer konstanten Erwärmung aller Maschinenbauteile auftreten, sondern ihre Ursache vor allem in lokalen Temperaturdifferenzen haben.

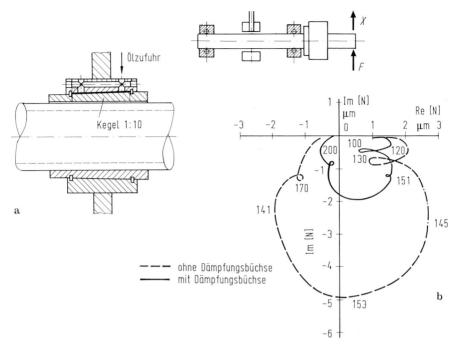

Bild 8.13: Versteifung einer Hauptspindel durch eine aufgesetzte Dämpfungsbüchse [8.20]
a) Geometrie b) Ortskurve der Nachgiebigkeit an der Zerspanstelle

Ein erheblicher Teil der Verlustleistung einer Maschine wird in der Hauptspindel umgesetzt. Bild 8.14 zeigt ein *Sankey-Diagramm* einer im Leerlauf arbeitenden Drehmaschine. Von der gesamten Verlustleistung der Maschine (2,2 kW) werden 36,7 %, d. h. mehr als ein Drittel, in der Spindel bzw. in deren Lagerung in Wärme umgewandelt, was zu einer entsprechenden Aufheizung der Spindel und deren Umgebung führt. Zur Vermeidung thermischer Verformungen sollte daher zunächst ein großer Wirkungsgrad angestrebt werden. Dies bedeutet bei Spindeln das sorgfältige Auswählen einer Lagerung mit geringer Reibung und einer an die Betriebsdrehzahl angepaßten Schmierung. Bild 8.15 zeigt qualitativ das unterschiedliche Reibmomentverhalten der gängigen Spindellagerungen. Es ist ersichtlich, daß bei hohen Drehzahlen nur Wälzlager ein günstiges Reibverhalten aufweisen. Bei kleinen Drehzahlen bietet eine hydrostatische Lagerung Vorteile.

Weitere Möglichkeiten beruhen auf einer möglichst an die *thermischen Verhältnisse angepaßten Konstruktion*, wobei letztendlich eine geringe thermische Relativverformung zwischen Werkstück und Werkzeug anzustreben ist.

Da bei den meisten Spindeln im Betrieb eine relative Aufheizung gegenüber dem Gehäuse zu erwarten ist, sollte das Festlager möglichst nahe an die Spindelnase gelegt werden, um die wirksame Verformungslänge gering zu halten. Diese Forderung läßt sich auf alle Bauteile einer Werkzeugmaschine in der Weise verallgemeinern, daß unvermeidbare thermische Verformungen nur dort zugelassen werden

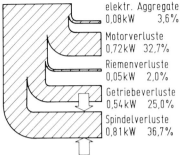

Bild 8.14: Sankey-Diagramm einer im Leerlauf arbeitenden Drehmaschine [8.21]

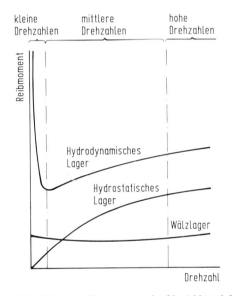

Bild 8.15: Reibmomentverlauf in Abhängigkeit von der Drehzahl für unterschiedliche Lagerbauarten [8.21]

sollten, wo sie keinen Einfluß auf die Arbeitsgenauigkeit haben. Eine wirkungsvolle Kompensation ist oft nur nach Erreichen des Temperaturbeharrungszustandes möglich, der sich unter Umständen erst nach mehr als einer Stunde Betriebszeit einstellt. Aufgrund des drehzahl- aber auch lastabhängigen Reibmomentverhaltens von Wälzlagern können infolge der Temperaturschwankungen erhebliche Änderungen der Vorspannung auftreten, die sich einerseits auf die Bearbeitungsgenauigkeit auswirken, andererseits aber auch zu unzulässig hohen Lagervorspannungen führen können, wodurch die Lebensdauer der Lagerung reduziert wird. Bild 8.16 zeigt beispielhaft die Veränderung der Vorspannung einer wälzgelagerten Spindel in Abhängig-

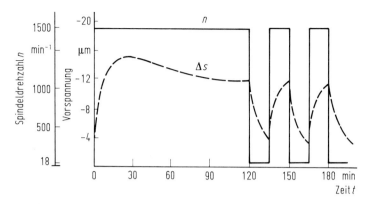

Bild 8.16: Abhängigkeit des Wälzlagerspiels vom Betriebszustand [8.22]

keit von der Zeit, wobei nach einer Einlaufzeit der Hauptantrieb mehrmals abgeschaltet wurde. In der Praxis ist aus diesem Grund zum Erreichen hoher Genauigkeiten unter Umständen ein Warmlaufen vorzusehen.

Verschiedentlich wird versucht, durch konstruktive Maßnahmen Lagerspieländerungen zu kompensieren. Bild 8.17 zeigt eine Kegelrollenlagerung in O-Anordnung, die sich als thermosymmetrische Konstruktion interpretieren läßt, wenn sich die Drehachsen der Wälzkörper auf der Spindelachse schneiden: Eine radiale Spieländerung im Lager wird durch die axiale Spieländerung aufgrund der Längenänderung der Spindel bei gleichmäßiger Erwärmung kompensiert. Auch für Zylinderrollenlager ist Spielkompensation möglich: Nach Bild 8.18 verschiebt ein Kunststoffring mit im Vergleich zu Stahl hohem Wärmeausdehnungskoeffizienten abhängig von der Lagertemperatur und der Federvorspannung den Innenring auf einem konischen Lagersitz so, daß das Lagerspiel unverändert bleibt [8.22].

Bei konstanten Betriebsbedingungen stellen sich nach einer Einlaufzeit Beharrungstemperaturen an den Lagern ein, die auch aus Gründen der Lebensdauer gewisse Werte nicht überschreiten sollen. Diese Temperaturen sind abhängig vom Verhältnis der zugeführten und abgeführten Wärmemenge. Neben der Forderung nach geringen Reibverlusten in den Lagern, die in der Regel durch optimale Auswahl von Lagerart und Lagerschmierung erfüllt wird, kommt daher der *Lagerkühlung*, speziell bei hohen Drehzahlen, eine besondere Bedeutung zu. Neben der Gestaltung der Umbauteile der Spindel ist hierbei die Auswahl des Schmierstoffes wesentlich. Obwohl bei Wälzlagern ein minimales Reibmoment mit Fettschmierung oder mit Minimalmen-

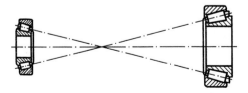

Bild 8.17 : Thermosymmetrische Wälzlagerung [8.4]

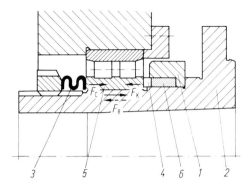

Bild 8.18: Auf unterschiedlichen Wärmeausdehnungskoeffizienten beruhendes Kompensationssystem [8.22]: 1 Innenring, 2 Spindel, 3 Feder, 4 Kolben, 5 Zylinder, 6 Kunststoffring

gen-Ölschmierung erreicht wird, muß bei hohen Drehzahlen auf Ölschmierung mit hohen Ölmengen (Einspritzschmierung) zurückgegriffen werden, da nur so eine ausreichende Kühlung gewährleistet ist. Die hierbei stark ansteigende Verlustleistung zieht einen erhöhten Aufwand in Antriebsleistung und Rückkühlung des Öls nach sich.

Schließlich besteht auch die Möglichkeit der *Isolierung von Wärmequellen*. Da hierbei in erster Linie die Lager in Frage kommen, ist eine Wärmeisolation durch den Einbau von Trennfugen möglich [8.23]. Daraus resultierende erhöhte Lagertemperaturen können allerdings eine verbesserte Kühlung erforderlich machen.

8.3 Lagerung von Hauptspindeln

8.3.1 Allgemeines

Zur Lagerung von Hauptspindeln werden heute in mehr als 99 % aller Fälle Wälzlager eingesetzt [8.14]. Hydrodynamische und hydrostatische Lagerungen bilden somit eher eine Ausnahme für spezielle Anwendungsfälle. Aerostatische bzw. aerodynamische Gleitlager werden äußerst selten eingesetzt ebenso wie Magnetlager, deren Entwicklung als noch nicht abgeschlossen gilt.

Aufgrund des günstigen Reibungsverhaltens (Bild 8.15) auch bei hohen Drehzahlen kann die Wälzlagerung universell eingesetzt werden. Sie bietet im Vergleich zu anderen Lagerungen bei richtiger Auslegung hohe Betriebssicherheit, erfordert geringen Schmierungsaufwand und ist in Beschaffung und Wartung vergleichsweise preiswert.

In Bild 8.19 sind Vor- und Nachteile der einzelnen Lagerungen zusammengefaßt. Man erkennt, daß Gleitlager nur in den Punkten Laufgenauigkeit und Dämpfung Wälzlagern überlegen sind. Bei Wälzlagern hängt die Laufgenauigkeit von Formfehlern der Wälzkörper und der Lagerringe ab, während bei Gleitlagern der auf einer größeren Fläche wirksame Ölfilm Formfehler der Gleitflächen ausgleichen kann.

	Wälzlager	hydrodynamisches Lager	hydrostatisches Lager
Lastübertragung zwischen „Rotor" und „Stator"	Rollkörper und Schmierfilm **Druck** im Schmierfilm durch Relativbewegung **selbst erzeugt**	Schmierfilm **Druck** im Schmierfilm durch Relativbewegung **selbst erzeugt**	Flüssigkeitsfilm **Druck** im Flüssigkeitsfilm **fremderzeugt** (durch Pumpen, außerhalb der Lagerung)
Wellenführung, Verlagerung des Wellenmittelpunktes unter Last	„selbstregelnd"	„selbstregelnd"	„selbstregelnd"
Reibung: beim „Anlauf"	klein	sehr groß	0
im Betrieb	klein	groß	groß
Lebensdauer Gebrauchsdauer	praktisch dauerfest begrenzt durch Verschleiß	begrenzt durch Verschleiß beim An- und Auslauf	unbegrenzt bei störungsfreiem Betrieb
Drehzahl	begrenzt durch Temperatur, Schmierung	begrenzt durch Temperatur, Schmierung	begrenzt durch Temperatur
Laufgenauigkeit	gut bis sehr gut, abhängig von der Geometrie der Lagerteile, Schmierfilm gleicht Formfehler nicht aus	sehr gut, abhängig von der Geometrie der Lagerteile, Schmierfilm gleicht Formfehler aus	extrem gut, geringer Einfluß von Formfehlern, Flüssigkeitsfilm gleicht Formfehler aus
Dämpfung	vorhanden	gut	gut
Steifigkeit	gut „selbstregelnd"	gut „selbstregelnd"	gut „selbstregelnd" selten fremdgeregelt
Aufwand für die Schmierung	gering	groß	sehr groß
Betriebssicherheit	sehr groß	groß	weniger groß
Aufwand für Beschaffung und Wartung	gering gering	sehr groß groß	sehr groß groß

Bild 8.19: Vergleich der Eigenschaften unterschiedlicher Lagerbauarten [8.14]

Typische Werte für die radiale Laufgenauigkeit bei 100 mm Lagerdurchmesser sind [8.14]:
- kleiner als 0,5 µm für hydrostatische Lager,
- kleiner als 2,0 µm für Wälzlager.

Bei Schleifspindeln mit ca. 100 mm Lagerdurchmesser kann mit hydrostatischen Lagern im Vergleich zu Wälzlagern eine Dämpfungserhöhung um den Faktor 2 erreicht werden, wobei hier jedoch das gesamte dynamische Verhalten der Maschine berücksichtigt werden muß. Eine solche Dämpfungserhöhung bringt jedoch dann nicht viel, wenn sie mit einer verminderten statischen Spindelbiegesteifigkeit einhergeht: Bild 8.20 zeigt einen Vergleich zweier Lagerungen mit gleichem Lageraußendurchmesser. Obwohl der Federungsanteil der beiden Lagerbauarten bezogen auf die Wirkstelle etwa gleich groß ist, weist die hydrostatisch gelagerte Spindel eine höhere statische Nachgiebigkeit an der Wirkstelle auf, da aus dieser Lagerbauart prinzipbedingt i. allg. eine größere Kraglänge des Spindelkopfs und auch geringere Innendurchmesser der Lagerstellen resultieren. Dieser Effekt kann durch kegelige Lagerflächen etwas reduziert werden.

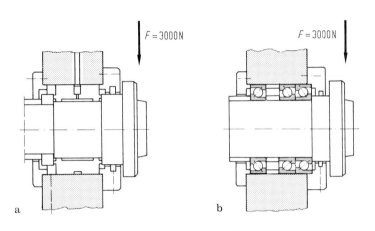

	auf Wirkstelle bezogene Gesamtfederung [μm]	Federung des Lagers [μm]	Federung der Welle [μm]
hydrostatisches Lager	30,3	8,8	21,5
Wälzlager	18,6	6,4	12,2

c

Bild 8.20: Vergleich der statischen Steifigkeit bei gleichem Lageraußendurchmesser [8.14]
a) Hydrostatisches Lager b) Wälzlager c) Vergleich der Federung

8.3.2 Hauptspindeln mit Wälzlagern

8.3.2.1 Allgemeines

Die heute realisierten Hauptspindellagerungen können in zwei Gruppen eingeteilt werden, die durch die Prinzipien *Fest-Loslager* und *angestellte Lager* charakterisiert sind. Während bei angestellten Lagerungen jedes Hauptlager sowohl radiale als auch axiale Kräfte aufnehmen muß, kann bei Fest-Loslagern eine Funktionstrennung durch Verwendung von reinen Axial- und Radiallagern erreicht werden, wodurch in

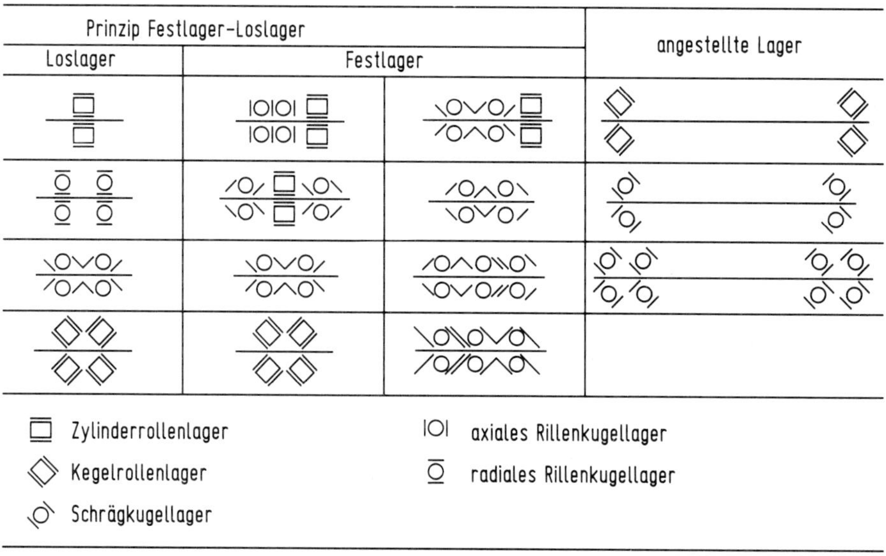

Prinzip Festlager-Loslager		angestellte Lager
Loslager	Festlager	
▯	IOIOI ▯ / IOIOI ▯	◇——◇ / ◇——◇
◯ ◯ / ◯ ◯	◯ ▯ ◯ / ◯ ▯ ◯	◯ ◯ / ◯ ◯
◯◯ / ◯◯	◯◯ / ◯◯	◯ ◯ / ◯ ◯ ◯ ◯
◇◇ / ◇◇	◇◇ / ◇◇	

▯ Zylinderrollenlager   IOI axiales Rillenkugellager
◇ Kegelrollenlager   ◯   radiales Rillenkugellager
◯ Schrägkugellager

Bild 8.21: Spindellagersysteme auf Wälzlagerbasis [8.23]

der Regel eine etwas höhere statische Steifigkeit, vor allem in axialer Richtung, erzielt wird, wenn das Festlager am Spindelkopf eingesetzt wird. Bild 8.21 zeigt die Vielfalt möglicher Lagerkonzepte auf Wälzlagerbasis.
Ebenso wichtig wie die Auswahl des richtigen Lagerkonzeptes ist die Realisierung im Detail [8.24,8.25], d. h. die konstruktive Gestaltung der Umbauteile, Lagerabstand, Lagerdurchmesser, Spiel bzw. Vorspannung, sowie die richtige Schmierung. Für Spindellagerungen werden von den Lagerherstellern spezielle Lager gefertigt, die erhöhten Genauigkeitsanforderungen entsprechen. Neben den ISO-Toleranzklassen P6, P5, P4 und P2 gibt es für spezielle Lagerbauarten und -anwendungsgebiete noch die Klassen SP (Spezial-Präzision), UP (Ultra-Präzision) und HG (Hoch-Genauigkeit).

8.3.2.2 Laufgenauigkeit
Entscheidend für die Laufgenauigkeit sind neben der Lagerqualität selbst auch Form- oder Lagefehler der Wälzlagerbahnen im eingebauten Zustand. Bild 8.22 zeigt, daß eine hohe Rundlaufgenauigkeit durch Einbau hochwertiger SP-Lager oder UP-Lager (bzw. Toleranzklasse HG und P2 bei sog. "Spindellagern") nur dann erreicht werden kann, wenn ein entsprechender Aufwand bei der Einbaugenauigkeit getrieben wird. Aus diesem Grund werden von den Lagerherstellern Richtwerte für die Bearbeitungstoleranzen der Lagersitze angegeben, mit denen die geforderte Laufgenauigkeit der Spindel erreicht werden kann (Bild 8.23).
Bei der Konzeption einer Spindellagerung sollte zunächst anhand der Maschinenanforderungen festgestellt werden, ob eine *genaue* oder *sehr genaue* Lagerung erforderlich ist, da hiervon die Wälzlagergenauigkeit und die zugehörigen Bearbeitungs-

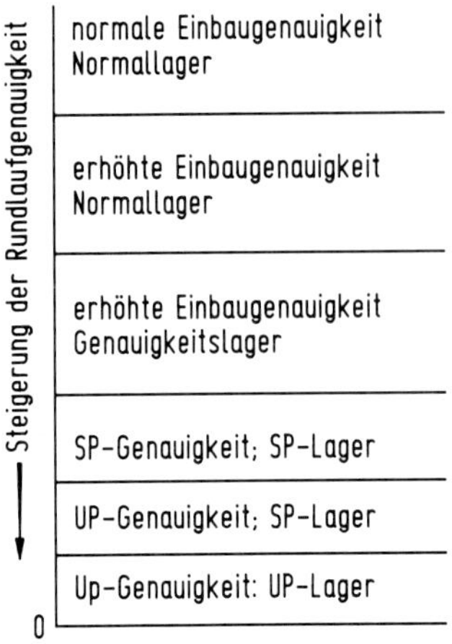

Steigerung der Rundlaufgenauigkeit →

- normale Einbaugenauigkeit
  Normallager
- erhöhte Einbaugenauigkeit
  Normallager
- erhöhte Einbaugenauigkeit
  Genauigkeitslager
- SP-Genauigkeit; SP-Lager
- UP-Genauigkeit; SP-Lager
- Up-Genauigkeit: UP-Lager

Bild 8.22: Abhängigkeit der Rundlaufgenauigkeit von Lagergenauigkeit und Einbaugenauigkeit für Zylinderrollenlager [8.26]

Lager Bauart	Ausführung	Lagersitz- stelle	Toleranzstelle	Form	Planlauf
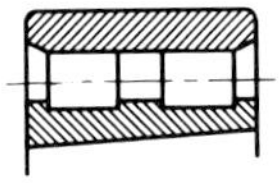	SP	Welle		IT 2	IT 1
		Gehäuse	K5	IT 2	IT 2
	UP	Welle		IT 1	IT 0
		Gehäuse	K4	IT 1	IT 0
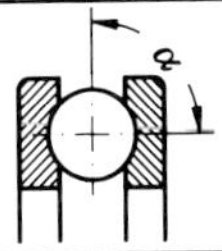	P5	Welle	js5	IT 2	IT 2
		Gehäuse	H6	IT 4	IT 2
	P4	Welle	js4	IT 1	IT 1
		Gehäuse	H5	IT 3	IT 1
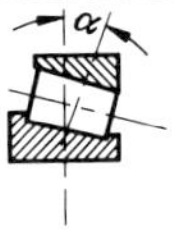	SP	Welle	k4 fest	IT 2	IT 2
			js4 anstellbar	IT 2	IT 2
		Gehäuse	K5 Festlager	IT 3	IT 2
			H5 Loslager	IT 3	IT 2
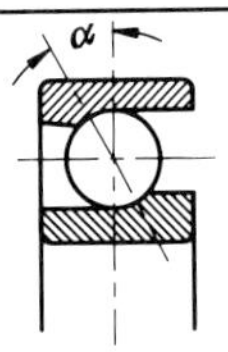	P5	Welle	js5	IT 2	IT 2
		Gehäuse	JS6 Festlager	IT 3	IT 2
			H6 Loslager	IT 3	IT 2
	P2	Welle	js3	IT 0	IT 0
		Gehäuse	JS4 Festlager	IT 1	IT 0
			H4 Loslager	IT 1	IT 0
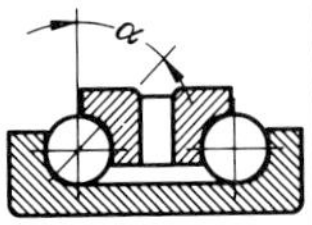	SP	Welle	h5	IT 1	IT 1
		Gehäuse	K5 Festlager	IT 2	IT 2
			G6 Loslager	IT 2	IT 2
	UP	Welle	h4	IT 0	IT 0
		Gehäuse	K4 Festlager	IT 1	IT 0
			G6 Loslager	IT 1	IT 0

Bild 8.23: Richtlinien zur Bearbeitung von Lagersitzstellen (nach FAG).

toleranzen der Umbauteile abhängen. Die erreichbare Genauigkeit liegt mit einer genauen Lagerung bei 2 bis 5 μm, mit einer sehr genauen Lagerung bei etwa 1 bis 3 μm (Bild 8.24), wenn Konstruktion und Montage sorgfältig ausgeführt werden. Hierbei muß zusätzlich auf Planfehler der axialen Anlageschultern der Lager und auf Planlaufabweichungen der Wellenmuttern geachtet werden, die speziell bei dünnen Spindeln Biegung hervorrufen können. Eine weitere Fehlerquelle liegt in Verspannungen der Lageraußenringe durch unkontrollierte Anzugsmomente der Lagerdeckelschrauben [8.14].

		genaue Lagerung	sehr genaue Lagerung
Wälzlager-Genauigkeit			
Kegelrollenlager		P5, SP	
Zylinderrollenlager, zweireihig		SP	UP
zweiseitig wirkendes Axial-Schrägkugellager		SP	UP
Spindellager		P4	HG, P2 (T9)
Umbauteil-Genauigkeit			
Spindel	Rundheit ○	IT0	IT01
	Parallelität //	IT1	IT0
	Gesamtplanlauf ⌴	IT2	IT1
	Koaxialität ◎	IT3	IT2
Gehäuse	Rundheit ○	IT1	IT0
	Parallelität //	IT2	IT1
	Gesamtplanlauf ⌴	IT3	IT2
	Koaxialität ◎	IT4	IT3
Erreichbare Laufgenauigkeit der Spindel			
d bis ca. 120 mm		2...5 μm	1...3 μm

Bild 8.24: Erreichbare Spindellaufgenauigkeit in Abhängigkeit von Lagertoleranzklasse und Bearbeitungstoleranz [8.14]

Die Auswahl des Lagertyps richtet sich nach einem Kompromiß aus Drehzahlkennwert (Produkt aus Drehzahl und Lagerdurchmesser), erforderlicher Steifigkeit, Laufgenauigkeit und Aufwand für Konstruktion, Fertigung, Montage und Schmierung. Aus Bild 8.25 können die wesentlichen Zusammenhänge entnommen werden. Kegel- und Zylinderrollenlager mit hoher Steifigkeit können bei hohen Drehzahlen nicht mehr eingesetzt werden. Schrägkugellager haben zwar den Nachteil einer geringeren Steifigkeit, sie sind jedoch auch bei hohen Drehzahlen einsetzbar.

8.3.2.3 Lagerungsarten

Für die Konstruktion von Hauptspindellagerungen haben sich verschiedene Standardlagerungen herausgebildet (Bild 8.26), auf die kurz eingegangen werden soll. Die Bilder 8.27 und 8.28 zeigen Lagerungen, die sich aufgrund der verwendeten

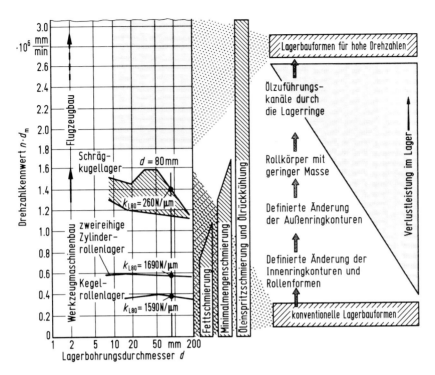

Bild 8.25: Drehzahlkennwerte und Einsatzgebiete von Wälzlagern in Abhängigkeit von Lagerbohrungsdurchmesser, Schmierungsaufwand und konstruktiven Zusatzmaßnahmen [8.48]

Wälzlager für *niedrige und mittlere Drehzahlen* eignen. Während in Bild 8.27 das Prinzip der *angestellten, vorgespannten O-Lagerung* mit Kegelrollenlagern realisiert ist, wird in der Lagerung nach Bild 8.28 eine Funktionstrennung nach dem *Fest-Loslager-Schema* angestrebt.

Die erste Lösung ist kostengünstiger, hat jedoch den Nachteil einer höheren Reibung und einer geringeren axialen Steifigkeit. Mittlere und große Hauptspindeln von Dreh-, Fräs- oder Bohrmaschinen werden daher meist nach dem Fest-Losprinzip gelagert, was zudem Vorteile hinsichtlich der erreichbaren Genauigkeit bietet. Hier werden als Radiallager zweireihige Zylinderrollenlager eingesetzt, die im Vergleich zu Kegelrollenlagern etwas höhere Drehzahlkennwerte aufweisen. Axialkräfte werden durch ein zweireihiges Axial-Schrägkugellager aufgenommen, dessen Vorspannung durch die innere Zwischenhülse im Vergleich zu einzelnen Axialkugellagern vergleichsweise leicht einstellbar ist.

Standardlagerungen für *hohe Drehzahlen* beruhen auf speziellen Schrägkugellagern, die von Lagerherstellern allgemein als *Spindellager* bezeichnet werden und engere Toleranzen sowie Druckwinkel von 15 oder 25 Grad aufweisen (Bild 8.29). Diese Lager werden oft parallelgeschaltet in einer *Tandemanordnung* eingesetzt, da sie eine geringere axiale Steifigkeit als die in Bild 8.28 verwendeten Schrägkugellager auf-

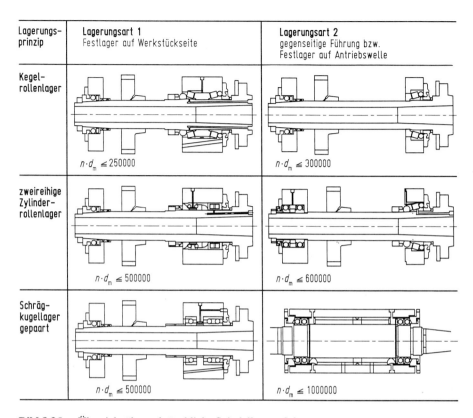

Bild 8.26: Übersicht über gebräuchliche Spindelkonstruktionen

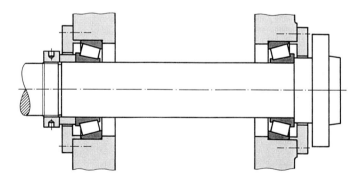

Bild 8.27: Standardlagerung für niedrige und mittlere Drehzahlen [8.14]

weisen. Bei der in Bild 8.29 realisierten Tandem-O-Anordnung bewirkt die Vorspannung der Schrägkugellager eine erhöhte Steifigkeit, während auf der Antriebsseite ein zweireihiges Zylinderrollenlager eingebaut ist, welches nur Radialkräfte aufnimmt, so daß auch hier das Fest-Loslagerprinzip verwirklicht ist.
Vergleiche der drei unterschiedlichen Lagerungen hinsichtlich Steifigkeits- und

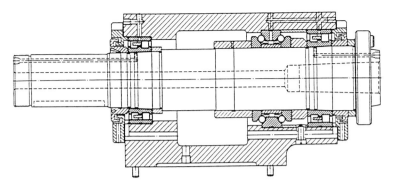

Bild 8.28: Standardlagerung für niedrige und mittlere Drehzahlen [8.50]

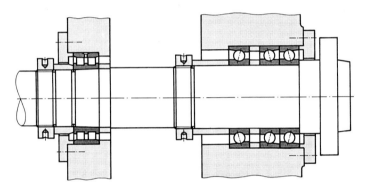

Bild 8.29: Standardlagerung für hohe Drehzahlen [8.50]

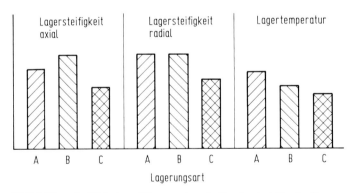

Bild 8.30: Steifigkeit und Temperaturvehalten der drei Standardlagerungen von Bild 8.27, 8.28, 8.29 [8.14] A: Kegelrollenlager, B: Zylinderrollenlager/Axial-Schrägkugellager, C: Schrägkugellager/Zylinderrollenlager

Temperaturverhalten zeigen (Bild 8.30), daß die Lagerungsart nach Bild 8.29 eine deutlich verminderte Axial- und Radialsteifigkeit aufweist, jedoch im Temperaturverhalten am besten abschneidet. Die steifste Lagerung wird mit der Fest-Los-Lagerung nach Bild 8.28 erreicht.

Verbesserte Schneidstoffe erfordern immer höhere Spindeldrehzahlen. Hauptspindeln für *höchste Drehzahlen* werden ausschließlich mit Schrägkugellagern (*Spindellagern*) konzipiert, da andere Lagertypen hierfür nicht mehr in Frage kommen. Bild 8.31 zeigt hierzu als Beispiel eine Drehmaschinen-Spindellagerung in Tandem-O-Anordnung. Der Lagerabstand ist so gewählt, daß radiale Wärmedehnungen durch entsprechende axiale Längenänderungen kompensiert werden und so annähernd eine temperaturunabhängige Lagervorspannung erreicht wird. Die Lager sind "auf Lebenszeit" mit Fett geschmiert.

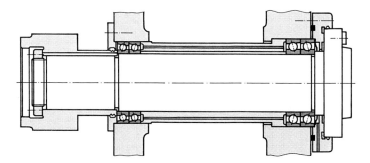

Bild 8.31: Drehmaschinen-Spindel mit Spindellagern in Tandem-O-Anordnung (Drehzahl 9000 min^{-1}) [8.14]

8.3.2.4 Schmierung

Solange die Anwendungsgrenzen beachtet werden, erweist sich die *Fettschmierung* von Wälzlagern als wirtschaftliches und zuverlässiges Schmierverfahren. Je nach täglicher Einsatzzeit werden mehrjährige Wartungsintervalle erreicht, wobei allerdings nach Zusammenbau der Lagerung unter Umständen eine längere Einlaufzeit bei niedrigen Drehzahlen notwendig ist, um eine Überhitzung zu vermeiden.

Eine wesentlich aufwendigere Alternative stellt die *Öl-Minimalmengenschmierung* dar, deren Vorteil in einer etwas geringeren Reibung liegt. Aufgrund der verminderten Wärmeverluste sind etwas höhere Drehzahlen als mit Fettschmierung möglich. Sie erfordert zuverlässig arbeitende Versorgungs- und Steuergeräte sowie eine präzise, an die Lagerbauart angepaßte Dosierungskontrolle, da Störungen hier meist zu vorzeitigem Verschleiß führen. Für diese Art der Schmierung werden heute zwei Methoden eingesetzt, die beide den Luftstrom als Transportmittel benutzen:

- *Ölnebelschmierung:* Ölnebel, d. h. fein zerstäubtes Öl, wird zur Lagerstelle transportiert, jedoch direkt am Lager in einer Düse zu schmierfähigen Tropfen rückverdichtet.
- *Öl-Luftschmierung:* Öl wird durch eine Dosiervorrichtung dem Luftstrom periodisch zugemischt und mit Luft in Schlieren durch Kanäle zur Lagerstelle getrieben.

Die Öl-Luftschmierung ist konstruktiv aufwendiger, wird jedoch von Lagerherstellern empfohlen [8.14], da die Rückverdichtung bei Ölnebelschmierung nur unvollständig gelingt und daher mit Ölüberschuß gearbeitet werden muß, was zu mehr Reibung und damit zu einer erhöhten Lagertemperatur führt (Bild 8.32). Darüber hinaus bedeutet ein austretender Ölnebel auch eine erhöhte Umweltbelastung. Der Ölbedarf verschiedener Lagerbauarten kann sehr unterschiedlich sein, wodurch bei nebeneinander liegenden Lagern (z.b. bei einer Lagerung nach Bild 8.28) Abdichtungen erforderlich werden können: Axialschrägkugellager benötigen aufgrund der asymmetrischen Bauweise, die einen Fördereffekt erzeugt, eine etwa 100-fache Ölmenge im Vergleich zu Zylinderrollenlagern. Bei großen Lagern sollte eine entsprechend größere Anzahl von Zuführstellen verwendet werden, um eine gleichmäßige Schmierung zu gewährleisten.

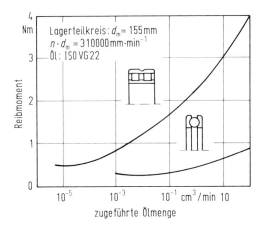

Bild 8.32: Abhängigkeit des Reibmoments und damit der Lagertemperatur von der zugeführten Ölmenge [8.14]

Bisweilen wird versucht, den zulässigen Drehzahlbereich bei Minimalmengenschmierung nach oben zu erweitern, indem Wärmedehnungen bei erhöhten Temperaturen durch geregelte axiale Federvorspannungen aufgefangen werden, die somit unzulässig hohe Vorspannkräfte verhindern.
Wie bereits bei der Diskussion des thermischen Verhaltens erwähnt, können höchste Drehzahlen nur mit einer *Öleinspritzschmierung* (Ölumlaufschmierung mit Rückkühlung des Öls) unter Verwendung großer Ölmengen beherrscht werden. Hierbei muß die erhöhte Wärmemenge aufgrund steigender Planschverluste effektiv abgeführt werden. Der Aufwand ist in jedem Fall größer als bei einer Minimalmengenschmierung, da zusätzliche Aggregate zur Rückkühlung sowie zum Abtransport des Öls von den Lagern notwendig sind. Bild 8.33 zeigt hierzu die Gestaltung der Ölkanäle einer Spindel mit einspritzgeschmierten Spindellagern. Die Abflußkanäle sind großzügig dimensioniert, um einen Rückstau zu verhindern. Da sich bei schnelllaufenden Lagern Luftwirbel bilden, muß bei der Öleinspritzung auf eine ausreichende Strahlgeschwindigkeit von mindestens 15 m/s geachtet werden, um eine wirksame Kühlung der Wälzkörper zu erreichen. Ebenso muß eine eventuelle Schaumbildung

im Öl durch spezielle Ölzusätze oder Beruhigungsmaßnahmen (Siebe und Bleche) verhindert werden. Die zunehmende Spezialisierung der Hersteller im Werkzeugmaschinenbau hat in der Vergangenheit dazu geführt, daß die Wälzlagerhersteller selbst die Konstruktion und Fertigung kompletter Hauptspindeln übernommen haben. Dies drückt sich besonders in der Tatsache aus, daß für bestimmte, standardisierte Anwendungsfälle komplette, einbaufertige *Spindeleinheiten* angeboten werden, die aus Spindel, Lagerung und Gehäuse bestehen (z. B. wie in Bild 8.33 dargestellt).

8.3.2.5 Motorspindeln

Im obersten Drehzahlbereich werden zunehmend neben den üblichen Spindeln mit Riemenantrieb auch *Motorspindeln* eingesetzt, bei denen der Motor in die Spindeleinheit integriert ist. Ein Einsatzgebiet solcher Spindeln ist die Massenfertigung hochgenauer Teile (z. B. Automobilindustrie, Bohrungsschleifen von Wälzlagerringen). Der Vorteil dieser Spindel liegt im Fehlen eines externen Antriebs, wodurch eine höhere Flexibilität bei der Konzeption einer Maschine erreicht wird. Auch hier werden fertige Spindeleinheiten angeboten, die jeweils für einen bestimmten Drehzahl- bzw. Durchmesserbereich optimiert sind. Bild 8.37 zeigt eine Hochgeschwindigkeitsfrässpindel (Schnellfrequenzspindel), die für Drehzahlen bis zu 60000 min^{-1} eingesetzt werden kann bzw. Drehzahlkennwerte von $1{,}8 \cdot 10^6$ mm/min aufweist (vgl. Bild 8.25). Die Drehzahl des integrierten Asynchronmotors kann durch elektronische Drehstromfrequenzwandler variiert und die Lagervorspannung der einspritzgeschmierten Spindellager über das Hydrauliksystem den Betriebsbedingungen angepaßt werden. Für den Betrieb der Spindel ist eine umfangreiche Peripherie erforderlich. Da naturgemäß bei solchen Spindeln Teile des Motors eine erhöhte Massenbelegung der Spindel bewirken, andererseits durch die verwendete Lagerung keine optimale Federsteifigkeit erreicht wird, liegt die erste Biegeeigenfrequenz bei dieser Bauweise relativ niedrig, so daß auf biegekritische Drehzahlen geachtet werden muß (vgl. Abschn. 8.2.3).

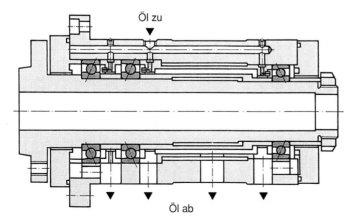

Bild 8.33: Hochgeschwindigkeitsspindel mit Öleinspritzschmierung [8.14]

8.3.3 Hauptspindeln mit Gleitlagern

8.3.3.1 Allgemeines

Da, wie eingangs erwähnt, Gleitlager [8.27, 8.28] relativ selten zur Lagerung von Hauptspindeln eingesetzt werden, sei diese Lagerungsmöglichkeit nur kurz behandelt. Die Theorie des Gleitlagers ist in Kapitel 7 ausführlich dargelegt, sie kann durch Analogieschlüsse vom translatorischen auf den rotatorischen Freiheitsgrad übertragen werden. Vergleiche hinsichtlich des thermischen und dynamischen Verhaltens wurden bereits in Abs. 8.2.4 und 8.3.1 angestellt.

8.3.3.2 Hydrodynamische Gleitlager

Das Prinzip des hydrodynamischen Gleitlagers beruht auf der Bildung eines tragfähigen Schmierkeils durch die Relativbewegung zwischen Welle und Lager. Der tragende Schmierfilm unterliegt den Gesetzen der Hydrodynamik. Somit ist die Tragfähigkeit nicht nur von Ölviskosität und Lagerabmessung bzw. Spiel abhängig, sondern auch eine Funktion von Drehzahl oder Umfangsgeschwindigkeit im Lagerspalt. Daher können hydrodynamische Gleitlager nur für einen relativ eng begrenzten Drehzahlbereich optimiert werden. Eine eingeschränkte Werkstoffauswahl aufgrund der beim Anfahren erforderlichen Notlaufeigenschaften verhindert zudem den Einsatz bei häufig wechselnden Betriebsbedingungen, die bei Werkzeugmaschinen jedoch die Regel sind. Hydrodynamische Lager mit kreisrundem Querschnitt sind im Schwerwerkzeugmaschinenbau anzutreffen.

Auch Sonderkonstruktionen können diese Mängel nur teilweise mindern: Anstatt kreisrunder Gleitraumprofile sind unrunde Profile mit mehreren Staufeldern zweckmäßig, da hierdurch die statische und dynamische Stabilität erhöht wird [8.21].

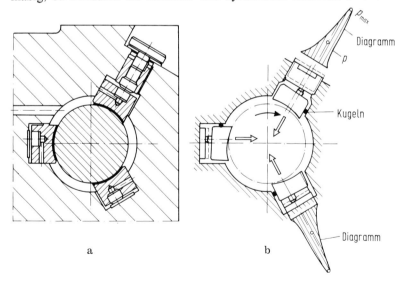

Bild 8.34: Hydrodynamisch geschmiertes Mehrflächengleitlager (*MF-Lager*) mit kippbeweglichen Segmenten [8.21] (Bauart *Precifilm, Herminghausen-Werke*): a) Konstruktionszeichnung, b) Prinzipskizze

Realisiert wird dieses Prinzip in *Mehrflächengleitlagern* (MF-Lager), die z. T. auch mit einer selbsttätigen Spieleinstellung ausgerüstet sind. Bild 8.34 zeigt hierzu ein Beispiel, bei dem die Kippsegmente über asymmetrisch angeordnete Kugelbolzen abgestützt werden. Dieses Lager ist für einen erweiterten Drehzahlbereich geeignet, da sich die Neigungswinkel der Segmente in Abhängigkeit von Drehzahl und Belastung einstellen. Mit solch aufwendigen Lagerkonstruktionen (auch: *Gleitstützenlager, Mackensenlager, Caro-Expansionslager, Filmaticlager*) werden hohe Laufgenauigkeiten bei guter Dämpfung erreicht, die die Genauigkeit äquivalent wälzgelagerter Spindeln deutlich übertreffen können. Deshalb werden solche Lager in Feinbearbeitungsmaschinen, z. B. bei Schleifspindeln, Feinbohrspindeln und Feindrehmaschinen eingesetzt.

8.3.3.3 Hydrostatische Gleitlager

Bei hydrostatischen Gleitlagern bewirkt ein fremderzeugter, d. h. von der Relativbewegung des Zapfens und der Lagerschale unabhängiger Tragdruck die Trennung der Gleitflächen. Die Lager sind meist in mehrere Kammern (Taschen) unterteilt. Zur Erzeugung des Tragdrucks ist somit ein spezielles externes Öldruckversorgungssystem notwendig, das aus Sicherheitsgründen mit einem Hydrospeicher und Bremseinrichtungen ausgerüstet sein muß, wenn das Lager keine Notlaufeigenschaften besitzt, da Versorgungsstörungen sonst zum raschen Totalausfall der Lager führen könnten.

Der wesentliche Vorteil gegenüber hydrodynamischen Lagern besteht in der weitgehenden Unabhängigkeit des Druckfilms von der Drehzahl, wodurch speziell bei niedrigen Drehzahlen ein ideales Reibverhalten erreicht wird (siehe Bild 8.15), da in allen Geschwindigkeitsbereichen reine Flüssigkeitsreibung herrscht. Aufgrund der fehlenden Anlaufreibung wird weitestgehende Verschleißsicherheit und gleichbleibende Laufgenauigkeit erreicht. Erst bei hohen Drehzahlen macht sich eine gegenüber Wälzlagern erhöhte Reibung nachteilig bemerkbar. Wie bei hydrodynamisch gelagerten Spindeln ist mit hydrostatischer Lagerung eine hohe Laufgenauigkeit und eine große Dämpfung der Spindel erreichbar. Somit kommt als Anwendungsgebiet vor allem die Feinbearbeitung in Frage, wo große Ansprüche an die Oberflächenqualität bzw. Rauhtiefe der Werkstücke gestellt werden. Neben Schleifmaschinen erreichen auch Drehmaschinen mit hydrostatisch gelagerten Spindeln Rauhtiefen unter 0,2 µm [8.14].

Bild 8.35 zeigt als Beispiel eine hydrostatische Lagerung mit getrennten Axial- und Radiallagern. Gegenüber der in Bild 8.36 gezeigten Anordnung hat eine Trennung der Funktionsflächen den Vorteil, daß die radiale und axiale Tragfähigkeit unabhängig voneinander besonderen Forderungen angepaßt werden können, allerdings mit dem Nachteil, daß der radiale Schmierspalt durch die Fertigung festgelegt ist und nachträglich nicht mehr eingestellt werden kann [8.14]. Bei der in Bild 8.36 gezeigten Lagerung ist dagegen eine Spieleinstellung jederzeit möglich. Es kann vorteilhaft sein, die Stegflächen solcher Lager mit Gleitlagermetall zu beschichten, um im unteren Drehzahlbereich bei Überbelastung Notlaufeigenschaften zu gewährleisten. Prinzipiell besteht bei hydrostatischen Lagern die Möglichkeit der Steifigkeitsbeein-

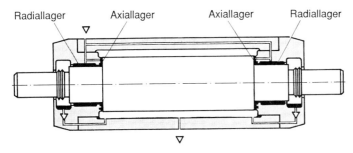

Bild 8.35: Prinzipskizze einer hydrostatisch gelagerten Spindel mit getrennten Axial- und Radiallagern [8.14]

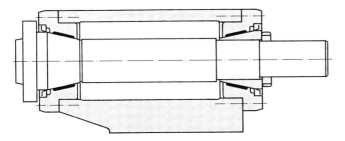

Bild 3.36: Prinzipskizze einer hydrostatisch gelagerten Spindel mit kegeligen Lagerflächen [8.14]

flussung durch eine Regelung des Taschendruckes auf konstante Spaltweite. Mit solchen Lagerungen lassen sich Rundlauffehler unter 0,1 µm und Rauhtiefen unter 0,02 µm erzielen [8.21]. Aufgrund des hohen konstruktiven Aufwands wird jedoch von dieser Möglichkeit nur selten (z. B. bei Bearbeitungsmaschinen in der Optik) Gebrauch gemacht.

8.3.3.4 Weitere Lagerbauarten

Aerostatische und *aerodynamische Hauptspindellagerungen* werden nur in wenigen Sonderfällen bei Werkzeugmaschinen eingesetzt, z. B. bei hochtourigen Schleifspindeln zum Innenrundschleifen. Da Luft zur Schmierung verwendet wird, entfällt der Aufwand für Rückleitungen und Abdichtungen des Schmiermittels. Die Vorteile dieser Lagerungen, deren Funktionsprinzip sich aus der Analogie zur flüssigkeitsgeschmierten Lagerung ergibt, lassen sich zusammenfassen zu: geringe Reibung und Erwärmung, Temperaturunabhängigkeit, einfache Konstruktion. Indessen bestehen gravierende Nachteile durch die reduzierte Tragfähigkeit sowie durch die geringe Dämpfung, die Ursache für eine Schwingungsneigung im Betrieb sein kann.

Ebenso spielen *Magnetlager* bei Hauptspindeln heute nur eine untergeordnete Rolle. Sie benötigen einen bei gleicher Tragfähigkeit etwa dreimal so großen Durchmesser wie Wälzlager, haben jedoch den Vorteil einer geringen Erwärmung, da der Lagerspalt etwa 0,5 bis 1 mm beträgt [8.14]. Spindeln mit integriertem Motor werden bereits beim Hochgeschwindigkeitsfräsen eingesetzt (Bild 8.37).

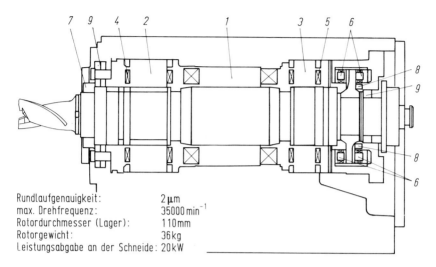

Rundlaufgenauigkeit: 2 µm
max. Drehfrequenz: 35000 min^{-1}
Rotordurchmesser (Lager): 110 mm
Rotorgewicht: 36 kg
Leistungsabgabe an der Schneide: 20 kW

Bild 8.37: Hochgeschwindigkeitsfrässpindel mit Magnetlagern und integriertem Motor [8.14]: 1 Asynchronmotor, 2 und 3 Radiallager, 4 und 5 Radialsensoren, 6 Axiallager, 7 und 8 Axialsensoren, 9 Fanglager

9 Hauptantriebe

9.1 Einleitung

Die Aufgabe des Hauptantriebs einer Werkzeugmaschine ist, in Verbindung mit der Hauptspindel (Bild 9.1), die Realisierung der Schnitt- und unter Umständen der Vorschubbewegung an der Zerspanstelle. Die Schnittbewegung ist dabei in der DIN 6580 als diejenige Bewegung zwischen Werkzeug und Werkstück definiert, die ohne Vorschubbewegung eine einmalige Spanabnahme bewirkt. Ziel ist die wirtschaftliche Erfüllung einer geforderten Bearbeitungsaufgabe. Hierzu muß der Hauptantrieb

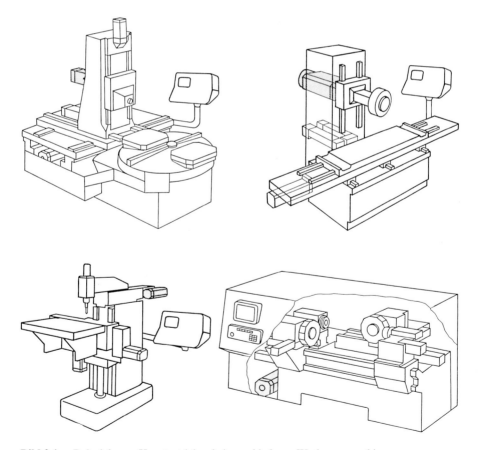

Bild 9.1. Beispiele von Hauptantrieben bei verschiedenen Werkzeugmaschinen

verschiedene Bewegungszustände ermöglichen: Die Anlaufbewegung zur Erreichung einer geforderten Schnittbewegung, den Nennbetrieb bei einer definierten Schnittbewegung (z. B. rotatorische Schnittbewegungen bei Dreh-, Bohr-, Kreissäge- und Fräsmaschinen, translatorische Schnittbewegungen bei Hobel-, Stoß-, Räummaschinen und Bandsägen), das Abbremsen von der Schnittbewegung zum Stillstand (z. B. bei einem Werkzeugwechsel bei einer Fräsmaschine), die Verstellung der Schnittbewegung (z. B. zur Komplettbearbeitung auf einer Werkzeugmaschine bei Verwendung verschiedener Werkzeuge) und die Umkehr der Schnittbewegung (z. B. bei der Fertigung von Gewinden).

9.2 Anforderungen und Auslegung

Für eine wirtschaftliche Bearbeitung müssen bei der Auslegung eines Hauptantriebs die Anforderungen hinsichtlich Bearbeitungsgenauigkeit, -zeit und -kosten berücksichtigt werden. Bei der Umsetzung dieser Kriterien in die Praxis leiten sich daraus vielfältige Anforderungen an die Komponenten des Hauptantriebs ab.

9.2.1 Bearbeitungsgerechte Bemessung

Eine bearbeitungsgerechte Bemessung berücksichtigt die *Summe aller Bearbeitungsaufgaben*, die eine Werkzeugmaschine wirtschaftlich erbringen soll. Aus diesen Bearbeitungsaufgaben leiten sich Anforderungen hinsichtlich Drehzahl, Leistung bzw. Moment ab, die eine Funktion der eingesetzten Werkzeuge, der zu bearbeitenden Werkstoffe und der vorgesehenen Bearbeitungsverfahren sind. Beispiel: Die Bearbeitung einer ebenen Werkstückfläche auf Schruppmaß mit Hilfe des Fräsverfahrens mit Messerkopffräser erfordert eine andere wirtschaftliche Fräser-Drehzahl und -Zerspanleistung als eine sich anschließende Feinbearbeitung auf Schlichtmaß. Die Gesamtbetrachtung der unterschiedlichen Bearbeitungsfälle ergibt ein vom Prozeß bestimmtes Leistungs/Drehmoment-Drehzahl-Kennfeld. Ausgangspunkt zur Ermittlung eines solchen Kennfeldes sind Bearbeitungsaufgaben mit einerseits extremen Zerspanbedingungen, wie die *Schruppbearbeitung*, bei der eine maximale Werkstoffabnahme im Vordergrund steht, und andererseits die *Schlichtbearbeitung* mit hohen Schnittgeschwindigkeiten zur Erzielung hoher Oberflächengüten.
Sind diese durch den Bearbeitungsprozeß bestimmten Größen ermittelt, wird ein Antriebskonzept gewählt, das unter den Bearbeitungsanforderungen und den wirtschaftlichen Randbedingungen ein optimales Verhalten gewährleistet.

9.2.1.1 Drehzahlbereich und Drehzahlverstellung

Je nach Bearbeitungsaufgabe ergeben sich unterschiedliche Drehzahlen. *Niedrige Drehzahlen* werden z. B. für Bearbeitungen wie das Gewindeschneiden oder das Reiben benötigt, *hohe Drehzahlen* zur Erzielung hoher Oberflächengüten bei Schlichtbearbeitungen mit leistungsfähigen Schneidstoffen. Rechnerisch ergibt sich die prozeßbestimmte Drehzahluntergrenze aus der kleinsten Schnittgeschwindigkeit bezogen auf den größten Bearbeitungsdurchmesser, die prozeßbestimmte Drehzahlobergrenze entsprechend aus der größten Schnittgeschwindigkeit bezogen auf den kleinsten Bearbeitungsdurchmesser:

Minimale Drehzahl: $n_{min} = \dfrac{v_{c,\,min}}{\pi\, d_{max}}$, (9.1)

Maximale Drehzahl: $n_{max} = \dfrac{v_{c,\,max}}{\pi\, d_{min}}$. (9.2)

Bei der Ermittlung der maximalen bzw. minimalen Drehzahl müssen Schnittgeschwindigkeit und Bearbeitungsdurchmesser für den gleichen Bearbeitungsfall verwendet werden. Der Bearbeitungsdurchmesser ergibt sich aus dem jeweiligen Verfahren, z. B. beim Fräsen und Kreissägen ist dies der Werkzeug-, beim Drehen der Werkstückdurchmesser.

Für den *Drehzahlbereich* B_n ergibt sich:

$$B_n = \dfrac{n_{max}}{n_{min}}.$$ (9.3)

Nach [9.1] besitzen z. B. Drehmaschinen Drehzahlbereiche von 50 bis 200, Fräs- und Bohrwerke Drehzahlbereiche bis zu 400. Durch Einsetzen der Schnittgeschwindigkeiten ergibt sich der Drehzahlbereich auch aus dem Produkt von *Durchmesserbereich* B_d und *Schnittgeschwindigkeitsbereich* B_v.

$$B_n = \dfrac{v_{c,\,max}}{v_{c,\,min}} \dfrac{d_{max}}{d_{min}} = B_v\, B_d.$$ (9.4)

Da bei heutigen Anwendungen aufgrund der verbesserten Werkzeuge und angestrebten kurzen Bearbeitungszeiten hohe Schnittgeschwindigkeiten realisiert werden, sind auch die *Drehzahlgrenzen* eines Antriebssystems zu beachten. Diese ergeben sich sowohl aus technischen als auch aus prozeßbedingten Gründen. Zu den technisch bedingten Gründen zählen maximal zulässige Umfangsgeschwindigkeiten von Lagern sowie maximal zulässige Fliehkräfte von Spannvorrichtungen. Unwuchten umlaufender Massen, z. B. nicht ausgewuchteter Werkstücke, verursachen Schwingungen, die den Bearbeitungsprozeß und das Bearbeitungsergebnis in unzulässiger Weise beeinträchtigen können.

Neben dem Drehzahlbereich ist die *Drehzahlverstellung* des Antriebs in den Drehzahlgrenzen von großer Bedeutung. Ziel ist die Realisierung einer beliebigen Drehzahl innerhalb des Drehzahlbereichs. Dadurch wird es möglich, eine für die jeweilige Bearbeitung wirtschaftliche Schnittgeschwindigkeit einzustellen (Bild 9.2). Notwendig wird eine Drehzahlverstellung bei variierenden Bearbeitungsdurchmessern, wie dies in Bild 9.3 am Beispiel Plandrehen verdeutlicht ist. Sinngemäß Gleiches gilt für den variablen Werkzeugdurchmesser bei Fräs- und Bohrbearbeitungen.

Die Größe des Drehzahlbereichs und die Drehzahlverstellung innerhalb dieses Bereichs haben einen entscheidenden Einfluß auf die Wirtschaftlichkeit der Werkzeugmaschine. Je größer der Drehzahlbereich und je feiner die Drehzahlverstellung, desto mehr Bearbeitungsaufgaben können wirtschaftlich auf der Werkzeugmaschine gelöst werden.

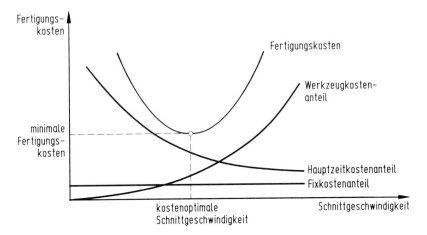

Bild 9.2. Abhängigkeiten der Fertigungskosten von der Schnittgeschwindigkeit

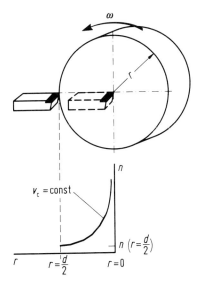

Bild 9.3. Abhängigkeit der Drehzahl vom Bearbeitungsdurchmesser am Beispiel Plandrehen (v_c = const.)

9.2.1.2 Leistung und Drehmoment

Zur Durchführung des Zerspanvorgangs muß eine notwendige *Zerspanleistung P* bereitgestellt werden. Die Zerspanleistung ergibt sich als skalares Produkt von *Zerspankraft F* und *Wirkgeschwindigkeit* v_e an der Zerspanstelle (Bild 9.4). Bei Werkzeugmaschinen mit abhängigen Vorschubantrieben muß der Hauptantriebsmotor die gesamte Zerspanleistung, bei unabhängigen Vorschubantrieben lediglich die

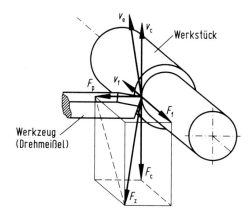

Bild 9.4. Komponenten der Zerspankraft am Beispiel Drehen (nach [9.2])

Schnittleistung erbringen. Die *Schnittleistung* P_c ergibt sich aus dem Produkt von Schnittkraft F_c und Schnittgeschwindigkeit v_c, die Vorschubleistung als Produkt von Vorschubkraft F_f und Vorschubgeschwindigkeit v_f.

$$P = \begin{bmatrix} F_c \\ F_f \\ F_p \end{bmatrix} \begin{bmatrix} v_c \\ v_f \\ 0 \end{bmatrix} = F_c\, v_c + F_f\, v_f. \tag{9.5}$$

Die Schnittleistung läßt sich auch durch das *Schnittmoment* M_c und die *Drehzahl der Arbeitsspindel* n_c ausdrücken:

$$P_c = F_c\, v_c = M_c\, \omega_c = M_c\, 2\, \pi\, n_c. \tag{9.6}$$

Ausgangspunkt bei der bearbeitungsgerechten Auslegung hinsichtlich Leistung und Drehmoment ist dabei in der Regel die *Schruppbearbeitung*, bei der in möglichst kurzer Zeit ein maximales Zerspanvolumen erzielt werden soll. Hierzu muß der Hauptantrieb seine maximale Zerspanleistung, die sog. Schruppleistung, aufgrund großer Spanungsquerschnitte, großer Zerspankräfte und großer Bearbeitungsdurchmesser erbringen. Typische Bearbeitungsfälle sind z. B. Fräsbearbeitungen mit Messerköpfen oder Drehbearbeitungen mit Schruppmeißeln. Die Drehzahl der Schruppbearbeitung ergibt sich aus dem jeweiligen Bearbeitungsdurchmesser d und der entsprechenden optimalen und wirtschaftlichen Schnittgeschwindigkeit v_c für die Schruppbearbeitung. Da aber bei niedrigen Bearbeitungsdrehzahlen bzw. geringen Schnittgeschwindigkeiten meist auch kleine Schnittkräfte auftreten, z.B. beim Gewindeschneiden oder Reiben, und damit auch keine hohen Leistungen benötigt werden, stellt sich die Frage nach der Drehzahl, bei der der Übergang vom hohen zum niedrigen Leistungsbedarf erfolgen kann. Diese Drehzahl, bei der die Leistungskennlinie von ihrem konstanten in einen fallenden Verlauf knickt, wird als *Knickdrehzahl* n_K bezeichnet:

$$n_K = \frac{v_{c,\,K}}{\pi\, d_K}. \tag{9.7}$$

Der Betrag der Knickdrehzahl und somit die Untergrenze, bis zu der eine maximale Leistung angeboten werden soll, ergibt sich aus dem maximalen Bearbeitungsdurchmesser bei der kleinsten noch wirtschaftlichen Schnittgeschwindigkeit.

Aus den durch die Bearbeitungsprozesse bestimmten Werten für Drehzahl und Leistung resultieren *Leistungs/Drehmoment-Drehzahl-Kennlinien* (Bild 9.5), die die beanspruchungsgerechte Anforderung an den Hauptantrieb abbilden. Bei der Entwicklung der Kennlinien ist der grundlegende Zusammenhang von Leistung und Moment über der Drehzahl zu beachten. Je nachdem, welche Größe konstant gehalten wird, ergibt sich ein linearer bzw. hyperbolischer Verlauf der anderen Größe:

$$P = M \omega$$

$$\text{für } P = \text{const} \rightarrow M \sim \frac{1}{\omega},$$

$$\text{für } M = \text{const} \rightarrow P \sim \omega. \tag{9.8}$$

Durch die fallende Leistungskennlinie unterhalb der Knickdrehzahl wird die hyperbolische Drehmomentkurve in einen konstanten Verlauf geknickt. Diese Begrenzung begünstigt die Dimensionierung bei der Auslegung der mechanischen und elektrischen Komponenten.

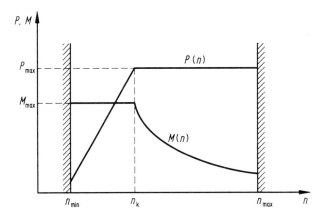

Bild 9.5. Leistungs/Drehmoment-Drehzahl-Kennlinien

9.3 Wirkungsgrad

Ziel ist die maximale Umsetzung der aus dem Stromnetz entnommenen elektrischen Leistung in eine Schnitt- bzw. Zerspanleistung. Die elektrische Energie wird aber auf dem Weg zur Wirkstelle zwischen Werkzeug und Werkstück in den Bauelementen des Hauptantriebs (z. B. Motor, Getriebe, Lager) teilweise in Wärme umgewandelt. Aus dem Quotienten der für die Spanabnahme *nutzbaren Leistung* P_{nutz} (Nutzleistung) und der dem Antriebsmotor *zugeführten Leistung* P_{zu} ergibt sich der *Gesamt-*

wirkungsgrad η_{ges} des Hauptantriebssystems mit Hauptspindel:

$$\eta_{ges} = \frac{P_{nutz}}{P_{zu}}.\tag{9.9}$$

Der Gesamtwirkungsgrad ist belastungsabhängig und bei voller Belastung höher als bei Teilbelastung (Bild 9.6).

Werkzeugmaschine	Wirkungsgrad	
	Leerlauf	Vollast
Drehmaschine	0.70	0.85
Bohrmaschine	0.75	0.90
Fräsmaschine	0.60	0.80
Stoßmaschine	0.60	0.80
Langhobelmaschine	0.70	0.85
Räummaschine	0.85	0.90
Schleifmaschine	0.40	0.50

Bild 9.6. Wirkungsgrade verschiedener Werkzeugmaschinen (nach [9.3])

Er kann auch über das *Produkt von Einzelwirkungsgraden*, z. B. von mechanischem (Übersetzungsstufe) und elektrischem Wirkungsgrad (Motor), ermittelt werden:

$$\eta_{ges} = \eta_{el}\, \eta_{mech}.\tag{9.10}$$

Die Differenz aus zugeführter und nutzbarer Leistung wird als *Gesamtverlustleistung* P_{verl} bezeichnet:

$$P_{verl} = P_{zu} - P_{nutz}.\tag{9.11}$$

Sie ergibt sich aus mechanischen und elektrischen Verlustleistungen. Die *mechanischen Verlustleistungen* treten im Motor, in der Übersetzungsstufe, in den Lagern und in den Übersetzungselementen auf. Ursachen hierfür sind in den Lagern, z. B. Dämpfung bei elastischer Verformung, Reibung in Gleitlagern, Walkwiderstand des Schmierstoffes, Luftreibung bei hochtourigen Lagern, Widerstand durch Abrieb (Staub). In einer Getriebestufe resultiert aufgrund von Gleiten zwischen gepaarten Zahnflanken eine Verlustleistung. *Die elektrischen Verlustleistungen* treten im Elektromotor in den Stromleitungen und im Frequenzumrichter auf.

9.4 Schwingungsverhalten

Im Betrieb werden durch die Bearbeitung zeitlich veränderliche Kräfte bzw. Momente hervorgerufen, die die Arbeitsgenauigkeit der Werkzeugmaschine, d. h. die definierte und kontrollierte Zuordnung von Werkzeug und Werkstück, beeinflussen können. Da Werkstück oder Werkzeug sich am Ende des Kraftflusses des Hauptantriebes befinden, ist das *statische und dynamische Nachgiebigkeitsverhalten* von großer Bedeutung (Kap. 5).

Für das Hauptantriebssystem sind vor allem Torsionsschwingungen aufgrund der zumeist rotatorischen Bauelemente und Bewegungen von Bedeutung, so z. B. bei Bohr-, Fräs- und Kreissägemaschinen. Einen Beitrag zur Schwingungsverursachung leisten Antriebsmotor, Lagerungen und Übersetzungselemente, so z. B. Unwuchten im Motor oder in Zahnradgetrieben, Lagerfehler und Verzahnungsfehler von Zahnradgetrieben.

Verschiedene Maßnahmen und Hilfsmittel dienen zur Verbesserung des Nachgiebigkeitsverhaltens. Zu den Maßnahmen gehören z. B. kleine Fertigungstoleranzen, eine hohe Einbaugenauigkeit und die Dämpfung der Schwingungsamplituden. Eine Optimierung durch Rechenmodelle mittels numerischer Methoden, z. B. FEM in Verbindung mit CAD-Systemen, bietet den Vorteil, bereits im Konstruktions- und Entwicklungsstadium Schwachstellen zu erkennen und zu eliminieren [9.4].

Auch in Normen befinden sich Hinweise und Vorschriften zur Optimierung des Schwingungsverhaltens. Eine Anleitung zur Messung und Bewertung der Schwingstärke findet sich in DIN ISO 2373. Schutzmaßnahmen gegen die Einwirkung mechanischer Schwingungen auf den Menschen sind in der VDI-Richtlinie 3831 festgeschrieben. Die VDI-Richtlinie 2060 gibt Beurteilungsmaßstäbe für den Auswuchtzustand rotierender starrer Körper an.

9.5 Anlauf- und Bremsverhalten

Das Anlauf- und Bremsverhalten ist beim Hauptantrieb in der Regel nur von sekundärer Bedeutung, da der Hauptantrieb primär im Nennbetrieb gefahren wird, d. h. der Zeitanteil des Nennbetriebs ist groß gegenüber dem Zeitanteil von Anlauf und Bremsen. Dennoch ist dieser gering zu halten, um das Nebenzeitverhalten zu verbessern. Definiert wird der Nennbetrieb unter Dauerbetriebsbedingungen (s. Abschn. 9.6.4.1) und ergibt sich aus Temperaturbetrachtungen des Antriebsmotors bei bestimmten Motordrehzahlen.

Damit der Hauptantrieb hochläuft, muß das *Motormoment* M_M größer als das *Lastmoment* M_L sein. Die Differenz beider Momente ergibt das *Beschleunigungsmoment* M_B:

$$M_B = M_M - M_L = J \frac{d\omega}{dt}. \tag{9.12}$$

J ist das auf die Motorwelle umgerechnete Massenträgheitsmoment aller bewegten Teile, ω ist die Winkelgeschwindigkeit der Motorwelle.

Durch Umstellen und Integration von (9.12) nach der Zeit ergibt sich für die Hochlaufzeit t:

$$t = J \int_{\omega_1}^{\omega_2} \frac{1}{M_B} d\omega. \tag{9.13}$$

Entsprechend folgt für die Zeitdauer eines Hochlaufvorganges für einen Antriebsmotor mit Arbeitsmaschine bei konstanter Beschleunigung (M_B = const):

$$t = \frac{J}{M_B} (\omega_2 - \omega_1). \tag{9.14}$$

Beim Auslaufvorgang wird das Motormoment M_M zu Null. Das bremsende Lastmoment verzögert den Antrieb bis zum Stillstand. Somit folgt allgemein:

$$M_B = - M_L = J \frac{d\omega}{dt}. \tag{9.15}$$

Wenn der Motor nicht ausläuft, sondern mit einem Verzögerungsmoment M_V die Abbremsung unterstützt, so muß dieses zum bremsenden Lastmoment hinzuaddiert werden:

$$M_B = - (M_V + M_L) = J \frac{d\omega}{dt}. \tag{9.16}$$

Wenn Motor- und Lastmoment einen analytisch schwer zu formulierenden Verlauf besitzen, müssen Anlaufvorgang und Anlaufzeit numerisch oder graphisch ermittelt werden. Um das *dynamische Verhalten des Antriebs beim Übergang* von einem stationären Betriebszustand zum anderen berechnen zu können, müssen die Schwungmassen aller bewegtenTeile auf die Motorwelle umgerechnet werden. Hierbei sind alle translatorisch und rotatorisch bewegten Massen zu berücksichtigen. Die *Umrechnung rotierender Massen* erfolgt, indem die einzelnen Trägheitsmomente mit dem Quadrat der für sie geltenden Übersetzung auf die Motorwelle umgerechnet werden:

$$J = J_0 + J_1 \left(\frac{n_1}{n}\right)^2 + J_2 \left(\frac{n_2}{n}\right)^2 + J_3 \left(\frac{n_3}{n}\right)^2 + \ldots, \tag{9.17}$$

wobei J das axiale Gesamtmassenträgheitsmoment, J_0 das axiale Massenträgheitsmoment aller mit Motordrehzahl umlaufender Massen (incl. J_{Mot}) und J_1, J_2, J_3 etc. die axialen Massenträgheitsmomente von rotierenden Massen mit den Drehzahlen n_1, n_2, n_3 etc. bedeuten.

Translatorisch bewegte Massen werden in gleichwertige Schwungmassen auf einer rotierenden Welle umgerechnet.

$$J = m \left(\frac{v}{\omega}\right)^2, \tag{9.18}$$

wobei m die Masse, v die Geschwindigkeit des translatorisch bewegten Körpers und ω die Winkelgeschwindigkeit der Ersatzschwungmasse der rotierenden Welle darstellen.

9.6 Antriebsmotoren

9.6.1 Übersicht

Als Hauptantriebsmotoren werden heute fast ausschließlich drei Typen von Elektromotoren eingesetzt:
- frequenzgeregelter Asynchronmotor mit Käfigläufer,
- konventioneller geregelter Gleichstrommotor,
- permanenterregter bürstenloser Gleichstrommotor.

Ihr prinzipieller Aufbau ist in Bild 9.7 dargestellt. Bei allen drei Motortypen kann die Drehzahl kontinuierlich verstellt werden, und sie können in beiden Drehrichtungen antreiben und bremsen (Vierquadrantenbetrieb). Damit erfüllen sie zwei wichtige Kriterien für moderne Werkzeugmaschinen:
- stufenlose Einstellung der Schnittgeschwindigkeit,
- Zerspanung in beiden Drehrichtungen.

Das früher häufig verwendete Hauptantriebskonzept, ungeregelter Asynchronmotor mit nachgeschaltetem Stufengetriebe, wird heute relativ selten angewandt. Dies

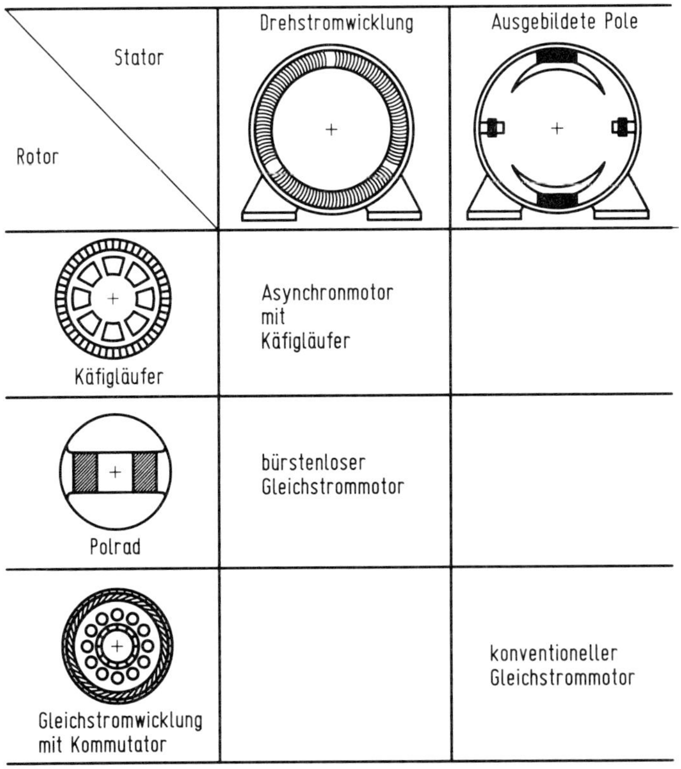

Rotor \ Stator	Drehstromwicklung	Ausgebildete Pole
Käfigläufer	Asynchronmotor mit Käfigläufer	
Polrad		bürstenloser Gleichstrommotor
Gleichstromwicklung mit Kommutator		konventioneller Gleichstrommotor

Bild 9.7. Prinzipieller Aufbau der für Hauptantriebe eingesetzten Elektromotoren (nach [9.5])

wurde durch die Entwicklung einer leistungsfähigen und kostengünstigen Steuerungs- und Regelungselektronik möglich, die für die Drehzahlverstellung von Elektromotoren notwendig ist. Dadurch konnte die Anzahl der mechanischen Komponenten des Hauptantriebs (Getriebe etc.) stark reduziert werden.

Die wichtigste Forderung an einen Hauptantrieb liegt in der Bereitstellung der benötigten Schnittleistung im geforderten Schnittgeschwindigkeitsbereich (Drehzahlbereich). Ideal wäre es, wenn der Antriebsmotor im gesamten Drehzahlbereich seine maximale Leistung zur Verfügung stellen könnte. Aus technischen und wirtschaftlichen Gründen steht bei allen Motortypen bei kleinen Drehzahlen eine geringere maximale Leistung zur Verfügung. Dieser Drehzahlbereich wird als Bereich konstanten Moments (n_K/n_{min}) bezeichnet. Ab der sogenannten Knickdrehzahl n_K steht konstante Leistung bis n_{max} zur Verfügung. In Bild 9.8 ist eine typische Betriebskennlinie eines Hauptantriebmotors dargestellt. Um den Bereich konstanter Leistung (n_{max}/n_K) an der Hauptspindel zu erhöhen, werden insbesondere bei Gleichstrommotoren zwei- oder dreistufige Getriebe eingesetzt.

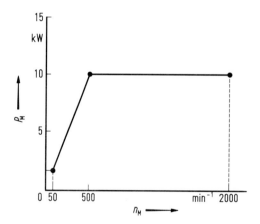

Bild 9.8. Typische Leistungs-Drehzahlkennlinie eines Hauptantriebmotors

In Bild 9.9 sind die wichtigsten Merkmale der Motortypen dargestellt. Am häufigsten werden frequenzgeregelte Asynchronmotoren eingesetzt. Für sehr hohe Leistungen werden von den Herstellern bisher nur konventionelle Gleichstrommotoren angeboten. Das Haupteinsatzgebiet des bürstenlosen Gleichstrommotors liegt im Bereich der Vorschubantriebe. Bei erhöhten Ansprüchen an Kompaktheit und Steifigkeit des Antriebs bei kleinen Leistungen wird der bürstenlose Gleichstrommotor als Hauptantrieb verwendet.

9.6.2 Gleichstrommotor

Der drehzahlverstellbare konventionelle Gleichstrommotor war lange Zeit aufgrund des noch verhältnismäßig geringen Aufwands für die Steuerungselektronik die ein-

	konventioneller Gleichstrom-motor	frequenzgeregelter Asynchronmotor	bürstenloser Gleichstrom-motor
Leistungsbereich	1...500 kW	1...70 kW	1...15 kW
Wartungsarm	nein	ja	ja
Bauraum	klein	mittel	groß
Dynamik (Steifigkeit)	mittel	groß	sehr groß
Bereich konstanter Leistung $n_{max} : n_K$	3:1 ... 4:1	4:1 ... 16:1	2:1 ... 3:1
Bereich konstanten Moments $n_K : n_{min}$	10:1 ... 100:1	∞	∞
übliche Knickdrehzahlen	500 750 1000 1500 2000	500 1000 1500 2000	2000 3000

Bild 9.9. Kenndaten der für Hauptantriebe eingesetzten Motortypen (nach [9.6], [9.15-17])

zige Alternative zum Asynchronmotor mit nachgeschaltetem Stufengetriebe. In letzter Zeit ist er weitgehend durch den frequenzgeregelten Asynchronmotor und den bürstenlosen Gleichstrommotor verdrängt worden.

9.6.2.1 Aufbau und Wirkungsweise

In Bild 9.10 sind die wesentlichen Komponenten des konventionellen Gleichstrommotors dargestellt.

1, 2 Spulen im Anker
3 Rotor = Anker
4 Bürsten am Kommutator
5 Erregerspulen
6 Joch
7 Kommutator (Stromwender)
8, 10 Neutrale Zone
9 Polschuhe
N Nordpol
S Südpol

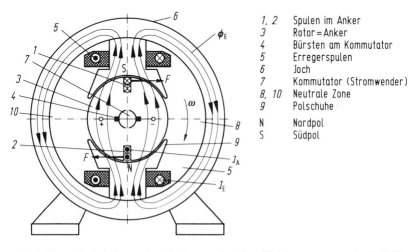

Bild 9.10. Prinzipieller Aufbau des konventionellen Gleichstrommotors (nach [9.5])

Über die Bürsten (4) wird der Spule (1, 2) im Anker Strom zugeführt (Ankerkreis). Zur Erzeugung eines einheitlichen Drehmoments muß der Ankerstrom nach jeweils einer halben Umdrehung im Bereich der neutralen Zone (8, 10) umgekehrt (kommutiert) werden. Kommutator und Bürsten sind die aufwendigsten und empfindlichsten Bauteile des konventionellen Gleichstrommotors (Verschleiß). Mit den Erregerspulen (5) wird die magnetische Durchflutung Θ erzeugt, die den magnetischen Fluß Φ_E treibt (Feldkreis). Das magnetische Feld fließt über Polschuhe, Luftspalt, Anker und Joch.

Außer dem Erregerhauptfeld tritt im Gleichstrommotor das Ankerquerfeld auf. Es ist proportional zum Ankerstrom I_A und beeinträchtigt die Kommutation (Bürsten feuern). In Bild 9.11 ist die Verschiebung des magnetischen Feldes dargestellt. Durch Wendepol- und Kompensationswicklungen wird die Verzerrung durch das Ankerquerfeld reduziert.

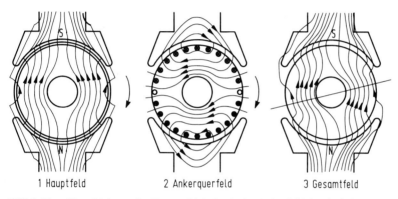

1 Hauptfeld   2 Ankerquerfeld   3 Gesamtfeld

Bild 9.11. Verschiebung des Erregerfelds durch das Ankerfeld (nach [9.5])

Neben dieser konventionellen Bauweise werden in letzter Zeit bürstenlose elektronisch kommutierte Gleichstrommotoren verwendet. Die Ankerstromwendung wird dabei von einer elektronischen Schaltung bewirkt. In Umkehrung zum konventionellen Gleichstrommotor ist die Ankerwicklung im Ständer untergebracht, und die Erregung erfolgt über ein permanentmagnetisches (meist seltene Erden) Polrad. Die elektronische Kommutierung benötigt einen Lagegeber für die Position des Polrades, um den Ankerstrom im richtigen Moment zu wenden. Diese Bauart zeichnet sich durch geringere Massenträgheitsmomente (bessere Dynamik), kompakte Bauweise und das Ersetzen von mechanischen Verschleißteilen (Bürsten) durch Elektronik aus. Bei den Herstellern ist für diesen Motortyp auch die Bezeichnung Synchronmaschine oder Drehstromservomotor gebräuchlich. In Bild 9.12 ist der grundsätzliche Aufbau der beiden Gleichstrommotoren, bei gleicher Antriebsleistung, dargestellt.

9.6.2.2 Betriebseigenschaften

Im folgendem werden, aus Gründen der Anschaulichkeit, nur die stationären Betriebsgleichungen des konventionellen Gleichstrommotors abgeleitet. Für den stationären Betriebszustand gilt: Motormoment gleich äußerem Lastmoment.

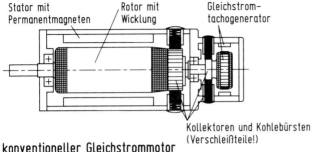

konventioneller Gleichstrommotor

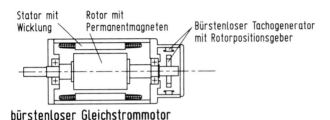

bürstenloser Gleichstrommotor

Bild 9.12. Bürstenloser und konventioneller Gleichstrommotor bei gleicher Leistung (nach [9.6])

Auf die vom Ankerstrom I_A durchflossenen Leiter der Ankerwicklung im magnetischen Erregerfeld Φ_E wirken Kräfte, die sich als Drehmoment auswirken.

$$M_M = C_1 \, I_A \, \Phi_E. \tag{9.19}$$

Die Größe des Ankerstroms ist abhängig vom geforderten Moment des Antriebs. Das maximale Motormoment wird durch den maximal zulässigen Ankerstrom bestimmt. C_1 ist eine Motorkonstante, die durch die Wicklungsausführung, die Ausführung des magnetischen Kreises usw. bestimmt wird.

Wird ein Leiter (Anker) in einem magnetischen Feld Φ_E bewegt, so wird eine Spannung

$$U_i = C_2 \, n_M \, \Phi_E \tag{9.20}$$

induziert. Mit der Zunahme der Drehzahl wird im Anker eine größere Gegenspannung induziert. C_2 ist wiederum eine Motorkonstante.

Für den Ankerkreis gilt nach Bild 9.13:

$$U_A = U_i + I_A R_A. \tag{9.21}$$

R_A ist der Innenwiderstand des Ankerkreises. Aus Gl. 9.19 und Gl. 9.20 ergibt sich:

$$n_M = \frac{U_A - I_A R_A}{C_2 \, \Phi_E}. \tag{9.22}$$

Mit den Gleichungen 9.18 und 9.19 ergibt sich folgender Zusammenhang zwischen Drehmoment und Drehzahl:

$$n_M = \frac{U_A}{C_2 \, \Phi_E} - \frac{R_A}{C_1 \, C_2 \, \Phi_E^2} M_M. \tag{9.23}$$

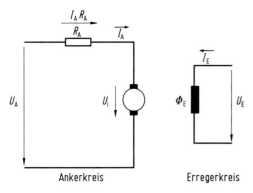

Bild 9.13. Vereinfachtes Schaltbild des konventionellen Gleichstrommotors

Beim ungeregelten Gleichstrommotor sind der magnetische Fluß Φ_E und die Ankerspannung U_A annähernd konstant. Daraus folgt für die Drehzahlkennlinie:

$$n_M = n_{M,0} - k\, M_M, \tag{9.24}$$

$$n_{M,0} = \frac{U_A}{C_2\, \Phi_E}. \tag{9.25}$$

$n_{M,0}$ ist die Leerlaufdrehzahl bei $M_M = 0$,

$$k = \frac{R_A}{C_1\, C_2\, \Phi_E^{\,2}}. \tag{9.26}$$

Dies ergibt eine geneigte Gerade, d. h. leicht abfallende Drehzahl bei zunehmender Belastung (siehe Bild 9.14). Der Faktor k gibt dabei die Neigung an. Sie hängt vom Ankerwiderstand, den Motorkonstanten und dem magnetischen Fluß ab. Um eine

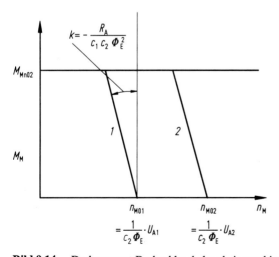

Bild 9.14. Drehmoment-Drehzahlverhalten bei verschiedenen Ankerspannungen

hohe Drehsteifigkeit zu erzielen, sollte die Neigung dieser Geraden möglichst gering sein.

9.6.2.3 Drehzahlverstellung

Die Einstellung der Drehzahl eines Gleichstrommotors kann entsprechend Gl. 9.21 über die Verstellung der Ankerspannung (Anker- oder Primärverstellung) oder durch die Änderung des magnetischen Flusses (Feld- oder Sekundärverstellung) erfolgen. Die Drehzahlverstellung im Bereich niedriger Drehzahlen erfolgt über die Veränderung der Ankerspannung. Nach Gl. 9.21 steigt dabei die Drehzahl linear mit der Ankerspannung. Die maximale Ankerspannung wird durch die Spannungsfestigkeit der Wicklungsisolation des Ankers bestimmt. Üblich sind Verhältnisse von $U_{A, max} / U_{A, min}$ von 10 bis 100. Um eine hohe Drehsteifigkeit zu erzielen (Gl. 9.25), wird der magnetische Fluß auf seinen maximalen Wert eingestellt.

$$n_M = \frac{U_A}{C_2 \Phi_E} - \frac{I_A R_A}{C_2 \Phi_E}, \tag{9.27}$$

mit

$U_{A, min} \leq U_A \leq U_{A, max}$.

Nach Gl. 9.19 folgt für das zulässige maximale Dauerbelastungsmoment:

$$M_{M, max} = C_1 I_{A, max} \Phi_{E, max}. \tag{9.28}$$

$M_{M, max}$ ist im Ankerstellbereich konstant. Der maximale zulässige Dauerankerstrom wird durch die Erwärmung der Ankerwicklung begrenzt.
Die maximale mechanische Leistung steigt linear mit der Drehzahl:

$$P_{M, max} = 2 \pi n_M M_{M, max}. \tag{9.29}$$

Um höhere Drehzahlen zu erreichen, wird die Feldverstellung angewendet. Dabei gilt:

$$\Phi_{E, min} \leq \Phi_E \leq \Phi_{E, max}. \tag{9.30}$$

Nach Gl. 9.22 steigt die Drehzahl mit der Verminderung des Flusses. Die untere Grenze für Φ_E wird durch Kommutierungsprobleme bestimmt. Durch die Verminderung des Erregerfeldes wird der Einfluß des Ankerstörfeldes Φ_A (siehe Bild 9.11) stärker. Da Φ_A proportional zu I_A ist, kann bei Absenkung des maximal zulässigen Ankerstroms (Moment) $\Phi_{E, min}$ noch reduziert werden. Üblich sind Werte von $\Phi_{E, max} / \Phi_{E, min}$ von 3 bis 4.
Nach Gl. 9.19 gilt:

$$M_{M, max} = \Phi_E C_1 I_{A, max} \sim \frac{1}{n}. \tag{9.31}$$

Mit der Verminderung von Φ_E wird das maximale Motormoment kleiner. Die maximale Motorleistung ist im Feldstellbereich konstant. In Bild 9.15 sind die wichtigsten Motorgrößen bei Anker- und Feldverstellung dargestellt.

Nachteilig ist nach Gl. 9.26 die geringere Drehsteifigkeit bei schwächerem magnetischem Fluß. Um die Drehsteifigkeit insbesondere im Feldstellbereich zu verbes-

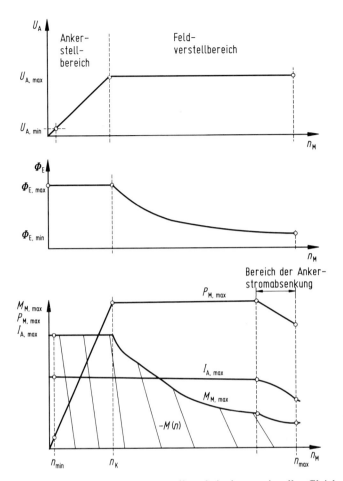

Bild 9.15. Anker- und Feldverstellung beim konventionellen Gleichstrommotor

sern, werden deshalb die meisten verstellbaren Gleichstrommotoren mit einer zusätzlichen Drehzahlregelung ausgerüstet.

Die verstellbare Gleichspannung für den Anker- und Feldkreis des Motors wird von Stromrichtern geliefert. Es werden heute fast ausschließlich Halbleitergleichrichter, entweder ungesteuerte Dioden oder gesteuerte Thyristoren und Transistoren verwendet. Die Einstellung der Gleichspannung (Stellgröße) für Feld oder Anker erfolgt bei Thyristoren mittels der Phasenanschnittsteuerung. Je nach Größe des Steuerwinkels α wird ein unterschiedlicher Teil der Spannungshalbwellen durchgeschaltet. In Abhängigkeit von α steht damit eine einstellbare Gleichspannung zur Verfügung (siehe Bild 9.16). Stromrichter für Hauptantriebe werden meist in sechspulsiger, kreisstromfreier Gegenparallelschaltung für Vierquadrantenbetrieb ausgeführt. Die Energie wird dabei aus dem Drehstromnetz gewonnen.

In den Stromrichtern ist ebenfalls der Drehzahlverstellungs- und Regelungsteil integriert. Dieser Teil ist heute meist vollständig digitalisiert und mikroprozessorgesteu-

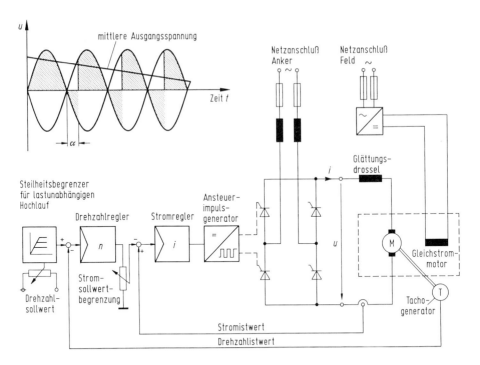

Bild 9.16. Stromrichter (nur Ankerverstellung) für konventionellen Gleichstrommotor (nach [9.10])

ert. Der Drehzahlistwert wird von einem Tachogenerator aufgenommen und mit dem einstellbaren Drehzahlsollwert verglichen. Ein zusätzlicher Stromregelkreis berücksichtigt die Abhängigkeit der Drehzahl vom Moment (Last). Über die bekannte M-n-Kennlinie können damit Lastschwankungen kompensiert werden, bevor sie eine Drehzahlabweichung bewirken. Weitere Funktionen wie Spindel positionieren, lastunabhängiger Hochlauf und Vorschubregelung (C-Achsbetrieb) können im Stromrichter ebenfalls integriert sein.

9.6.3 Asynchronmotor

Frequenzgeregelte Asynchronmotoren in Käfigläuferbauart werden heute häufig für Hauptantriebe verwendet. Sie zeichnen sich durch einfachen Aufbau, Robustheit, Wartungsarmut und einen großen Bereich konstanter Leistung aus.

9.6.3.1 Aufbau und Wirkungsweise

Die Asynchronmotoren gehören zur Gruppe der Induktionsmotoren. Die beiden drehmomentbildenden Größen werden im Gegensatz zum Gleichstrommotor nicht in voneinander unabhängigen Stromkreisen erzeugt, sondern sind nach dem Induktionsgesetz miteinander verkettet. Alle auftretenden Ströme und Spannungen sind sinusförmige Wechselgrößen. Die im Ständer angeordnete Arbeitswicklung erzeugt ein magnetisches Drehfeld. Nach dem Transformatorprinzip werden im Rotor die Ankerspannung und der Ankerstrom induziert.

Es gibt zwei grundsätzliche Bauarten von Asynchronmotoren, den sogenannten Schleifringläufer und den Kurzschlußläufer. Beim Schleifringläufer befindet sich auf dem Rotorkörper eine Drehstromwicklung, deren Enden über Schleifringe und Bürsten an Vorwiderstände angeschlossen sind. Beim Hochlauf des Motors werden die Vorwiderstände zugeschaltet, um den Anfahrstrom zu begrenzen.

Beim Kurzschlußläufer (Käfigläufer) stellt jeder Rotorstab eine Wicklung dar. Durch entsprechende Gestaltung der Rotorstäbe und des Kurzschlußringes kann das Betriebsverhalten des Asynchronmotors mit Käfigläufer in weiten Bereichen den Betriebsbedingungen angepaßt werden. Heute wird praktisch nur noch diese Bauart eingesetzt (robust, wartungsarm).

9.6.3.2 Betriebseigenschaften

Für das magnetische Drehfeld des Asynchronmotors gilt:

$$\Phi_d \sim \frac{U_1}{f_1}.\tag{9.32}$$

U_1 ist die Ständerspannung, f_1 die Frequenz der Ständerspannung (meist Netzfrequenz). Für die Drehzahl des Drehfeldes (Synchrondrehzahl) gilt:

$$n_d = \frac{f_1}{p}.\tag{9.33}$$

Die Polpaarzahl p hängt von der Wicklungsausführung des Ständers ab.

Der Schlupf s ist ein Maß für die Differenz zwischen der Rotordrehzahl n_M und der Synchrondrehzahl des Drehfeldes n_d.

$$s = \frac{n_d - n_M}{n_d}.\tag{9.34}$$

Für die induzierte Rotorspannung U_2 und den Rotorstrom I_2 gilt (siehe Bild 9.17):

$$\begin{aligned}&f_2 = s f_1,\\&U_2 \sim f_2\, \Phi_d,\\&I_2 \sim f_2\, \Phi_d,\\&M_M \sim \Phi_d\, I_2.\end{aligned}\tag{9.35}$$

Das Motormoment ist proportional zu Φ_d und I_2. Wenn die Rotordrehzahl gleich der Drehfelddrehzahl ist ($s = 0$), wird keine Rotorspannung und kein Rotorstrom induziert und damit auch kein Drehmoment. Der Rotor muß deshalb immer asynchron zum Drehfeld umlaufen. Im Stillstand ($s = 1$) treten die maximalen Rotorspannungen und Ströme auf.

Das Betriebsverhalten des Asynchronmotors soll ohne Herleitung anhand Bild 9.18 erläutert werden. Der normale Betriebsbereich liegt in dem schmalen Band zwischen $s = 0,1$ und $0,03$. Hier besitzt der Asynchronmotor einen hohen Wirkungsgrad sowie eine ausreichende Drehsteifigkeit. Der Bereich $s = 1$ bis $0,1$ wird im Anlauf durchfahren.

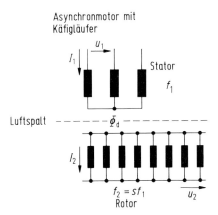

Bild 9.17. Prinzipieller Aufbau des Asynchronmotors (nach [9.5])

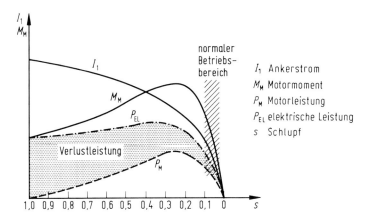

Bild 9.18. Drehmoment-Drehzahlkennlinie des Asynchronmotors (nach [9.5])

9.6.3.3 Drehzahlverstellung

Die Synchrondrehzahl n_d ist nach Gl. 9.33 proportional zur Frequenz f_1 der Ständerspannung und umgekehrt proportional der Polpaarzahl. Durch die Verstellung von f_1 oder die Änderung der Polpaarzahl ist es also möglich, die Drehzahl des Asynchronmotors zu ändern.

Die Polpaarzahl kann sinnvollerweise nur ganzzahlige Werte zwischen 1 und 6 annehmen. Größere Polpaarzahlen führen zu sehr großen Baugrößen. Damit sind bei einer Frequenz der Ständerspannung von 50 Hz (Netzspannung) sechs verschiedene Synchrondrehzahlen zwischen 500 min^{-1} und 3000 min^{-1} möglich. Kann die Anzahl der wirksamen Polpaare im Betrieb durch eine geeignete Schaltung verändert werden, dann spricht man von einem polumschaltbaren Motor. Die Anzahl von sechs einstellbaren Drehzahlen genügt für die meisten Anwendungsfälle nicht. Da meist ein zusätzliches Stufengetriebe notwendig ist, wird diese Bauart heute kaum mehr verwendet.

Eine stufenlose Drehzahlverstellung kann über die Änderung der Ständerspannungsfrequenz erreicht werden (Frequenzregelung).

Für das Drehmoment gilt mit den Formeln Gl. 9.32 und Gl. 9.35:

$$M_M \sim I_2\, \Phi_d \sim \Phi_d^2 \sim \left(\frac{U_1}{f_1}\right)^2. \tag{9.36}$$

In Bild 9.19 sind die Kennlinien, die sich durch die Änderung von f_1 ergeben, dargestellt. Bei einer Veränderung der Frequenz f_1 muß bei gleicher Last nach Gl. 9.36 auch die Spannung U_1 verstellt werden. Es werden also zwei Stellorte benötigt: Einen Gleichrichterkreis für die Verstellung der Spannung U_1 und einen Wechselrichterkreis für die Einstellung der Frequenz f_1 (siehe Bild 9.20). Die Stromrichter für frequenzgeregelte Asynchronmotoren werden so ausgelegt, daß sich ähnliche Betriebskennlinien wie beim geregelten Gleichstrommotor ergeben (siehe Bild 9.8).

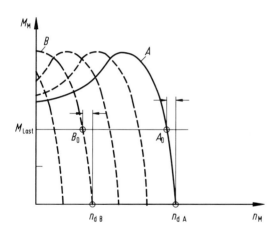

Bild 9.19. Kennlinien des Asynchronmotors mit Frequenzregelung (nach [9.5])

Frequenzverstellbare Asynchronmotoren werden ausschließlich als Käfigläufer ausgeführt (wartungsarm). Sie besitzen ein kleineres Massenträgheitsmoment (bessere Dynamik) als konventionelle Gleichstrommotoren und können im Bereich konstanter Leistung wesentlich höhere Drehzahlen erreichen (keine Kommutationsprobleme).

9.6.4 Auslegung und Auswahl eines Hauptantriebmotors

Bei der Auslegung und Auswahl eines Hauptantriebsmotors sind neben dem entscheidenden Drehmoment- und Drehzahlverhalten einige weitere Kriterien zu beachten.

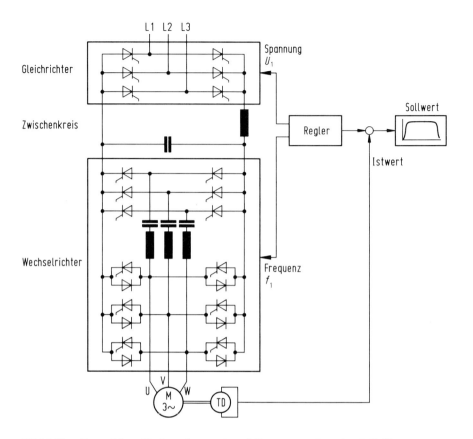

Bild 9.20. Stromrichter für Asynchronmotor mit Frequenzregelung (nach [9.5])

9.6.4.1 Drehmoment- und Drehzahlverhalten

Die Aufgabe des Hauptantriebmotors besteht in der Bereitstellung der benötigten Schnittleistung in einem bestimmten Drehzahlbereich. Beschleunigungs- und Bremsvorgänge spielen beim Hauptantrieb eine untergeordnete Rolle. Aufgrund der Aufgabenstellung der Bearbeitung stehen fünf charakeristische Größen an der Hauptspindel fest. Es sind die minimale Drehzahl, die maximale Drehzahl und die Knickdrehzahl sowie das maximale Spindelmoment und die maximale Leistung. In den meisten Fällen wird man heute versuchen, die gewünschte Betriebskennlinie mit einem geregelten Gleichstrom- oder Asynchronmotor und möglichst wenig mechanischen Übersetzungsstufen zu erreichen. Bei der Festlegung der maximalen Motorleistung ist der Wirkungsgrad aller mechanischen Übertragungselemente zu berücksichtigen (Lagerreibung etc.). Die Angaben der Motorhersteller bezüglich der Motorleistung beziehen sich meist auf die Betriebsart S1 (Dauerbetrieb). Bei den Betriebsarten S3 (Aussetzbetrieb) und S6 (siehe Bild 9.21) erhöht sich die maximal nutzbare Motorleistung. Der Hauptantriebmotor sollte, je nach Werkzeugmaschi-

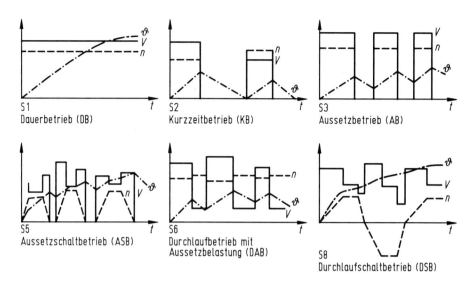

Bild 9.21. Betriebsarten nach VDE 0530

nenart, kurzzeitig bis zum zweifachen des Nennstroms (Moments) überlastbar sein. Die Vorgehensweise bei der Auswahl eines Hauptantriebmotors soll an einem Beispiel erläutert werden. Aufgrund der Forderungen des Zerspanungsprozesses liegen folgende Größen an der Hauspindel fest:

$$P_{c,\,max} = 12 \text{ kW},$$

$$n_{c,\,min} = 200 \text{ min}^{-1},$$

$$n_{c,\,K} = 1000 \text{ min}^{-1},$$

$$n_{c,\,max} = 8000 \text{ min}^{-1},$$

$$\eta_{MW} = 0{,}85. \tag{9.37}$$

Die maximale Motorleistung muß unter Berücksichtigung des gesamten mechanischen Wirkungsgrades η_{MW} (zwischen Motorwelle und Werkzeug) mindestens 14,1 kW betragen. Laut Hersteller steht uns ein konventioneller Gleichstrommotor mit folgenden Daten zur Verfügung:

$$P_{M,\,max} = 14{,}5 \text{ kW (S1)},$$

$$n_{M,\,K} = 500 \text{ min}^{-1},$$

$$n_{M,\,min} = 100 \text{ min}^{-1},$$

$$n_{M,\,max} = 2000 \text{ min}^{-1}. \tag{9.38}$$

Zur Anpassung der Knickdrehzahl wählen wir einen Riementrieb zwischen Motorwelle und Hauptspindel mit der Übersetzung 2:1. Zur Erweiterung des Bereichs konstanter Leistung benötigt man noch ein zweistufiges Schaltgetriebe mit den

Übersetzungen 1:1 und 2:1. In Bild 9.22 sind die einzelnen Kennlinien im logarithmischen Maßstab dargestellt. Die Leistungsdifferenz zwischen der Motorkennlinie (1) und den Kennlinien an der Hauptspindel ergibt sich aus den mechanischen Leistungsverlusten (Reibung) in den Lagern, Zahnradstufen, Zahnriemen etc. Die Drehzahldifferenz folgt aus der Gesamtübersetzung zwischen Hauptspindel und Motor. Bei der Kennlinie (2) ist nur der Riementrieb als Übersetzung wirksam (Schaltstellung I, i_{Get} = 1:1). Bei Hauptspindeldrehzahlen über 4000 min^{-1} wird die Schaltstellung II (i_{Get} = 2:1) benutzt (Kennlinie (3)).

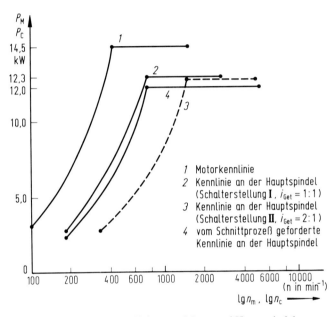

Bild 9.22. Leistungskennlinien von Motor und Hauptspindel

9.6.4.2 Betriebssicherheit und Zuverlässigkeit

Bei der Betriebssicherheit ist zu unterscheiden zwischen dem Schutz des Motors vor Zerstörung und dem Schutz des Menschen vor der Maschine. Die Schutzarten sind nach DIN 40050 festgelegt und werden durch die beiden Großbuchstaben IP und zwei Kennziffern angegeben. Die erste Kennziffer steht für den Berührungs- und Fremdkörperschutz, die zweite für den Wasserschutz (siehe Bild 9.23). Bei Werkzeugmaschinen ist, je nach Bearbeitungsfall (Gußstaub etc.) und Aufstellungsbedingungen, insbesondere der Fremdkörperschutz zu beachten. Die meisten Motoren sind zusätzlich mit Schutzeinrichtungen gegen unzulässige Erwärmung (Überlastung) ausgestattet.

Die Anforderungen der Anwender gehen in verstärktem Maße auch in Richtung höherer Verfügbarkeit, die wartungsarme und diagnosefreundliche Antriebe bedingt. Deshalb wurden Anstrengungen unternommen, alle mechanischen Verschleißteile des Elektromotors weitgehend zu ersetzen.

Berührungs-schutz	Fremdkörper-schutz	Kennbuch-stabe und erste Kennziffer	Schutz gegen Eindringen von Flüssigkeiten							
			Kein Schutz	Schutz gegen Kondensat-wasser-tropfen	Schutz gegen Flüssigkeits-tropfen auch bei Neigungen bis zu 15° aus der Vertikalen	Schutz gegen Regen auch bei Neigungen bis zu 60° aus der Vertikalen	Schutz gegen Schwall-wasser aus allen Richtungen	Schutz gegen Strahl-wasser aus allen Richtungen	Schutz gegen vor-übergehende Überflutung (auf Schiffs-deck)	Schutz gegen Ein-tauchen in Wasser	Schutz gegen Druck-wasser
		Zweite Kennziffer	.0	.1	.2	.3	.4	.5	.6	.7	.8
Kein Berührungs-schutz	Kein Schutz gegen feste Fremdkörper	IP0.	IP00								
Schutz gegen großflächige Berührung (mit der Hand)	Schutz gegen große, feste Fremdkörper	IP1.	IP10	IP11	IP12						
Schutz gegen Berührung mit den Fingern	Schutz gegen mittelgroße, feste Fremdkörper	IP2.	IP20	IP21	IP22	IP23					
Schutz gegen Berührung mit Werkzeugen, Drähten oder ähnlichem über 2,5 mm Dicke	Schutz gegen kleine, feste Fremdkörper	IP3.		IP31	IP32	IP33	IP34				
Schutz gegen Berührung mit Werkzeugen, Drähten oder ähnlichem über 1 mm Dicke	Schutz gegen kleine, feste Fremdkörper	IP4.		IP41	IP42	IP43	IP44				
Schutz gegen Berührung mit Hilfsmitteln jeglicher Art	Schutz gegen störende Staub-ablagerungen im Innern	IP5.					IP54	IP55			
Schutz gegen Berührung mit Hilfsmitteln jeglicher Art	Vollkommener Schutz gegen Staub	IP6.						IP65	IP66	IP67	IP68

Bild 9.23. Schutzarten elektrischer Maschinen nach DIN 42 950

9.6.4.3 Thermisches Verhalten

Alle beim Betrieb eines Motors auftretenden Verluste werden in Wärme umgesetzt. Durch die Belüftung bzw. Kühlung des Motors wird die Verlustwärme nach außen abgeführt. In Bild 9.24 sind die verschiedenen ausgeführten Möglichkeiten der Kühlung eines Motors dargestellt. Bei drehzahlverstellbaren Motoren kann ohne Leistungsreduzierung nur Fremdbelüftung angewendet werden. Bei der Abfuhr der Wärme ist insbesondere darauf zu achten, daß keine unzulässigen thermischen Verformungen der Werkzeugmaschine enstehen. Dies kann durch die Wahl einer geeigneten Belüftungsrichtung oder die Anbringung von Leitblechen beeinflußt werden. Durch die Verwendung von Motoren mit möglichst hohem Wirkungsgrad kann die anfallende Verlustwärme reduziert werden.

9.6.4.4 Bauformen und Anordnung des Hauptantriebsmotors

Die Bauformen von Elektromotoren sind nach DIN 42950 genormt. Die üblichen Bauformen sind in Bild 9.25 dargestellt. Bei der Anordnung des Motors ist zu

Einteilung nach dem Zustandekommen der Kühlung	
Bezeichnung	Erläuterung
Selbstkühlung	Die Maschine wird ohne Verwendung eines Lüfters durch Luftbewegung und Strahlung gekühlt.
Eigenkühlung	Die Kühlluft wird durch einem am Läufer angebrachten oder von ihm angetriebenen Lüfter bewegt.
Fremdkühlung	Die Kühlluft wird durch einen Lüfter bewegt, der nicht von der Welle der Maschine angetrieben wird, oder die Kühlung erfolgt durch ein anderes fremdbewegtes Mittel.
Einteilung nach der Wirkungsweise der Kühlung	
Durchzugsbelüftung	Die Wärme wird an die an die Maschine durchströmende Kühlluft abgegeben, die sich ständig erneuert.
Oberflächenbelüftung	Die Wärme wird von der Oberfläche der geschlossenen Maschine an das Kühlmittel abgegeben.
Kreislaufkühlung	Die Wärme wird über ein Zwischenkühlmittel abgeführt, das die Maschine und einen Wärmeaustauscher im Kreislauf durchströmt.
Flüssigkeitskühlung	Die Maschine oder Maschinenteile werden von Wasser oder von einer anderen Flüssigkeit durchstömt oder in eine Flüssigkeit eingetaucht.
Direkte Leiterkühlung	Eine oder alle Wicklungen werden durch ein Kühlmittel gekühlt, das innerhalb der Leiter oder Spulen strömt.
Direkte Gaskühlung	Als Kühlmittel wird ein Gas, z.B. Wasserstoff, verwendet.
Direkte Flüssigkeitskühlung	Als Külmittel wird ein Flüssigkeit, z.B. Wasser, verwendet.

Bild 9.24. Kühlungsarten elektrischer Maschinen (nach [9.5])

Bauform			Erklärung					Anwendungs-beispiele und Hinweise
Kurzzeichen DIN 42950 IEC-Code **I**	IEC-Code **II**	Bisher	Bild	Lager	Ständer (Gehäuse)	Welle	Allgemeine Ausführung	Befestigung oder Aufstellung	
IM B3	IM 5010	A4	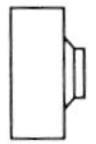	ohne Lager	ohne Füße	ohne Welle	Läufer sitzt auf fremder Welle	Befestigung des Ständers an gekuppelter Maschine	
	IM 1001	B3	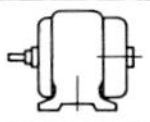	2 Schildlager	mit Füßen	freies Wellenende		Aufstellen auf Unterbau	
IM B5	IM 3001	B5	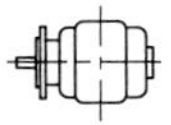	2 Schildlager	ohne Füße	freies Wellenende	Befestigungsflansch Form A nach DIN 42948 liegt auf Antriebsseite in Lagernähe	Flanschanbau	
IM B9	IM 9101	B9	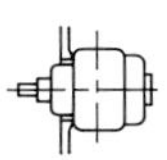	1 Schildlager	ohne Füße	freies Wellenende	Bauform B5 oder B14 ohne Lagerschild (auch ohne Wälzlager) auf Antriebsseite	Anbau an Gehäusestirnfläche auf Antriebsfläche	nur bis etwa 30 kW bei 1500 U/min
	IM 6010	C2	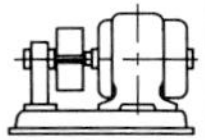	2 Schildlager 1 Stehlager	mit Füßen	außen gelagertes Wellenende	Schildlagertyp, Ständer und Stehlager stehen auf gemeinsamer Grundplatte	Aufstellung auf Steinfundament, Spannschienen zulässig	
	IM 7211	D5	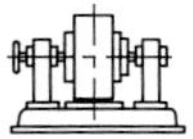	2 Stehlager	mit Füßen	freies Wellenende	Ständer und Stehlager stehen auf gemeinsamer Grundplatte	Aufstellung z.B. auf Steinfundament, Spannschienen zulässig	
Im V1	IM 3011	V1	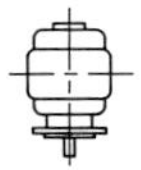	2 Schildlager	ohne Füße	freies Wellenende unten	Befestigungsflansch Form A nach DIN 42948 liegt auf Antriebsseite in Lagernähe	Flanschanbau unten	
IM V3	IM 3031	V3	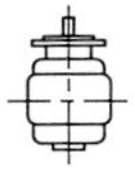	2 Schildlager	ohne Füße	freies Wellenende oben	Befestigungsflansch Form A nach DIN 42948 liegt auf Antriebsseite in Lagernähe	Flanschanbau oben	
IM v5	IM 1011	V5	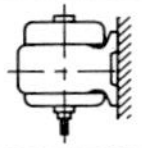	2 Schildlager	mit Füßen	freies Wellenende unten		Befestigung an der Wand	

Bild 9.25. Bauformen umlaufender elektrischer Maschinen nach DIN 40 050

beachten, daß durch die Anbringung großer Massen an dynamisch nachgiebigen Stellen der Werkzeugmaschine das dynamische Verhalten der Maschine verschlechtert werden kann. Man sollte also möglichst leichte Motoren an dynamisch steifen Stellen der Werkzeugmaschine anbringen. Bei nicht querkraftfreier Drehmomentübertragung (z. B. Riementrieb) müssen die zulässigen Grenzwerte für die Querkraft (nach Herstellerangabe) beachtet werden. Die Grenzwerte können durch eine verstärkte Lagerausführung an der Abtriebsseite des Motors angehoben werden.

9.6.4.5 Geräusch- und Schwingungsverhalten

Elektromotoren erzeugen im Betrieb Geräusche und Schwingungen. Die Pegelhöhe nimmt dabei mit zunehmender Drehzahl zu. Bezüglich der Geräuschstärken sind die Grenzwerte nach VDE 0530 einzuhalten. Durch die Unwucht der rotierenden Teile des Elektromotors werden Schwingungen erzeugt, die zur Fremderregung der Werkzeugmaschine führen können. Bei besonderen Anforderungen an die mechanische Laufruhe, wie z. B. bei Feinstbearbeitungsmaschinen, werden speziell schwingungsreduzierte Motoren eingesetzt. Dies erreicht man durch die Verwendung von Präzisionslagern und durch Feinauswuchtung. Von den Herstellern werden die meisten Motoren in den Schwingstärkestufen N (normal), R (reduziert) und S (stark reduziert) angeboten.

9.7 Drehzahleinstellung

Die Notwendigkeit für eine Drehzahleinstellung ergibt sich aus der *Anpassung der Spindeldrehzahl* an die Bearbeitungsaufgabe. Prinzipiell können Getriebe bzgl. ihrer Stufung in gestuft/stufenlos bzw. hinsichtlich ihrer Schaltbarkeit unter Last in schaltbar/nicht schaltbar beurteilt werden. Stufenlose Getriebe ermöglichen die Realisierung der günstigsten Schnittgeschwindigkeit, während dies bei gestuften nur annähernd der Fall ist.

9.7.1 Stufenlose Drehzahleinstellung

Die stufenlose Drehzahlverstellung dient dazu, die konstante Antriebsdrehzahl in eine zwischen zwei Grenzwerten *beliebige Abtriebsdrehzahl* zu wandeln. Weiterhin gewährleistet die Drehzahlverstellung während des Betriebs (unter Last) kurze Schalt- und Nebenzeiten und bietet sich bei automatischen Regel- und Steuervorgängen an. Allerdings verursachen in der Regel stufenlose Drehzahlverstellungen höhere Kosten, besitzen einen höheren Verschleiß und somit geringere Lebensdauer sowie einen geringeren Wirkungsgrad (Leistungsausnutzung nicht immer optimal) als gestufte. Für die Realisierung der stufenlosen Drehzahlverstellung kommen die drei Prinzipien
- elektrisch (als Antrieb ohne Getriebe),
- hydraulisch (mit veränderlichem Ölfluß) und
- mechanisch (Prinzip des Kegels)

in Frage.

9.7.1.1 Elektrische Getriebe

Ein Elektromotor mit stufenlos verstellbarer Drehzahl stellt eine *Vereinigung von Antriebsmotor und Getriebe* dar. Zum Einsatz kommen Drehstrom-Asynchronmotoren mit Frequenzumrichter und Gleichstrom-Nebenschlußmotoren mit Stromrichter (Abschn. 9.6). Stufenlos verstellbare elektrische Antriebe können bei Bedarf mit einer Übersetzungsstufe versehen werden. Daraus resultiert eine Erweiterung des stufenlos einstellbaren Drehzahlbereichs B_n.

9.7.1.2 Hydraulische Getriebe

Ein hydraulisches Getriebe besteht aus einer *Hydropumpe* und einem *Hydromotor*. Die Hydropumpe saugt die Druckflüssigkeit an und fördert sie zum Hydromotor. Von dort fließt sie entweder in einen Vorratstank (offener Kreislauf) oder wird zur Saugseite der Hydropumpe geführt (geschlossener Kreislauf). Hydraulische Getriebe werden als hydrostatische Getriebe bezeichnet, da die Energieumwandlung durch die Übertragung statischer Energie (Druckfortpflanzung) und nicht über kinetische Energie (Strömungsgeschwindigkeit) erfolgt [9.7]. Wirken Hydropumpe und Hydromotor mit gleichem Arbeitsprinzip zusammen in einem Gehäuse, so spricht man von einem *Kompaktgetriebe*. Gängige Bauarten sind das Flügelzellen-, Radialkolben- und Axialkolbengetriebe, die im folgenden kurz beschrieben werden:

Beim *Flügelzellengetriebe* (Bild 9.26) sind (jeweils bei Pumpe und Motor) in einem zylindrischen Rotor in Schlitzen am Umfang rechteckige Flügel, die Zellwände, radial beweglich angeordnet. Durch die Drehbewegung des Rotors dichten die Zellwände zur Gehäusewand ab. Es bildet sich eine Saug- und eine Druckseite. Durch Verstellen der *Rotor-Exzentrizität e* kann sowohl bei der Pumpe der Förderstrom als auch beim Motor der Schluckstrom beeinflußt werden. Je nach Zufuhr bzw. Abfuhr der Druckflüssigkeit bei Pumpe und Motor unterscheidet man zwischen außen- und innenbeaufschlagt.

Das *Radialkolbengetriebe* (Bild 9.27) entspricht im Prinzip dem Flügelzellengetriebe. Die Flüssigkeitsverdrängung übernehmen hier Kolben in Zylindern, die sich radial zur Antriebs- bzw. Abtriebsachse bewegen. Die Hubbewegung der Kolben und somit die Beeinflussung des Förderstroms bzw. des Schluckstroms erfolgt

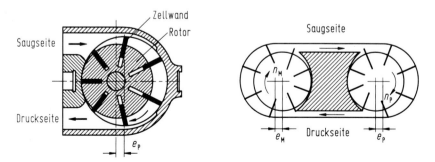

Bild 9.26. Flügelzellenpumpe (nach [9.8]) und -getriebe (nach [9.7]) mit geschlossenem Kreislauf. Pumpe und Getriebe sind außenbeaufschlagt

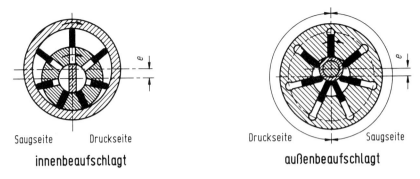

Bild 9.27. Radialkolbenpumpe (nach [9.8])

wieder über eine *Exzentrizität e*, die mittels Exzenterantrieb oder Hubring realisiert wird.

Die Hubbewegung der Kolben beim *Axialkolbengetriebe* (Bild 9.28) erfolgt parallel zur jeweiligen Achse. Bei der Pumpe wird die Drehbewegung der Antriebswelle in eine translatorische Kolbenbewegung, beim Motor die translatorische Kolbenbewegung in eine Drehbewegung der Abtriebswelle umgewandelt. Die Neigung des Zylinderblocks zur Antriebs- bzw. Abtriebswelle wird als *Verstellwinkel* α bezeichnet. Über ihn kann der Hubweg beeinflußt und der Förderstrom geregelt werden.

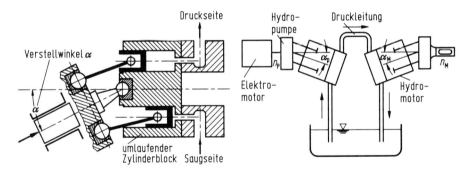

Bild 9.28. Axialkolbenpumpe (nach [9.8]) und -getriebe (nach [9.7]) mit offenem Kreislauf

Wie aus der Funktionsbeschreibung zu ersehen ist, lassen sich Pumpen- und Motordrehzahl, je nach Bauart, über die Verstellung von *Exzentrizität e* bzw. *Verstellwinkel* α beeinflussen. Entsprechend wird die *Drehzahlverstellung* bei Einsatz eines Hydrogetriebes im Hauptantriebssystem über eine *Verbundverstellung*, d. h. im Zusammenspiel von Pumpen- und Motorverstellung, realisiert.

Für die Erläuterung der Drehzahlverstellung und der Kennlinien von Pumpen- und Motorverstellung wird als Beispiel ein Hydro-Getriebe in Flügelzellenbauart gewählt. Der Förderdruck p sei konstant. Die Größen c_M und c_P sind konstruktionsbeschreibende Konstanten.

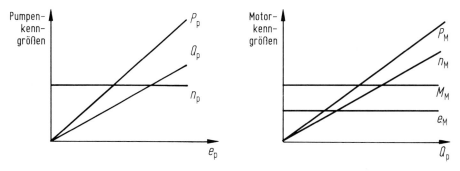

Bild 9.29. Kennlinien der Pumpenverstellung (p = const) (nach [9.9])

Bei der *Pumpensteuerung* (Bild 9.29) wird die *Exzentrizität e_P der Hydropumpe* vom minimalen bis zum maximalen Verstellwert variiert, die Exzentrizität e_M des Hydromotors dagegen konstant gehalten. Bei konstanter Pumpen-Drehzahl n_P steigen deren Förderstrom Q_P und Leistung P_P proportional zur Verstellung von e_P an. Unter Berücksichtigung eines Schlupf-Verluststromes Q_S, der sich aus der Differenz von Pumpen-Förderstrom und Motor-Schluckstrom ergibt, folgt, daß Motorleistung und Motordrehzahl proportional zur Verstellung der Exzentrizität e_P ansteigen. Das abgegebene Motormoment M_M bleibt dagegen konstant.

Für die Pumpenverstellung (Primärverstellung) gilt:

p = const, e_M = const, $e_P \neq$ const.

Pumpen-Förderstrom:

$$Q_P = c_P\, e_P\, n_P \quad \text{mit } n_P = \text{const} \quad \rightarrow \quad Q_P \sim e_P. \tag{9.39}$$

Pumpen-Leistung:

$$P_P = Q_P\, p\, \eta \quad \rightarrow \quad P_P \sim e_P. \tag{9.40}$$

Motor-Schluckstrom:

$$Q_M = c_M\, e_M\, n_M. \tag{9.41}$$

Schlupf-Verluststrom:

$$Q_S = Q_P - Q_M. \tag{9.42}$$

Motor-Drehzahl:

$$n_M = \frac{Q_M}{c_M\, e_M} = \frac{Q_P - Q_S}{c_M\, e_M} \quad \rightarrow \quad n_M \sim e_P. \tag{9.43}$$

Motor-Moment:

$$M_M = \frac{P_M}{n_M} = \frac{Q_M\, p\, \eta}{n_M} \quad \rightarrow \quad M_M = \text{const}. \tag{9.44}$$

Motor-Leistung:

$$P_M = Q_M\, p\, \eta = (Q_P - Q_S)\, p\, \eta \quad \rightarrow \quad P_M \sim e_P. \tag{9.45}$$

Im Gegensatz hierzu wird bei der *Motorsteuerung* (Bild 9.30) die Exzentrizität e_M am Motor variiert, die Größen der Pumpe wie Exzentrizität e_P, Drehzahl n_P, Förderstrom Q_P und Pumpenleistung P_P werden dagegen konstant gehalten. Abzüglich der Verluste muß die konstante Pumpenleistung und der konstante Förderstrom der Pumpe vom Motor geschluckt werden. Die Motordrehzahl n_M verhält sich umgekehrt proportional (s. 9.46), das Motormoment M_M dagegen proportional zur Exzentrizität e_M (s. 9.48).

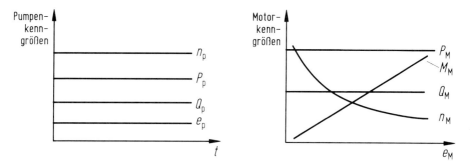

Bild 9.30. Kennlinien der Motorverstellung (p=const) (nach [9.9])

Für die Motorverstellung (Sekundärverstellung) gilt:

p = const, e_P = const, $e_M \neq$ const.

Motor-Drehzahl:

$$n_M = \frac{Q_P - Q_S}{e_M \, c_M} \quad \rightarrow \quad n_M \sim \frac{1}{e_M}. \tag{9.46}$$

Motor-Leistung:

$$P_M = Q_M \, p \, \eta = P_{M \, max} = \text{const.} \tag{9.47}$$

Motor-Moment:

$$M_M = \frac{P_{M \, max}}{n_M} \quad \rightarrow \quad M_M \sim e_M. \tag{9.48}$$

Bei der Verbundsteuerung werden beide Steuerungsarten gemeinsam, jedoch nicht gleichzeitig angewendet. Entsprechend ergeben sich die *Kennlinien bei Verbundsteuerung* (Bild 9.31) aus der Kombination der Kennlinien für Pumpen- und Motorsteuerung. Durch die Pumpenverstellung übersetzt das Getriebe ins Langsame, durch die Motorverstellung ins Schnelle. Weitere Kennwerte für die einzelnen Getriebebauarten können aus [9.2] entnommen werden.

Eine *Bauform eines Flüssigkeitskompaktgetriebes* ist z. B. das *Böhringer-Sturm-Getriebe* (Bild 9.32). Das Böhringer-Sturm-Getriebe ist ein Flügelzellengetriebe mit innerer Beaufschlagung, bei dem Drehzahlverstellung und Drehrichtungsumkehr durch Verstellung der Außermittigkeit erfolgt.

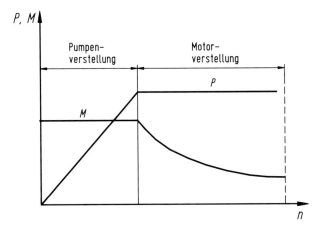

Bild 9.31. Kennlinie der Verbundverstellung (p=const)

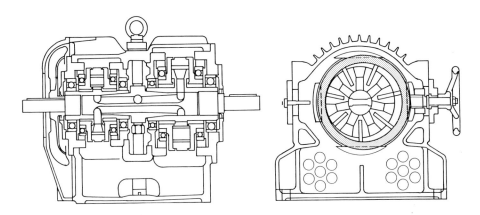

Bild 9.32. Böhringer-Sturm-Getriebe (nach [9.10])

9.7.1.3 Mechanische Getriebe

Die mechanischen Getriebe zur stufenlosen Drehzahleinstellung werden in *kraftschlüssige* und *formschlüssige Getriebe* unterteilt. Zur ersten Getriebegruppe zählen Wälzgetriebe sowie Zugmittelgetriebe mit kraftschlüssigem Zugmittel, zur zweiten Zugmittelgetriebe mit formschlüssigem Zugmittel. Prinzipiell sind kraftschlüssige Getriebe für kleine, formschlüssige Getriebe für hohe Momente geeignet.

Wälzgetriebe übertragen die Leistung entweder unmittelbar zwischen Rotationskörpern, die sich auf Antriebs- und Abtriebswelle befinden, oder über verstellbare, zwischen den Rotationskörpern angebrachte Reibkörper. Bei beiden Verfahren wird eine stufenlose Änderung des Übersetzungsverhältnisses durch das stetige Verstellen des Berührradius und somit durch die Leistungsübertragung an verschieden großen Durchmessern erreicht. Die Leistungsübertragung erfolgt durch die vom Anpreßdruck hervorgerufenen Reibungswiderstände (Reibkraft F_r). Dabei muß die *Reibkraft* F_r, die sich aus der *Anpreßkraft* F_n (Normalkraft) unter Berücksichtigung der *Reibungszahl* μ ergibt, größer als die *Umfangslast* F_u sein. Diese soll möglichst ohne Schlupf übertragen werden. Es muß gelten:

$$F_r = \mu\, F_n > F_u. \tag{9.49}$$

Die *Abtriebsleistung* P_{ab} berechnet sich zu:

$$P_{ab} = P_{an}\, \eta = M_{an}\, \omega_{an}\, \eta = F_u\, r\, 2\, \pi\, n_{an}\, \eta. \tag{9.50}$$

Das Übersetzungsverhältnis $i_{an/ab}$ ergibt sich am Wälzkreis zu:

$$i_{an/ab} = \frac{n_{an}}{n_{ab}} = \frac{r_{ab}}{r_{an}}. \tag{9.51}$$

Ein Beispiel für die erste Bauart eines Wälzgetriebes ist das verstellbare *Reibradgetriebe mit einem Tellerrad* (Bild 9.33), bei dem über die axiale Verstellung des Achsabstandes eine stufenlose Drehzahlvariation erzielt wird. Beispiele für die zweite Bauart sind z. B. das *Reibradgetriebe mit zwei Tellerrädern* und das *Reibradgetriebe mit Kegelwalzen und Zwischenscheibe* (Bild 9.34), bei denen die Lage des Reibkörpers veränderbar ist.

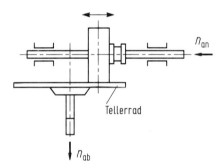

Bild 9.33. Reibradgetriebe mit einem Tellerrad (nach [9.9])

Wie erwähnt, werden Zugmittelgetriebe je nach Art ihres Zugmittels in kraftschlüssige und formschlüssige Zugmittelgetriebe unterteilt. Die Unterscheidung der Zugmittel erfolgt in Riemen-, Rollen- und Lamellenketten.
Kraftschlüssige Zugmittelgetriebe besitzen kegelige Reibscheiben und erfordern eine Mindestvorspannkraft zur Gewährleistung des Reibschlusses. Über die axiale Verstellung der Kegelscheiben wird der Berührkreisradius stufenlos verstellt und somit werden unterschiedliche Drehzahlen realisiert. Allgemein von Vorteil ist bei kraftschlüssigen Getrieben die Unempfindlichkeit gegen Überlast. Bauarten hierfür sind der *Keilriementrieb* (Bild 9.35) und das *Positive Infinitely Variable (P.I.V.) - Getriebe* in RS-Bauart mit Rollenkette (Bild 9.36). Bei dieser Bauart ist das Drehmoment eine Funktion des Anpreßdrucks. Günstig sind der geringe Verschleiß und die geringe Geräuschentwicklung. Der maximale Drehzahlbereich B_n beträgt ca. 10, die

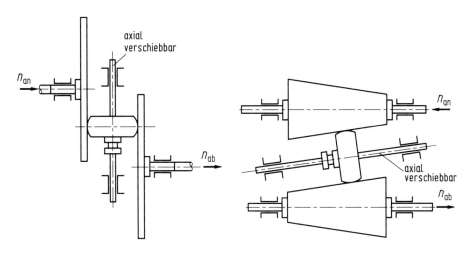

Bild 9.34. Reibradgetriebe mit zwei Tellerrädern (links) und zwei Kegelrädern (rechts) (nach [9.9])

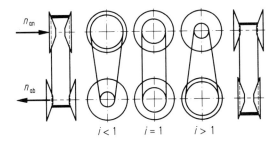

Bild 9.35. Schematische Darstellung eines Keilriementriebs und seiner Verstellung

übertragbare Leistung kann bei Verwendung von zwei Strängen bis auf 80 kW steigen. Die Kettengeschwindigkeiten können bei Rollenketten bis zu 25 m/s, bei Doppelrollenketten bis ca 20 m/s und bei Wiegedruckstückketten bis 30 m/s betragen [9.10].
Beim *formschlüssigen Zugmittelgetriebe* ist eine geringere Vorspannung notwendig. Eine Bauart hierfür ist das *Positive Infinitely Variable (P.I.V.) - Getriebe* in A-Bauart mit Lamellenkette (Bild 9.37). Die Drehmomentübertragung erfolgt über Lamellenketten und radial verzahnten Kegelscheiben. Dabei passen sich die verschieblichen Stahllamellen unterschiedlichen Zahnbreiten an. Kettengeschwindigkeiten bis ca. 10 m/s können realisiert werden. Der Wirkungsgrad des P.I.V.-Getriebes kann mit ca. 0,9 angegeben werden.
Berechnungsgrundlagen für Riemen- und Kettengetriebe befinden sich z. B. in [9.12].

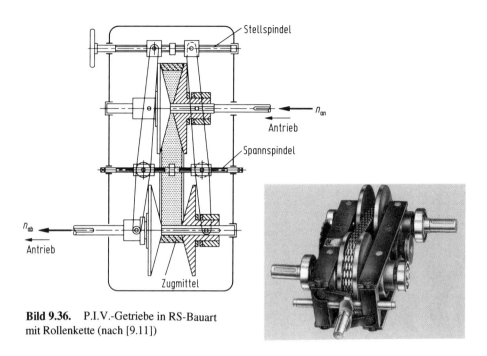

Bild 9.36. P.I.V.-Getriebe in RS-Bauart mit Rollenkette (nach [9.11])

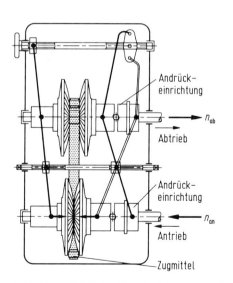

Bild 9.37. P.I.V.-Getriebe in A-Bauart mit Lamellenkette (nach [9.11])

9.7.2 Gestufte mechanische Drehzahleinstellung

9.7.2.1 Auslegung

Gestufte Getriebe ermöglichen in einem Drehzahlbereich endlich viele, konstante Drehzahlen. Sie haben einen höheren Wirkungsgrad als stufenlose, sind kostengünstiger und benötigen bei gleichem Leistungsdurchsatz ein geringeres Bauvolumen [9.10].

Gekennzeichnet wird ein gestuftes Getriebe über die *Wellen- und Stufenzahl*. Die erste Kennzahl gibt die Anzahl der Zahnräder tragenden Wellen an, die zweite Kennzahl die Zahl der möglichen *Abtriebsdrehzahlen z*. Ein III/IV Getriebe besitzt somit drei Wellen und vier Abtriebsdrehzahlen (Stufen). Die Bedeutung des Stufensprungs, d. h. des Abstands von zwei Drehzahlen, ergibt sich aus der Abstimmung und Anpassung der Spindeldrehzahl an die für die Bearbeitungsprozesse notwendigen Drehzahlen. Die Anzahl der Stufensprünge (Stufung) wird durch den Ausdruck $z-1$ berücksichtigt. Die Drehzahlstufung kann arithmetisch oder geometrisch vorgenommen werden.

Bei der arithmetischen Stufung ist der Abstand zweier benachbarter Drehzahlstufen konstant. Dadurch ergibt sich als Nachteil, daß der Drehzahlabfall von Drehzahlstufe zu Drehzahlstufe prozentual unterschiedlich ist und somit die Drehzahlstufung bei kleinen Durchmessern zu klein, bei großen Durchmessern zu groß ist. Als Kennzahl ergibt sich der Summand a:

$$a = \frac{n_{max} - n_{min}}{z-1}. \tag{9.52}$$

Anwendung findet die arithmetische Stufung lediglich bei Vorschubgetrieben zum Gewindedrehen bzw. -fräsen.

Bei der geometrischen Stufung ist dagegen der Quotient zweier benachbarter Drehzahlen konstant. Als Kennzahl ergibt sich der Stufensprung φ:

$$\varphi = \left(\frac{n_{max}}{n_{min}}\right)^{\frac{1}{z-1}}. \tag{9.53}$$

Daraus ergibt sich ein gleichbleibender prozentualer Drehzahlabfall, unabhängig von der Antriebsdrehzahl. Aus diesem Grund wird die geometrische Stufung hauptsächlich bei Hauptgetrieben und Vorschubgetrieben im Werkzeugmaschinenbau verwendet.

Grundlage für die Normung des Stufensprungs φ sind die Normzahlen nach DIN 323. Die Normzahlen ergeben sich aus Potenzen der Zahl 10 bzw. aus den gerundeten Gliedern dezimal geometrischer Reihen. Für den Werkzeugmaschinenbau wurde die Reihe R20 ausgewählt, nach denen sich die Lastdrehzahlen der Werkzeugmaschinen richten und in der DIN 804 niedergelegt sind (Bild 9.38).

Für die Reihe R20 ergibt sich ein genormter Stufensprung φ mit dem Wert

$$\varphi = 10^{\frac{1}{20}} = 1{,}12. \tag{9.54}$$

Alle weiteren Stufensprünge φ sind Potenzen dieses Werts. Die Verwendung genormter Lastdrehzahlen nach DIN 804 ermöglicht nicht nur die Berechnung von

Grundreihe R 20	Nennwerte U/min						Grenzwerte (U/min) der Grundreihe R 20			
		Abgeleitete Reihen					bei mechanischer Toleranz		bei mechanischer und elektr. Toleranz	
	R 20/2	R 20/3 (...2800...)	R 20/4 (...1400...)		R 20/6 (...2800...)					
				(...2800...)						
$\varphi = 1{,}12$	$\varphi = 1{,}25$	$\varphi = 1{,}4$	$\varphi = 1{,}6$	$\varphi = 1{,}6$	$\varphi = 2$		-2%	$+3\%$	-2%	$+6\%$
1	2	3	4	5	6		7	8	9	10
100							98	103	98	106
112	112	11,2			112	11,2	110	116	110	119
125			125				123	130	123	133
140	140			1400	140		1400	138	145	138	150
160		16					155	163	155	168
180	180		180		180		180	174	183	174	188
200				2000				196	206	196	212
224	224	22,4			224	22,4		219	231	219	237
250			250					246	259	246	366
280	280			2800	280		2800	276	290	276	299
315		31,5						310	326	310	335
355	355		355		355		355	348	365	348	376
400				4000				390	410	390	422
450	450	45			450	45		438	460	438	473
500			500					491	516	491	531
560	560			5600	560		5600	551	579	551	596
630		63						618	650	618	669
710	710		710		710		710	694	729	694	750
800				8000				778	818	778	842
900	900	90			900	90		873	918	873	945
1000			1000					980	1030	980	1060

Die Reihen R 20, R 20/2 und R 20/4 können nach unten und oben durch Teilen bzw. Vervielfachen mit 10, 100 usw. fortgesetzt werden.
Die Reihen R 20/3 und R 20/6 sind für drei Dezimalbereiche angegeben, weil sich ihre Zahlen erst in jedem vierten Dezimalbereich wiederholen.

Bild 9.38. Lastdrehzahlen für Werkzeugmaschinen nach DIN 804

Einstellwerten unabhängig vom Werkzeugmaschinentyp, z. B. in der Arbeitsvorbereitung, sondern bietet auch den Vorteil, daß die Drehzahlen auf den Asynchron-Drehzahlen der Elektromotoren aufbauen.

Die Getriebeübersetzung erfolgt bei einem Zahnradgetriebe zwischen zwei rotatorischen Bewegungen. Unter Verwendung der Drehzahlen n, der Zähnezahlen z und der Teilkreisdurchmesser d_0 läßt sich ein Übersetzungsverhältnis $i_{an/ab}$ angeben:

$$i_{an/ab} = \frac{n_{an}}{n_{ab}} = \frac{z_{ab}}{z_{an}} = \frac{d_{0,ab}}{d_{0,an}}. \tag{9.55}$$

Ist das Verhältnis von $i_{an/ab}$ größer als 1, so wird ins Langsame, ist es kleiner als 1, so wird ins Schnelle übersetzt.
Für Übersetzungen ins Langsame mit $i_{an/ab}$ größer als 4 ergeben sich große Zähnezahlsummen, große Achsabstände und somit ein großer Raumbedarf. Für Übersetzungen ins Schnelle mit $i_{an/ab}$ kleiner als 0,5 entstehen zwischen den Zahnrädern

ungünstige Wälzbedingungen und bei Vorhandensein von Verzahnungsfehlern erhöhte dynamische Zusatzkräfte. Zur Vermeidung von Unterschnitt ist als minimale Zähnezahl 17 bzw. 14 für eine Normalverzahnung ohne Korrektur einzuhalten. Diese Grenzzähnezahl sollte nur bei besonderen Modifikationen der Zahnform unterschritten werden (positive Profilverschiebung, Vergrößerung des Eingriffswinkels). Als praktische Erfahrungsregel gilt, daß die größte und kleinste Übersetzung pro Teilgetriebe i_T nur zwischen den sogenannten Grenzübersetzungen $4 > i_T > 0{,}5$ liegen soll (s.a. [9.13]), damit die Getriebeabmessungen klein gehalten werden können. Dies begünstigt auch die Festigkeitsanforderungen und Schwingungsaspekte.

Erfordert eine Bearbeitungsaufgabe mehrere Drehzahlstufen, die mit einem Teilgetriebe nicht realisierbar sind, so müssen mehrere Teilgetriebe hintereinandergeschaltet werden. Dies ergibt einen komplizierten Aufbau, der über die Hilfsmittel Aufbauformel, Stufensprung, Aufbaunetz, Drehzahlbild, Getriebeplan und Leistungsflußbild systematisier- und überschaubar wird.

Ausgangspunkt bei der Getriebeentwicklung sind die Drehzahlen in Betrag und Anzahl, die vom Getriebe angeboten werden müssen. Die Verteilung auf einzelne Teilgetriebe erfolgt über die Aufbauformel

$$z = z_g \, z_{v1} \, z_{v2} \, z_{v3} \cdots z_{vn}. \tag{9.56}$$

Diese stellt die Stufenzahlen der einzelnen Teilgetriebe als Faktoren (z_g Stufenzahl Grundgetriebe, z_{v1} Stufenzahl erstes Vervielfachungsgetriebe, usw.) dar, die als Produkt die Anzahl z der erforderlichen Drehzahlstufen ergeben müssen. Sind z. B. 6 Abtriebsdrehzahlen gefordert ($z = 6$), so kann dies über das Produkt von $z_g = 2$ und $z_{v1} = 3$ bzw. $z_g = 3$ und $z_{v1} = 2$ erreicht werden.

Die Ermittlung der Stufensprünge φ der einzelnen Teilgetriebe erfolgt über folgende Systematik:

Grundgetriebe: $\varphi_g = \varphi$,

1. Vervielfachungsgetriebe: $\varphi_{v1} = \varphi^{z_g}$,

2. Vervielfachungsgetriebe: $\varphi_{v2} = \varphi^{z_g \, z_{v1}}$,

usw. (9.57)

Mit Hilfe von (9.56) bzw. (9.57) lassen sich sogenannte Aufbaunetze (Bild 9.39a) zeichnen. Aufbaunetze sind Übersetzungsbilder mit symmetrischem Aufbau. Die geometrisch gestuften Drehzahlen können dabei aufgrund der logarithmischen Darstellung des Aufbaunetzes als Linien mit beliebigen, aber gleichen Abständen und ohne Drehzahlangabe gezeichnet werden. Die Zahl der möglichen Aufbaunetze ergibt sich zum ersten aus der Kombination der einzelnen Stufenzahlen nach (9.56), zum zweiten aus der Vertauschung der Stufensprünge. Aufbaunetze dienen zur systematischen Variation eines Getriebetyps. Je nachdem, ob die größte Drehzahlspreizung (größte Stufensprungpotenz) im ersten Teilgetriebe oder möglichst spät erfolgt, kann zwischen einem langsamen, schweren oder einem schnellen, leichten Getriebe unterschieden werden.

Das Drehzahlbild (Bild 9.39b) stellt im Vergleich zum Aufbaunetz die genauen End- und Zwischendrehzahlen dar. Es lassen sich also auch die genauen Übersetzungen

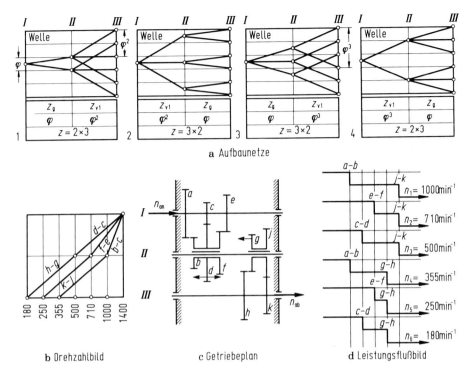

Bild 9.39. Aufbaunetze, Drehzahlbild und Getriebeplan (nach [9.7]) und Leistungsflußbild für ein III/6-Getriebe

erkennen. Das Drehzahlbild weist eine bestimmte Lösung eines Getriebetyps aus. Die Stufung der Abtriebsdrehzahlen entspricht den genormten Drehzahlreihen. Die Neigung der Verbindungslinien gibt die Größe der Übersetzung an.

Zum Abschluß werden ein Getriebeplan (Bild 9.39c) und ein Leistungsflußbild bzw. Schaltbild (Bild 9.39d) des ausgewählten Getriebes gezeichnet. Der Getriebeplan ist maßstabslos. Er dient zur Betrachtung der getriebetechnischen Funktionsweise durch Darstellung der Bauelemente durch definierte Sinnbilder. Das Leistungsflußbild verdeutlicht die Drehmomente in den verschiedenen Getriebewellen.

Neben den Berechnungen für die Drehzahlstufen und Übersetzungen muß sichergestellt werden, daß die Momente und Kräfte auch übertragen werden können. Somit muß eine Auslegung auf Festigkeit erfolgen. Um eine Überbelastung des Getriebes zu vermeiden, sind verschiedene Auslegungsberechnungen notwendig. Zahnbruch, Ermüdungserscheinungen an den Zahnflanken und Fressen sind die Schadensfälle, die nach DIN 3979 bei Zahnrädern unterschieden werden. Genauere Berechnungen können z. B. nach Niemann [9.13] erfolgen.

Die Auslegung auf statische und dynamische Steifigkeit berücksichtigt das nachgiebige Verhalten der Antriebsstruktur. Im Gegensatz zur Festigkeitsauslegung, wo die Übersetzung i linear in die Zusammenhänge eingeht, muß sie bei der Steifigkeitsauslegung quadratisch berücksichtigt werden.

9.7.2.2 Bauformen mechanischer Getriebe

Allgemein sollten die Getriebe in enger Anordnung ausgeführt werden, da sonst Bauraumbedarf und Biegemomente zu stark steigen. Um Baulänge zu sparen, werden gebundene Zahnräder verwendet. Gebundene Zahnräder sind Räder, die verschiedenen Teilgetrieben angehören. Da hierzu alle Zahnräder den gleichen Modul benötigen, kann dies die Achsabstände und die radiale Ausdehnung vergrößern.

Im Aufbau einfach, kostengünstig und zur Erzeugung beliebiger Drehzahlen geeignet ist das Wechselradgetriebe (Bild 9.40). Da die Änderung der Übersetzung umständlich ist, wird es vor allem in der Massenfertigung eingesetzt.

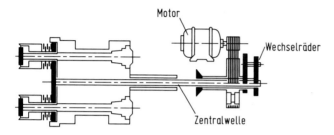

Bild 9.40. Einsatz von Wechselrädern am Beispiel eines Mehrspindel-Drehautomaten (nach [9.14])

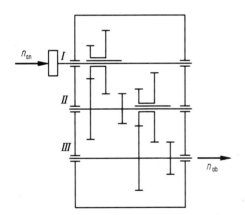

Bild 9.41. Vierstufiges Dreiwellen-Getriebe (Schieberadgetriebe)

Bei den Schieberadgetrieben (Bild 9.41) sind die treibenden Räder zumeist axial verschiebbare Zweier- oder Dreierblöcke. Das Verschieben der Räderblöcke erfolgt bei kurzen Kupplungswegen mit Schaltgabeln, bei größeren mit Schiebegabeln. Von Vorteil ist, daß nur die sich im Kraftfluß befindlichen Räder im Eingriff sind und daß bei kleinen Drehzahlen große Leistungen übertragen werden können. Das Bauvolumen ist klein, der Wirkungsgrad gut. Die Schaltung ist allerdings nur im Auslauf oder bei Stillstand möglich, wodurch die Nebenzeiten steigen.

Zur Automatisierung des Schaltvorgangs der einzelnen Drehzahlstufen werden Kupplungsgetriebe (Bild 9.42) für den Hauptantrieb verwendet. Sie sind für eine Automatisierung geeignet, da sie im Lauf und bei Einsatz von Reibungskupplungen unter Last schaltbar sind. Sie ermöglichen kurze Nebenzeiten und einfache Bedienung. Von Nachteil ist, daß alle Räder sich ständig im Eingriff befinden und für jedes Zahnradpaar eine Kupplung notwendig ist. Daraus resultieren ein niedrigerer Wirkungsgrad, höherer Verschleiß und höhere Kosten als beim Schieberadgetriebe.
Reibungskupplungen sind kraftschlüssige Schaltkupplungen und besitzen eine oder mehrere Reibflächen, die gegeneinander gepreßt werden. Elektrisch, hydraulisch und pneumatisch betätigte, steuerbare Reibungskupplungen eignen sich zum Schalten von Drehzahlen und deren Drehrichtung. Hauptsächlich werden Scheibenkupplungen bzw. bei Verwendung von mehreren Reibflächen sogenannte Lamellenkupplungen eingesetzt. Als Bauarten existieren weiterhin Kegel- und Magnetpulverkupplungen. Je nach Anwendungsgebiet ergeben sich Anlauf-, Sicherheits-, Freilauf-, Moment- und Fliehkraftkupplungen.
Formschlüssige Schaltkupplungen werden bei Hauptantrieben nur selten eingesetzt, da eine Schaltung nur bei Synchronisation, d. h. bei Gleichlauf oder Leerlauf beider

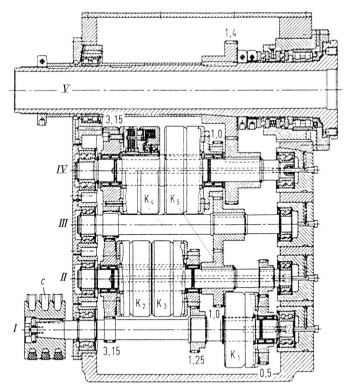

Bild 9.42. 12-stufiges Kupplungsgetriebe einer NC-Drehmaschine. K_1 bis K_5: Schleifringlose Elektromagnet-Lamellen-Kupplungen, Zahlenwerte geben den Modul an (Gildemeister, Bielefeld) (nach [9.1])

Kupplungshälften möglich ist. Zur Verringerung von Drehmomentstößen, z. B. bei Stoß- und Hobelmaschinen sowie Pressen, werden elastische, nichtschaltbare Kupplungen verwendet. Dabei werden die Drehmomentstöße durch eine elastische Speicherwirkung gedämpft.

Die folgenden Zusammenhänge für den Schaltvorgang bei reibschlüssigen Schaltkupplungen nach [9.1] sollen exemplarisch Grundlagen der Kupplung- bzw. Bremsensauslegung vermitteln. Weitergehende Berechnungsverfahren sind z. B. in der Norm VDI 2241 und aus [9.12] zu ersehen. Bei der reibschlüssigen Kupplung (Bild 9.43) sind die wesentlichen Auslegungskriterien das zu übertragende maximale Moment $M_{\text{ü}}$ und die zu leistende Schaltarbeit W_{r}.

Die Höhe des zu übertragenden Moments $M_{\text{ü}}$ resultiert aus dem Nennmoment der Kraft- und Arbeitsmaschine. Das schaltbare Drehmoment M_{S} für eine Kupplung bei einer Reibfläche, das sich unter Berücksichtigung des mittleren Abstandsradius der Reibfläche r_{m} und der dynamischen Reibungszahl μ_{dyn} ergibt,

$$M_{\text{S}} = F \, \mu_{\text{dyn}} \, r_{\text{m}}, \tag{9.58}$$

ist i. allg. kleiner als das übertragbare Moment $M_{\text{ü}}$, das sich einstellt, wenn sich die Reibflächen relativ zueinander in Ruhe befinden:

$$M_{\text{ü}} = F \, \mu_{\text{stat}} \, r_{\text{m}}. \tag{9.59}$$

Dies gilt in aller Regel, da bei nassen Kupplungen die statische Reibungszahl größer als die dynamische ist ($\mu_{\text{stat}} > \mu_{\text{dyn}}$).

Für das Nennmoment M_{N} der Kupplung (mit z_{r} als Anzahl der Reibflächen) gilt

$$M_{\text{N}} \geq M_{\text{S}} = F \, \mu_{\text{dyn}} \, r_{\text{m}} \, z_{\text{r}}. \tag{9.60}$$

Die Schaltarbeit W_{r} wird durch die Grenztemperatur des Werkstoffes begrenzt. Dabei ist zu unterscheiden, ob der Schaltvorgang einmalig und kurzzeitig oder als fortwährendes Schalten anzusehen ist.

Für die Schaltarbeit W_{r} gilt

$$W_{\text{r}} = \frac{\omega_{\text{M}}}{2} M_{\text{S}} \, t_{\text{r}}. \tag{9.61}$$

Während der Reibzeit t_{r} schleifen die Lamellen aufeinander und erzeugen die Schaltarbeit W_{r} als Wärmeenergie, die abzuführen ist. Dadurch ist die Schalthäufigkeit je Stunde begrenzt. Die Reibzeit wächst, wenn auf der Mitnehmerseite Last- und Beschleunigungsmomente vorhanden sind. Die Reibzeit t_{r} (während des Hochlaufs)

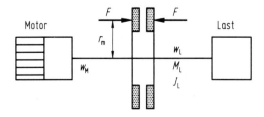

Bild 9.43. Schematische Prinzipdarstellung einer reibschlüssigen Kupplung

ergibt sich zu

$$t_\mathrm{r} = \frac{J_\mathrm{L}\,\omega_\mathrm{L}}{M_\mathrm{S} - M_\mathrm{L}},\qquad(9.62)$$

wobei M_L das Lastmoment und J_L das axiale Massenträgheitsmoment der Last bedeuten. Bei stufenweisem Schalten verringert sich die Schaltarbeit gegenüber einem einmaligen Schaltvorgang.
Die Berechnung und Auslegung von Bremsen erfolgt wie bei den Kupplungen. Lediglich die Bezeichnungen sind geändert, z. B. Bremsmoment statt Schaltmoment, Verzögerungsmoment statt Beschleunigungsmoment.

10 Vorschubantriebe

10.1 Einleitung

In der DIN 6580 [10.1] ist die *Vorschubbewegung* als die Bewegung zwischen Werkzeugschneide und Werkstück definiert, die zusammen mit der Schnittgeschwindigkeit eine stetige oder mehrmalige Spanabnahme während mehrerer Umdrehungen oder Hübe ermöglicht. Die Vorschubbewegung kann dabei stetig oder schrittweise vor sich gehen. Für das Fertigungsverfahren Drehen gibt Bild 10.2 die

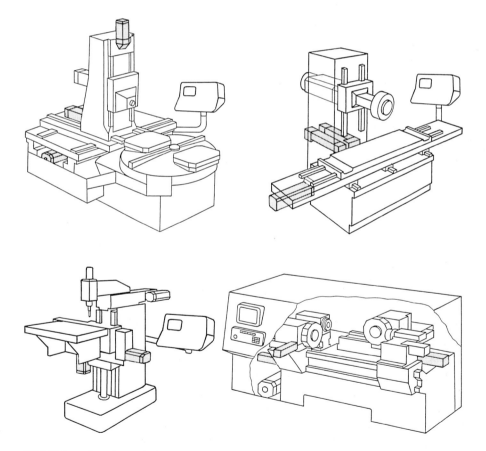

Bild 10.1. Anordnung der Vorschubantriebe an unterschiedlichen Typen von Werkzeugmaschinen

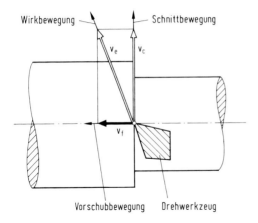

Bild 10.2. Richtungen der Schnitt-, Vorschub- und Wirkbewegung beim Drehen nach DIN 6580 [10.1]; v_e: Wirkgeschwindigkeit, v_c: Schnittgeschwindigkeit, v_f: Vorschubgeschwindigkeit

Zerspanverhältnisse beispielhaft wieder. Weiterhin ist in diesem Zusammenhang noch die Zustellbewegung von Bedeutung, die die Dicke der jeweils abzunehmenden Schicht im voraus bestimmt (Anm.: Bei einigen Fertigungsverfahren, z. B. Einstechdrehen, Bohren, Räumen, gibt es verfahrensbedingt keine Zustellbewegung) sowie die Anstellbewegung, mit der das Werkzeug vor dem Zerspanvorgang an das Werkstück herangeführt wird. Analog hierzu wird durch die Rückstellbewegung das Werkzeug nach dem Zerspanvorgang wieder vom Werkstück zurückgeführt. Schließlich existiert noch die sogenannte Nachstellbewegung. Darunter ist eine Korrekturbewegung zwischen Werkzeugschneide und Werkstück zu verstehen, um z. B. den Werkzeugverschleiß, thermisch bedingte Lageänderungen usw. auszugleichen.

Die Energie für die Erzeugung der Vorschubbewegung wird entweder vom Hauptantrieb über Getriebe abgeleitet, oder es werden pro Bewegungsrichtung *getrennte Antriebe* verwendet. Vorschubantriebssysteme, die sich durch kinematische Kopplung mit dem Hauptantrieb der Werkzeugmaschine auszeichnen, werden auch als mechanische Vorschubantriebe bezeichnet (vgl. Abschn. 10.2). Man findet sie heute noch z. B. im Bereich der Großserienfertigung bei Mehrspindeldrehautomaten und auch bei Verzahnmaschinen, ebenso bei manuell zu bedienenden Drehmaschinen.

Mit dem Aufkommen der elektrischen Steuerungen erfolgte die Abkehr von den mechanisch zwangsgesteuerten Vorschubantrieben. Stattdessen entstanden selbständige, *kinematisch voneinander unabhängige* Vorschubantriebe für jede einzelne Bewegungsachse. Die Koordination der Vorschubantriebe übernimmt dabei die Steuerung der Werkzeugmaschine. Die Einbindung des Vorschubantriebs in eine NC-Steuerung zeigt Bild 10.3. Je nach Bereitstellung der Energie unterscheidet man heute im wesentlichen an NC-Werkzeugmaschinen elektrische Vorschubantriebe und hydraulische Vorschubantriebe. Pneumatische Vorschubantriebe sind für NC-Achsen von Werkzeugmaschinen ohne große Bedeutung.

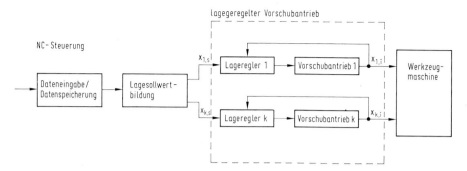

Bild 10.3. Prinzipielle Einbindung des lagegeregelten Vorschubantriebs in das System NC-Werkzeugmaschine; $x_{k,s}$, k=1, ... ,n: Lagesollwert für die k-te NC-Achse, $x_{k,i}$, k=1, ... ,n: Lageistwert der k-ten NC-Achse, n: Anzahl der der NC-Achsen der Werkzeugmaschine

10.1.1 Forderungen an Vorschubantriebe

Die Forderungen der Anwender von Werkzeugmaschinen nach immer niedrigeren Haupt- und Nebenzeiten bei gleichzeitig hoher *Positionier- und Bahngenauigkeit* stellen große Ansprüche an das stationäre und dynamische Verhalten der eingesetzten Vorschubantriebe. Der Antrieb muß zur Erfüllung seiner Aufgaben zum einen *Reib- und Beschleunigungskräfte*, zum anderen *Zerspanprozeßkräfte* überwinden. Allgemein gelten für Vorschubantriebe die nachfolgend aufgeführten Forderungen, denen je nach Aufgabenstellung unterschiedlich hohe Bedeutung zukommt [10.2, 10.3].

Für das *stationäre* Verhalten gelten allgemein folgende Forderungen:
- Großer Vorschubgeschwindigkeitsstellbereich (1 : 10000 bis 1 : 20000) wegen der sehr unterschiedlichen Arbeits- und Eilganggeschwindigkeiten und für das genaue Verfahren entlang einer Bahn;
- Ausreichendes Drehmoment bzw. ausreichende Kraft für die Bearbeitungsaufgabe;
- Niedrige Massen, wenn ein Antrieb von einem anderen mitbewegt werden muß (Kreuzschlitten);
- Ruckfreier Betrieb auch bei niedrigsten Geschwindigkeiten (Stick-slip-Freiheit);
- Gleichmäßiges Drehmoment bei kleinen Drehzahlen.

Für das *dynamische* Verhalten fordert man allgemein:
- Schnelles Beschleunigen und Bremsen erfordert hohe Beschleunigungs- und Verzögerungskräfte (-momente) sowie gute Überlastbarkeit und geringe Massen bzw. Massenträgheitsmomente der bewegten Elemente im Antriebsstrang.
- Gutes Führungs- und Störverhalten, um Änderungen der Sollwertgröße mit möglichst geringer zeitlicher Verzögerung verzerrungs- und verzögerungsfrei folgen zu können und um den Einfluß von statischen und dynamischen Störgrößen (Zerspanprozeßkräfte) möglichst rasch zu eliminieren.

10.1.2 Prinzipielle Möglichkeiten für den Aufbau von Vorschubantrieben

Bild 10.4 zeigt die grundsätzliche Funktionsstruktur für einen *rotatorischen* elektrischen Vorschubantrieb:
- F1: Umwandlung der variablen elektrischen Leistung in mechanische Rotationsleistung mit Hilfe eines geeigneten Elektromotors;
- F2: Drehzahlanpassung von (Motor-) Antriebsdrehzahl und Abtriebsdrehzahl durch entsprechende Zahnradgetriebe (ein- oder mehrstufig) bzw. heute sehr häufig Zahnriemenstufen;
- F3: Umwandlung der Rotationsbewegung in die benötigte Translationsbewegung des Vorschubschlittens i. allg. über Kugelgewindetriebe (die erforderliche Spiel-

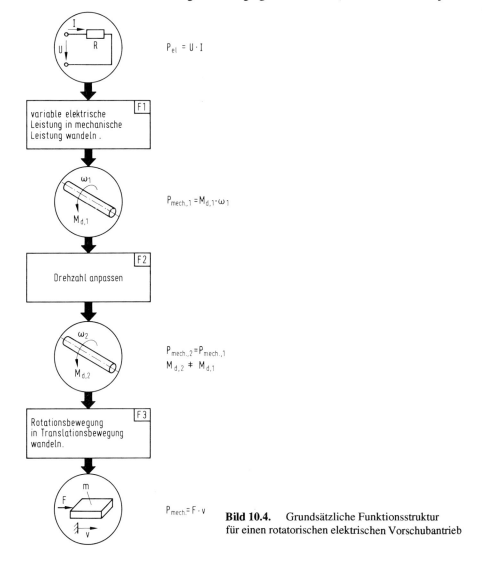

Bild 10.4. Grundsätzliche Funktionsstruktur für einen rotatorischen elektrischen Vorschubantrieb

freiheit wird z. B. durch Verspannung zweier Einzelmuttern gegeneinander gewährleistet).
Für rein rotatorische Bewegungsachsen in einem Vorschubantrieb fehlt F3, z. B. für den Fall eines Drehtisches an einer NC-Fräsmaschine.
Elektrische Linearantriebe stellen eine konstruktive Variante des Asynchronmotors dar. Hier entfallen die Punkte F2 und F3. Die elektrische Energie wird direkt in eine lineare Vorschubbewegung umgesetzt. Die Bilder 10.5 a und b zeigen die prinzipielle Funktionsstruktur für einen hydraulischen Vorschubantrieb.

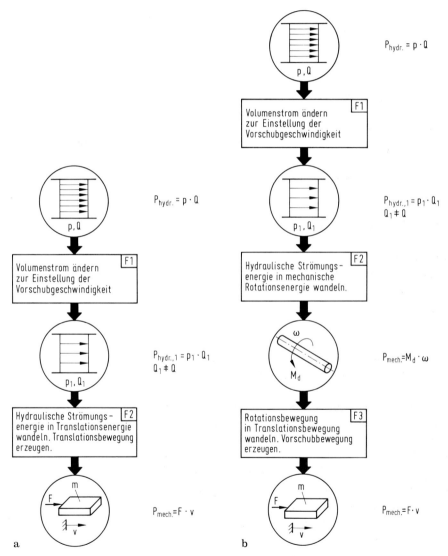

Bild 10.5 Prinzipielle Funktionsstruktur für einen a) hydraulischen Linearantrieb (Zylinderantrieb), b) rotatorischen hydraulischen Vorschubantrieb

Bild 10.5 a zeigt die Funktionsstruktur für einen *hydraulischen Linearantrieb*:
- F1: Die zur Verfügung stehende hydraulische Leistung wird durch Änderung der Durchflußmenge Q des hydraulischen Druckmittels an die benötigte Vorschubgeschwindigkeit angepaßt;
- F2: Direkte Umwandlung der hydraulischen Leistung in mechanische Translationsleistung, d. h. Erzeugen der Translationsbewegung am Werkzeugschlitten mittels Hydraulikzylinder.

Bild 10.5 b zeigt die Funktionsstruktur für einen *rotatorischen hydraulischen* Vorschubantrieb. Dabei kennzeichnet:
- F1: Die zur Verfügung stehende hydraulische Leistung wird durch Änderungen der Durchflußmenge Q des hydraulischen Druckmittels an die benötigte Vorschubgeschwindigkeit angepaßt;
- F2: Wandeln der hydraulischen Strömungsenergie in mechanische Rotationsenergie mit geeigneten Hydromotoren, d. h. als Motoren arbeitende Pumpen unterschiedlicher Bauart;
- F3: Umwandlung der Rotationsbewegung in die benötigte Translationsbewegung des Vorschubschlittens i. allg. über Kugelgewindetriebe.

Im Gegensatz zu den linearen hydraulischen Antrieben haben rotatorische hydraulische Antriebe im Werkzeugmaschinenbau kaum Bedeutung. Ähnlich liegen die Verhältnisse bei den Hauptantrieben (vgl. Abschn. 9.7.1.2).

10.2 Mechanische Vorschubantriebe

Mechanische Vorschubantriebe zeichnen sich im Gegensatz zu den NC-Systemen durch die *kinematische Kopplung* von Hauptantrieb und Vorschubantrieb aus. Die Energie zur Versorgung des Vorschubzweiges wird über geeignete Getriebe vom Hauptantrieb abgezweigt. Zur Realisierung unterschiedlicher Vorschubgeschwindigkeiten je nach Bearbeitungsaufgabe (beim Drehen z. B. Gewindeschneiden, Plandrehen) und Bewegungszustand (Anstell-, Rückstellbewegung, Vorschubbewegung) müssen geeignete Verstellmöglichkeiten an der Werkzeugmaschine vorgesehen sein. Dies können beispielsweise Wechselradgetriebe oder mehrstufige Schaltgetriebe sein.

Als typisches Beispiel für eine Werkzeugmaschine mit mechanischem Vorschubantrieb kann der Mehrspindeldrehautomat gelten. Bild 10.6 gibt die Schnittzeichnung einer derartigen Maschine mit dem verzweigten Steuerwellensystem des Vorschubantriebs wieder. Die Umwandlung der rein rotatorischen Bewegung des Systems aus Steuerwellen, Kettentrieben und Zahnradgetrieben in die benötigte Translationsbewegung des Werkzeugschlittens erfolgt für jede Vorschubachse durch *Kurvenscheibengetriebe*, deren prinzipielle Funktion in Bild 10.7 dargestellt ist, vgl. auch Kap. 12. Die Kurvenscheibe bestimmt den Weg des gesteuerten Elements, d. h. den Hub des Werkzeugschlittens, durch die Änderungen des Durchmessers. Das Geschwindigkeits- bzw. Beschleunigungsverhalten resultiert unmittelbar aus der Steilheit der Durchmesseränderung sowie mittelbar aus der Steuerwellengeschwindig-

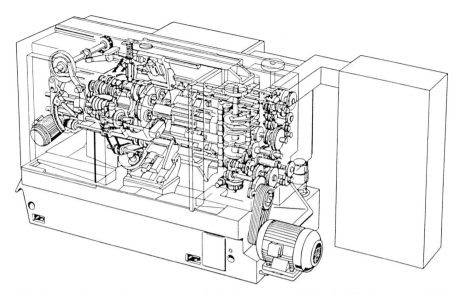

Bild 10.6. Schnittzeichnung eines mechanisch gesteuerten Mehrspindeldrehautomaten (Gildemeister)

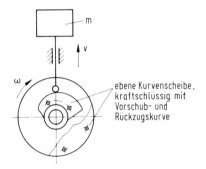

Bild 10.7. Prinzip eines Kurvenscheibengetriebes

keit. Die Eilganggeschwindigkeit wird nur begrenzt durch die auftretenden Massenkräfte und damit zusammenhängend durch den zulässigen Druck auf die Kurve (Flächenpressung). Genauere Ausführungen zum Thema Mehrspindeldrehautomaten siehe bei [10.4].

Die *Vorteile* mechanischer Vorschubantriebe bzw. damit ausgerüsteter Werkzeugmaschinen gegenüber vergleichbaren NC-Konzepten liegen in der (Langzeit-)*Zuverlässigkeit*, gekennzeichnet durch hohe Ausfallsicherheit sowie Unempfindlichkeit gegenüber äußeren Störungen (Einwirkung von Magnetfeldern, elektrische Störungen, usw.) und in dem günstigen Zeitverhalten.

Der wesentliche *Nachteil* rein mechanischer Vorschubsysteme ist die *mangelnde Flexibilität* beim Umrüsten auf andere Werkstücke, vorwiegend gekennzeichnet durch intensiven Aufwand an Personal, Rüstmitteln (z. B. Wechselräder und Kurvenscheiben für mechanisch gesteuerte Mehrspindeldrehautomaten) und Zeit für das Einstellen der Maschine. Dies ist besonders gravierend vor dem Hintergrund zu sehen, daß der Trend bei den Werkzeugmaschinenanwendern zu kleineren Losgrössen geht.

10.3 Hydraulische Vorschubantriebe

Wie bereits in Abschnitt 10.1.2 erwähnt, kommen grundsätzlich *rotatorische oder lineare* Hydraulikantriebe für die Erzeugung der Vorschubbewegung an Werkzeugmaschinen in Frage. Im folgenden wird auf die hydraulischen Linearantriebe näher eingegangen, da sie gegenüber den rotatorischen Hydraulikantrieben deutlich dominieren. Die Betrachtungen gelten im übrigen auch für lineare hydraulische *Hauptantriebe*.

Nach wie vor werden hydraulische *Zylinderantriebe* immer dort eingesetzt, wo es um die direkte Erzeugung einer geradlinigen Bewegung mit hohen Kräften auf kleinstem Bauraum geht. Im Werkzeugmaschinenbau findet man hydraulische Zylinderantriebe vorzugsweise bei Stoß-, Hobel- und Räummaschinen, hydraulischen Pressen sowie bei Schleifmaschinen.

Der hohen Energiedichte und dem kleinen Bauvolumen in der Maschine steht ein oft voluminöses Hydraulikaggregat im Außenbereich der Maschine gegenüber. Damit verbunden sind Geräusch- und Unterbringungsprobleme. Der Wartungsaufwand für das hydraulische Druckmittel und die Dichtungen sind ebenfalls bei einer Wirtschaftlichkeitsbetrachtung mit zu berücksichtigen. Darüber hinaus beeinflußt die starke Abhängigkeit des hydraulischen Mediums von der Temperatur deutlich das dynamische Verhalten des Vorschubantriebs [10.5, 10.6].

Bild 10.8 zeigt die prinzipiellen Möglichkeiten zum Aufbau eines hydraulischen Vorschubsystems zur direkten Erzeugung einer linearen Vorschubbewegung. Für die *Einstellung der Vorschubgeschwindigkeit* des Vorschubschlittens kommen zwei Verfahren in Frage:

- Die Verstellung des geförderten Volumenstroms durch eine geeignete Hydropumpe und
- die Beeinflussung des Volumenstroms durch die Änderung des Strömungswiderstandes mittels geeigneter Hydraulikventile.

Je nach Anforderung können dies einfache, mechanisch betätigte Schaltventile sein oder elektrisch stufenlos steuerbare Ventile (Servoventile oder Proportional- bzw. Regelventile, s. unten).

Als Beispiel für den Fall der *Volumenstromänderung* mit Hilfe einer verstellbaren Hydropumpe zeigt Bild 10.9 den hydraulischen Vorschubantrieb für eine Schleifmaschine. Das Gehäuse der Flügelzellenpumpe wird durch einen Verstellkolben bewegt und damit der Volumenstrom und die Förderrichtung der Pumpe verändert.

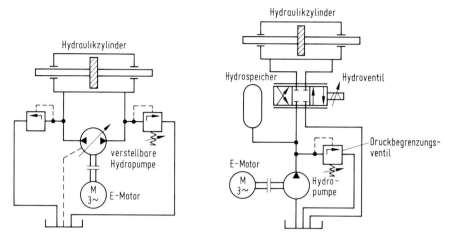

Bild 10.8. Prinzipielle Möglichkeiten zur Einstellung der Vorschubgeschwindigkeit bei hydraulischen Zylinderantrieben

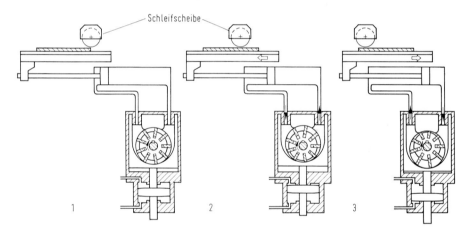

Bild 10.9. Hydraulischer Tischantrieb (Waldrich Coburg/Ingersoll); 1 Tisch "Halt", 2 Tisch "Arbeitsgang rechts", 3 Tisch "Arbeitsgang links"

Steuerungen durch Pumpen mit verstellbarem Hubvolumen arbeiten im Gegensatz zu Widerstands-, d. h. Ventilsteuerungen, ohne Drosselverluste und besitzen damit einen höheren Wirkungsgrad, benötigen aber größeren Aufwand.

Für die *stufenlose Einstellung* der Vorschubgeschwindigkeit des Maschinenschlittens durch die *Änderung von Strömungswiderständen* kommen geeignete elektrisch angesteuerte Hydraulikventile zum Einsatz. Insbesondere bei Verwendung hydraulischer Linearantriebe in NC-Systemen entstehen hohe Forderungen an das dynamische Verhalten der verwendeten Hydraulikventile. Bis vor wenigen Jahren wurden fast ausschließlich Servoventile eingesetzt (Bild 10.10 a). Servoventile aber sind

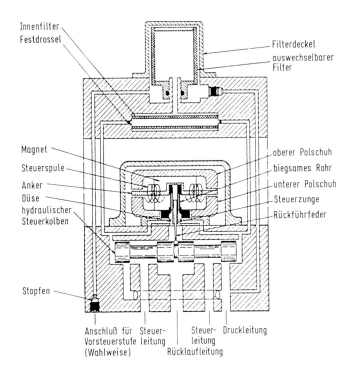

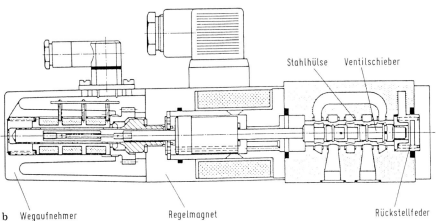

Bild 10.10 a) Servoventil (Moog), b) Regelventil (Bosch)

stark verschmutzungsempfindlich und stellen somit sehr hohe Forderungen an die Filterung und Reinhaltung des hydraulischen Druckmittels. Andernfalls tritt erheblicher Verschleiß im Servoventil auf. Damit ergeben sich sinkende Bearbeitungsgenauigkeiten und in ungünstigen Fällen steigende Ausfallraten der Maschinen. Die hohen Forderungen an die Servohydraulik für die Aufrechterhaltung der Funktion

der Vorschubsysteme sind unter Produktionsbedingungen nur mit großem Aufwand zu erfüllen.
Andererseits weisen Servoventile i. allg. sehr hohe Eigenfrequenzen auf (> 500 Hz) [10.7]. Sie besitzen damit *hervorragende dynamische Eigenschaften*, die besonders bei kurzen Verfahrwegen für Hydraulikzylinderantriebe zum Tragen kommen. Dagegen verliert bei längerem Hub (> 500 mm) die zwischen Ventil und Kolben eingespannte Ölsäule, die als hydraulische Feder wirkt, zunehmend an Steifigkeit. Dadurch sinkt die Eigenfrequenz der Regelstrecke, und die nutzbare Dynamik der lagegeregelten Vorschubachse wird entsprechend eingeschränkt; vgl. hierzu auch Abschn. 10.6 (Auslegung von Vorschubantrieben).
Der heutige Trend geht daher weg von der empfindlichen Servohydraulik hin zu neuen sog. *Proportionalventilen* mit niedrigeren Eigenfrequenzen (bis ca. 100 Hz), aber wesentlich *robusteren Betriebseigenschaften*. Moderne Proportionalventile für die Verwendung als Stellglied innerhalb von Lageregelkreisen von NC-Systemen sind weniger verschmutzungs- und damit weniger verschleißanfällig als herkömmliche Servoventile. Sie sind z. T. speziell für den Einsatz im Produktionsbetrieb von Werkzeugmaschinen entwickelt worden. Gutes dynamisches Verhalten der Proportionalventile wird i. allg. durch Betreiben der Ventile im eigenen Lageregelkreis erzielt.
Das Beispiel eines geeigneten Proportional- bzw. Regelventils ist in Bild 10.10 b wiedergegeben. Der Ventilschieber wird durch einen Elektromagneten proportional der Steuerspannung verstellt. Die genaue Positionierung des Ventilschiebers erfolgt über einen eigenen Lageregelkreis. Das dazu benötigte Wegmeßsystem ist im Bild links gekennzeichnet. Unter Beachtung der hydraulischen Besonderheiten läßt sich ein solcher Zylinderantrieb für NC-Achsen mit hoher Steifigkeit, geringer Umkehrspanne und großer Dynamik aufbauen.
Bild 10.11 zeigt den Zusammenhang zwischen der Steuerspannung U_e und dem Volumenstrom Q des Ventils. Die Geschwindigkeit v des Kolbens ist wiederum proportional dem Volumenstrom. Folgende Beziehungen gelten sowohl für Haupt- als auch für Vorschubantriebe:

$$Q = \text{const } U_e, \tag{10.1}$$

$$v = \frac{Q}{A}, \tag{10.2}$$

$$A = \frac{\pi (d_1 - d_2)^2}{4}$$

mit
U_e: Steuerspannung, Q: Volumenstrom, v:Kolbengeschwindigkeit, A: Kolbenfläche, d_1: Kolbendurchmesser, d_2: Kolbenstangendurchmesser.
Die wirksame Kolbenfläche A ist nur dann für beide Seiten gleich, wenn die Kolbenstange auch beidseitig nach außen geführt wird, wie dies beim *Gleichlaufzylinder* der Fall ist (Bild 10.12). Nachteilig ist bei dieser Ausführung der erhöhte axiale Bauraum wegen der doppelt so langen Kolbenstange gegenüber dem gewöhnlichen *Differen-*

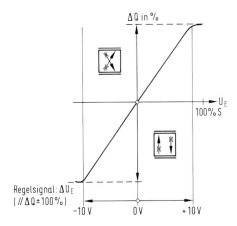

Bild 10.11. Durchflußkennlinie des Regelventils aus Bild 10.10 b (Bosch)

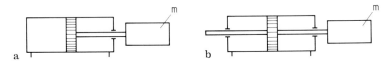

Bild 10.12. Bauformen gebräuchlicher Hydraulikzylinder: a) Differentialzylinder, b) Gleichlaufzylinder

tialzylinder. Bei einseitig ausgeführter Kolbenstange ergeben sich unterschiedliche Kräfte und Geschwindigkeiten je nach Bewegungsrichtung, was beispielsweise für einen einseitigen Rücklauf genutzt werden kann. Die Güte des Antriebs hängt natürlich weiterhin von der Pumpe und allen anderen hydraulischen Komponenten ab. Die erforderliche Pumpenleistung ergibt sich zu

$$P = Q\,p = \frac{F\,v}{\eta} \tag{10.3}$$

mit
F: Kraft am Kolben, P: Leistung, p: Druck, η: Wirkungsgrad.

10.4 Elektrische Vorschubantriebe

10.4.1 Einleitung

Den prinzipiellen Aufbau der meisten elektrischen Vorschubantriebe an NC-Maschinen zeigt Bild 10.13 [10.8]. Ein Leistungsverstärker versorgt den elektrischen Motor mit der erforderlichen Energie, um die gewünschte Tischbewegung zu realisieren. Das Getriebe besteht sehr häufig aus einem Zahnriementrieb. Zur Wandlung der *rotatorischen Bewegung* in die translatorische Bewegung werden meistens Kugelgewindetriebe eingesetzt [10.9].

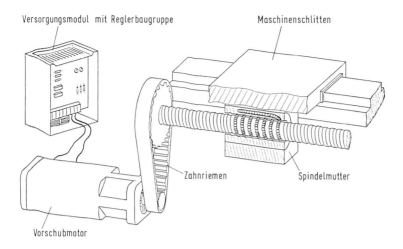

Bild 10.13. Häufiger Aufbau von elektrischen Vorschubantrieben für NC-Systeme ([10.8])

10.4.2 Antriebsmotoren

Gebräuchliche elektrische Antriebsmotoren liefern ausschließlich eine rotatorische Bewegung. Linearantriebe haben bisher keine größere Bedeutung erlangt. Auf sie wird in Abschn. 10.4.2.5 kurz eingegangen. Die Eigenschaften elektrischer Vorschubantriebe werden durch die Eigenschaften des elektrischen Motors, des Leistungsverstärkers, der Regelungstechnik und der zugehörigen Meßtechnik (Tachogenerator, Wegmeßsystem) bestimmt. Da NC-Vorschubantriebe in allen Drehrichtungen treiben und bremsen müssen, spricht man von sogenannten *Vierquadrantenantrieben*. Aus Symmetriegründen wird jedoch nur ein Quadrant der Drehmoment-Drehzahlkennlinie dargestellt (Bild 10.14). Das Kennlinienfeld in Bild 10.14 gilt zwar für den konventionellen Gleichstrommotor, aber die Kennlinienfelder für andere Motortypen sind prinzipiell ähnlich. Man unterscheidet eine Kennlinie für den Dauerbetrieb (in Bild 10.14: S1), d. h. dieses Drehmoment kann ohne Einschränkung ständig vom Motor gefordert werden. Für den Betrieb an einer NC-Maschine kann jedoch häufig eine höhere Belastung dem Motor abverlangt werden, sofern diese nur solange ansteht, daß keine kritisch hohen Temperaturen erreicht werden. Danach muß dem Motor wieder ausreichend Zeit zum Abkühlen gewährt werden. In diesem Fall spricht man vom sog. *Aussetzbetrieb* (in Bild 10.14: S3) [10.10].

Die schraffierte Kurve in Bild 10.14 kennzeichnet den *dynamischen Grenzbereich* des Motors, innerhalb dessen sehr kurze Beschleunigungsvorgänge (typisch ca. 200 ms) ohne Gefahr für den Motor durchgeführt werden können. Gewöhnlich setzt jedoch aus wirtschaftlichen Gründen der Leistungsverstärker den dynamischen Vorgängen früher eine Grenze.

Anhand dieses Kennlinienfeldes muß sich der Konstrukteur nach Festlegen der geforderten Betriebsart folgende Fragen beantworten:
- Reicht das Drehmoment des ausgewählten Motors zur Erzeugung der notwendigen Vorschubkräfte während der Bearbeitung?

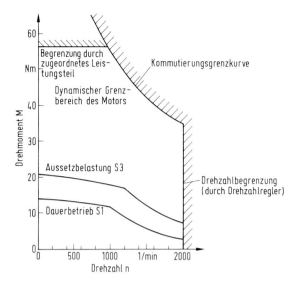

Bild 10.14. Kennlinienfeld für einen konventionellen Gleichstrommotor (Siemens)

- Reicht das Drehmoment bei hohen Eilganggeschwindigkeiten?
- Ist das Beschleunigungsmoment im Hinblick auf kurze Nebenzeiten ausreichend?

Insbesondere die Forderung nach kurzen Beschleunigungs- und Bremszeiten hat die Motorenhersteller zu einer *Minimierung des Motorträgheitsmomentes* veranlaßt, zumal häufig dieses Trägheitsmoment den größten Anteil zum Gesamtträgheitsmoment des Vorschubantriebs beiträgt. Dies gilt aufgrund der hohen Übersetzungsverhältnisse, speziell für den normalerweise eingesetzten Kugelgewindetrieb, auch bei großen Tischmassen. Es entstanden deswegen spezielle Motorbauformen mit extrem schlanken Rotoren bzw. Rotoren mit besonders hochwertigen Magnetmaterialien oder Scheibenläufer mit einem großen Durchmesser, dafür aber Rotoren aus extrem leichtem Material. Bild 10.15 zeigt eine Zusammenstellung unterschiedlicher Bauformen von Gleichstrommotoren für Vorschubantriebe. Pauschal läßt sich sagen, daß Motoren mit *niedrigen Trägheitsmomenten* auch eine entsprechend *sorgfältige Optimierung* ihrer Regelung bei der Inbetriebnahme verlangen. Für eine einfache Inbetriebnahme kann es deshalb sinnvoll sein, die Motorträgheitsmomente nicht zu klein zu wählen [10.8, 10.31].

10.4.2.1 Gleichstrommotoren (konventionell mit Bürsten und Kommutator)

Bild 10.16 zeigt die in der Regelungstechnik üblicherweise verwendete dynamische Beschreibung des permanent erregten Gleichstrommotors [10.2, 10.11]. Als Eingangsgrößen treten die Ankerspannung U_A und das Widerstands(Last)-moment M_W auf, welches in der Regel als Störgröße wirkt. Interessierende Ausgangsgröße ist entweder die Drehzahl n_M bzw. Winkelgeschwindigkeit ω_M oder der Motorwellendrehwinkel φ_M. Für alle Herleitungen in diesem Kapitel wird eine *hinreichend starre*

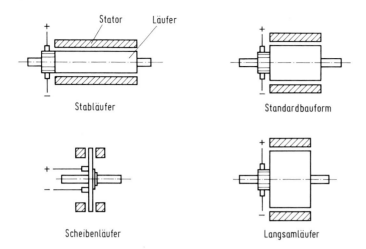

Bild 10.15. Bauformen von Gleichstrommotoren für Vorschubantriebe ([10.2])

Kopplung der mechanischen Übertragungselemente an den Motor angenommen. In Bild 10.16 bedeuten:

U_A: Ankerspannung, I_A: Ankerstrom in A, M_M: Motormoment, E_A: induzierte Ankerspannung, n_M: Motordrehzahl, ω_M: Motorwinkelgeschwindigkeit, φ_M: Motorwellendrehwinkel, R_A: Ankerwiderstand, L_A: Ankerinduktivität, J_M: Motorträgheitsmoment, J_{Fremd}: auf die Motorwelle bezogenes Fremd(Last-)trägheitsmoment, M_B: Beschleunigungsmoment, M_W: Widerstands(Last-)moment, Φ: Magnetischer Fluß

Für den Ankerkreis gilt nach dem Kirchhoffschen Gesetz:

$$L_A \frac{dI_A}{dt} + R_A I_A = U_A - E_A. \tag{10.4}$$

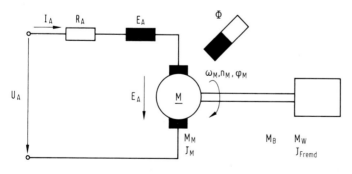

Bild 10.16. Physikalisches Ersatzschaltbild für einen permanenterregten Gleichstrommotor ([10.2])

Aus der Momentenbilanz folgt:

$$M_B = J_{ges} \frac{d\omega_M}{dt} = M_M - M_W, \quad (10.5)$$

wobei

$$J_{ges} = J_M + J_{Fremd}.$$

J_{ges} ist das auf die Motorwelle bezogenes Gesamtträgheitsmoment des Antriebs. Zwischen Ankerstrom und Motormoment besteht der lineare Zusammenhang

$$M_M = K_T I_A \quad (10.6)$$

mit

K_T: Motorkonstante in Nm / A.

Zwischen der induzierten Ankerspannung und der Motordrehzahl gilt die Beziehung

$$E_A = K_E \omega_M, \quad (10.7)$$

wobei

K_E: Spannungskonstante in V s / rad.

Für die Motorwinkelgeschwindigkeit erhält man

$$\omega_M = 2 \pi n_M. \quad (10.8)$$

Für die weitere Rechnung ist es zweckmäßig, obige Gleichungen in normierter Form darzustellen. Als Bezugsgrößen werden hier die Nennwerte der Ankerspannung, $U_{A, N}$, des Ankerstroms, $I_{A, N}$, des Motormoments, M_N sowie der Motordrehzahl, n_N verwendet. Mit den Abkürzungen

$$u_A = \frac{U_A}{U_{A, N}}, \quad e_A = \frac{E_A}{U_{A, N}}, \quad i_A = \frac{I_A}{I_{A, N}},$$

$$m_M = \frac{M_M}{M_N}, \quad m_W = \frac{M_W}{M_N},$$

$$n_{M, N} = \omega_{M, N} = \frac{n_M}{n_N} = \frac{\omega_M}{\omega_N},$$

$$r_{AN} = \frac{R_A I_{A, N}}{U_{A, N}},$$

r_{AN} ist der normierte Ankerwiderstand,

$$T_{JN} = J_{ges} \frac{\omega_N}{M_N},$$

T_{JN} ist die Trägheitsnennzeitkonstante,

$$T_{el} = \frac{L_A}{R_A},$$

T_{el} ist die elektrische Zeitkonstante,

erhält man das dimensionslose Gleichungssystem für den Gleichstrommotor

$$r_{AN} T_{el} \frac{di_A}{dt} + r_{AN} i_A = u_A - e_A \quad (10.9)$$

mit

$$e_A = n_{M,N} \text{ (wobei } K_E = \frac{U_{A,N}}{\omega_N}), \tag{10.10}$$

$$T_{JN} \frac{dn}{dt} = m_M - m_W \tag{10.11}$$

mit

$$m_M = i_A \text{ (wobei } K_T = \frac{M_N}{I_{A,N}}). \tag{10.12}$$

Das normierte Blockschaltbild des Gleichstrommotors kann jetzt gemäß Bild 10.17 aufgestellt werden. Der Vorteil der normierten Darstellung ist zum einen die Vereinfachung der weiteren Rechnung, da keine Dimensionsbetrachtungen mehr durchgeführt werden müssen. Zum anderen entstehen i. allg. übersichtlichere Zahlenwerte als bei den dimensionsbehafteten Gleichungen.

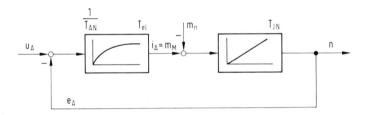

Bild 10.17. Normiertes Blockschaltbild des Gleichstrommotors (dynamische Beschreibung)

Anm.: Anstelle der Nennwerte als Bezugsgrößen zum Normieren ziehen einige Autoren, z. B. [10.11], auch die Maximalwerte der entsprechenden physikalischen Größen heran.

Das *physikalische Ersatzmodell* des Gleichstrommotors nach Bild 10.16 gilt streng genommen nur für den Fall einer *zeitkontinuierlichen* Ankerspannung U_A. Demgegenüber werden Gleichstrommotoren für NC-Vorschubantriebe heute fast ausschließlich von Transistorstellern gespeist (Bild 10.18). Durch im kHz-Bereich taktende Transistoren wird der Motor für unterschiedliche Zeiträume an eine Gleichspannung $U_=$ gelegt, die für gewöhnlich der Ankernennspannung $U_{A,N}$ entspricht. T_E stellt die Einschaltzeitdauer dar, während der $U_=$ am Motor anliegt. Damit ergeben sich folgende Differentialgleichungen:

$$U_= - E_A = R_A I_A + L_A \frac{dI_A}{dt} \text{ für } 0 < t \leq T_E, \tag{10.13}$$

$$-E_A = R_A I_A + L_A \frac{dI_A}{dt} \text{ für } T_E < t \leq T \tag{10.14}$$

mit den Randbedingungen

$$I_A(t=0) = I_A(t=T)$$

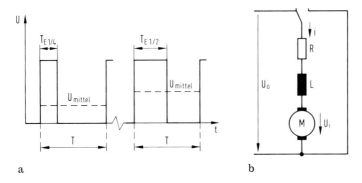

Bild 10.18. a) Veränderung des Gleichspannungsmittelwertes durch Pulsbreitenmodulation (T = const); b) Ersatzschaltbild eines Gleichstrommotors mit Transistorsteller ([10.8])

und

$$I_A(t = T_{E+}) = I_A(t = T_{E-}).$$

Die Variation des Verhältnisses aus Einschaltzeit zu Ausschaltzeit bestimmt unterschiedliche Gleichspannungsmittelwerte. Die Motorinduktivität sorgt bei diesen hohen Schaltfrequenzen für die Glättung des Stromes und damit für ein relativ konstant abgegebenes Drehmoment. Ferner sichern die Taktfrequenzen im kHz-Bereich auch die Möglichkeit für ein rasches Reagieren auf Sollwertänderungen. Die Erregung der Gleichstrommotoren erfolgt mit wenigen Ausnahmen durch *Permanentmagnete*, meist Ferrite.

Typischerweise muß bei höheren Geschwindigkeiten das zulässige Drehmoment und damit der zulässige Strom begrenzt werden, um den Kommutator der Gleichstrommaschine nicht zu überlasten. Deswegen kommt es zur sog. *Kommutierungsgrenzkurve* (Bild 10.14).

Ebenso kritisch wie hohe Geschwindigkeiten ist der Stillstand des Motors. Auch hier muß der Strom und damit das Haltemoment des Motors zurückgenommen werden, um die lokale Überlastung des Kommutators zu vermeiden (Einbrennen der Bürsten). Entsprechend ergeben sich unter extremen Belastungen *Verschleißprobleme an den Bürsten*. In vielen Fällen liegen die Bürstenstandzeiten des Motors jedoch so hoch, daß ihr Wartungsaufwand unbedeutend ist (Ausnahmen sind z. B. extreme Anforderungen in Transferstraßen oder die genaue Positionierung schwerer hängender Lasten).

10.4.2.2 Bürstenloser Gleichstrommotor

Insbesondere durch den Trend zu einer flexiblen Automatisierung auch in der Großserien- und Massenfertigung sowie durch die stark zunehmende Handhabungstechnik stieß man an die technischen Grenzen des konventionellen Gleichstrommotors, die durch die Kommutierung mit Bürsten gegeben ist. Der Ersatz der mechanischen Stromwendung durch eine *elektronische Kommutierung* ergibt bessere Leistungsdaten bei gleich gutem Regelverhalten. Allerdings ist der technische Aufwand erheblich. In der Literatur wird der Motor oft auch als Elektronikmotor oder Drehstrommotor mit blockförmigen oder trapezförmigen Strömen bezeichnet. Da dieser Motor vermehrt als Vorschubantrieb in Werkzeugmaschinen eingesetzt wird, soll sein Funktionsprinzip nachstehend kurz erläutert werden [10.8].

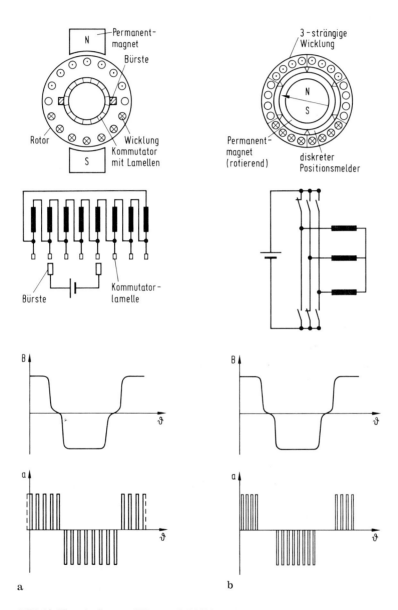

Bild 10.19. Aufbau und Ersatzschaltbild sowie Induktionsverteilung B und Strombelagsverteilung a über dem Polradwinkel für: a) konventionellen Gleichstrommotor; b) bürstenlosen Gleichstrommotor ([10.8])

Beim bürstenlosen Gleichstrommotor ist das Prinzip des konventionellen Gleichstrommotors genau umgekehrt worden. Das Erregerfeld rotiert, und die Wicklung steht still. Normalerweise werden beim (konventionellen) Gleichstrommotor infolge der Drehung des Rotors die Wicklungen zwangsweise so umgepolt, daß unter dem jeweiligen magnetischen Pol immer die gleiche Stromrichtung existiert und somit ein Moment in gleicher Richtung entsteht (Bild 10.19).

Im Gegensatz dazu schaltet man beim bürstenlosen Gleichstrommotor ganze Wicklungsbereiche der außen liegenden Spulen getrennt um. Dabei werden nur jene Bereiche eingeschaltet, die für einen gewissen Drehwinkel des Rotors diesem auch ein Moment in Drehrichtung verleihen. Um die feste räumliche Zuordnung zwischen magnetischem Feld des Rotors und Statorstrombelag zu gewährleisten, muß die Rotorposition und damit die Lage des Magnetfeldes rechtzeitig erkannt werden. Bild 10.20 zeigt die notwendigen Ströme in den Wicklungen in Abhängigkeit von der Position des rotierenden Permanentmagneten im Inneren des Motors. Für ideale Strom-, Spannungs- und Magnetverhältnisse ergibt sich ein gleichförmiges Drehmoment. In der Praxis wird dieses Ziel mit relativ guter Näherung erreicht.

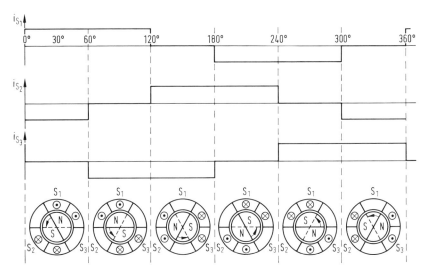

Bild 10.20. Idealisierte Stromverläufe in den Wicklungen eines bürstenlosen Gleichstrommotors in Abhängigkeit des Polradwinkels ([10.8])

Das zur Speisung dieser Motoren notwendige Leistungsteil ist im Prinzip der gleiche Transistorsteller wie bei konventionellen Gleichstrommotoren (Bild 10.21 a), lediglich um zusätzliche Anschlüsse entsprechend der Anzahl der Wicklungen ergänzt. Betrachtet man die Kostensituation, so ist leicht zu erkennen, daß dem eingesparten Kommutator mit seinen Bürsten ein erhöhter Aufwand für das Leistungsteil, die Positionssensoren und die Regelung gegenübersteht (Bild 10.21 b). Die meisten deutschen Hersteller favorisieren derzeit diesen Antriebstyp.

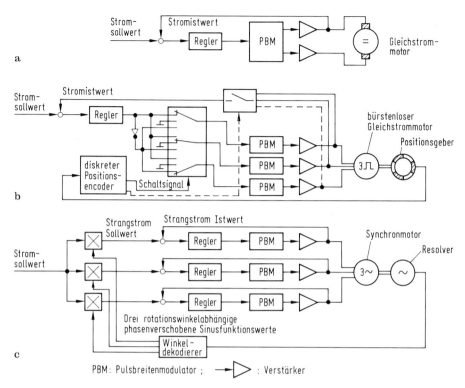

Bild 10.21. Vergleich des Aufwandes im Leistungsteil für die Ansteuerung eines a) konventionellen Gleichstrommotors, eines b) bürstenlosen Gleichstrommotors und c) eines Synchronmotors mit rotorwinkelabhängiger Speisung ([10.8])

10.4.2.3 Synchronmotor

Eine Variante des bürstenlosen Antriebs stellt der Synchronmotor dar [10.8]. Dieser Motor erfordert zu seiner Speisung *symmetrische, sinusförmige Ströme*, damit ein gleichmäßiges Dauerdrehmoment zustande kommt. Weiterhin muß jederzeit die Rotorposition des Motors genau bekannt sein, um die Wicklung entsprechend mit sinusförmigen Strömen versorgen zu können (Bild 10.21 c). Ein Resolver dient i. allg. als absoluter Winkelgeber (vgl. Kap. 11). Damit steigt der Aufwand für Ansteuerung und Regelung gegenüber dem bürstenlosen Gleichstrommotor weiter an. Die theoretische Möglichkeit, diesen Resolver gleichzeitig als Wegmeßsystem für den Lageregelkreis zu benutzen, kommt in der Praxis nur selten zum Einsatz. Permanent erregte Synchronmotoren mit seltenen Erden als Magnetmaterial stellen einen *sehr aufwendigen, aber hochdynamischen* Vorschubantrieb dar mit gutem Gleichlaufverhalten sowie günstigem Leistungsgewicht, was speziell bei mitbewegten Achsen (Kreuzschlitten) von Vorteil ist.

10.4.2.4 Asynchronmotor

Für Vorschubantriebe werden an Asynchronmotoren weitaus höhere Anforderungen gestellt als bei Hauptantrieben üblich (vgl. Kap. 9) [10.12]. Der Asynchronmotor besitzt einen sehr einfachen Aufbau und enthält als einziges Verschleißteil die Motorlager. Die *Rotorströme* werden *transformatorisch* erzeugt. Aufgrund dieser Tatsache kann das Betriebsverhalten des Asynchronmotors nur durch ein nichtlineares Differentialgleichungssystem beschrieben werden. Ein den hohen Forderungen an Vorschubantriebe für NC-Maschinen genügendes Regelverhalten wird erreicht, wenn man, vereinfacht gesprochen, das nichtlineare Verhalten von Umrichter und Asynchronmotor invertiert in einem vorgeschalteten Netzwerk abbildet und so ein für die Regelung günstiges quasilineares System schafft (Bild 10.22).

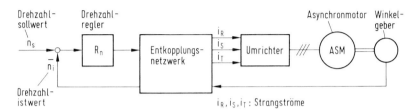

Bild 10.22. Asynchronmotor mit feldorientierter Drehzahlregelung ([10.8])

Realisierungen von Asynchronmotorregelungen basieren heute ausnahmslos auf elektronischen Schaltungen mit Mikroprozessoren. Es handelt sich also um eine *digital realisierte Regelung*. Die Sollwertvorgaben können direkt durch binäre Signale aus der Steuerung erfolgen.

Auch dieser Motortyp benötigt zu seiner Regelung die *Winkelinformation* über den Rotor, die hier über Impulsgeber gewonnen wird. Die Anzahl der Impulse und die Art ihrer Auswertung bestimmen wesentlich den Gleichlauf der Motoren bei niedrigen Drehzahlen.

An der Weiterentwicklung geregelter Asynchronmotoren wird gearbeitet. Die erreichbaren Eigenschaften unterschiedlicher Antriebskonzepte bedürfen der sorgfältigen Abwägung hinsichtlich statischem und dynamischem Verhalten, der Kosten sowie der Zuverlässigkeit der Antriebe durch den Anwender. Oft kann die Regelung des Asynchronmotors auch selbständig einfache Positionieraufgaben erfüllen, was ggfs. für Hilfsantriebe wie z. B. Werkzeugwechsler interessant sein kann.

10.4.2.5 Betriebsverhalten der einzelnen Antriebe im Vergleich

In Bild 10.23 sind die Drehmoment-Drehzahlkennlinienbereiche der diskutierten Antriebe nochmals gegenübergestellt. Beim konventionellen Gleichstrommotor (Bild 10.23 a) ergeben sich durch die Kommutierung geschwindigkeitsabhängige Grenzen für das Drehmoment. Sowohl das Dauerdrehmoment als auch das Impulsdrehmoment für dynamische Vorgänge muß reduziert werden, um den Motor nicht zu gefährden. Sehr ähnliche Eigenschaften bzgl. der Belastbarkeit lassen die Drehzahl-Drehmomentkennlinien bürstenloser Gleichstrommotoren und Synchronmotoren erkennen (Bild 10.23 b, c). Während das Dauerdrehmoment weitgehend konstante Werte über der Drehzahl zuläßt, muß für Beschleunigungsvorgänge bei größeren Drehzahlen auch hier das Moment reduziert werden.

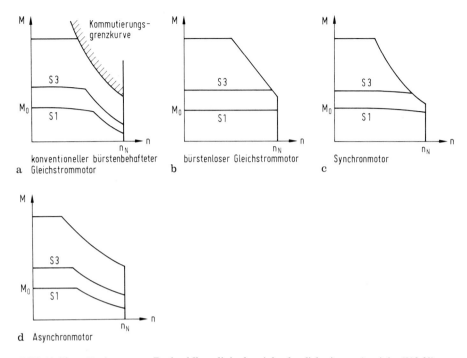

Bild 10.23. Drehmoment- Drehzahlkennlinienbereiche der diskutierten Antriebe ([10.2])

Die Kennlinie des Asynchronmotors dagegen nähert sich der des konventionellen Gleichstrommotors an (Bild 10.23 d).

10.4.2.6 Linearantriebe

Linearantriebe im Werkzeugmaschinenbau sind meistens eine *konstruktive Variante* der Asynchronmaschine mit Kurzschlußläufer [10.13]. Im Gegensatz zur gewöhnlichen rotatorischen Asynchronmaschine wandeln die Linearantriebe die elektrische Energie direkt in eine *translatorische Bewegung* um. Zwei Bauformen von Linearantrieben sind in Bild 10.24 dargestellt. Die stromführenden Spulen werden dabei immer geradlinig unter oder neben dem zu bewegenden Objekt angebracht. Der in rotatorischen Asynchronmaschinen übliche Stator wird bei Linearantrieben Primärteil und der Rotor Sekundärteil genannt. Zur Erzeugung der notwendigen Vorschubkraft wird von den stromdurchflossenen Spulen des Primärteils ein Magnetfeld im Sekundärteil induziert, so daß jeweils eine Kraft in Bewegungsrichtung und eine Kraft zwischen Sekundär- und Primärteil entsteht. Die mathematische Beschreibung des dynamischen Verhaltens eines Linearantriebs führt zu partiellen Differentialgleichungen, die nur noch numerisch gelöst werden können.

Die *Vorteile* des Linearmotors liegen zum einen in den möglichen *hohen Beschleunigungen* (über 20 g bei Doppelkammlinearmotoren) sowie der guten Dynamik, d. h. der schnellen Reaktion auf Änderungen der Führungsgröße. Diese positiven System-

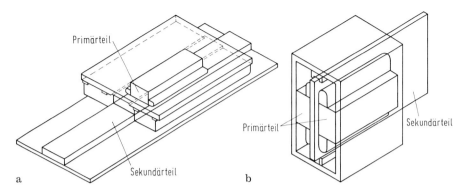

Bild 10.24. Prinzipskizze zweier typischer elektrischer Linearmotoren: a) Einzelkamm-Linearmotor, b) Doppelkamm-Linearmotor (Kraus-Maffei)

eigenschaften sind vor allem bedingt durch das Fehlen nachgiebiger mechanischer Übertragungselemente und die direkte Antriebsweise des Linearmotors.
Probleme entstehen bei dieser Art von Vorschubantrieb durch die Wärmeabfuhr der Motoren direkt in den zu positionierenden Werkzeugmaschinenschlitten. Hinzu kommt ein schlechterer Wirkungsgrad gegenüber konventionellen Baumustern.
Ein weiterer *Nachteil* ist die vergleichsweise hohe *Störempfindlichkeit* der Systeme: Die Zerspanprozeßkräfte wirken direkt auf den Antrieb ein. Kraft bzw. Momente reduzierende mechanische Übersetzungselemente, speziell Kugelgewindespindeln und Getriebe, wie bei konventionellen elektrischen Vorschubantrieben fehlen prinzipbedingt bei den elektrischen Linearantrieben.
Linearantriebe haben sich bisher nur bei bestimmten Anwendungen durchsetzen können, und zwar dort, wo die hohe Beschleunigung sinnvoll ausgenützt werden kann und keine oder nur geringe Zerspankräfte auftreten, z. B. bei Laserschneidegeräten in der Elektronikindustrie.

10.4.2.7 Die Drehzahlmessung

Die Eigenschaften eines Antriebs werden wesentlich von der Art der Erfassung des Drehzahlistwertes beeinflußt. Man unterscheidet dabei zwischen den *Gleichspannungsgeneratoren* mit Bürsten (Bild 10.25 a) und den bürstenlosen *Wechselspannungsgeneratoren* (Bild 10.25 b). Die Drehzahl ist in beiden Fällen der am Generator anliegenden Spannung proportional. In der Vergangenheit galt die Regel: Tachogeneratorprinzip = Motorprinzip. Ein zwingender Grund hierfür liegt aber nicht vor. Da die Bürsten des Tachogenerators (Bild 10.25 a) wesentlich häufiger als die eines konventionellen Gleichstrommotors eine Fehlerquelle darstellen, erscheint der Einsatz einer bürstenlosen Istwerterfassung auch in diesen Fällen vorteilhaft. Bürstenlose Tachogeneratoren arbeiten nach dem gleichen Prinzip wie bürstenlose Gleichstrommotoren, nur eben generatorisch. Die Verwendung von Impulsgebern wie z. B. Hallsonden oder Reflexlichtschranken ist vor allem bei niedrigen Drehzahlen problematisch (nur wenige Impulse pro Zeiteinheit). Impulsgeber mit hohen Impulszahlen pro Umdrehung bringen Abhilfe, sind aber aufwendiger.

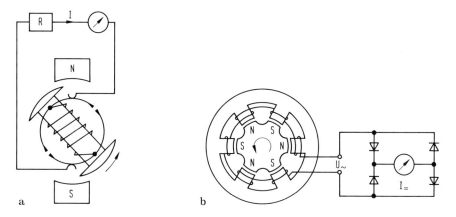

Bild 10.25. Prinzipielle Möglichkeiten für den Aufbau von Tachogeneratoren: a) Gleichspannungsgenerator, b) Wechselspannungsgenerator mit Brückengleichrichter ([10.32])

10.4.3 Mechanische Baugruppen

10.4.3.1 Allgemeines

Die elektrischen Antriebssysteme müssen mit ihren Eigenschaften sorgfältig auf die mechanischen Baugruppen abgestimmt sein und umgekehrt. Bild 10.26 zeigt ein Modell für einen elektrischen Vorschubantrieb, wie er heute sehr häufig an NC-Werkzeugmaschinen zu finden ist. Über den drehzahl- und stromgeregelten Vorschubmotor erfolgt die Momenteneinleitung in das mechanische Übertragungssystem. Zur Drehzahl- bzw. Momentenanpassung von Motorseite und Abtriebsseite dient eine Zahnriemenstufe. Die Umwandlung der rotatorischen Antriebsbewegung in die benötigte translatorische Vorschubbewegung am Werkzeugschlitten übernimmt ein Kugelgewindetrieb mit spielfrei vorgespannter Doppelmutter, die mit dem Schlitten verbunden ist. In Bild 10.26 sind bereits die Möglichkeiten einer unterschiedlichen Erfassung der Regelgröße des Lageregelkreises (Schlittenposition x_6) berücksichtigt und mit eingezeichnet. Nähere Einzelheiten zu diesem Thema sind in Kapitel 11 zu finden.

Die Auslegung der mechanischen Übertragungselemente nach dynamischen Gesichtspunkten ist heute stärker als in der Vergangenheit notwendig. Moderne Antriebsmotoren sind aufgrund ihrer guten dynamischen Eigenschaften in der Lage, die *Resonanzfrequenzen der Mechanik* anzuregen. Das bedeutet, die erste dominante Resonanzfrequenz der Mechanik liegt im Bereich der Eigenfrequenz des drehzahlgeregelten Vorschubmotors. Dadurch können die gesamten dynamischen Eigenschaften moderner Vorschubantriebsmotoren nicht voll genutzt werden. Typische mechanische Grundelemente sind z. B. Getriebe, heute oft Zahnriementriebe, Kugelgewindespindeln, Lager und Führungen.

Spiel im mechanischen Teil des Antriebsstranges verhindert gutes Regelverhalten, da Spiel das Übertragungsverhalten eines *Totzeitgliedes* besitzt. Die phasenabsenkenden Eigenschaften eines Totzeitgliedes bewirken eine Destabilisierung der Rege-

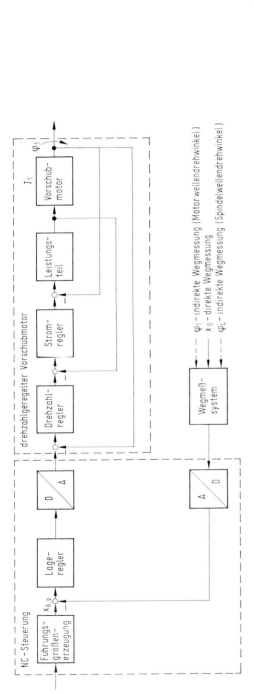
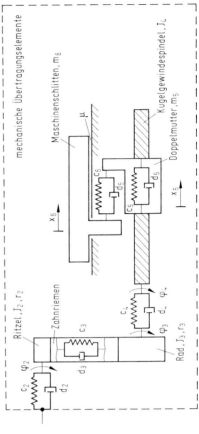

Bild 10.26. Ersatzmodell für einen elektrischen Vorschubantrieb

lung. Das vorhandene Spiel kann aber durch entsprechende Vorspannung in den Bauteilen vermieden werden.

Trotzdem besitzen Vorschubantriebe i. allg. eine *elastische Umkehrspanne*. Diese entsteht auf Grund der Elastizitäten der mechanischen Übertragungselemente im Antriebsstrang. Bild 10.27 zeigt hierfür ein vereinfachtes Modell. Der Antrieb muß erst die Feder (resultierend aus den elastischen Baugruppen, z. B. Torsion einer Spindel) um den Betrag Δε bewegen, bis die Reibkräfte am Tisch (Masse m) überwunden sind. Kehrt sich die Bewegungsrichtung um, muß die Feder insgesamt um 2 · Δε in die andere Richtung gedehnt werden, bevor eine Kraftübertragung erfolgt.

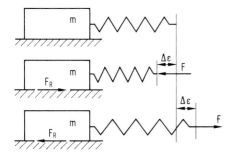

Bild 10.27. Zustandekommen einer elastischen Umkehrspanne ([10.8])

Die Beurteilung von Vorschubantrieben an NC-Maschinen erfolgt zum einen indirekt durch Fertigung von Probewerkstücken, zum anderen nach der Richtlinie VDI/DGQ 3441 [10.14] durch die Messung der *Positioniergenauigkeit* des Antriebs. Dabei handelt es sich um statisch-statistische Messungen, bei denen die relative Wegänderung zwischen Werkstück und Werkzeug ohne Zerspanbedingungen ermittelt wird.

10.4.3.2 Zahnriemen

Statt aufwendiger, evtl. mehrstufiger Zahnradgetriebe werden heute meist Zahnriemen in Vorschubantrieben eingesetzt, um die Anpassung der Motordrehzahl an die Abtriebsdrehzahl (Spindeldrehzahl) herzustellen [10.8, 10.15]. Man spart dabei aufwendige Kupplungen, besitzt genügend Spielraum in der Wahl des Achsabstandes und erhält niedrige Fremdmassenträgheitsmomente (Ritzel und Rad aus Aluminium statt aus Stahl). Der Zahnriementrieb ist über lange Zeiträume *wartungsfrei* und bietet ausreichende Standfestigkeit. Den typischen Aufbau verschiedener Zahnriemen zeigt Bild 10.28. Für Vorschubantriebe kommen vor allem Zahnriemen mit Kreisbogen- oder Evolventenprofil in Frage. Ein Polyamidgewebe schützt vor Verschleiß. Die Steifigkeit erhält der Riemen durch Zugstränge aus Stahl- oder Glasfaser bzw. neuerdings auch aus Kevlar. Für den optimalen Betrieb benötigt der Zahnriemen eine definierte Vorspannung, die durch konstruktive Maßnahmen gesichert sein

Trapezprofil   Kreisbogenprofil   Evolventenprofil
DIN 7721 bzw. DIN/ISO 5296

Bild 10.28. Aufbau unterschiedlicher Zahnriementypen (Nach DIN 7721)

muß. Das maximal zu übertragende Drehmoment M_{max} bestimmt den Durchmesser der kleineren Scheibe d_{k1}:

$$d_{k1} = \frac{2 M_{max}}{F_{max}} \tag{10.15}$$

mit
F_{max}: Reißkraft des Zahnriemens in N.

Der größere Durchmesser folgt aus dem gewünschten Übersetzungsverhältnis. Ein zu großer Achsabstand kann zu (dynamischen) Steifigkeitsproblemen führen. Der Riemen neigt dann zu Flatterschwingungen. Abhilfe bringen Andruckrollen auf die freien Riemenstücke, womit die Vorspannung unter allen Betriebsbedingungen weitgehend konstant gehalten werden kann (Bild 10.29). Der Nachteil dieser Anordnung besteht in der Vergrößerung des Fremdmassenträgheitsmoments des Vorschubantriebs durch die Andruckrollen.

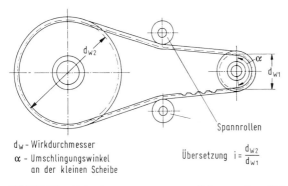

d_W - Wirkdurchmesser
α - Umschlingungswinkel an der kleinen Scheibe

Übersetzung $i = \frac{d_{W2}}{d_{W1}}$

Bild 10.29. Zahnriemenvorspannung mit Spannrollen ([10.2])

10.4.3.3 Möglichkeiten zum Wandeln der Rotationsbewegung in die Translationsbewegung

Je nach Maschinengröße haben sich hier zwei Systeme durchgesetzt: Die aufwendigen hydrostatischen *Schnecken/Zahnstange-Systeme* für große Kräfte und lange

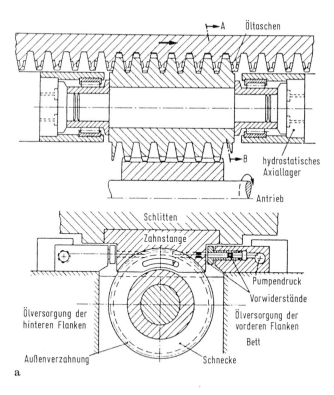

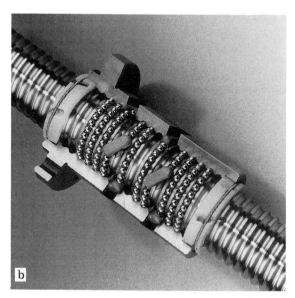

Bild 10.30. a) hydrostatisches Schnecke/Zahnstangensystem (Waldrich Coburg/Ingersoll) und b) Kugelgewindespindel (Warner Electric) zur Wandlung der Rotationsbewegung in die Translationsbewegung

Wege sowie die zahlenmäßig weitaus bedeutenderen *Kugelgewindespindeln* (Bild 10.30) [10.8, 10.16]. Letztere zeichnen sich (abhängig von der Größe der Vorspannung) durch hohen Wirkungsgrad und geringen Verschleiß aus. Das Prinzip ähnelt dem von Kugellagern. Die Kraftübertragung erfolgt durch Wälzkörper (Kugeln) zwischen der Spindel mit Außengewinde und der Mutter mit Innengewinde. Dabei muß für die Rückführung der Wälzkörper entweder nach jeder Umdrehung oder auch nach entsprechender Mutterlänge gesorgt werden (Bild 10.31). Die geforderte Spielfreiheit dieses Spindelmuttersystems kann durch verschiedene Maßnahmen erreicht werden, z. B. durch Verspannen von zwei Einzelmuttern gegeneinander oder Verwenden von Kugeln mit Übermaß. Abmessungen und Genauigkeit der Kugelgewindespindel sind in DIN 69051 [10.9] festgelegt. Nicht genormt ist dagegen die Rillenform. Abhängig von Länge und Lagerungsart sind ggfs. *Torsions- und Biegeschwingungen* der Spindel bei der Auslegung des Vorschubantriebs mit zu berücksichtigen. Die Lagerung der Spindel kann einseitig fliegend, beidseitig fest bzw. in Fest-los-Anordnung erfolgen (Bild 10.32). Vor- und Nachteile (Kosten, Aufwand, statische und dynamische Steifigkeit) der Lagervarianten sind jeweils sorgfältig gegeneinander abzuwägen. Neben der Zug-Druckstabilität und der Torsionssteifigkeit der Spindel sowie der Steifigkeit des Kugelmutterbereichs muß weiterhin die Steifigkeit der verwendeten Lager und ihrer Umbauteile mit Berücksichtigung finden, um die Eigenschaften der mechanischen Übertragungselemente im Antriebsstrang bewerten zu können [10.9, 10.17 - 10.19].

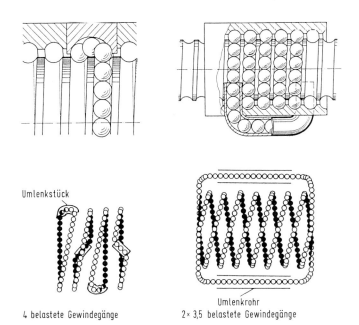

Bild 10.31. Möglichkeiten der Kugelumlenkung an Kugelgewindespindeln (Warner Electric)

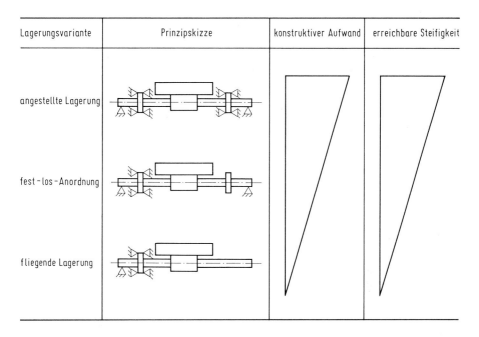

Bild 10.32. Häufig verwendete Lagerungsarten von Kugelgewindespindeln an Werkzeugmaschinen ([10.2])

10.4.3.4 Führungen

Die unterschiedlichen *Reibcharakteristika* der einzelnen Führungstypen beeinflussen auch das Verhalten des Vorschubantriebs als Ganzes. Konventionelle hydrodynamische Gleitführungen (Grauguß) besitzen ausgeprägtes Stick-slip-Verhalten. Dies kann bei Verwendung indirekter Wegmeßsysteme im Lageregelkreis zu relativ großen Umkehrspannen und bei direkten Wegmeßsystemen zu regelungstechnischen Schwierigkeiten aufgrund der nichtlinearen Reibkennlinie führen (Gefahr von Grenzschwingungen). Eine Verbesserung läßt der Einsatz von speziellen Kunststoffgleitbelägen bei der Reibpaarung erwarten. Beim Einsatz hydrostatischer Führungen ergeben sich vorteilhafte Reibverhältnisse. Diese Führungen sind aber aufwendig in der Herstellung und Wartung. Wälzführungen besitzen aufgrund der reinen Rollreibung extrem niedrige Reibkoeffizienten und weisen damit praktisch kein Stick-slip-Verhalten auf. Dafür besitzen sie aber eine extrem schwache Dämpfung, was Schwingungsprobleme mit sich bringen kann.
Ausführlich wird das Thema Führungen in Kap. 7 behandelt.

10.5 Der Lageregelkreis

Zum Aufbau eines kompletten Vorschubantriebssystems sind neben den bereits aufgeführten Vorschubbaugruppen eine Steuerung und im Normalfall ein Lagemeßsystem notwendig. Während früher teilweise gesteuerte Antriebe Verwendung fanden, kommen heute nahezu ausschließlich *lagegeregelte Vorschubantriebe* zum Einsatz (Bild 10.33).

Bei einer *Lagesteuerung* wird der Sollwert z. B. als Zählerstand für einen Schrittmotor vorgegeben. Anschließend werden an den Schrittmotor entsprechend viele Schrittpulse ausgegeben, unabhängig davon, ob diese auch tatsächlich in eine Wegstrecke umgesetzt wurden. Es erfolgt keine Erfassung und Rückkopplung des Istwertes. Aus diesem Grund muß sichergestellt sein, daß der Istwert sich mit ausreichender Genauigkeit entsprechend dem Sollwert einstellt, auch wenn Störungen (z. B. Zerspankräfte) auftreten; für eine Steuerung keine leicht zu erfüllende Aufgabe.

Bei einem *Regelkreis* dagegen werden Soll- und Istwert ständig miteinander verglichen und durch den Regler das Stellglied der Regelstrecke so beeinflußt, daß die Regeldifferenz, i. allg. die Differenz zwischen Soll- und Istwert, möglichst zu Null wird bzw. möglichst gering bleibt, auch wenn störende Einflüsse auftreten. Wichtig ist die optimale Auslegung dieser Regler für stationäre als auch dynamische Vorgänge. In der Praxis findet man an Vorschubantrieben zur Zeit eine Kaskadenregelung, d. h. dem Hauptregelkreis (hier Lageregelkreis) sind mehrere Hilfsregelkreise unterlagert (i. allg. Drehzahl- und Stromregelkreis, vgl. hierzu auch Bild 10.26 [10.9, 10.11, 10.20]).

Die Kaskadenstruktur bietet den Vorteil, daß die einzelnen Regelkreise für sich optimiert und von innen nach außen in Betrieb genommen werden können. Der innerste Kreis regelt den Strom, der durch den Motor fließt. Der mittlere Kreis sorgt für die Drehzahlregelung und der äußere, der Lageregelkreis, ist für die genaue Positionierung des Werkzeugschlittens zuständig.

Allgemein gilt, daß unterlagerte Regelkreise die Dynamik und das Störverhalten des gesamten Systems verbessern [10.21, 10.22].

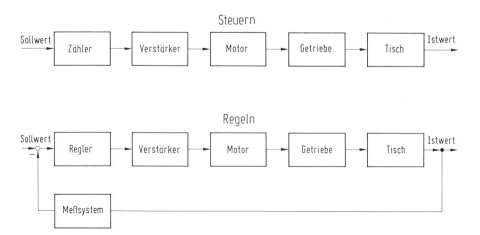

Bild 10.33. Unterschied zwischen gesteuertem und geregeltem Vorschubantrieb

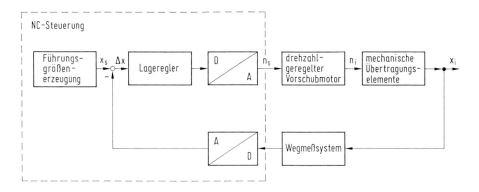

Bild 10.34. Blockschaltbild eines lagegeregelten Vorschubantriebs; $\Delta x = x_s - x_i$: Schleppabstand, x_s: Lagesollwert, x_i: Lageistwert, n_s: Drehzahlsollwert, n_i: Drehzahlistwert, A/D: Analog-Digital-Wandler, D/A: Digital-Analog-Wandler

Das Blockschaltbild eines lagegeregelten Vorschubantriebes zeigt Bild 10.34. Die Funktion des Lagereglers ist in die NC-Steuerung integriert, vgl. Kap. 12. In der Steuerung wird dazu die Differenz aus dem Wegsollwert x_{soll} vom Interpolator und dem Wegistwert x_{ist} vom Wegmeßsystem gebildet. Das Ergebnis ist der sog. *Schleppabstand* Δx. Dieser Wert wird anschließend im Lageregler mit dem k_V-Faktor (Proportionalregler) multipliziert und so der Sollwert für die Vorschubgeschwindigkeit v_{soll} erzeugt. Für den unterlagerten Drehzahlregelkreis entspricht v_{soll} der Motorsolldrehzahl n_{soll} (proportionales Verhalten zwischen Vorschubgeschwindigkeit und Motordrehzahl im stationären Betrieb):

$$v_{soll} = k_V \Delta x, \tag{10.16}$$

$$\Delta x = x_{soll} - x_{ist} \tag{10.17}$$

mit
v_{soll}: Sollgeschwindigkeit, k_V: Konstante des Proportionallagereglers (k_V-Faktor), Δx: Schleppabstand, x_{soll}, x_{ist}: Soll-, Istweg in m.
Die Erfassung des Drehzahlistwerts erfolgt durch einen Tachogenerator direkt an der Motorwelle. Die Erfassung der Istposition kann auf verschiedene Weise und an unterschiedlicher Stelle erfolgen, z. B. direkt am Tisch, indirekt an der Spindel oder sogar indirekt an der Motorwelle, vgl. hierzu auch Kap. 11. Dadurch ergeben sich teilweise erhebliche Unterschiede im Betriebsverhalten des Vorschubantriebs.
Bei konstanter Geschwindigkeit, d. h. bei rampenförmigem Verlauf des Wegsollwerts, ist der Schleppabstand um so kleiner, je größer k_V ist.
Der Schleppabstand wird bei einer sprungförmigen Änderung der Sollgröße nach einiger Zeit gegen Null gehen. Der maximal einstellbare Wert für k_V hängt vor allem von den dynamischen Eigenschaften der elektrischen und der mechanischen Baugruppen des Antriebs ab. Die Verstärkung k_V muß dabei so gewählt werden, daß der Vorschubantrieb unter allen Betriebsbedingungen stabiles Verhalten besitzt. Der k_V-Faktor wird entweder in der Einheit 1 / s oder häufiger in (m / min) / mm (sog.

Industrie-k_V) angegeben. Einen Positioniervorgang bei unterschiedlichen Werten für k_V im Lageregelkreis zeigt Bild 10.35. Die *Optimierung* des Lageregelkreises für eine Vorschubachse erfolgt *nach Gütekriterien* [10.2, 10.11, 10.20, 10.22], die darauf abzielen, den entstehenden Geometriefehler $x_{soll}(t) - x_{ist}(t)$ beim Verfahren zu minimieren.

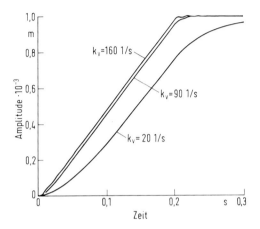

Bild 10.35. Positioniervorgang des lagegeregelten Vorschubantriebs bei rampenförmiger Sollwertvorgabe: k_V = 20, 90, 160 1/s ([10.8])

Sind mehrere Lageregelkreise an der Erzeugung einer Bahnkurve beteiligt, so ist darauf zu achten, daß die jeweiligen k_V-Faktoren gleich sind. Bild 10.36 vermittelt diesen Zusammenhang. Fährt man zwei Achsen in 45 Grad zueinander, so entsteht zwar für die x- und für die y-Achse jeweils ein Schleppabstand, aber bei gleichem k_V-Faktor bewegen sie sich auch auf der gleichen Geraden wie der Sollwert zu dem angestrebten Punkt in Bild 10.36 oben. Weicht dagegen der k_V-Faktor einer Achse von dem der anderen ab, so entsteht, wie in Bild 10.36 unten, beim Abfahren der Geraden eine *Hysteresekurve*.

Bild 10.37 zeigt Rundheitsmessungen an einem zylindrischen Werkstück mit 30 mm Durchmesser, das mit Vorschubgeschwindigkeiten von 50, 100 und 200 mm / min gefräst wurde. Man erkennt deutlich den Anfahrpunkt an das Werkstück sowie den Einfluß beim Wechsel der Bewegungszustände der Achsen (Drehrichtungsumkehr → Haftreibung) auf die Rundheit im µm-Bereich. Das Beispiel soll zeigen, welch hohe Präzision mit modernen elektrischen Vorschubantrieben bei vergleichsweise großen Verfahrgeschwindigkeiten erzielt werden kann.

Für das dynamische Verhalten des Lageregelkreises ist die Funktionsweise des verwendeten Wegmeßsystems zur Erfassung der Regelgröße, i. allg. der Verfahrweg der jeweiligen Vorschubachse, von großer Bedeutung. Die Diskussion darüber erfolgt im Kap. 11.

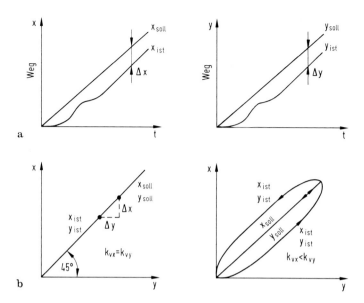

Bild 10.36. Auswirkung unterschiedlicher k_V-Faktoren im Lageregelkreis beim Verfahren zweier NC-Vorschubachsen im 45°-Winkel zueinander: a) Verlauf x(t), y(t) der einzelnen Vorschubachsen. b) f(x,y) : ebene Bahnkurve aus der Überlagerung beider Achsen.

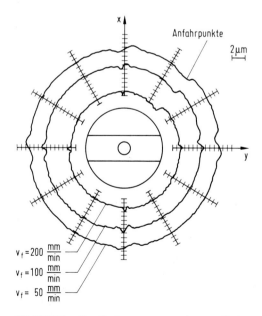

Bild 10.37. Rundheitsmessung an einem zylindrischen Werkstück Durchmesser 30 mm; gefräst mit Vorschubgeschwindigkeiten v_f = 50, 100, 200 mm/min ([10.8])

10.6 Auslegung von Vorschubantrieben

Die *Ersatzstruktur* für einen in der Praxis häufig anzutreffenden elektrischen Vorschubantrieb mit Zahnriemenstufe, Kugelgewindespindel und hydrodynamischen Gleitführungen kann Bild 10.26 entnommen werden.
Die Auslegung von Vorschubantrieben erfolgt nach dem *Bearbeitungsverfahren*, das die maximale Vorschubkraft benötigt, z. B. Bohren ins Volle bei der Drehbearbeitung. Weiterhin muß die gewünschte *Eilganggeschwindigkeit*, die der Antrieb realisieren soll, bekannt sein. Die Auswahl des Vorschubmotors erfolgt zunächst rein statisch auf der Grundlage der Berechnung des erforderlichen Lastmoments. Allgemein gilt dafür der Ansatz

$$M_L = \frac{M_{Sp}}{i\,\eta_G} \tag{10.18}$$

mit

M_L: Lastmoment des Motors, M_{Sp}: Drehmoment an der Spindel, i: Übersetzung der Zahnriemenstufe, η_G: Wirkungsgrad der Zahnriemenstufe.
Die Berechnung des Drehmomentes M_{Sp} an der Kugelgewindespindel geschieht mit der Formel:

$$\begin{aligned}M_{Sp} &= \frac{h}{2\,\pi\,\eta_{Sp}}(\mu\,m_{ges}\,g + F_f + F_G) \\ &= \frac{h}{2\,\pi\,\eta_{Sp}}(F_R + F_f + F_G) \\ &= \frac{1}{\eta_{Sp}}(M_R + M_f + M_G)\end{aligned} \tag{10.19}$$

mit

h: Spindelsteigung, μ: Reibkoeffizient der Schlittenführungen, g: Erdbeschleunigung, m_{ges}: gesamte, translatorisch bewegte Masse aus Schlitten und Werkstück (oder Werkzeug), F_R: Reibkraft, F_f: maximale Vorschubkraft, aus dem Zerspanprozeß resultierend, F_G: Gewichtskraft bei vertikalen Achsen, M_R: Reibmoment an der Spindel, M_f: Spindelmoment aus der Vorschubkraft resultierend, M_G: Spindelmoment aus der Gewichtskraft resultierend.
Die Zusammenhänge zur Berechnung der Vorschubkraft sind in Kap. 4 dargelegt.
Die Motornenndrehzahl n_N, die Getriebeübersetzung i der Zahnriemenstufe sowie die Spindelsteigung h sind als Entwurfsparameter noch zu wählen. Während die Übersetzung der Zahnriemenstufe i relativ beliebig festgelegt werden kann, ergeben sich sowohl für die Motordrehzahl und die Spindelsteigung Einschränkungen durch das Angebot der Hersteller. Da die Eilganggeschwindigkeit v_e des zu konzipierenden Vorschubantriebs als geforderte Größe feststeht, reduziert sich das Entwurfsproblem auf das Finden einer geeigneten Kombination aus Motornenndrehzahl n_N und Spindelsteigung h. Insgesamt muß folgende Gleichung erfüllt sein:

$$i = \frac{n_M}{n_{Sp}} = \frac{n_N\,h_{Sp}}{v_e}. \tag{10.20}$$

Hat man sich für eine Motoren-Spindel-Kombination entschlossen, so kann das Lastmoment des Motors nach den genannten Formeln berechnet werden. Dabei ist zu beachten, daß es häufig bei NC-Maschinen ausreichend ist, das Motormoment nicht als Dauerdrehmoment, sondern als Aussetzbelastung zu verlangen (S3). Berücksichtigt man dies und den eingeschränkten Drehzahlbereich, so kann oft ein kleinerer Motor und Verstärker ausgewählt werden (Bild 10.38).

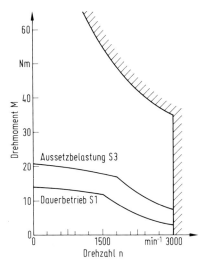

Bild 10.38. Kennlinienfeld des ausgewählten Vorschubmotors (Siemens)

Nach der rein statischen Auslegung des Vorschubantriebs, die zunächst mit der Wahl eines geeigneten Vorschubmotors abgeschlossen ist, erfolgt noch die Überprüfung der *Hochlaufzeit* auf Eilganggeschwindigkeit. Hierzu müssen die einzelnen Trägheitsmomente der Komponenten bekannt sein (aus Herstellerunterlagen oder Konstruktionsdaten). Sie werden auf die Motorwelle reduziert umgerechnet. Für das *Gesamtträgheitsmoment* des Vorschubantriebs, auf die Motorwelle bezogen, folgt schließlich:

$$J_{ges} = J_M + J_{Z,M} + \frac{1}{i^2}(J_{Z,Sp} + J_{Sp} + m_{ges}(\frac{h}{2\pi})^2)$$

$$= J_M + J_{Z,M} + \frac{1}{i^2}(J_{Z,Sp} + J_{Sp} + J_T) \tag{10.21}$$

mit

J_M: Motorträgheitsmoment, $J_{Z,M}$: Trägheitsmoment der Zahnscheibe auf der Motorseite, $J_{Z,Sp}$: Trägheitsmoment der Zahnscheibe auf der Spindelseite, J_{Sp}: Trägheitsmoment der Kugelgewindespindel, J_T: Äquivalentes Trägheitsmoment des Tisches (mit Werkstück bzw. Werkzeug) auf die Spindel bezogen. Als Beschleunigungsmoment M_B steht das verfügbare Motormoment abzgl. des Lastmoments zur Verfügung. Da das Motormoment von der Drehzahl abhängt, rechnet man jeweils für Teilabschnitte, in denen das Beschleunigungsmoment als konstant vorausgesetzt wird. Hier im Beispiel wird der Einfachheit halber mit zwei Bereichen gerechnet (Bild 10.39). Damit ergeben sich die beiden schraffierten Flächen gleicher Leistung. Für den Drehzahlabschnitt Δn erhält man im Mittel die richtige Leistungskennlinie:

$$M_B = M_M - M_L = J_{ges} \frac{d\omega}{dt} \approx J_{ges}\, 2\,\pi\, \frac{\Delta n}{\Delta t} \tag{10.22}$$

mit

M_B: Beschleunigungsmoment, M_M: Motormoment, M_L: Lastmoment, J_{ges}: Auf Motorwelle reduziertes Gesamtträgheitsmoment des Antriebs, sowie $\frac{d\omega}{dt}$: Winkelbeschleunigung.

Insgesamt folgt:

$$\Delta t_1 = J_{ges}\, 2\,\pi\, \frac{\Delta n_1}{M_1},$$
$$\Delta t_2 = J_{ges}\, 2\,\pi\, \frac{\Delta n_2}{M_2},$$
$$\Delta t = \Delta t_1 + \Delta t_2. \tag{10.23}$$

Für eine gute Auslegung spricht in der Praxis ein Δt im Bereich von 200 ms.

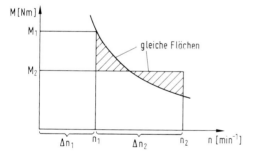

Bild 10.39. Vereinfachtes Kennlinienfeld des Vorschubmotors zur Berechnung der Hochlaufzeit des Antriebs

Ist die Auswahl des Antriebs abgeschlossen, dann erfolgt in der Praxis meist die Optimierung am Prototyp als nächster Schritt. In vielen Fällen liegt die elektrische Grenzfrequenz des drehzahlgeregelten Vorschubmotors weit unter der mechanischen Eigenfrequenz, und das Antriebssystem verfügt zusätzlich über eine genügend hohe Dämpfung, so daß die Beeinflussung zwischen dem elektrischen Antriebsmotor und der mechanischen Struktur nicht störend in Erscheinung tritt.

Damit kann der Antrieb für diesen Standardfall ($\omega_{0,\,el} < 0{,}5\,\omega_{0,\,mech}$) mit ausreichender Genauigkeit durch ein *lineares Differentialgleichungssystem* zweiter Ordnung beschrieben werden (sog. PT2-Verhalten), Bild 10.40 [10.2, 10.8, 10.11, 10.20].

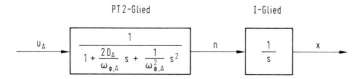

Bild 10.40. Vorschubantrieb als idealisiertes PT2-Glied unter der Voraussetzung: $\omega_{0,el} < 0{,}5\,\omega_{0,mech}$; u_A: Ankerspannung, n: Motordrehzahl, x: Schlittenposition, D_A: Dämpfungsgrad des Antriebs, $\omega_{0,A}$: Kennkreisfrequenz des Antriebs, s: Laplace-Operator

Aufgrund immer höher dynamischer Vorschubmotoren, hauptsächlich bedingt durch die großen Fortschritte auf dem Entwicklungssektor der Leistungselektronik und der Fertigungsgenauigkeit bei der Herstellung der Antriebe, tritt in der Praxis zunehmend der Fall auf, daß die elektrische Kennkreisfrequenz in den Bereich der mechanischen Kennkreisfrequenz vorstößt, also $\omega_{0,\,el} \approx \omega_{0,\,mech}$ wird [10.8, 10.23, 10.24, 10.31]. Damit ist die Beschreibung des kompletten Vorschubantriebsstranges als einfaches PT2-Glied nicht mehr ausreichend. Abhilfe bieten komplexere Beschreibungsformen des hybriden Mehrmassensystems, das z. B. nach Bild 10.41 idealisiert werden kann. In diesem Fall wurden die im Kraftfluß liegenden Komponenten des mechanischen Systems in das Modell mit einbezogen. Die Formulierung der Bewegungsgleichungen des *schwingungsfähigen* mechanischen Übertragungssystems erfolgt üblicherweise mit den Lagrange-Gleichungen zweiter Art oder dem allgemeinen Newton-Euler-Verfahren, d. h. über Impuls- und Drallsatz [10.25, 10.26]. Insgesamt erhält man letztendlich für die mechanische Teilstruktur des Antriebes folgendes DGl.-System zweiter Ordnung:

$$[M]\{\ddot{q}\} + [D]\{\dot{q}\} + [C]\{q\} = \{e\} \tag{10.24}$$

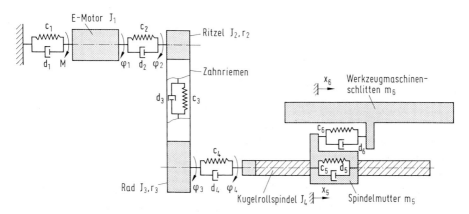

Bild 10.41. Modellierung des kompletten Vorschubzweiges als Mehrmassenschwinger ([10.8,10.31])

mit
[*M*]: Massenmatrix (diagonal),
[*D*]: Dämpfungsmatrix (tridiagonal),
[*C*]: Steifigkeitsmatrix (tridiagonal),
{*q*}:Vektor der verallgemeinerten Koordinaten mit *n* Komponenten (*n*: Anzahl der Freiheitsgrade des Systems; hier: $k = 6$),
{*e*}: Erregervektor.
Für den nach Bild 10.41 idealisierten Vorschubantrieb erhält man die folgenden Bewegungsgleichungen, Bild 10.42.

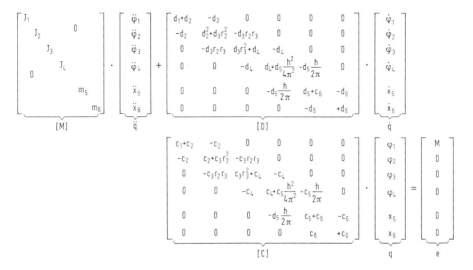

Bild 10.42. Bewegungsgleichungen für das Ersatzmodell des Vorschubantriebs aus Bild 10.42; Erregervektor für ein aufgebrachtes Moment am Vorschubmotor angegeben ([10.8])

Nach Transformation dieses Differentialgleichungssystems zweiter Ordnung in die benötigte *Zustandsraumdarstellung* (Differentialgleichungssystem erster Ordnung; Anzahl der Freiheitsgrade: $n = 2 k$, [10.21, 10.22]) erfolgt schließlich die Kopplung mit den restlichen Zustandsdifferentialgleichungen für den elektrischen Vorschubmotor. Die Bilder 10.43 und 10.44 zeigen das entsprechende Vorgehen.
Insgesamt entsteht ein System gekoppelter Differentialgleichungen erster Ordnung mit je nach Diskretisierungsaufwand praktisch beliebig vielen Freiheitsgraden zur Beschreibung des Übertragungsverhaltens des Vorschubantriebsstranges. Damit erhält der Anwender prinzipiell die Möglichkeit, eine Optimierung und Schwachstellenanalyse der mechanischen Komponenten bereits im Konzeptionsstadium des Antriebs durchzuführen. Zu diesem Zweck wurde u. a. ein spezielles Finite-Elemente-Programm entwickelt (Programm VASDY in [10.8], vgl. auch [10.29 - 10.31]).

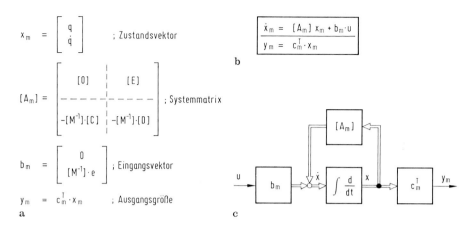

Bild 10.43. Transformation der mechanischen Bewegungsgleichungen in den Zustandsraum; a) Vorgehensweise, b) Differentialgleichungssystem erster Ordnung (Zustandraumdarstellung), c) Blockschaltbilddarstellung ([10.31])

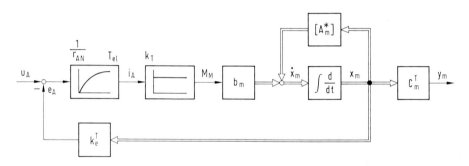

Bild 10.44. Kopplung des zustandstransformierten mechanischen Differentialgleichungssystems mit dem Blockschaltbild eines Gleichstrommotors ([10.31])

In der bekannten Zustandsraumdarstellung der Regelungstechnik ergibt sich folgende Darstellung:

$$\{\dot{x}\} = [A]\{x\} + \{b\}u,$$

$$y = \{c\}^t\{x\} \tag{10.25}$$

mit
$\{x\}$: Zustandsvektor,
$[A]$: Systemmatrix,
$\{b\}$: Eingangsvektor,
$\{c\}^t$: Ausgangsvektor, transponiert,
u: Eingangsgröße des Systems,
y: Ausgangsgröße (i. allg. Schlittenposition).

Um den Rechenaufwand bei der Analyse der Systemdynamik bzw. zur Synthese von Regelungsstrukturen in Grenzen zu halten, wird man versuchen, die Ordnung des mechanischen Teilsystems niedrig zu halten.
Nach erfolgter Optimierung der Regelung durch *numerische Simulation* am Digitalrechner wird beim experimentellen Test zur Beurteilung des Antriebs das sog. *Kleinsignalverhalten* betrachtet. Kleinsignal deswegen, weil der Sollwertsprung so klein gehalten wird (typisch kleiner 2 % des Maximalwertes), daß kein Regler in die Begrenzung gerät. Man gibt also einen kleinen Führungsgrößensprung vor und erhält eine Sprungantwort ähnlich Bild 10.45. Der Motor erreicht die stationär gewünschte neue Drehzahl nach einem sehr kurzen Einschwingvorgang. Das Einstellen des maximalen Überschwingers erfolgt dabei auf Werte von ca. 30 %. Das Überschwingen im Drehzahlistwert ist zulässig, schließlich handelt es sich nicht um den Lageistwert des Vorschubantriebs. Änderungen der Sprunghöhe innerhalb des Kleinsignalbereiches zeigen unter der Voraussetzung linearen Systemverhaltens immer das gleiche dynamische Verhalten, d. h. gleiches zeitliches Verhalten und gleiche Höhe der Überschwinger.

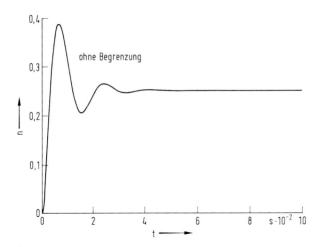

Bild 10.45. Sprungantwort des Drehzahlregelkreises: ohne Begrenzung gerechnet (linear, Kleinsignalverhalten; [10.8])

Anders liegen die Verhältnisse beim *Großsignalverhalten*, Bild 10.46. Hier werden Begrenzungen des Antriebs (z. B. beim maximalen Beschleunigen) erreicht. Das führt zu anderen zeitlichen Verhältnissen (proportionale Zunahme der Anregelzeit) und geänderten prozentualen Überschwingern. Entsprechend gibt das Großsignalverhalten insbesondere über abgegebene Drehmomente Aufschluß.
Für den Fall, daß trotz komplexer Systembeschreibung des Vorschubantriebes unter Berücksichtigung schwingungsfähiger Mechanik keine befriedigenden Ergebnisse bei der Optimierung des kaskadierten Lageregelkreises erzielt werden können, bieten

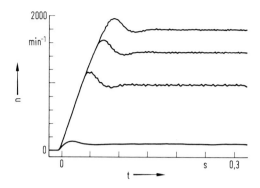

Bild 10.46. Gemessenes Großsignalverhalten des Drehzahlregelkreises: Strombegrenzung wirksam, nichtlinear

sich die Möglichkeiten der digitalen Zustandsregelung an [10.27, 10.28, 10.31]. Im Unterschied zur konventionellen Kaskadenregelung wird bei der Zustandsregelung der Vorschubmotor innerhalb des Regelkreises nicht mehr drehzahlgeregelt: Als ungeregeltes System aber besitzen die Vorschubmotoren eine üblicherweise wesentlich niedrigere Eigenkreisfrequenz $\omega_{0,el}$ als im geregelten Fall. Damit ist die allgemeingültige Forderung $\omega_{0,el} < 0,5 \; \omega_{0,mech}$ für günstige Regelungseigenschaften gut erfüllt.

Der Trend zur weiteren Digitalisierung der Signalverarbeitung innerhalb elektrischer Vorschubsysteme begünstigt die Entwicklung von Zustandsregelungskonzepten für NC-Systeme, so daß langfristig eine Ablösung der klassischen Kaskadenregelung zu erwarten ist.

Weg- und Winkelmeßsysteme

11.1 Anforderungen

Wesentliches Merkmal einer CNC-gesteuerten Werkzeugmaschine ist die Existenz eines Lageregelkreises für jede einzelne Vorschubachse (Bild 11.1). Das Weg- bzw. Winkelmeßsystem ist neben der Lageregeleinrichtung und dem Antriebssystem die dritte Komponente des Lageregelkreises und dient der Erfassung der Regelgröße $x(t)$ bzw. $\varphi(t)$. Als Meßgröße wird dabei die Lage bzw. der Winkel des werkstück-

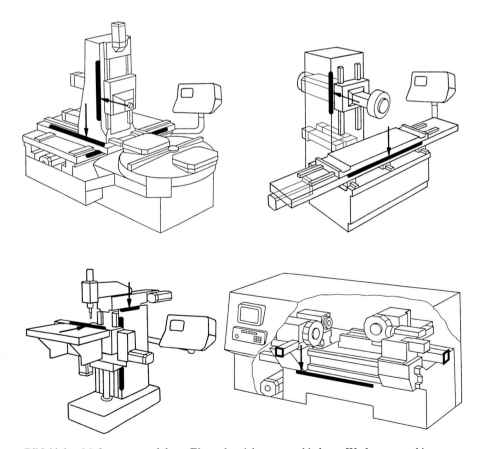

Bild 11.1. Meßsysteme und deren Einsatzbereiche an verschiedenen Werkzeugmaschinen

oder werkzeugtragenden Maschinenschlittens erfaßt und der Lageregeleinrichtung (Bild 11.2) zugeführt.

Die Art der Meßwerterfassung, die physikalische Arbeitsweise des Meßverfahrens und die Art der Anbringung des Meßsystems haben erheblichen Einfluß auf die Positioniergenauigkeit und auf die Dynamik der Vorschubantriebssysteme. In bezug auf Genauigkeit, Geschwindigkeit, Zuverlässigkeit, Meßbereich etc. werden deshalb an die Meßsysteme hohe Anforderungen gestellt, um mit einer Werkzeugmaschine optimale Arbeitsergebnisse zu erzielen:
- *Hohes Auflösungsvermögen* in der Größenordnung von 0,001 mm bzw. 0,001° und feiner;
- innerhalb des gesamten Vorschubgeschwindigkeitsbereichs muß eine *eindeutige Abtastung* bzw. Erfassung der Bewegung bei selbsttätiger Vor- und Rückwärtserkennung möglich sein;
- *kompakte und leichte Ausführung* aller Komponenten des Meßsystems;
- *leichte Zugänglichkeit* für Justagearbeiten, Wartung und Reinigung;
- *servicefreundliche*, *modulare Bauweise*;
- *hohe Betriebssicherheit* auch unter ungünstigen Bedingungen über lange Zeiträume;
- *hohe Zuverlässigkeit* der Informationsgewinnung und -übertragung auch bei mechanischen Belastungen (z. B. Schwingungen) und Deformationen des Werkzeugmaschinengestelles.

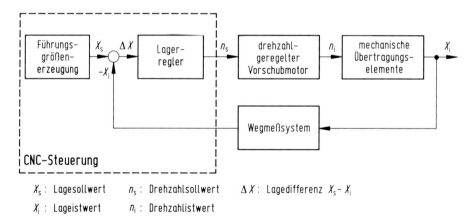

Bild 11.2. Anordnung eines Wegmeßsystems in einem Lageregelkreis

11.2 Begriffe

Die wichtigsten Begriffe der Meßtechnik sind in der Richtlinie VDI/VDE 2600, in DIN 1301, DIN 1319, DIN 2268 und DIN 32876 festgelegt. Einige Begriffe hieraus werden im folgenden kurz dargestellt.

- *Messen* (z. B. einer Länge bzw. eines Winkels) ist der experimentelle Vorgang, durch den ein spezieller Wert einer physikalischen Größe als Vielfaches einer Einheit oder eines Bezugwertes ermittelt wird.
- Die *Meßgröße* ist die physikalische Größe, der die Messung gilt (z. B. Länge oder Winkel).
- Der *Meßwert* ist der gemessene spezielle Wert einer *Meßgröße*, er wird als Produkt aus Zahlenwert und Einheit angegeben.
- Der *Meßaufnehmer*, auch Sensor, Aufnehmer oder Wandler genannt, ist ein Meßgerät, der an seinem Eingang die Meßgröße, z. B. den Weg bzw. den Winkel, aufnimmt und an seinem Ausgang ein entsprechendes Meßsignal abgibt.
- Ein *Meßsystem* besteht aus mehreren Teilen, z. B. aus einem Maßstab, einem Abtastkopf und einer Kommunikationsschnittstelle.
- *Meßprinzip* heißt die charakteristische physikalische Erscheinung, die bei der Messung benutzt wird (z. B. *Meßgröße* "Länge" - *Meßprinzip* "Lichtinterferenz").
- Das *Meßverfahren* umfaßt alle experimentellen Maßnahmen, die für die Gewinnung eines Meßwertes notwendig sind. Wichtigstes Einteilungsmerkmal eines Meßverfahrens ist die Art der Meßwerterfassung.

11.3 Funktionsstruktur

Das Meßsystem muß in der Lage sein, die zeitabhängige Lage $x(t)$ des Vorschubschlittens *kontinuierlich* zu erfassen und zu verarbeiten.
In Bild 11.3 ist eine für alle Weg- und Winkelmeßsysteme gültige *Funktionsstruktur* dargestellt. Der *Funktionsablauf* in einem Weg- und Winkelmeßsystem kann in vier Schritte aufgeteilt werden:
- Der Weg $x = x(t)$ bzw. Winkel $\varphi = \varphi(t)$ des Maschinenschlittens wird zunächst in einer gut erfaßbaren Größe abgebildet. Zur Meßwerterfassung exisitieren eine Reihe verschiedener physikalischer Möglichkeiten.
- Das aufgenommene Meßsignal wird anschließend in eine physikalisch besser zu verarbeitende Größe umgesetzt und aufbereitet, z. B. verstärkt, moduliert oder gewandelt.
- Das aufbereitete Signal muß dann zu einer Weg- bzw. Winkelinformation weiterverarbeitet werden.
- Abschließend wird der gemessene Wert $x(t)$ bzw. $\varphi(t)$ zur Anzeige gebracht oder der Regeleinrichtung zugeführt, die durch einen Ist-Sollwertvergleich die Lageabweichung ermittelt.

Die für die Steuerung notwendige *Digitalisierung* des Signals ist in Bild 11.3 nicht explizit erwähnt. Man kann sie aber grundsätzlich innerhalb eines jeden Funktionsblocks mit durchführen. Die Entscheidung, wann die Quantisierung durchgeführt wird, hängt sehr stark von den physikalischen bzw. technischen Notwendigkeiten und Einschränkungen ab.

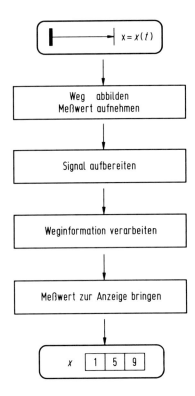

Bild 11.3. Allgemeine Funktionsstruktur von Wegmeßsystemen

11.4 Meßverfahren

Neben dem Meßprinzip können Meßsysteme auch nach dem *Meßverfahren* eingeteilt werden (Bild 11.4). Meßverfahren unterscheiden sich unter anderem durch die Methode der Meßwerterfassung und durch die Art der Signalauswertung.

Nach *Art der Meßwertaufnahme* wird zwischen *translatorischen* und *rotatorischen* Meßsystemen unterschieden. Je nach *Lage der Meßwertaufnahme* kann man Meßsysteme in *direkte* und *indirekte* Meßverfahren einteilen [11.3].

Bei der *Meßwerterfassung* unterscheidet man nach der Wahl des Bezugssystems zwischen *absoluten und relativen* Signalen.

Absolute Meßverfahren können sowohl analoge als auch digitale Signale auswerten, wogegen *relative (inkrementale) Meßverfahren* nur digitale Signale auswerten können.

11.4.1 Direktes und indirektes Meßverfahren

Beim *direkten* Meßverfahren wird die Schlittenposition unmittelbar vom Meßsystem mit einem Maßstab (z. B. Glasmaßstab) erfaßt.

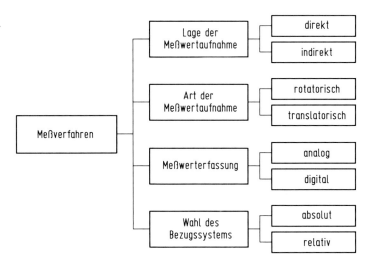

Bild 11.4. Einteilung in Meßverfahren

Indirekte Meßverfahren zeichnen sich dadurch aus, daß sie die Schlittenposition über eine mechanische Umwandlung, wie z. B. Spindel-Mutter-Drehgeber, ermitteln. Statt der Einteilung in direkte und indirekte Meßverfahren findet man auch eine Einteilung der Wegmeßsysteme in Meßverfahren mit einem *Maßstab als Maßverkörperung* (z. B. Glas- oder Stahlmaßstab, Linear-Inductosyn) und in Meßverfahren mit einer *mechanischen Maßverkörperung* (z. B. Spindel-Mutter-Drehgeber oder Zahnstange-Ritzel-Drehgeber) [11.1].
Der Vorteil *direkter* Meßverfahren ist, daß die nachfolgende Mechanik (z. B. Spindel - Mutter oder Getriebe) keinen Einfluß auf die Meßwerterfassung hat. Nachteil ist der Aufwand zur Abschirmung gegen Schmutz und Temperatureinflüsse.

11.4.2 Analoges und digitales Meßverfahren

Die *analoge* Meßwerterfassung spielt für die Weg- und Winkelmessung im Werkzeugmaschinenbau heute keine Rolle mehr. Analoge Meßverfahren zeichnen sich dadurch aus, daß sie in jedem Fall absolut messen, d. h. innerhalb ihres Meßbereichs ist jedem Wert einer Meßgröße ein bestimmter Meßwert zugeordnet (Bild 11.5). Typische Vertreter analoger Meßverfahren sind u. a. das Linear- und Ringpotentiometer, der Differential-Dreh- und Zylinderkondensator sowie der Differentialtransformator.
Digitale Meßverfahren geben die Meßgröße durch elementares Abzählen als ein Vielfaches eines Inkrementes an, wobei die Aufteilung in Inkremente vorgegeben ist (Bild 11.6). Der Rastermaßstab oder auch die Rasterscheibe entsprechen der Maßverkörperung digitaler Meßsysteme. Rastermaßstäbe können sich aus unterschiedlichsten physikalischen Eigenschaften zusammensetzen. Als sinnvolle Maßverkörperung digitaler Systeme kommen u. a. leitende-nichtleitende Zonen, magnetische-nichtmagnetische Zonen und lichtdurchlässige-nichtlichtdurchlässige Zonen in Fra-

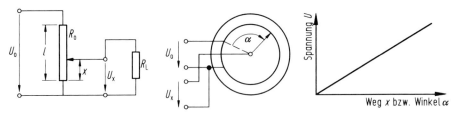

Bild 11.5. Analoges Meßverfahren [11.4]

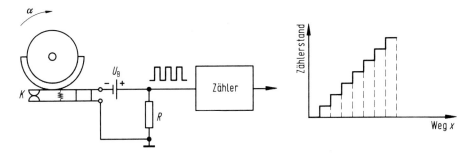

Bild 11.6. Digitales Meßverfahren [11.4]

ge. Digitale Meßverfahren lassen sich in absolute und relative (inkrementale) Verfahren einteilen.

11.4.3 Absolutes und relatives Meßverfahren

Meßverfahren lassen sich nach der Wahl des Bezugssystems unterscheiden. *Absolute* Meßsysteme haben einen Maßstab mit einem festen Bezugspunkt und liefern einen festen Wert über die gemessene Größe. Jeder Position ist hierbei genau ein bestimmter Wert zugeordnet.

Inkrementale bzw. *relative* Meßverfahren haben keinen definierten Nullpunkt, ihnen kann ein beliebiger Bezugspunkt zugewiesen werden. Sie müssen nach dem Ausschalten oder nach einem Stromausfall zum Wiederfinden einer definierten Position neu initialisiert werden, da keinerlei Information mehr über die momentane Position vorhanden ist. Inkrementale Meßsysteme brauchen daher stets einen *Referenzpunkt* (Nullmarke), auf den sie sich beziehen können.

Referenzfahren nennt man den jeweils nach dem Einschalten notwendigen Vorgang bei Maschinen mit inkrementalen Meßsystemen. Hierbei muß das Meßsystem eines jeden Schlittens durch Anfahren einer *Referenzmarke* initialisiert werden.

Den Vorteilen *absoluter* Meßsysteme wie
- größere Sicherheit gegen Meß- und Übertragungsfehler,
- bessere Fehlererkennung und
- ortsfester Nullpunkt

stehen die Vorteile *inkrementaler* Meßsysteme gegenüber:
- geringerer Aufwand,
- geringere Kosten und
- einfache Nullpunktverschiebung.

Digitale absolute Meßverfahren verwenden eine *codierte Maßverkörperung*, bei Längenmeßsystemen ein *Codelineal* und bei Winkelmeßsystemen eine *Codescheibe*. Wie bei den inkrementalen Systemen überwiegt auch bei den absoluten Systemen die photoelektrische Abtastung von optischen Rasterspuren.
Die bekanntesten Codes sind der Binärcode, der BCD-Code und der Gray-Code. Weitere bekannte Codes sind u. a. 8-4-2-1-Code, 3-Exzeß-Code, Petherick-Code, Aiken-Code, Glixon-Code, O'Brien-Code, Tompkins-Code und Libaw-Craig-Code [11.2].
Am meisten verbreitet sind die *Binär- und BCD-Codes*. Da diese Codes nicht zu den einschrittigen Verfahren zählen, d. h., es kann beim Übergang von einer Codekombination zur anderen auch mehr als eine Spur ihre Wertigkeit ändern, können kurzfristig falsche Zahlenkominationen auftreten. Dies versucht man mit Hilfe verschiedener Methoden zu umgehen.
Eine Methode, eine mehrdeutige Abtastung auszuschließen, wird durch die Einführung einer *Hilfsspur* ermöglicht. Diese Hilfsspur gibt die Zonen an, in denen eine eindeutige Abtastung gewährleistet ist und wo nicht.
Neben der Hilfsspur werden Abtasteinheiten wie z. B. *V-,U- oder Doppelabtastung* (Bild 11.7) eingesetzt, die nur eine eindeutige Abtastung zulassen [11.2].

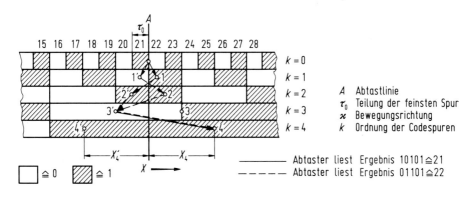

Bild 11.7. Prinzip der Doppelabtastung [11.2]

Einschrittige Codes [11.4] wie Gray-Code, Glixon-Code, O'Brien-Code, Tompkins-Code oder Libaw-Craig-Code (Bild 11.8) vermeiden mehrdeutige Zustände, die durch unvermeidbare Fertigungstoleranzen einen gleichzeitigen Wechsel aller betroffenen Spuren nicht zulassen.

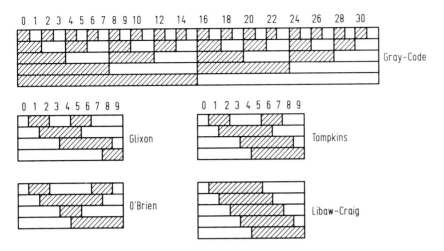

Bild 11.8. Einschrittige Codes [11.1]

11.5 Meßprinzipien

Im Werkzeugmaschinenbau hat sich das *photoelektrische* und *induktive* Meßprinzip durchgesetzt (Bild 11.9). Das *interferentielle* Meßprinzip (z. B. Laser-Interferometer) ist zum überwiegenden Teil noch eine Domäne der Meßmaschinen und wird verstärkt zum Vermessen und Ausrichten von Werkzeugmaschinen eingesetzt.

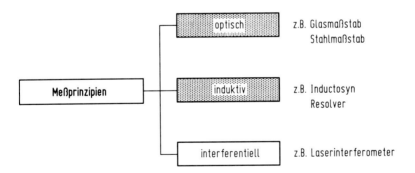

Bild 11.9. Charakteristische Meßprinzipien

11.5.1 Photoelektrisches Meßprinzip

Die charakteristische physikalische Erscheinung beim photoelektrischen Prinzip ist der Zusammenhang zwischen der Beleuchtungsstärke und der Ausgangsspannung eines Photoelements. Die durch eine Maßstabsverschiebung hervorgerufenen Hellig-

keitsschwankungen werden über eine Empfängerschaltung in elektrische Signale umgewandelt und ausgewertet.
Die wesentlichen Bestandteile eines Meßsystems nach dem photoelektrischen Abtastprinzip zeigt Bild 11.10. Das von der Lampe (L) erzeugte und durch die Optik (K) gebündelte Licht fällt durch die Abtastgitter (A) und den Maßstab (M) auf die einzelnen Photoelemente (P). Bei der Relativbewegung der Abtasteinheit zum Maßstab entstehen in den einzelnen Photoelementen der Empfängereinheit positive, periodische Signale, die für die Weg- oder Winkelmessung an eine Auswerteeinheit weitergeleitet werden.

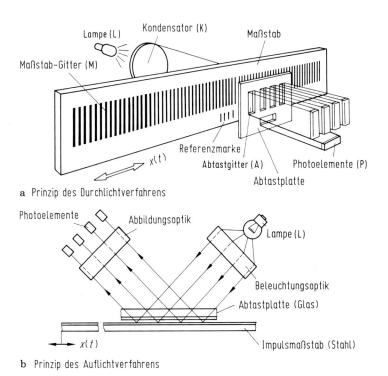

Bild 11.10. Wesentliche Bestandteile eines photoelektrischen Meßsystems [11.1]

Besteht der Maßstab aus abwechselnd lichtdurchlässigen und lichtundurchlässigen Zonen (Glasmaßstab), spricht man vom *Durchlichtverfahren*, wogegen beim *Auflichtverfahren* der Maßstab aus reflektierenden und nichtreflektierenden Zonen (Stahlmaßstab) besteht.

In den Photoelementen entstehen analoge, periodische Signale (Bild 11.11). Allen vier Signalen, S_{11}, S_{12}, S_{21} und S_{22}, ist ein Gleichanteil überlagert, da Photoelemente keine negativen Signale erzeugen können. Durch die Subtraktion der jeweils um 180° versetzten Signale $S_{11} - S_{12}$ bzw. $S_{21} - S_{22}$ erhält man zwei *nullsymmetrische*, ebenfalls sinusförmige Signale S_1 und S_2, deren Nulldurchgänge für die weitere

Auswertung notwendig sind. Da die beiden Signalpaare zueinander um 90° phasenverschoben sind, ist auch S_1 gegenüber S_2 um 90° phasenversetzt. Die beiden Abtastsignale S_1 und S_2 werden in zwei Rechtecksignale gewandelt, deren Signalflanken für die weitere Auswertung herangezogen werden.

Die feinste Teilungsperiode liegt beim Durchlichtverfahren bei 10 µm und beim Auflichtverfahren bei 40 µm [11.1]. Eine höhere Auflösung erreicht man durch eine *Interpolation*, bei der die Frequenz der Abtastsignale S_1 und S_2 vervielfacht wird. Üblich ist eine 5 bis 25-fache Signalvervielfachung der Eingangssignale.

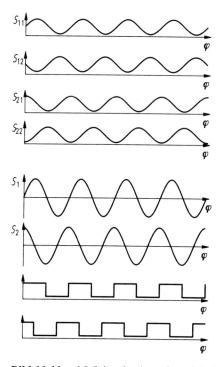

Bild 11.11. Meßsignale eines photoelektrischen Meßsystems [11.1]

NC-Längenmeßsysteme mit Glasmaßstäben gibt es in den Meßlängen von 50 bis 3000 mm und mit Stahlmaßstäben von 140 mm bis 30 m. Für lange Meßwege werden Systeme mit einer Maschinenfehlerkompensation angeboten [11.8].

11.5.2 Induktives Meßprinzip

Das physikalische Prinzip elektromagnetischer Meßsysteme beruht auf dem *Induktionsgesetz*. Wird ein elektrischer Leiter von einem Wechselstrom durchflossen, so bildet sich ein Wechselfeld um den Leiter. Bringt man einen weiteren Leiter in dieses Wechselfeld, wird in dem Leiter eine Wechselspannung induziert, deren Effektivwert u. a. ein Maß für den Abstand bzw. den Winkel der beiden Leiter ist.

Bekannteste Vertreter des induktiven Meßprinzips sind der *Resolver* und das *Inductosyn*. Der Resolver besteht im wesentlichen aus Rotor und Stator, die jeweils zwei um 90° räumlich gegeneinander versetzte Wicklungen enthalten (Bild 11.12). Häufig findet man in der Praxis auch den Begriff *Drehgeber* oder *Synchros* [11.2]. Ihnen gemeinsam ist das gleiche physikalische Grundprinzip, nur daß sie sich in der Art und Anordnung ihrer Wicklungskombinationen unterscheiden. Sie zeichnen sich alle durch ihren robusten Aufbau, ihre kompakte Größe und hohe Genauigkeit aus. Bild 11.13 zeigt die prinzipielle Anordnung eines Resolvers in einem Motor. Der Umdrehungsgeber (Rotor/Magnet und Stator/Sensor im Bild 11.13) dient zur zusätzlichen Erfassung der Anzahl der Umdrehungen auch bei abgeschaltenem Umrichter [11.7]. Der Resolver wird sowohl als Winkelmeßsystem als auch mit Hilfe der mechanischen Maßverkörperung, z. B. Spindel - Mutter, als Wegmeßsystem eingesetzt.

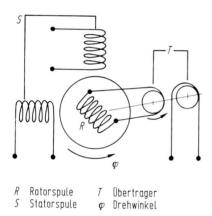

R Rotorspule T Übertrager
S Statorspule φ Drehwinkel

Bild 11.12. Induktives Meßprinzip des Resolvers [11.1]

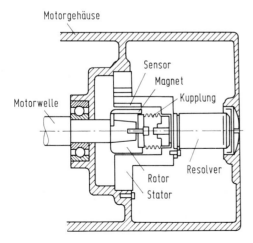

Bild 11.13. Prinzipielle Anordnung eines Resolvers und Umdrehungsgeber im Motor (Siemens)

Das Inductosyn gibt es sowohl als Winkelmeßsystem (*Rundinductosyn*) als auch als Wegmeßsystem (*Linearinductosyn*). Prinzipiell kann man Linear- und Rundinductosyn als einen in der Ebene abgewickelten Resolver betrachten (Bild 11.14). Sowohl Rund- als auch Linearinductosyn bestehen aus zwei ebenen, gegeneinander verschiebbaren unmagnetischen Teilen, auf denen mäanderförmig Leiterbahnen aufgebracht sind.

Das Linearinductosyn besteht aus dem Lineal und dem Reiter, der zwei um 90° gegeneinander versetzte Wicklungen trägt.

Beim Speisen des Lineals bzw. des Rotors mit einer Wechselspannung

$$u_1(t) = A_1 \sin(\omega t)$$

werden in die Reiterwicklungen bzw. die Statorwicklungen zwei von der Relativverschiebung $\Delta \varphi$ amplitudenabhängige Spannungen induziert:

$$u_2(t) = A_1 \sin(\omega t) \cos \varphi$$

$$u_3(t) = A_1 \sin(\omega t) \sin \varphi.$$

Die Winkelinformation φ ergibt sich aus dem Verhältnis

$$u_3/u_2 = \tan \varphi.$$

Das Linearinductosyn ist neben den photoelektrischen Systemen ein weit verbreitetes Wegmeßsystem. Gründe dafür sind der geringe Platzbedarf, die weitgehende Unempfindlichkeit gegen Verschmutzung und die Möglichkeit, nahezu alle Meßlängen durch die Aneinanderreihung von Einzelmaßstäben (z. B. je 250 mm) realisieren zu können. Dabei sind Genauigkeitsklassen mit maximal 5, 2,5 und 1 μm Fehler zu erreichen [11.2].

Ein Nachteil sowohl beim Linear- als auch beim Rundinductosyn ist der Aufwand bei der Montage und der Ausrichtung. Beim Anbau z. B. eines Linearinductosyns sind die Vorschriften des Herstellers wie Ebenheit der Montagefläche für Reiter und Lineale, Höhendifferenz zwischen den Einzelmaßstäben, Abweichung der Lineal-

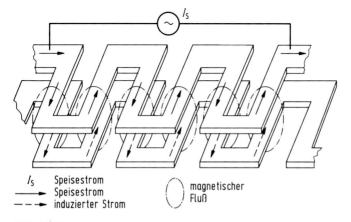

I_S Speisestrom
⟶ Speisestrom
--→ induzierter Strom

◯ magnetischer Fluß

Bild 11.14. Meßprinzip des Inductosyns [11.1]

achse von der Bewegungsachse und zulässiger Luftspalt zwischen Reiter und Lineal exakt zu beachten. Zur Einhaltung der Einbauvorschriften wird bei der Justage verstärkt das Laserinterferometer eingesetzt [11.2].

Das Rundinductosyn besteht aus zwei flachen Scheiben (Bild 11.15). Vergleichbar mit dem Resolver wird die bewegliche Scheibe als Rotor und die feststehende Scheibe als Stator bezeichnet. Bei einem bevorzugten Scheibendurchmesser von 12" ist eine Auflösung bis zu 10^{-6} Umdrehungen mit einem Fehler von ± 2 Bogensekunden möglich. Im Gegensatz zum Resolver, bei dem eine Umdrehung einer Periode entspricht, sind es bei einem Rundinductosyn mit einer maximalen Windungszahl von 2000 (=Polzahl) 1000 Perioden pro Umdrehung, d. h., es ist eine um den Faktor 1000 größere Auflösung möglich. Mit Hilfe der Digitalisierung, die eine Periode in 1000 Schritte auflöst, kann eine maximale Auflösung von 10^6 Positionen pro Umdrehung erzielt werden.

Bild 11.15. Rundinductosyn [Werksbild Heidenhain]

Charakteristisch für induktive Meßsysteme ist die Tatsache, daß innerhalb einer Periode absolute Meßsignale zur Verfügung stehen. Deshalb werden Resolver und Inductosyne oft auch als zyklisch absolute Meßsysteme bezeichnet. Da die einzelnen Perioden in viele einzelne Inkremente interpoliert und anschließend weiter ausgewertet werden, sind diese Systeme aber den inkrementalen Meßverfahren zuzuordnen.

11.5.3 Laserinterferometer

Das Laserinterferometer wird aufgrund seiner extrem hohen Auflösung zum *Kalibrieren* von Meßsystemen und zum *Vermessen* von Werkzeug- und Meßmaschinen eingesetzt. Anstelle eines körperlichen Maßstabs wird beim Laserinterferometer die immaterielle Wellenlänge eines Helium-Neon-Lasers benutzt [11.5, 11.6].

Das Laserinterferometer ist ein *inkrementales Meßsystem*. Die Längenmessung erfolgt durch den Vergleich der zu messenden Strecke mit der Lichtwellenlänge. Durch die Aufspaltung eines Laserstrahls in zwei Teilstrahlen, von denen einer die Meßstrecke und der zweite eine Vergleichstrecke zurücklegt, wird die Längenmessung auf die Messung von Laufzeitunterschieden der beiden Teilstrahlen zurückgeführt. Die von einem Referenzspiegel bzw. Meßspiegel reflektierten Teilstrahlen werden mit Hilfe eines halbdurchlässigen Spiegels zu einem Photoempfänger abgelenkt. In Abhängigkeit von der gegenseitigen Phasenlage tritt eine Auslöschung oder eine Verstärkung der Teilstrahlen ein. Eine Verschiebung des Meßspiegels über die Meßstrecke um eine halbe Wellenlänge entspricht dabei einer Hell-Dunkelphase. Bild 11.16 zeigt die Vermessung an einer Bearbeitungsmaschine mit einem Laser-Interferometer.

Bild 11.16. Vermessung an einer Bearbeitungsmaschine mit einem Laser-Interferometer [Hahn und Kolb]

Da die Wellenlänge des Laserlichtes stark von der relativen Luftfeuchtigkeit, der Temperatur und dem Druck abhängig ist, müssen sie miterfaßt und kompensiert werden. Durch eine digitale Phaseninterpolation ist eine maximale Auflösung von 0,01 µm erreichbar. Der Meßbereich für Wegmessungen beträgt ca. 40 m bei einem beweglichen Reflektor, Geschwindigkeitsmessungen sind bis zu 20 m/min bei einer Auflösung von 0,1 mm/min möglich.

Annähernd gutes Auflösungsvermögen wie das eines Laser-Interferometers erreichen Weg- und Winkelmeßverfahren mit Phasengitter als Maßverkörperung. Dieses Prinzip nutzt die Gesetzmäßigkeit aus, daß die Ausbreitungsgeschwindigkeit des Lichtes umgekehrt proportional zur Brechzahl des Mediums ist, durch das sich das Licht ausbreitet. Da es sich um ein sehr aufwendiges Meßprinzip handelt und deshalb nur in Meßmaschinen Anwendung findet, sei es hier der Vollständigkeit halber nur kurz erwähnt.

12 Steuerungstechnik und Informationsverarbeitung

12.1 Übersicht

Dieses Kapitel gibt einen Überblick über die heute in Werkzeugmaschinen eingesetzte Steuerungstechnik und führt in die dazugehörige Begriffswelt ein. Gerade der Bereich der Steuerungstechnik hat in den letzten Jahren aufgrund der Entwicklung in der Mikroprozessortechnik einen erheblichen Wandel erfahren.
Mit der Zunahme von flexibel automatisierten Fertigungsanlagen tritt bei Werkzeugmaschinensteuerungen die Integrationsfähigkeit in einen Rechnerverbund stärker in

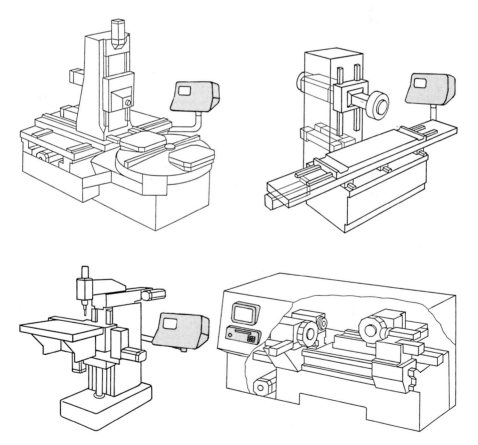

Bild 12.1. Steuerungstechnik in Werkzeugmaschinen

den Vordergrund. Auf die in diesem Bereich auftretenden Probleme und Lösungen wird in Abschn. 12.5 näher eingegangen.

12.1.1 Forderungen an Werkzeugmaschinensteuerungen

Es gibt zwei elementare Forderungen an die Steuerung einer Werkzeugmaschine:
- Steuerung von Wegen (geometrische Funktionen),
- Steuerung von Schaltfunktionen (technologische Funktionen).

Weitere Forderungen sind aufgrund verschiedener Maschinentypen und Anwendungsgebiete sehr unterschiedlich. Deutlich wird dies bei der Gegenüberstellung der Steuerung einer manuell bedienten Universalfräsmaschine und eines komplexen Bearbeitungszentrums: Die Steuerung der Universalfräsmaschine dient lediglich zur Übertragung der vom Bediener eingestellten Weg- und Schaltinformationen auf die entsprechenden Antriebe der Maschine. Bei komplexen Bearbeitungszentren hingegen werden verschiedene Haupt- und Nebenantriebe, mehrere Achsen sowie pneumatische und hydraulische Stellelemente automatisch gesteuert. Der gesamte Bearbeitungsprozeß wird in Form eines Steuerprogramms dargestellt, das von der Maschine ohne zusätzliche Eingriffe des Maschinenbedieners abgearbeitet werden kann.

Aus dem Aufgabenumfang und den Möglichkeiten, die eine solche Steuerung beinhaltet, ergeben sich weitere, über die Basisanforderungen hinausgehende Anforderungen, wie z.B.:
- komfortable Bedienung und Programmeingabe mit graphischer Unterstützung und Hilfsfunktionen,
- fertige Bearbeitungszyklen für häufige Bearbeitungsvorgänge,
- Überwachungs- und Diagnosefunktionen,
- ausreichend Speicherkapazität für mehrere Teileprogramme und
- verschiedene Interpolationsverfahren (zirkular, linear, parabelförmig).

12.1.2 Grundbegriffe des Steuerns und Regelns

Die hier verwendete Terminologie lehnt sich an die Normen *DIN 19226* [12.1] und *DIN 19237* [12.2] an. In Bild 12.2 und 12.3 sind die Wirkstrukturen, die Glieder und die Signale von Steuerungs- und Regelungssystemen dargestellt.

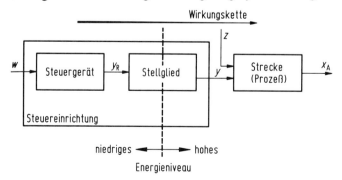

Bild 12.2. Blockschaltbild einer Steuerkette (nach [12.3])

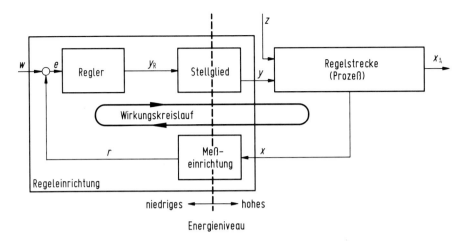

Bild 12.3. Blockschaltbild eines Regelkreises (nach [12.3])

Steuern ist der Vorgang in einem System, bei dem eine oder mehrere Eingangsgrößen aufgrund der dem System spezifischen Gesetzmäßigkeiten Ausgangsgrößen beeinflussen. Kennzeichnend für das Steuern ist dabei die *offene Wirkungskette*. In der offenen Wirkungskette wirken die durch die Eingangsgrößen beeinflußten Ausgangsgrößen nicht fortlaufend und nicht wieder über dieselben Eingangsgrößen auf sich selbst.

Eine Steuerkette besteht im wesentlichen aus dem Steuergerät, dem Stellglied und der Strecke. Das Steuergerät und die Stellglieder werden zusammen als *Steuereinrichtung* bezeichnet.

Der Signalfluß in der Steuerkette beginnt bei den *Führungsgrößen (w)*, das sind die Größen, denen die Aufgabengrößen folgen sollen. Das *Steuergerät* erzeugt aus den Führungsgrößen nach einer festgelegten Gesetzmäßigkeit, dem Programm der Steuerung, *Steuerungsausgangsgrößen (y_r)* zur Ansteuerung der *Stellglieder*. Sie stellen den Übergang vom niedrigen auf ein hohes Energieniveau dar und setzen die Ausgangsgrößen des Steuergerätes auf die Stellgrößen um. Die *Stellgrößen (y)* übertragen die steuernde Wirkung von der Steuereinrichtung auf die Strecke. Unter einer *Strecke* versteht man den Teil der Wirkungskette, der entsprechend der gestellten Aufgabe zu beeinflussen ist. Bei technischen Systemen stellt der technische Prozeß (z.B. der Hauptantrieb einer Werkzeugmaschine) die Strecke dar. In der Strecke werden aufgrund der ihr eigenen Gesetzmäßigkeiten aus Stell- und Störgrößen die Aufgabengrößen erzeugt. Eine *Aufgabengröße (x_a)* ist eine Größe der Strecke, deren gezielte Beeinflussung Aufgabe der Steuerung ist. Die *Störgrößen (z)* wirken jedoch in unbeabsichtigter Weise auf die Strecke und damit auch auf die Aufgabengröße ein.

Im Gegensatz zum Steuern versteht man unter *Regeln* einen Vorgang, bei dem eine zu regelnde Größe (Regelgröße) fortlaufend erfaßt, mit der Führungsgröße verglichen und im Sinne einer Angleichung beeinflußt wird. Kennzeichen für das Regeln

ist der *geschlossene Wirkungskreis*, bei dem die Regelgröße im Wirkungsweg des Regelkreises fortlaufend sich selbst beeinflußt *(Rückkopplungsprinzip)*.
Der Regelkreis ist gegenüber der Steuerkette um die Glieder Meßeinrichtung und Vergleichsstelle erweitert. Mit diesen beiden Elementen des Regelkreises wird die Rückkopplung realisiert. Die *Meßeinrichtungen* erfassen die Regelgrößen der Strecke und wandeln sie in die auf einem niedrigeren Energieniveau stehenden *Rückführgrößen (r)* um. Als *Regelgrößen (x)* bezeichnet man alle die Größen, die zum Zwecke des Regelns erfaßt und zur Regeleinrichtung zurückgeführt werden. Die Regelgrößen können bei manchen Strecken mit den Aufgabengrößen identisch sein.
Der Regelkreis schließt sich an der *Vergleichsstelle,* an der die *Regeldifferenz (e)* durch eine Subtraktion von Rückführ- und Führungsgrößen erzeugt wird. Die Regeldifferenz ist das Eingangssignal für den Regler, der dem Steuergerät der Steuerkette entspricht. Der Regler versucht, die Regeldifferenz durch Beeinflussung der Strecke möglichst gering zu halten.

12.1.3 Einteilung von Steuerungen

Das Einsatzgebiet und die Aufgaben von Steuerungen sind sehr breit gefächert. Deswegen haben sich verschiedene Formen von Steuerungen entwickelt. Um einen Überblick über die dabei gebräuchlichen Bezeichnungen zu erhalten, soll in diesem Kapitel zunächst eine allgemeine, an die *DIN 19226* [12.1] angelehnte Klassifizierung der Steuerungsformen vorgenommen werden. Anschließend wird für den Bereich der Werkzeugmaschinensteuerung eine geräte- und aufgabenspezifische Einteilung durchgeführt [12.4].
Man kann Steuerungen allgemein nach den Kriterien Informationsdarstellung, Signalverarbeitung, Programmrealisierung und Hierarchieebene einteilen. Auf die Einteilung nach der hierarchischen Zuordnung wird an dieser Stelle nicht näher eingegangen und auf die DIN 19226 [12.1] verwiesen.
Informationen werden in technischen Systemen als binäre, digitale und analoge Signale dargestellt. Je nachdem, welche *Informationsdarstellung* überwiegend in einer Steuerung verwendet wird, bezeichnet man sie als *binäre, digitale oder analoge Steuerung* (Bild 12.4). Die Art der Informationsdarstellung wirkt sich auf die Realisierung des jeweiligen Steuerungstyps aus: Während man beispielsweise eine Relaissteuerung (siehe Abschn. 12.2.3) als binäre Steuerung bezeichnet, gilt die speicherprogrammierbare Steuerung (siehe Abschn. 12.3) als typischer Vertreter der digitalen Steuerung und eine mechanische Kurvensteuerung (siehe Abschn. 12.2.1) als analoge Steuerung. Die Einteilung nach der Art der Informationsdarstellung verliert aber immer mehr an Bedeutung, da mit dem zunehmenden Einsatz von Mikroprozessorsteuerungen analoge und binäre Signale steuerungsintern in einer digitalisierten Darstellung verarbeitet werden.
Für die Auswahl einer geeigneten Steuerung für eine bestimmte Problemstellung bietet deshalb die in Bild 12.5 dargestellte Unterteilung nach der *Signalverarbeitung* mehr Aufschluß. Man unterscheidet zwischen synchronen und asynchronen Steuerungen sowie zwischen Verknüpfungs- und Ablaufsteuerungen.

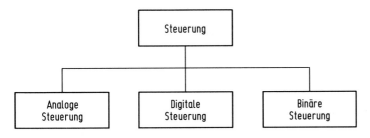

Bild 12.4. Informationsdarstellungsarten in Steuerungen (nach [12.1])

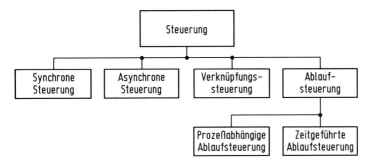

Bild 12.5. Signalverarbeitungsarten in Steuerungen (nach [12.1])

Eine *synchrone Steuerung* verarbeitet die Signale synchron zu einem Taktsignal. Eine Uhr, bei der jedes Taktsignal der Unruhe eine Ansteuerung der Zeiger bewirkt, ist ein einfaches Beispiel für eine synchrone Steuerung.

Eine *asynchrone Steuerung* hingegen ist eine ohne Taktsignal arbeitende Steuerung, die nur bei einer Veränderung der Eingangssignale oder interner Merker und Zeitgeber eine Signalverarbeitung durchführt. Eine Relaissteuerung stellt beispielsweise eine asynchrone Steuerung dar, da nur eine Eingangsänderung eine Änderung eines Ausgangssignalzustandes bewirken kann. Die Signale liegen zwar ständig an den Relais, geschaltet wird aber nur bei einer Signaländerung.

Als *Verknüpfungssteuerung* werden solche Steuerungen bezeichnet, die die Signalzustände der Eingangssignale durch *Boolsche Verknüpfungen* auf eindeutig bestimmte Ausgangssignale abbilden. Es können dabei auch Speicher- und Zeitgeberfunktionen integriert sein, wenn sich dadurch kein zwangsläufig schrittweiser Ablauf ergibt. Ein sehr einfaches Beispiel für eine Verknüpfungssteuerung finden wir in der Ansteuerung eines Vorschubmotors einer Universalfräsmaschine. Die Steuerung besteht unter anderem aus einer Reihenschaltung des Netzschalters der Maschine und des Vorschub-EIN-Schalters, die beide in EIN-Stellung sein müssen, damit sich der Frästisch bewegt.

Während Verknüpfungssteuerungen einen eher statischen Charakter besitzen, haben *Ablaufsteuerungen* einen dynamischen Charakter. Eine Ablaufsteuerung ist durch einen *zwangsläufig schrittweisen Ablauf* gekennzeichnet, bei dem der Übergang von einem Schritt zum nächsten erst nach dem Erfüllen einer Übergangsbedingung erfolgt. Hängen die Übergangsbedingungen nur von Prozeßzuständen ab, spricht man von einer prozeßgeführten Ablaufsteuerung. Werden jedoch alle Übergänge von Zeitereignissen ausgelöst, handelt es sich um eine zeitgeführte Ablaufsteuerung. In der Regel werden gemischt zeit- und prozeßgeführte Ablaufsteuerungen eingesetzt. Jede der oben genannten Steuerungsformen kann auf unterschiedliche Weise realisiert werden. Entscheidend für die Realisierung ist dabei, wie das Programm der Steuerung verwirklicht wird (Bild 12.6).

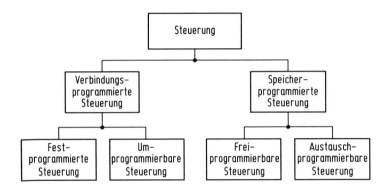

Bild 12.6. Programmverwirklichungsarten in Steuerungen (nach [12.1])

Das Programm kann durch die Auswahl geeigneter Funktionsglieder und deren Verbindungen untereinander realisiert werden. Eine solche Realisierungsform wird als *verbindungsprogrammierte Steuerung* bezeichnet (siehe Abschn. 12.2). Je nachdem, ob eine Programmänderung möglich sein soll oder nicht, spricht man dabei von einer *umprogrammierbaren* oder einer *festprogrammierten Steuerung*.
Die zweite Realisierungsform ist die *speicherprogrammierte Steuerung*, bei der das Programm der Steuerung als Software erstellt und in einem Speicherbaustein abgelegt wird. Sie zeichnet sich durch ihre einfache Umprogrammierbarkeit aus. Bei manchen Realisierungsformen wird das Programm durch Austausch der Speicherbausteine geändert. Solche Steuerungen werden als *austauschprogrammierbare Steuerung* bezeichnet. Erfolgt eine Programmänderung nicht durch Austausch der Speicherbausteine, sondern durch Eingabe des Programmes über eine Tastatur oder Rechnerschnittstelle, spricht man von einer *freiprogrammierbaren Steuerung*.
Die Steuerung einer Werkzeugmaschine kann in der Regel nicht eindeutig in die oben genannte Klassifizierung eingeordnet werden, da sie sich meist aus mehreren Steuerungen zusammensetzt. Diese Steuerungen lassen sich - wie in Bild 12.7 dargestellt - nach geräte- und aufgabenspezifischen Merkmalen gliedern. Die Steuergeräte einer modernen Werkzeugmaschinensteuerung sind die Maschinensteuerung, die Anpaßsteuerung und die numerische Steuerung (NC).

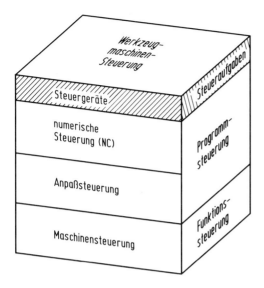

Bild 12.7. Geräte- und aufgabenspezifische Gliederung einer Werkzeugmaschinensteuerung (nach [12.4])

Die *Maschinensteuerung* einer Werkzeugmaschine stellt den maschinenspezifischen Teil einer Werkzeugmaschinensteuerung dar. Die Maschinensteuerung umfaßt beispielsweise die Leistungsansteuerung der Haupt- und Vorschubantriebe, den Netzanschluß und die Sicherheitseinrichtungen. Sie steuert die einzelnen Funktionen einer Werkzeugmaschine unabhängig voneinander.

Auf die Maschinensteuerung wird eine *numerische Steuerung* aufgesetzt, die in der Regel nicht maschinenspezifisch ist. Da auf die numerische Steuerung im Abschn. 12.4 näher eingegangen wird, sei hier lediglich auf dieses Kapitel verwiesen.

Da aber die Signale der NC-Steuerung nach der VDI-Norm 3422 standardisiert sind, müssen in der sogenannten *Anpaßsteuerung* (siehe Abschn. 12.3.2 und 12.4.2) aus den standardisierten Signalen maschinenspezifische Signale der Maschinensteuerung erzeugt werden.

Der gerätespezifischen Betrachtung steht eine aufgabenspezifische gegenüber, bei der man zwischen Funktionssteuerung und Programmsteuerung unterscheidet. Die *Funktionssteuerung* steuert einzelne Maschinenfunktionen. Sind beispielsweise bei einer Maschinenfunktion mehrere Stellsignale zu verarbeiten bzw. zu erzeugen, so werden die dazu notwendigen Verknüpfungen in der Funktionssteuerung realisiert.

Für den Bearbeitungsprozeß auf einer Werkzeugmaschine ist es jedoch notwendig, mehrere Maschinenfunktionen in einem bestimmten Ablauf auszuführen. Deshalb generiert die der Funktionssteuerung überlagerte *Programmsteuerung* aus einem werkstückabhängigen Steuerprogramm einzelne Funktionssignale, die entsprechende Maschinenfunktionen in einer bestimmten Reihenfolge auslösen.

Durch den Vergleich mit der gerätespezifischen Einteilung wird deutlich, daß die Maschinensteuerung die Funktionssteuerung einer Werkzeugmaschine übernimmt, während die Programmsteuerung in der Anpaßsteuerung und der numerischen Steuerung realisiert ist.

12.2 Realisierungsformen verbindungsprogrammierter Steuerungen

Eine *verbindungsprogrammierte Steuerung* besteht aus einzelnen Funktionsgliedern und deren Verbindungen. Die Verbindungen dienen zur Weiterleitung von Informationen an die Funktionsglieder. Aber nicht nur innerhalb der Informationsverarbeitung, sondern auch von der Informationserfassung und zur Informationsverstärkung (Stellglied) müssen Informationen übertragen werden.
Die Informationen können durch unterschiedliche Medien übertragen werden. Man unterscheidet daher bei verbindungsprogrammierten Steuerungen zwischen mechanischen, hydraulischen, pneumatischen und elektrischen Steuerungen.
Es gibt auch eine Reihe von Mischformen, bei denen die Informationen zur einfacheren Weiterverarbeitung von einem Medium in ein anderes umgeformt werden. Beispiele dazu sind Nachformsteuerungen, auf die in Abschn. 12.2.4 näher eingegangen wird.

12.2.1 Mechanische Steuerungen

Die *mechanischen Steuerungen* haben als Steuerungen von Werkzeugmaschinen eine historische Bedeutung. Schon im 19. Jahrhundert wurden die ersten Werkzeugmaschinen mit mechanischen Steuerungen versehen [12.5]. Auch heute noch werden mechanisch gesteuerte Drehautomaten im Bereich der Großserienproduktion häufig eingesetzt.
Die mechanische Steuerung bietet sich zur Verwendung in Werkzeugmaschinen an, da man relativ einfach Weginformationen erzeugen und auf das Werkzeug übertragen kann. Auch Schaltinformationen lassen sich bei mechanischen Steuerungen aus Weginformationen ableiten. Mit schnellen, beliebigen Bewegungen kann man *Schaltinformationen* erzeugen, während zur Generierung von *Weginformationen* zur Werkzeugsteuerung langsame und gezielte Arbeitsbewegungen erforderlich sind [12.7].
Die Weginformationen werden von mechanischen Steuerkurven erzeugt, weshalb diese Art der Steuerung auch als *Kurvensteuerung* bezeichnet wird. Das Prinzip der Kurvensteuerung beruht auf einer sich drehenden Kurve, die von einem mechanischen Taster abgetastet wird. Die Tastspitze ist an einem Übertrager angebracht, der die Weginformationen z.B. an ein Werkzeug weiterleitet. Der Übertrager liefert bei einer schiebenden Übertragung (Stößel, Schieber) die Weginformationen auf einer Geraden und bei drehender Übertragung (Schwinghebel) auf einem Kreisbogen.
In Bild 12.8 sind einige Realisierungformen mechanischer Kurvensteuerungen dargestellt. Die Steuerkurven sind entweder als Trommel- oder als Scheibenkurven

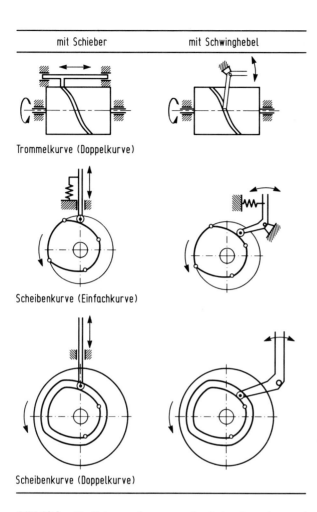

Bild 12.8. Realisierungsformen mechanischer Steuerkurven (nach [12.7])

realisiert. Beide können sowohl als Doppelkurve als auch als Einfachkurve aufgebaut sein. Die Doppelkurve hat den Vorteil, daß große Stellkräfte sowohl in positiver als auch negativer Richtung erzeugt werden können. Nachteilig wirkt sich bei der Doppelkurve jedoch das Spiel zwischen den beiden Kurven und dem Tastkopf aus, weil dadurch Ungenauigkeiten auftreten können. Bei der Einfachkurve wird das Spiel ausgeglichen, weil die Tastspitze von einer Feder an die Kurve gedrückt wird. Die Federkraft der dazu verwendeten Feder begrenzt jedoch die Stellkräfte der Einfachkurve.

Eine weitere Art von mechanischen Steuerungen sind die *Steuergetriebe*, die aus einer drehenden Bewegung einen schrittweisen Vorschub erzeugen. Ein Beispiel für ein Steuergetriebe ist das in Bild 12.9 dargestellte *Maltesergetriebe*, das seinen Namen wegen der Ähnlichkeit der Schaltscheibe mit dem Malteserkreuz erhalten hat.

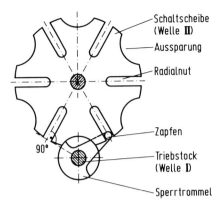

Bild 12.9. Maltesergetriebe (nach [12.7])

Der Antrieb des Maltesergetriebes wird von einem Triebstock mit einem Zapfen und einer Sperrtrommel gebildet. Die Schaltscheibe stellt mit ihren Radialnuten und Aussparungen den Abtrieb des Getriebes dar. Eine Drehung des Triebstockes bewirkt, daß der Zapfen tangential in die Radialnut eingreift, die Schaltscheibe dreht und die Nut wieder tangential verläßt. Durch die Sperrtrommel, die anschließend in die Aussparung greift, wird ein Weiterdrehen der Scheibe verhindert. Der Vorteil des Maltesergetriebes liegt im stoßfreien Schalten, das aber nur dann erreicht wird, wenn die Radien von Triebstock und Schaltscheibe beim Eingriff des Zapfens in die Radialnut einen Winkel von 90° einschließen. Für Werkzeugmaschinen werden Steuergetriebe z.B. zur Schaltung von Werkzeugrevolvern in Drehautomaten verwendet.

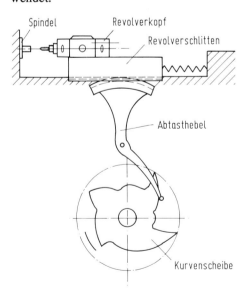

Bild 12.10. Mechanische Kurvensteuerung eines Revolverschlittens (nach Index)

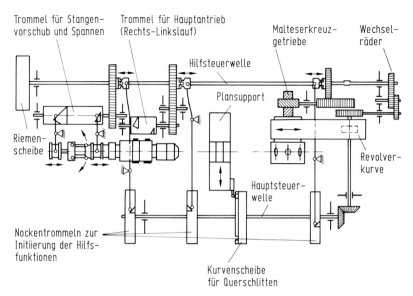

Bild 12.11. Kurvensteuerung mit Hilfssteuerwelle (nach [12.6])

Anwendung finden mechanische Steuerungen auch heute noch in Drehautomaten. Bild 12.10 zeigt eine mechanische Vorschubsteuerung für einen Revolverschlitten eines Drehautomaten. Bei Einspindel-Drehautomaten werden häufig *Kurvensteuerungen mit Hilfssteuerwelle* (Bild 12.11) verwendet, die auf der Trennung von Signal- und Energieübertragung beruhen. Die schnellaufende Hilfssteuerwelle (ca. 120 Umdrehungen pro Minute) stellt die Signalenergie für die Steuergetriebe zur Verfügung, während die langsame Hauptsteuerwelle (1 Umdrehung pro Werkstück) die Steuerenergie für die Weginformationen bereitstellt [12.6, 12.7].

In Mehrspindel-Drehautomaten (Bild 10.6) hingegen werden nur Steuerungen mit Hauptsteuerwelle verwendet, bei denen keine Trennung zwischen Steuer- und Signalenergie vorgenommen wird [12.5].

12.2.2 Pneumatische und hydraulische Steuerungen

Bei pneumatischen und hydraulischen Steuerungen wird zur Weiterleitung und Verarbeitung von Informationen ein unter Druck stehendes Medium verwendet. Mit beiden Steuerungsarten kann man stufenlose Änderungen von Kräften und Bewegungen erzielen. Auch die Überwachung von Kräften und die Umwandlung von Rotation in Translation läßt sich einfach realisieren.

Das Aufbauprinzip von pneumatischen und hydraulischen Steuerungen ist ähnlich (Bild 12.12). Das Medium, ob Luft oder Öl, wird zunächst in einem Verdichter oder einer Hydropumpe durch Energiezufuhr unter Druck gesetzt. Am Ende der Steuerkette wird die Energie durch Entspannen des Mediums an einen Verbraucher abgegeben. Zwischen Druckerzeuger und -verbraucher sind noch Steuerelemente wie

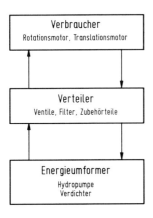

Bild 12.12. Grundschema pneumatischer und hydraulischer Steuerungen

beispielsweise Ventile und Filter zur Verteilung der Energiezufuhr und somit zur Ansteuerung der Verbraucher notwendig. Die eigentliche Steuerung umfaßt dabei nur den Verteiler und die Verbraucher (Stellglieder) sowie die dazwischen notwendigen Verbindungsleitungen.

Pneumatische und hydraulische Steuerungen werden in *Schaltplänen* dargestellt. Die Bildzeichen und Benennungen dazu sind in der DIN 1219 festgelegt (Bild 12.13). Der erste Schritt zur Realisierung ist die Erstellung eines Weg-Schritt-Diagramms [12.8]. Im *Weg-Schritt-Diagramm* sind für jedes Antriebsglied die einzelnen Arbeitsschritte dargestellt. Durch die Kombination der Antriebsglieder mit den notwendigen Steuerelementen entsteht das *Funktionsdiagramm* nach der VDI-Richtlinie 3260. Aus dem Funktionsdiagramm können dann die Schaltpläne erstellt werden. In der VDI-Richtlinie 3226 sind alle Daten zusammengefaßt, die ein Schaltplan für pneumatische oder hydraulische Steuerungen aufweisen sollte. Bild 12.14 zeigt am Beispiel einer pneumatischen Vorschubsteuerung die Erstellung eines Schaltplanes aus Weg-Schritt- und Funktionsdiagramm.

Pneumatische Steuerungen bieten eine Reihe von Vorteilen, die sie auch für den Einsatz in Werkzeugmaschinen interessant machen. Sie zeichnen sich wegen der geringen Trägheit des Mediums Luft durch eine hohe Arbeitsgeschwindigkeit aus, was Schaltvorgängen zugute kommt. Ein weiterer Vorteil ist, daß keine drucklosen Leitungen benötigt werden, da die Druckluft einfach an die Umgebung abgegeben werden kann. Im Vergleich zu hydraulischen Steuerungen haben pneumatische Steuerungen den Vorteil, daß die Druckluft in Fertigungsbetrieben in der Regel ohnehin zur Verfügung steht.

Nachteilig wirkt sich bei pneumatischen Steuerungen der mit ca. 6 bar relativ geringe Betriebsdruck aus, da damit nur vergleichbar kleine Kräfte erzeugt werden können. Ein weiterer Nachteil ist die hohe Kompressibilität der Luft, die bei direkten Antrieben zu Einfahrfehlern und ungleichförmigen Arbeitsbewegungen führen kann. Die Luftfeuchtigkeit und die damit verbundene Korrosion in Leitungen und Ventilen sowie die akustische Belastung stellen weitere Probleme beim Einsatz pneumatischer Steuerungen dar.

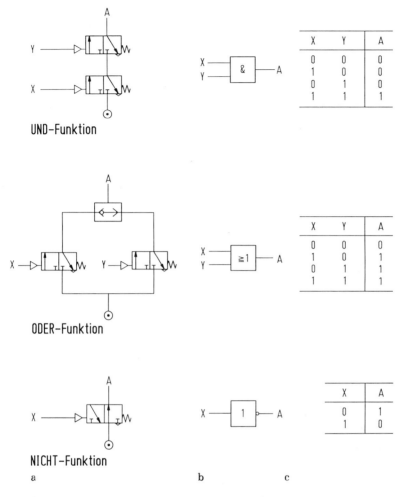

Bild 12.13. a) Pneumatischer Schaltplan, b) Logikplan und c) Wahrheitstabelle der Booleschen Grundfunktionen (nach [12.6])

Als Antriebsglieder werden vorrangig Druckluftzylinder als Linearantriebe verwendet. Die Anwendung pneumatischer Linearantriebe wird jedoch durch die geforderte Kraft, Geschwindigkeit und Hublänge eingeschränkt. Wirtschaftliche Anwendungen von Druckluftzylindern liegen bei Kräften unter 30 kN sowie Kolbengeschwindigkeiten zwischen 30 und 1000 mm/s [12.8].

In Werkzeugmaschinen werden pneumatische Steuerungen für Spann- und Zuführeinrichtungen von Werkzeugen und Werkstücken verwendet. In Bild 12.15 ist die Abgrenzung der Anwendungen von hydraulischen und mechanischen Steuersystemen dargestellt.

Hydraulische Steuerungen zeichnen sich gegenüber der Pneumatik dadurch aus, daß aufgrund des relativ hohen Arbeitsdruckes wesentlich größere Kräfte erzeugt werden

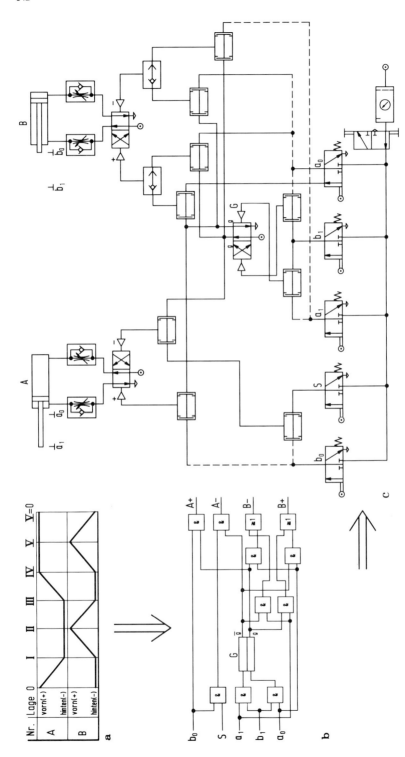

Bild 12.14. Umsetzung einer Vorschubsteuerung in eine pneumatische Steuerung: a) Weg-Schritt-Diagramm, b) Funktionsdiagramm, c) pneumatischer Schaltplan für die Vorschubzylinder A und B (nach [12.6])

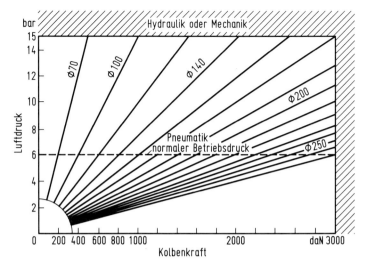

Bild 12.15. Abgrenzung der Anwendung von Pneumatik (nach [12.8])

können. Die hohe Energiedichte erlaubt aber auch kleine Baumaße und geringe Massenträgheitsmomente der hydraulischen Kraftelemente [12.9]. Das Medium Öl bietet wegen der niedrigen Kompressibilität und der Selbstschmierung weitere Vorteile.
Erkauft werden diese Vorteile jedoch damit, daß man für hydraulische Steuerungen immer eine Hydropumpe, drucklose Rückleitungen, Hochdruckleitungen und sehr genaue Passungen bei den Stellgliedern benötigt.
Die Anwendungsgebiete hydraulischer Steuerungen sind ähnlich denen pneumatischer Steuerungen. Sie werden dann eingesetzt, wenn pneumatische Steuerungen wegen der geringeren Kraft bzw. der größeren Baugröße nicht verwendet werden können. Weitere Anwendungsgebiete hydraulischer Steuerungen, wie z.B. hydraulische Nachformsteuerungen, werden in Abschn. 10.3 und 12.2.4 näher beschrieben.

12.2.3 Elektrische Steuerungen

Die elektrischen Steuerungen stellen die weitverbreitetste Art von verbindungsprogrammierten Steuerungen dar, weil man sie sehr preisgünstig und auf kleinstem Raum aufbauen kann. Die Realisierungsformen gehen von Relais- über Transistorsteuerungen bis hin zu Steuerungen auf Basis integrierter Halbleiterbausteine. Während verbindungsprogrammierte Steuerungen, die mit Transistoren oder integrierten Halbleiterbausteinen aufgebaut sind, durch die Einführung von speicherprogrammierbaren Steuerungen praktisch kaum mehr eingesetzt werden, haben Relaissteuerungen in Anwendungen mit hohen Sicherheitsanforderungen sowie zum Schalten großer Leistungen nach wie vor Bedeutung.
Eine *Relaissteuerung* besteht aus einzelnen Relais, deren Kontakte und Spulen mit Leitungen verbunden sind. Weil die logischen Verknüpfungen wie Und-, Oder- oder

Nicht-Verknüpfungen durch die Relaiskontakte realisiert werden, spricht man auch von *Kontaktsteuerungen* [12.4].
Der Entwurf von Relaissteuerungen basiert auf den einzelnen Basisschaltungen der logischen Verknüpfungen. Das Erstellen der Steuerung geschieht durch die Kombination der entsprechenden Grundschaltungen.
Die Darstellung von Kontaktsteuerungen erfolgt ähnlich wie bei pneumatischen und hydraulischen Steuerungen in Schaltplänen. Nach DIN 40719 unterscheidet man bei Schaltplänen für elektrische Steuerungen zwischen erläuternden Schaltplänen, Übersichtsschaltplänen, Ersatzschaltplänen und Stromlaufplänen. Für die Darstellung von Kontaktsteuerungen wird der *Stromlaufplan* mit den in der DIN 40708 bis 40715 definierten Schaltzeichen verwendet.
Beim Stromlaufplan sind die einzelnen Kontakte und Relaisspulen sowie ihre Verbindungen zwischen zwei stromführenden Leitern angeordnet. Für jede Relaisspule wird ein Strompfad aufgestellt, in dem durch Reihen- und Parallelschaltung der Kontakte Und- und Oder-Verknüpfungen realisiert sind. Bild 12.16 zeigt beispielhaft eine in Relaistechnik aufgebaute Vorschubsteuerung des Frästisches einer einfachen Universalfräsmaschine. Der Maschinenbediener kann über Schalter den Vorschub bzw. die Eilgänge einschalten. Um Fehlfunktionen zu verhindern, sind die Vorschübe gegeneinander verriegelt und nur dann aktiv, wenn die Schmierung und die Hydraulik eingeschaltet sind. Beim Erreichen der Endschalter werden die Vorschübe automatisch abgeschaltet.
Elektrische Steuerungen können auch als umprogrammierbare Steuerungen aufgebaut sein. Die Steuerung kann durch Veränderung der Verbindungen zwischen den einzelnen Steuerungselementen der Steuerung umprogrammiert werden. Eine bekannte Realisierungsform zur Umprogrammierung ist der in Bild 12.17 dargestellte *Kreuzschienenverteiler* [12.6, 12.10], bei dem Eingangsstromschienen und Ausgangsstromschienen überkreuz angeordnet sind und durch Diodenstecker verbunden werden können. Der Kreuzschienenverteiler wird in Werkzeugmaschinen z.B. zur

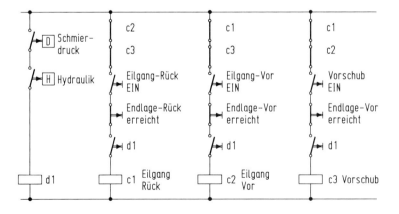

Bild 12.16. Realisierung einer Vorschubsteuerung in Relaistechnik (nach [12.6])

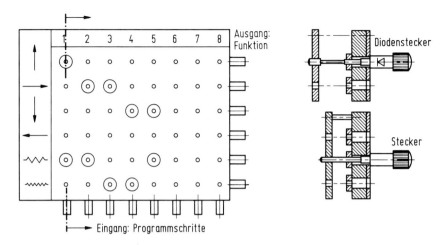

Bild 12.17. Kreuzschienenverteiler (nach [12.10])

Realisierung von Vorschubprogrammen verwendet. Vorschubprogramme werden in einzelnen Programmschritten abgearbeitet. Bei jedem Programmschritt wird auf eine entsprechende Eingangsstromschiene Strom aufgeschaltet. Über die Diodenstecker wird daraufhin die für den jeweiligen Programmschritt programmierte Vorschubrichtung und -geschwindigkeit angesteuert.

12.2.4 Nachformsteuerungen

Nachformsteuerungen stellen eine relativ einfache Möglichkeit zur Erzeugung von Weginformationen für die Werkzeugbewegung dar. Das Prinzip der Nachform- oder Kopiersteuerung basiert auf der Abtastung einer Kopie des Werkstückes oder einer Schablone und der Übertragung auf das entsprechende Werkzeug. Je nach Bearbeitungsverfahren und Schablonenform verwendet man ein- bis dreidimensionale Nachformsteuerungen.

Bei Drehmaschinen werden in der Regel einachsige Nachformsteuerungen eingesetzt. Bekannte Verfahren sind unter anderem das *Kegel-* und das *Kopierdrehen*, das in Bild 12.18 dargestellt ist. Der Taster, der immer in einer festdefinierten Orientierung und Position bezüglich des Werkzeuges bleibt, wird zwangsweise an der Schablone entlang bewegt. Durch das Abtasten der Schablone wird lediglich die Querbewegung gesteuert. Da die Längsbewegung vorgegeben wird, spricht man auch von einer *längs durchlaufenden Steuerung*. Zu beachten ist bei einer solchen Nachformsteuerung, daß die Kopiergeschwindigkeit von der Längsvorschubgeschwindigkeit und der Abtastgeschwindigkeit abhängt. Aus diesem Grund muß die maximale Steigung an der Schablone begrenzt werden. Ist die Abtastspitze in einem Winkel von 90° zum Längsvorschub angeordnet, lassen sich Steigungswinkel zwischen -45° und +45° abtasten. Will man größere Steigungen an der Schablone abtasten, so muß man den Winkel zwischen der Kopierbewegung und der Längsbe-

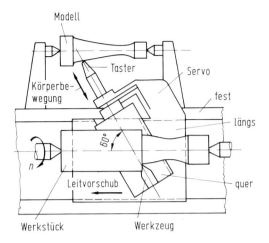

Bild 12.18. Eindimensionales Kopieren: Kopierdrehen (nach [12.7])

wegung verkleinern. Häufig wird ein Winkel von 60° verwendet, da man damit auch Planflächen abtasten kann [12.7].

Der nächste Schritt bei Nachformsteuerungen sind zwei- und dreidimensionale Kopiersteuerungen, wie sie beim Kopierfräsen (Bild 12.19) verwendet werden. Während das dreidimensionale Kopierfräsen durch zeilenweises Abtasten des Modells in ein einachsiges Kopieren zurückgeführt werden kann *(Pendel- bzw. Zeilenfräsen)*, müssen beim zweidimensionalen *Umrißfräsen* zwei Achsen gesteuert werden.

Damit eine Nachformsteuerung mit einer genügend hohen Genauigkeit bei der Übertragung der Form von der Schablone auf das Werkstück arbeitet, sollten die Kräfte, die von der Tastspitze auf die Schablone wirken, möglichst klein sein. Da aber auf das Werkzeug große Käfte zur Bearbeitung des Werkstückes aufgebracht werden müssen, muß zwischen Tastspitze und Werkzeug ein Kraftverstärker geschaltet werden.

Die Kraftverstärkung läßt sich relativ einfach durch das Servoprinzip bei hydraulischen Steuerungen erzeugen (vgl. Abschn. 10.3). Das Bild 12.20 zeigt eine *hydraulische Nachformsteuerung*. Die Tastspitze nimmt das Wegsignal von der Schablone ab und verschiebt dadurch den Steuerkolben. Der Steuerkolben verändert je nach Verschieberichtung die Strömungsquerschnitte, was eine Veränderung der Druckverhältnisse im Zylinder bewirkt. Der ortsfeste Kolben lenkt den beweglichen Zylinder in die Richtung aus, in die die größere Kraft bzw. der größere Druck wirkt. Die Bewegung des Zylinders verändert aber seinerseits wiederum die Stellung des Steuerkolbens. Der Zylinder wird deshalb solange bewegt, bis der Steuerkolben wieder ein ausgeglichenes Druckverhältnis im Arbeitszylinder erzeugt.

Weit verbreitet sind aber auch elektrohydraulische Nachformsteuerungen, bei denen das Wegsignal zunächst in ein elektrisches Signal umgeformt wird, das den Steuerkolben ansteuert. Der Vorteil bei diesem System gegenüber einem rein hydraulischen

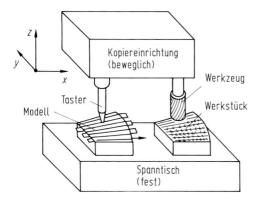

Bild 12.19. Dreidimensionales Kopieren: Pendelfräsen (nach [12.7])

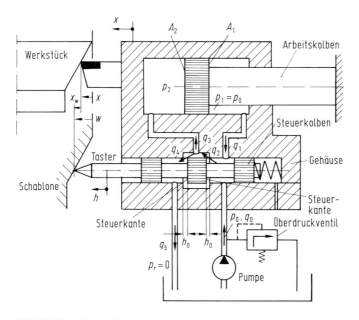

Bild 12.20. Hydraulische Nachformsteuerung (nach [12.6])

ist, daß man bestimmte systembedingte Fehler durch Korrekturnetzwerke kompensieren kann.

12.3 Speicherprogrammierbare Steuerungen

Mit der Entwicklung der Rechnertechnik begann man, komplexe technische Prozesse nicht mehr mit aufwendigen elektrischen Relaissteuerungen, sondern mit Prozeßrechnern zu steuern. Man erkannte jedoch sehr schnell, daß der Aufwand für die Implementierung einer neuen Steuerungsaufgabe auf einem Prozeßrechner immer noch sehr hoch war, da man die komplette Software jedesmal neu erstellen mußte. Deshalb wurde Ende der 60er Jahre die speicherprogrammierbare Steuerung (SPS) entwickelt [12.11], die eigentlich einen speziell für Steuerungsprobleme aufgebauten und programmierten Prozeßrechner darstellt.

Im Sprachgebrauch war neben der Abkürzung SPS auch kurzzeitig die aus dem Englischen übernommene Abkürzung PC für "Programmable Control" gebräuchlich, sie wurde aber in der Zwischenzeit wegen des gleichnamigen Kürzels für den Personal Computer durch *PLC* (Programmable Logic Control) ersetzt.

Neben der Verarbeitung von reinen Schaltfunktionen kann eine SPS heute zusätzliche Aufgaben wie Zählen, Rechnen und Vergleichen oder die Verarbeitung analoger Signale übernehmen. Dadurch findet man speicherprogrammierbare Steuerungen in nahezu allen Bereichen der Automatisierungstechnik. Abhängig von der Anzahl an Ein-/Ausgängen und den möglichen Zusatzfunktionen werden verschiedene Geräteklassen von der einfachen Steuerung für Motoren und Ventile bis hin zum komplexen, von einem reinen Prozeßrechner kaum mehr unterscheidbaren Automatisierungsgerät angeboten.

12.3.1 Aufbau und Funktionsweise

Bild 12.21 zeigt den Aufbau der SPS, die im wesentlichen aus einer Zentraleinheit, einem Programmspeicher sowie Ein- und Ausgangsbaugruppen besteht [12.12]. Die *Zentraleinheit* wird vom Mikroprozessor, dem Arbeitsspeicher und dem Systemprogrammspeicher gebildet. Das in einem ROM-Baustein (Read Only Memory) abgelegte Systemprogramm der SPS umfaßt unter anderem Routinen zur Ansteuerung der Ein-/Ausgangsbaugruppen und Algorithmen zur Abarbeitung des Anwendungsprogramms. Der Arbeitsspeicher der SPS, der aus einem RAM-Speicher (Random

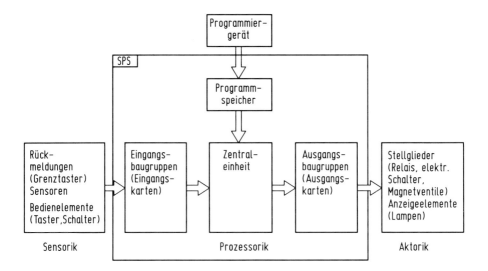

Bild 12.21. Systemeinheit einer speicherprogrammierbaren Steuerung (nach [12.12])

Access Memory) besteht, dient zum Speichern von internen Merkern und Zwischenergebnissen.

Im *Programmspeicher* ist das Anwendungsprogramm abgelegt. Bei freiprogrammierbaren Steuerungen wird das Programm ohne mechanischen Eingriff in die Steuerung übertragen. Das Programm wird in einem nicht flüchtigen Speicher abgespeichert. Bei austauschprogrammierbaren Steuerungen ist das Programm hingegen in fest programmierten Speicherbausteinen abgelegt. Die Umprogrammierung erfolgt hier durch Austausch der Speicherbausteine.

Die Ankopplung der SPS an den technischen Prozeß wird über die *Ein- und Ausgabeeinheiten* realisiert. Zur Steuerung eines komplexen Bearbeitungszentrums werden beispielsweise einige 100 Ein-/Ausgänge benötigt. Die Anzahl der Ein-/Ausgänge, die zur Steuerung eines technischen Prozesses notwendig sind, kann durch die modulare Bauweise einer SPS variiert werden (Bild 12.22). Grundbausteine einer SPS sind die Stromversorgungseinheit, eine Zentraleinheit und ein Baugruppenträger. Je nach Anforderung können zusätzliche Ein-/Ausgangsbaugruppen über den Baugruppenträger in die SPS integriert werden.

Die Eingänge einer SPS nehmen die Gebersignale aus dem technischen Prozeß auf. Typische Sensoren zur Aufnahme binärer Signale sind in Werkzeugmaschinen beipielsweise Endschalter, Näherungssensoren, Bedientasten etc. Die Aktoren, wie z.B. Hydraulik- und Pneumatikzylinder sowie Spindelantriebe und -bremsen, werden über Ventile und Schütze von den Ausgängen angesteuert. Zum Schutz der steuerungsinternen Hardware vor externen Kurzschlüssen ist eine galvanische Trennung von internen und externen Stromkreisen erforderlich, die durch Relaistechnik oder Optokoppler realisiert werden kann. Ein Optokoppler ist ein integrierter Baustein, der aus einer Leuchtdiode und einem Phototransistor besteht. Die Entkopplung der Signale erfolgt über das von der Leuchtdiode emittierte Licht, das den Phototransistor ansteuert.

Weitere SPS-Baugruppen dienen dem Anschluß externer Peripheriegeräte (Koppelbausteine für Anzeigen, Programmiergeräte etc.) sowie von Zusatzfunktionen (Merker, Zeitgeber, Zähler, Arithmetik, zusätzliche NC-Achsmodule etc.).

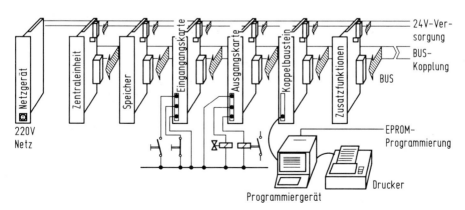

Bild 12.22. Modulare Bauweise einer SPS (nach [12.11])

Die Funktionsweise einer SPS unterscheidet sich von der einer verbindungsprogrammierten Steuerung (VPS): Während bei einer VPS alle Verknüpfungen zu jedem beliebigen Zeitpunkt ausgeführt werden können, kann die Zentraleinheit die einzelnen Anweisungen des Anwendungsprogramms nur sequentiell abarbeiten. Die SPS arbeitet deshalb nach dem *zyklischen Arbeitsprinzip* (Bild 12.23), bei dem das Anwendungsprogramm immer wieder nach einem bestimmten Zyklus bearbeitet wird. Die Zentraleinheit liest zunächst die Signalzustände der Eingangs- und sonstiger Zusatzbaugruppen ein und erstellt das Prozeßabbild aller Eingänge. Mit diesem Prozeßabbild wird das Programm der SPS Anweisung für Anweisung ausgeführt. Die Ergebnisse der Verknüpfungen und Berechnungen werden im Prozeßabbild aller Ausgänge abgespeichert. Erst am Ende des Zyklus wird dieses Prozeßabbild an die Ausgangsbaugruppen ausgegeben. Danach beginnt der Zyklus wieder mit dem Lesen der Eingänge [12.13].

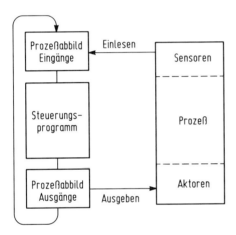

Bild 12.23. Zyklisches Arbeitsprinzip einer SPS

Diese Arbeitsweise hat zur Folge, daß eine gewisse Zeit, die sogenannte *Programmzykluszeit* (Bild 12.24), vergeht, bis die SPS auf ein Eingangssignal reagieren kann. Die Programmzykluszeit ist direkt vom benötigten Programmumfang und der verwendeten SPS abhängig. Zum Vergleich verschiedener SPS-Typen hat man deswegen als Kenngröße die *Blockzykluszeit* eingeführt. Die Blockzykluszeit ist die Zeit, die eine SPS benötigt, um ein 1kByte großes Programm abzuarbeiten. Die Blockzykluszeit liegt zwischen 0,5 ms bei sehr leistungsfähigen, 2 bis 3 ms bei mittleren und 30 ms bei sehr einfachen speicherprogrammierbaren Steuerungen. Trotz ihrer parallelen Arbeitsweise reagiert eine aus Relais aufgebaute VPS in der Regel auch nicht schneller, da die Schaltzeiten der Relais in der Größenordnung der Programmzykluszeit liegt. Deswegen spricht man bei einer SPS von einer *quasiparallelen Arbeitsweise*.

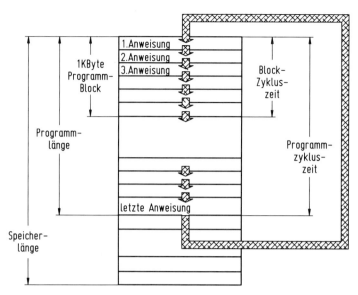

Bild 12.24. Block- und Programmzykluszeit einer SPS (nach [12.6])

12.3.2 Integration in Werkzeugmaschinen

Speicherprogrammierbare Steuerungen sind bei NC-gesteuerten Werkzeugmaschinen in der *Anpaßsteuerung* zu finden (siehe Abschn. 12.4.3) [12.11]. Die SPS erhält in der Anpaßsteuerung die von der NC-Steuerung ausgegebenen Signale als Eingangssignale. Zusammen mit den von den Sensoren der Maschine erzeugten Signalen generiert die SPS entsprechend dem Anwendungsprogramm Ausgangssignale für die Aktoren der Werkzeugmaschine. Dies soll an einem vereinfachten Beispiel verdeutlicht werden: Um in einem Bearbeitungszentrum einen Werkzeugwechsel auszulösen, gibt die NC-Steuerung nur ein Signal aus. Dieses Signal reicht aber in der Regel nicht zur Steuerung eines Werkzeugwechslers aus. Deshalb wird in der SPS eine Steuersequenz gestartet, die die einzelnen Stellzylinder des Werkzeugwechslers in der richtigen Reihenfolge ansteuert. Nach dem Werkzeugwechsel meldet die SPS das Ende an die NC-Steuerung zurück.

Bei manchen Werkzeugmaschinen, die keine NC-Achsen benötigen, wird als Programmsteuerung eine SPS eingesetzt. Ein Beispiel für einen solchen Anwendungsfall ist eine Sägemaschine zum vollautomatischen Ablängen von Stangenmaterial.

Weitere wichtige Anwendungsfälle im Bereich von Werkzeugmaschinen finden sich bei Transferstraßen. Die meist sehr komplexen Transferstraßen werden von mehreren untereinander über ein Netzwerk verbundenen SPS gesteuert, da oft mehrere tausend Ein- und Ausgänge zu bedienen sind.

12.3.3 Programmierung

Zur Anwendungsprogrammierung einer SPS bietet die *DIN 19239* [12.14] drei Arten zur Programmdarstellung an. Für eine werkstattgerechte Programmierung sind der

Funktionsplan (FUP), in dem die in der Digitaltechnik gebräuchliche Schaltlogik verwendet wird, und der am Stromlaufplan von Relaissteuerungen orientierte *Kontaktplan (KOP)* besonders geeignet. Bei der dritten Darstellungsart, der *Anweisungsliste (AWL)*, handelt es sich bereits um eine problemorientierte Programmiersprache, bei der das Problem mit mnemotechnischen Abkürzungen dargestellt wird. In Bild 12.25 sind die Boolschen Grundoperationen in den drei Darstellungsarten Anweisungsliste, Funktionsplan und Kontaktplan abgebildet.

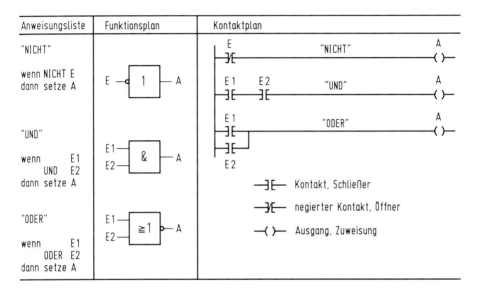

Bild 12.25. Darstellung der Booleschen Grundfunktionen in Anweisungsliste, Funktionsplan und Kontaktplan

Daneben werden aber auch Assembler, höhere Programmiersprachen (z.B. BASIC, PASCAL, C) sowie gerätespezifische Dialoge zur SPS-Programmierung eingesetzt, so daß die DIN bestenfalls Orientierungscharakter besitzt. Führende Hersteller haben deswegen gewisse Quasi-Standards geprägt, von einer Normung kann jedoch leider keine Rede sein. Das zur SPS-Programmierung eigens erforderliche *Programmiergerät* wird immer mehr vom Personal Computer verdrängt. Das Laden des fertigen SPS-Programms erfolgt entweder durch direkte Einspeisung vom PC in den Speicher der SPS oder durch den Austausch der Speicherbausteine.

Das Austesten der SPS-Programme stellt vor allem bei großen Programmen und vielen Ein-/Ausgängen ein Problem dar. Bei wenigen Ein-/Ausgängen kann bei vielen speicherprogrammierbaren Steuerungen das Programm Befehl für Befehl im *Einzelschrittmodus* durchgetaktet werden. Eine weitere Möglichkeit ist die *Simulation* des technischen Prozesses. Die Ausgangssignale werden z.B. an Lampen gelegt und die Eingangssignale mittels Schalter erzeugt, die vom SPS-Programmierer bedient werden. Bei großen Anlagen werden häufig nur die Teile des Programms durch Simulation getestet, bei denen ein Programmfehler eine Zerstörung der Anlage zur Folge hätte. Die restlichen Programmteile werden direkt in der Anlage getestet.

12.4 Numerische Steuerungen

Unter einer *numerischen Steuerung* soll entsprechend der *DIN 66257* [12.15] eine Steuerung für Arbeitsmaschinen verstanden werden, bei der die Daten für geometrische und technologische Funktionen als Zeichen eingegeben werden.

Die erste NC-Steuerung (Numerical Control) wurde 1952 am Massachusetts Institute of Technology entwickelt [12.11]. Sie war mit Elektronenröhren aufgebaut und steuerte die drei Achsen einer Fräsmaschine mit vertikaler Spindel. Mit der Entwicklung der Halbleitertechnik wurden die Elektronenröhren jedoch von Transistoren, integrierten Halbleiterbauelementen und Mikroprozessoren verdrängt (Bild 12.26). Heutige NC-Steuerungen sind auf der Basis eines oder mehrerer Mikroprozessoren aufgebaut und werden deshalb auch als *CNC-Steuerungen (Computerized Numerical Control)* bezeichnet. Da andere Realisierungsformen von NC-Steuerungen heute kaum mehr Bedeutung haben, versteht man unter dem Begriff NC-Steuerung meist eine CNC-Steuerung.

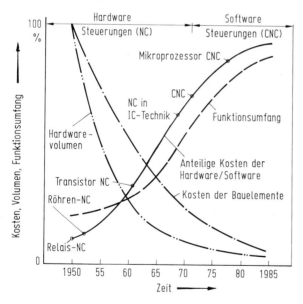

Bild 12.26. Entwicklungsverlauf der NC-Steuerungen (nach [12.16])

12.4.1 Aufbau und Funktionsweise

Die Funktionen einer NC-Steuerung lassen sich - wie in Bild 12.27 dargestellt - gliedern in

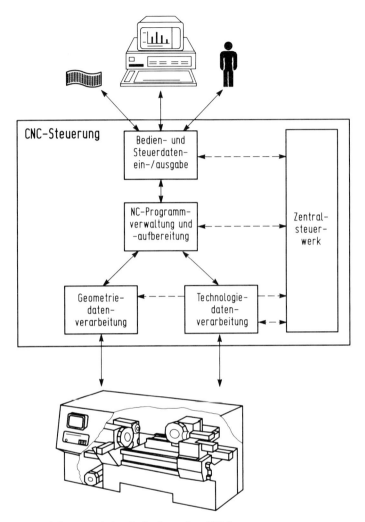

Bild 12.27. Funktionale Struktur einer NC-Steuerung

- Zentralsteuerwerk,
- Bedien- und Steuerdatenein-/ausgabe,
- NC-Programmverwaltung und -aufbereitung,
- Geometriedatenverarbeitung und
- Technologiedatenverarbeitung [12.18].

Das *Zentralsteuerwerk* enthält neben zentralen Funktionen, wie Busverwaltung, Systeminitialisierung und Systemfehlerbehandlung die zentrale Ablaufsteuerung, die die Funktionen der anderen Funktionsblöcke koordiniert.

Der Funktionsblock *Bedien- und Steuerdatenein-/ausgabe* steuert das Bedienfeld und den Bildschirm, den Lochstreifenleser und die Rechnerschnittstelle (DNC-Schnittstelle siehe Abschn. 12.5).

Die *NC-Programmverwaltung und -aufbereitung* stellt neben dem Zentralsteuerwerk den Kern einer NC-Steuerung dar. Die NC-Programmverwaltung erhält die Teileprogramme von der Steuerdateneingabe. Beim sogenannten Nachladebetrieb, bei dem Programme, die größer als der gesamte NC-Programmspeicher sind, von einem externen Speichermedium (Rechner oder Lochstreifen) nachgeladen werden, müssen die Funktionsblöcke Steuerdateneingabe und NC-Programmaufbereitung miteinander synchronisiert werden. Die NC-Programmaufbereitung interpretiert die einzelnen Sätze des Teileprogramms und übergibt die Daten entweder an die Geometrie- oder die Technologiedatenverarbeitung.

Die *Geometriedatenverarbeitungseinheit* stellt den eigentlichen NC-Teil der Steuerung dar. In diesem Funktionsblock werden die relativen Vorschubwege zwischen Werkstück und Werkzeug bestimmt. Für die Vorschubsteuerung gibt es drei verschiedene Möglichkeiten, die sich in der Komplexität der Bahnberechnung unterscheiden.

Die einfachste Möglichkeit ist die in Bild 12.28 dargestellte *Punktsteuerung*, deren Ziel es ist, den kürzesten Weg auf einer beliebigen Bahn und mit beliebiger Geschwindigkeit zwischen zwei Punkten zu finden. Die Bewegung zwischen den einzelnen Punkten soll möglichst kurz sein, damit keine unnötigen Nebenzeiten auftreten. Hinsichtlich der Genauigkeit sind hierbei nur die Endkoordinaten der Bewegung von Bedeutung.

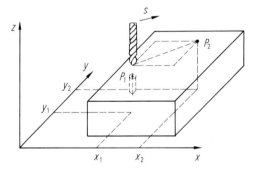

Bild 12.28. Punktsteuerung

Das Bild 12.29 zeigt das Prinzip der *Streckensteuerung*. Sie unterscheidet sich von der Punktsteuerung dadurch, daß auf einem linearen Weg zwischen zwei Punkten mit einer bestimmten Geschwindigkeit verfahren wird. Bei einer einfachen Streckensteuerung sind nur Vorschübe parallel zur x-, y- oder z-Richtung möglich. Bei einer *erweiterten Streckensteuerung* können auch Vorschubbewegungen erzeugt werden, die nicht parallel zu den Achsen sind.

Die aufwendigste Art der numerischen Steuerung ist die *Bahnsteuerung* (Bild 12.30). Bei der Bahnsteuerung bewegt sich das Werkstück relativ zum Werkzeug auf einer Bahnkurve mit einer bestimmten Vorschubgeschwindigkeit. Der Verlauf einer Bahn zwischen den beiden Endpunkten wird dabei durch eine ausreichende Anzahl von

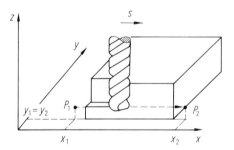

Bild 12.29. Streckensteuerung

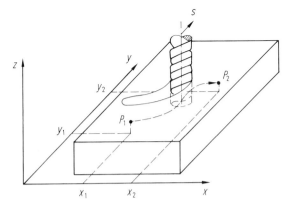

Bild 12.30. Bahnsteuerung

einzelnen Stützpunkten bestimmt. Es ist verständlich, daß die Genauigkeit einer Bahnkurve mit der Zahl der definierten Stützpunkte zunimmt. Da sich aber dadurch der Umfang der Teileprogramme sehr stark erhöht, verwendet man in NC-Steuerungen einen sogenannten Interpolator, der nach bestimmten Interpolationsverfahren Zwischenwerte errechnet.

Der *Interpolatorbaustein* erhält vom NC-Programminterpreter Daten über die zu verfahrenden Werkzeugwege. Er erzeugt durch Koordinatentransformationen, Korrekturrechnungen, Koordination der einzelnen Achsbewegungen und Interpolationsverfahren die zur Steuerung der Bahnkurven notwendigen Stützpunkte und Geschwindigkeitswerte, die den entsprechenden Lageregelkreisen der Maschinenachsen als Sollwerte vorgegeben werden (Bild 12.31). Für häufig auftretende Bahnkurven sind im Interpolator verschiedene Interpolationsverfahren integriert. Standardverfahren sind Linear- und Zirkular-Interpolation, die aus zwei bzw. drei Punkten Geradenstücke und Kreisbögen berechnen [12.6]. Neben den Standardverfahren gibt es noch aufwendigere Interpolationsverfahren wie eliptische, Parabel- und Spline-Interpolation.

Der Interpolator liefert in heutigen NC-Steuerungen digitale 16- bzw. 32-Bit-Sollwerte für die in die NC integrierten *Lageregelkreise*. Auf den Lageregelkreis soll hier

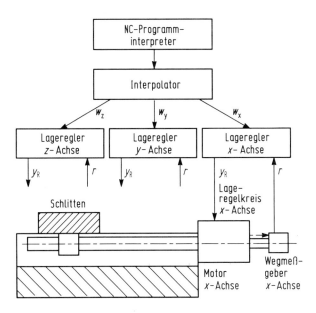

Bild 12.31. Informationsfluß in der Achsensteuerung

nicht näher eingegangen werden, da er bereits in Abschnitt 10.5 im Rahmen der Vorschubantriebe abgehandelt wurde.

Im zweiten Verarbeitungsteil der NC-Steuerung, dem sogenannten *Technologieverarbeitungsteil*, werden die im Teileprogramm enthaltenen Schaltinformationen verarbeitet. Die Schaltinformationen dienen zum Ein- und Ausschalten der Spindel, der Kühlmittelzufuhr, zum Weitertakten des Werkzeugrevolvers etc. (siehe Absch. 12.4.2).

NC-Steuerungen sind je nach Leistungsfähigkeit in zentraler oder dezentraler Struktur aufgebaut. Einfache NC-Steuerungen, die nur wenige Achsen steuern oder nur geringe Verarbeitungsgeschwindigkeit aufweisen müssen, sind in einer *zentralen Struktur* realisiert. Ein Mikroprozessor verarbeitet das Teileprogramm und die Systemprogramme. An diesen Mikroprozessor sind alle Eingangs- und Ausgangselemente, wie Bedienfeld, Lochstreifenleser, Bildschirm, digitale und analoge Eingänge über den Mikroprozessorbus angekoppelt (Bild 12.32).

Leistungsfähige NC-Steuerungen werden hingegen meist als *dezentrale Steuerungen* aufgebaut (Bild 12.33). Die Funktionsblöcke einer NC-Steuerung werden jeweils auf einzelne Hardwareeinheiten verteilt. Jede dieser Einheiten verfügt über einen Mikroprozessor, Speicher und I/O-Möglichkeiten. Die einzelnen Mikroprozessoren werden über einen parallelen Zentralbus gekoppelt. Ein Prozessor, der Masterprozessor, steuert den Ablauf in der Mehrprozessorsteuerung und verteilt die Steuerungsaufgaben auf die einzelnen Slaveprozessoren. Durch diesen Aufbau lassen sich die Steuerungen modular zusammensetzen und somit optimal an die Werkzeugmaschine anpassen. Eine besonders konsequente Form der Mehrprozessorsteuerung ist das in der *DIN 66264* [12.17] definierte *Mehrprozessor-Steuerungssystem (MPST)*.

358

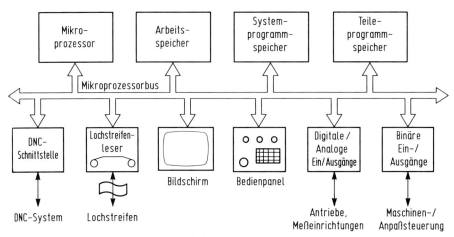

Bild 12.32. Zentrale Struktur einer NC-Steuerung

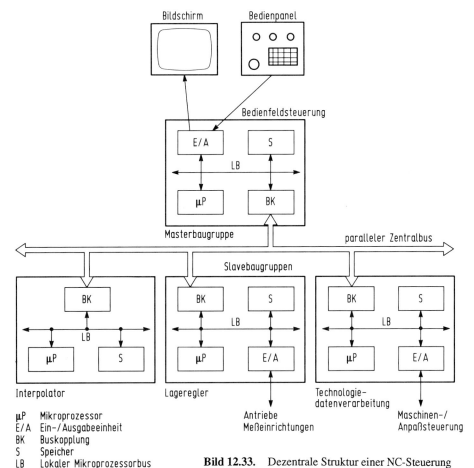

μP Mikroprozessor
E/A Ein-/Ausgabeeinheit
BK Buskopplung
S   Speicher
LB Lokaler Mikroprozessorbus

Bild 12.33. Dezentrale Struktur einer NC-Steuerung

12.4.2 Integration in Werkzeugmaschinen

Die Entwicklung der Werkzeugmaschinensteuerung von den ersten mechanischen Steuerungen zu heutigen NC-Steuerungen führte dazu, daß Steuerung und Maschine in der Regel nicht mehr aus einer Hand kommen. Die meisten Werkzeugmaschinenhersteller verwenden *Standardsteuerungen*, die in größeren Stückzahlen von Steuerungsherstellern produziert werden. Die Werkzeugmaschinenhersteller bieten ihre Maschinen oft auch mit mehreren Steuerungen verschiedener Steuerungshersteller an, so daß der Kunde die Steuerung auswählen kann.

Die Standard-NC-Steuerungen müssen an die Steuerkreise der jeweiligen Werkzeugmaschine angepaßt werden (Bild 12.34). Diese Aufgabe wird von der *Anpaßsteuerung* übernommen, die die Signale der NC-Steuerung auf die entsprechenden Signale und Abläufe der Maschine abbildet.

Die Anpaßsteuerung wird meist mit einer SPS realisiert, die bei einigen NC-Steuerungen bereits mit integriert ist. Die Ausgangssignale der SPS stellen die Eingangssignale für den pneumatischen, hydraulischen und elektrischen Teil der Maschinensteuerung dar, da neben elektrischen Antrieben auch hydraulische und pneumatische Stellglieder in einer Werkzeugmaschine verwendet werden.

Ein weiteres Problem stellt die Kopplung zwischen den Lageregelkreisen und den Antrieben der Werkzeugmaschine dar, da in diesem Bereich keine Normungen existieren. Derzeit wird jedoch an einem Echtzeitkommunikationssystem für den herstellerunabhängigen Dialog zwischen Steuerungen und Antrieben in Werkzeugmaschinen gearbeitet [12.19]. Inwieweit sich daraus eine Norm ableiten läßt, ist aus heutiger Sicht noch nicht erkennbar.

Bei der Integration einer NC-Steuerung müssen einige Steuerungsparameter festgelegt werden. Zu diesen vom Werkzeugmaschinenhersteller zu definierenden Parametern zählen beispielsweise die *Koordinatensysteme* und die *Bezugspunkte* der Werkzeugmaschine.

Erst mit der Definition eines Koordinatensystems, das die drei Achsen X, Y und Z im Raum festlegt, werden bei einer NC-Werkzeugmaschine eindeutige Werkzeugbe-

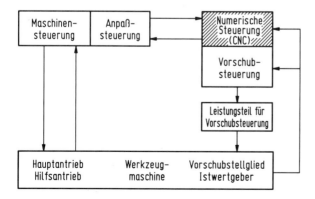

Bild 12.34. Integration einer NC-Steuerung in die Werkzeugmaschine (nach [12.20]

wegungen möglich. Zunächst muß der *Maschinennullpunkt "M"*, als Ursprung des *Koordinatensystems* der Werkzeugmaschine definiert werden. Zur richtigen Orientierung des Koordinatensystems wird die Z-Achse nach DIN 66217 [12.21] so gewählt, daß sie parallel zur Hauptspindel verläuft oder mit ihr zusammen fällt. Die positive Richtung der Z-Achse ist stets von der Werkstückeinspannung zur Hauptspindel hin gerichtet: Bei Drehmaschinen verläuft die Z-Achse vom Spannfutter hin zum Reitstock und bei Fräsmaschinen vom Tisch in Richtung Hauptspindel. Die beiden anderen Achsen (X- und Y-Achse) werden nach der Definition von Maschinennullpunkt und Z-Achse durch ein rechtshändiges, rechtwinkliges Koordinatensystem im Raum festgelegt.

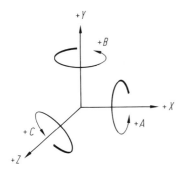

Bild 12.35. Zuordnung schwenkbarer Achsen zum Koordinatensystem [12.21]

Bei manchen Werkzeugmaschinen sind neben den Hauptachsen noch schwenkbare Achsen vorgesehen. Bild 12.35 zeigt die Anordnung der schwenkbaren Achsen, für die die Drehwinkel A, B und C angegeben werden. Die Achsen werden als rechtsdrehend bezeichnet, weil das Vorzeichen der Drehwinkel dann positiv ist, wenn die

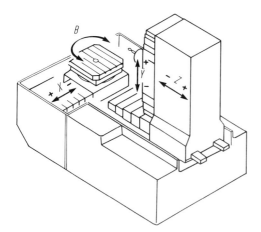

Bild 12.36. Achsanordnung eines vierachsigen Bearbeitungszentrums (nach [12.22])

Achse vom Maschinennullpunkt aus gesehen im Uhrzeigersinn gedreht wird. Die Zuordnung der Drehwinkel zu den Koordinatenachsen ist so gewählt, daß ein Drehwinkel A einer Verdrehung um die X-Achse entspricht. Entsprechendes gilt für die Winkel B und C bezüglich der Achsen X und Y. Bei Werkzeugmaschinen mit zwei Werkzeugträgern werden noch zusätzlich die Vorschubachsen U, V und W definiert. In Bild 12.36 ist das Koordinatensystem einer 4-achsigen Fräsmaschine abgebildet.

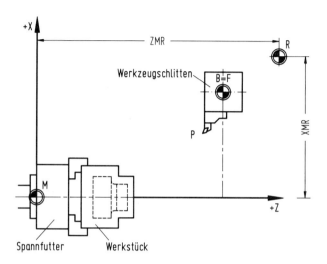

Bild 12.37. Bezugspunkte einer Drehmaschine (nach [12.6])

Neben dem Maschinennullpunkt sind in einer Werkzeugmaschine meist noch weitere Bezugspunkte definiert. Diese Bezugspunkte sind beispielsweise der *Referenzpunkt "R"* sowie der *Schlittenbezugspunkt "F"* [12.6]. Der Referenzpunkt dient zum Referieren inkrementeller Wegmeßsysteme, weil der Maschinennullpunkt meist nicht zugänglich ist (Bild 12.37).

12.4.3 Programmierung

Die Programmierbarkeit von NC-Steuerungen ermöglicht es, ohne Eingriff in die Steuerungshard- und -software jedes beliebige Werkstück durch Abarbeiten eines sogenannten *Werkstück- (Teile- oder NC-) Programms* zu fertigen. Die gesamte Arbeitsfolge ist im NC-Programm in elementare Bewegungsvorgänge, die Programmsätze, aufgeteilt. Die einzelnen Sätze des NC-Programms enthalten die für den Bewegungsvorgang notwendigen Weg- und Schaltinformationen.
Die Erstellung des NC-Programmes kann entweder manuell oder mit rechnergestützten Programmierverfahren erfolgen.
Bei der *manuellen Programmierung* (Bild 12.38) entnimmt der Programmierer alle notwendigen Geometrieinformationen aus der Werkstattzeichnung. Er bestimmt zunächst die Maschine, auf der das Teil gefertigt werden soll, und die Arbeitsgangfolge. Nach der Definition der Spannsituation berechnet er die Verfahrwege der

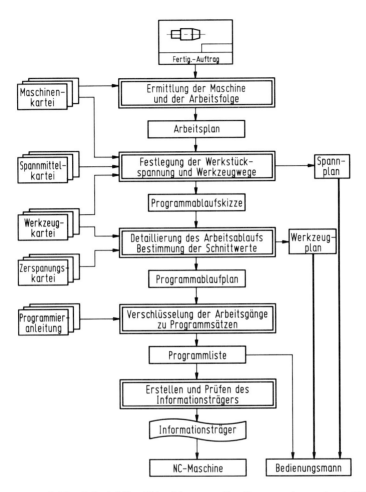

Bild 12.38. Prinzipieller Ablauf der manuellen Programmierung (nach [12.24])

Schlitten, die er in die Programmablaufskizze einträgt. Er ergänzt die Programmablaufskizze, indem er mittels Werkzeugkartei die einzusetzenden Werkzeuge bestimmt und aus Schnittwerttabellen die technologischen Daten wie Vorschubgeschwindigkeit, Spindeldrehzahl etc. ermittelt. Danach kann die Codierung des Programmes in eine für die Steuerung verständliche Form vorgenommen werden. Für die Programmierung der NC-Steuerung wird die *Programmiersprache nach DIN 66025* [12.23] verwendet. In dieser Norm sind die Struktur der problemorientierten Sprache, die Elemente und bereits eine Reihe von speziellen Funktionen festgelegt. Die Arbeitsfolge für einen Fertigungsvorgang wird in elementare Verfahrbefehle der Schlitten (z.B. G01 für die lineare Interpolation) unter Angabe der Zielkoordinaten (z.B. X432.011 Y102.433 Z65.122) und der Vorschubgeschwindigkeit (z.B. F300) aufgelöst und entsprechend in durchnummerierten Sätzen (z.B. N10) angeordnet. Die

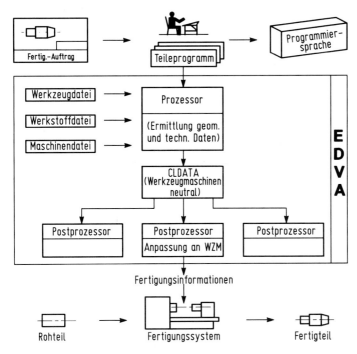

Bild 12.39. Prinzip der maschinellen Programmierung [12.24]

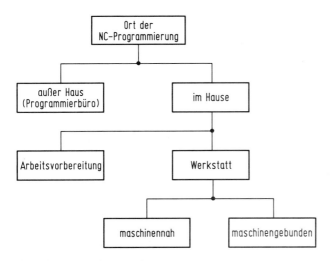

Bild 12.40. Ort der NC-Programmierung

Koordinatenangabe hängt vom gewählten Ursprung ab. Da eine Nullpunktsverschiebung die Programmierung wesentlich erleichtern kann, stehen dazu ebenfalls G-Funktionen (G54-59) zur Verfügung. Die meisten Steuerungen bieten heute zusätzlich mächtige, nicht genormte G-Funktionen (z.B. Bearbeitungszyklen zum Gewindeschneiden etc.) oder herstellerspezifische Symbole für spezielle Maschineneigenschaften an (z.b. 2 Schlitten). Ergänzt werden die Verfahrbefehle oder Wegbedingungen durch Angabe der Spindeldrehzahl (z.b. S2000) und Hilfsfunktionen (z.b. M08). Während der Schaltbefehl M08 lediglich das Einschalten der Kühlmittelzufuhr bewirkt, können M-Funktionen auch komplexere Aufgaben (z.b. M06 T0113 für den Werkzeugwechsel mit Angabe der Werkzeugnummer) ausführen, die sich ihrerseits wiederum aus einer Folge von Schaltbefehlen zusammensetzen.

Das erzeugte Programm wird anschließend als Programmliste entweder direkt in die Steuerung, in einen DNC-Rechner (siehe Abschn. 12.5) oder in einen Lochstreifendrucker zur Erzeugung eines Steuerlochstreifens (siehe Abschn. 12.5) eingegeben.

Bei der *maschinellen bzw. rechnergestützten Programmierung* (Bild 12.39) bleiben dem NC-Programmierer Routinearbeiten wie die Berechnung der Verfahrwege oder das Nachschlagen in Werkstoff- und Werkzeugkarteien erspart. Er erzeugt aus den Geometrieinformationen der Werkstattzeichnung ein problemorientiertes Teileprogramm. Dieses Teileprogramm enthält eine Beschreibung des zu fertigenden Werkstückes, die vom sogenannten *Prozessor* verarbeitet werden kann. Beim Prozessor handelt es sich um ein Softwaremodul im NC-Programmiersystem, das aus der Werkstückbeschreibung automatisch die entsprechenden geometrischen und technologischen Daten ermittelt. Er erzeugt ein *maschinenunabhängiges CLDATA-Programm* ("Cutter Location DATA") nach DIN 66215 [12.25]. Erst die Weiterverarbeitung im NC-Programmiersystem durch den sogenannten *Postprozessor* erzeugt mit Hilfe der in einer Datei abgelegten maschinenspezifischen Eigenschaften das endgültige, der NC-Steuerung verständliche Teileprogramm. Da die Bearbeitungsaufgabe nicht maschinengebunden, sondern problemorientiert programmiert wird, kann das gleiche CLDATA-Programm für unterschiedliche NC-Maschinen verwendet werden.

Bei der NC-Programmerstellung wird nicht nur zwischen der Art der Programmierung unterschieden, sondern auch nach dem Ort der Programmierung (Bild 12.40). Die Programmierung kann entweder in der Arbeitsvorbereitung oder im Werkstattbereich erfolgen.

In der Arbeitsvorbereitung werden die Programme von einem NC-Programmierer erzeugt und unter Umständen in NC-Simulationssystemen ausgetestet. Das Problem dabei ist jedoch die oft mangelnde Kommunikation mit den Maschinenbedienern, so daß Fehler im NC-Programm zwar an der Maschine erkannt und verbessert werden, der NC-Programmierer aber nicht informiert wird.

Die Programmierung im Werkstattbereich kann entweder direkt an der Maschine oder an speziellen Programmierplätzen erfolgen. Der Vorteil ist hierbei, daß der Maschinenbediener oder der Meister die Programme erstellt und optimiert. Nachteile dieses Konzepts sind die meist fehlende Programmverwaltung und höhere Maschinenstillstandszeiten, da die Programmierung oft nur teilweise parallel zu einer laufenden Bearbeitung erfolgen kann.

Zur *Programmierung in Maschinennähe* stehen dem Bediener Bildschirm und Tastatur zur Verfügung. Die Werkstattprogrammierung wird heute durch einen hohen Bedienkomfort - angefangen von Menütechnik, Funktionstasten etc. bis hin zur graphischen Simulation der Werkstückbearbeitung - unterstützt (siehe Abschn. 12.4.4).

12.4.4 Trends

Während viele heutige Steuerungen noch mit 16-Bit-Zentralprozessoren arbeiten, wird die Entwicklung der nächsten Steuerungsgenerationen von der Dezentralisierung sowie der Verwendung immer leistungsfähiger Prozessoren (*32-Bit-Prozessoren*) und größerer Speicher bestimmt. Kürzere Lageregelzyklen und Blockzykluszeiten, gleichzeitige Verarbeitung mehrerer Programme (*Mehrkanalsteuerung*), eine verbesserte Benutzeroberfläche, Programmerstellung während der laufenden Bearbeitung sowie die simultane Steuerung von immer mehr Achsen sind erkennbare Trends.

Für weitergehende Aufgaben wie *Kommunikation*, *Diagnose* oder *Kollisionsschutz* werden zunehmend eigenständige und für den speziellen Einsatzfall ausgerichtete Subsysteme verwendet, die sich leicht in die Steuerungsarchitektur integrieren lassen. Diese Dezentralisierung hat einerseits den Vorteil, daß durch das Hinzufügen zusätzlicher Funktionen nicht die bestehende Rechnerleistung reduziert wird. Andererseits kann bei verteilter Intelligenz für jedes Teilsystem die optimale interne Struktur, möglicherweise sogar in Form von Spezialprozessoren (z.B. Transputer) gewählt werden.

Der modulare Aufbau moderner Steuerungen zeichnet sich nicht nur durch große Flexibilität und gute Erweiterbarkeit aus, sondern läßt auch die klassischen Funktionsumfänge von NC, SPS und Prozeßrechner zusammenwachsen. Daneben wird man aber für einfache Anwendungen weiterhin relativ einfache Steuerungen verwenden, da sie einen wesentlichen Preisvorteil bieten.

Aufgrund leistungsfähiger Hardware und der Verwendung von Graphikbildschirmen läßt sich die Ergonomie der Benutzeroberfläche verbessern. Die Bedienbarkeit wird durch Fenster-, Menü- und Softkeytechnik erleichtert. Sowohl Simulation als auch Echtzeitdarstellung des Bearbeitungsvorgangs in der NC-Maschine werden ermöglicht. Die Programmierung wird durch Dialog- und Menüsteuerung sowie durch bereits vordefinierte Bearbeitungszyklen unterstützt.

Durch den steigenden Komfort an der Benutzeroberfläche ergibt sich auf der einen Seite ein erhöhter Anreiz zur Werkstattprogrammierung, die direkt an der Maschine durch einen entsprechend qualifizierten Bediener parallel zur laufenden Bearbeitung erfolgen kann. Auf der anderen Seite wird durch die zunehmende Vernetzung der Steuerungskomponenten mit den Rechnersystemen im Fertigungsvorfeld auch die maschinelle Programmierung in der Arbeitsvorbereitung an Bedeutung gewinnen. Die klare Trennung der NC-Programmerstellung in der Werkstatt und in der Arbeitsvorbereitung wird durch die sogenannte *werkstattorientierte Programmierung (WOP)* aufgehoben (Bild 12.41). Ziel ist es dabei, an der Maschine und in der Arbeitsvorbereitung dieselbe Programmieroberfläche zur Verfügung zu stellen. Die Programmierung erfolgt durch graphisch unterstützte Eingabe der Geometriedaten des Werkstückes. Mit WOP werden die Aufgaben des Facharbeiters an der Maschine

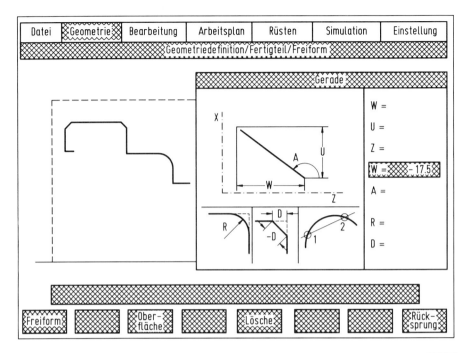

Bild 12.41. Bildschirmdarstellung eines werkstattorientierten Programmiersystems (WOP) (nach [12.26])

und des Programmierers in der Arbeitsvorbereitung erleichtert und die Zusammenarbeit verbessert [12.26].

Der zunehmende Automatisierungsgrad und die steigende Komplexität der Werkzeugmaschinen machen immer mehr *Diagnose-* und *Überwachungsmechanismen* in der Steuerungssoftware erforderlich. Das zyklische Überwachen der Anlage auf Ausfälle dient der Systemsicherheit, und die automatische Diagnose steuerungsexterner und -interner Fehler bestimmt in hohem Maße die Verfügbarkeit des Systems und damit die Wirtschaftlichkeit.

Während eine *Eigendiagnose* zur Erkennung von Störungen im Speicher, in den Baugruppen oder in der Kommunikation heute in der Regel schon selbstverständlicher Bestandteil jeder Steuerung ist, wachsen die Ansprüche, auch steuerungsexterne Störungen zu erkennen, anzuzeigen sowie zu lokalisieren. Soweit es möglich ist, sollen Ausweichstrategien (z.B. ein Werkzeugwechsel) automatisch eingeleitet werden, mindestens wird jedoch eine Unterstützung des Bedieners bei der Störungsbeseitigung erwartet. Aus diesem Grund werden Anstrengungen unternommen, *wissensbasierte Systeme* in die Steuerungen zu integrieren, um jederzeit das Erfahrungswissen über die Steuerung bzw. die ganze Anlage abrufen zu können [12.27].

Ein anderes Mittel zur Diagnose stellt die *Fern- oder Telefondiagnose* dar. Das bedeutet eine Kopplung der Steuerung mit der Servicezentrale des Herstellers über eine Telefonleitung. Hierdurch hat der Hersteller direkten Zugriff auf die Fehlerdaten und kann das aktuell verfügbare Wissen zur Diagnose nutzen.

Die zunehmend an Bedeutung gewinnende Vernetzung der gesamten Rechner- und Steuerungsstrukturen in der Fertigung verlangt komfortable Rechnerschnittstellen in den Steuerungen. Die meisten Steuerungshersteller bieten zwar eine DNC-Schnittstelle (siehe Abschn. 12.5) an, doch sind die Inhalte und Formate von Hersteller zu Hersteller unterschiedlich. Die Möglichkeit zur Vereinfachung der Kommunikation ergibt sich erst durch die Schaffung einheitlicher formaler und inhaltlicher Schnittstellenstandards. Auf internationaler Ebene wurde deshalb das Protokoll *MAP (Manufacturing Automation Protocoll)* definiert, das in der Version 3.0 auf sechs Jahre bis 1994 festgelegt wurde. Einige Steuerungshersteller bieten bereits Schnittstellen zu MAP3.0 in ihren NC-Steuerungen an [12.28].

12.5 Rechnergestützte Steuerdatenverteilung

Werkzeugmaschinen haben heute durch den Einsatz moderner NC-Steuerungen einen hohen Leistungsstandard erreicht. Während die Datenverarbeitung und -verteilung innerhalb der Steuerung weitgehend automatisch abläuft, ist die Integration der Werkzeugmaschine in einen automatischen Informationsfluß noch nicht so weit fortgeschritten.

In den meisten Fertigungsbetrieben wird die Übertragung der NC-Programme in die NC-Maschine noch mit dem *Lochstreifen* realisiert (Bild 12.42). Er stellt ein robustes Speichermedium für Teileprogramme dar, die von der werkstattfernen NC-Programmierung in der Arbeitsvorbereitung erstellt werden. Er dient auch zum Abspeichern von NC-Programmen, die nach dem Löschen aus dem Programmspeicher der Steuerung wiederverwendet werden sollen. Nachdem Lochstreifen in größeren Mengen sehr viel Platz beanspruchen und die Verwaltung mit großem Aufwand verbunden ist, versucht man, den Lochstreifen durch eine Kopplung der NC-Steuerung an

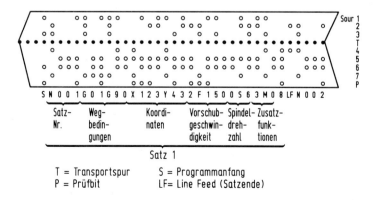

Bild 12.42. Aufbau eines NC-Lochstreifens

einen DNC-Rechner, der die Verwaltung und Verteilung der Steuerdaten übernimmt, zu ersetzen.
Während bei *DNC-Systemen* im wesentlichen nur die Steuerdaten vom Rechner verteilt werden, versucht man bei *CAM-Systemen* (Computer Aided Manufacturing), die gesamte Fertigung informationstechnisch zu automatisieren.

12.5.1 DNC-Systeme

Der Begriff *DNC-System (Direct numerical control)* ist in der VDI-Richtlinie 3424 [12.29] definiert als ein System zur Rechnerdirektführung von mehreren numerisch gesteuerten Arbeitsmaschinen durch Digitalrechner.
Ausgehend von dieser Definition war ursprünglich gedacht, die teure Bahnsteuerung in jeder NC-Steuerung durch einen zentralen Rechner und eine autonom nicht mehr funktionsfähige Rumpfsteuerung zu ersetzen. Der zentrale Rechner sollte in Echtzeit die angeschlossenen Maschinen satzweise mit den erforderlichen Steuerinformationen per direkter Kabelverbindung versorgen [12.30]. Dieser zur Kostenersparnis ausgedachte DNC-Betrieb setzte sich jedoch nie durch, da erstens die Verfügbarkeit eines Steuerungssystems, das zu jeder Zeit von der Funktionstüchtigkeit sowohl der Rumpfsteuerung als auch des zentralen Rechners abhängig ist, für die potentiellen Anwender ein zu großes Risiko darstellt und zweitens sich die Kosten für Steuerungshardware mit dem Einsatz der Mikroprozessor-Technologie drastisch reduzierten.
Heute unterscheidet man bei DNC-Systemen zwischen *DNC-Grundfunktionen* und *zusätzlichen DNC-Funktionen* (Bild 12.43). Die Grundfunktionen sind die NC-Programmverwaltung und NC-Steuerdatenverteilung. Die zusätzlichen Funktionen umfassen die NC-Programmerstellung, die NC-Datenkorrektur, Betriebsdatenerfassung, Steuerungsfunktionen für den Materialfluß und Teilfunktionen zur Fertigungsführung.

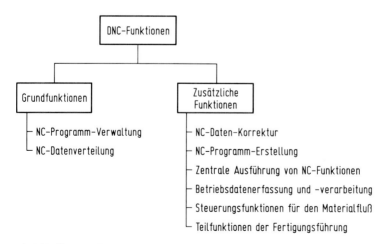

Bild 12.43. DNC-Funktionen (nach [12.29])

Die *NC-Programmverwaltung* hat im wesentlichen die Aufgabe, die NC-Programme aus dem Arbeitsbereich der Programmierer zu übernehmen und so abzulegen, daß die Programme über Suchkriterien mit einer niedrigen Zugriffszeit wieder zur Verfügung gestellt werden können. Zusätzlich bieten viele der angebotenen DNC-Systeme die Möglichkeit, für NC-Programme Zugriffsberechtigungen zu vergeben und Zugriffsstatistiken zu führen.

Die Übertragung der NC-Programme an die NC-Maschinen erfolgt durch die Funktion der *NC-Datenverteilung*. Neben den NC-Programmen, die nach der Optimierung an der Maschine wieder zur Programmverwaltung zurückgelesen werden, können auch andere Parameter wie Werkzeugkorrekturdaten und Programmparameter in die Steuerungen geladen werden. Für große NC-Programme, die nicht in den Speicher der Steuerung passen, ist der Nachladebetrieb gedacht, bei dem während des Programmlaufes die restlichen Programmteile vom DNC-Rechner in die Steuerung nachgeladen werden.

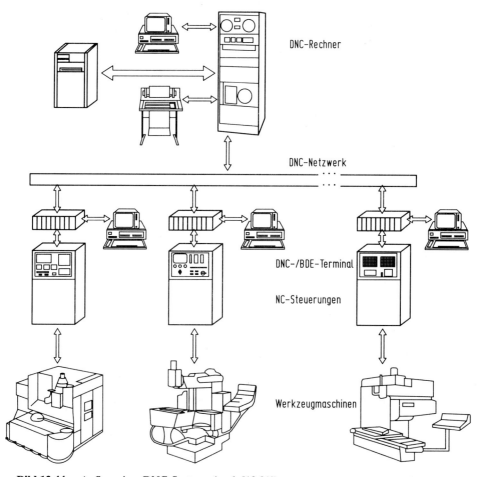

Bild 12.44. Aufbau eines DNC-Systems (nach [12.31])

Von den zusätzlichen Funktionen spielt bei den realisierten DNC-Systemen vor allem die Funktion Betriebsdatenerfassung eine große Rolle. Die anderen Funktionen sind in derzeit realisierten DNC-Systemen meist nicht implementiert und sollen deshalb an dieser Stelle nicht näher beschrieben werden. Die Betriebsdatenerfassung hat die Aufgabe, alle während des Betriebes anfallenden Daten, die entweder automatisch oder manuell abgefragt werden, zu sammeln und auszuwerten. Aus den erfaßten Daten, zu denen unter anderen Auftragsbeginn und Auftragsende, Rüstzeiten, Wartezeiten, Störungszeiten etc. zählen, werden für die Produktion charakteristische Zeiten wie Nutzungszeiten oder Ruhezeiten sowie statistische Größen ermittelt. Diese Daten dienen als Grundlage für die Planungsebene und die Nachkalkulation.

Die derzeit realisierten DNC-Systeme (Bild 12.44) kommunizieren mit den Steuerungen über deren *DNC-* oder *BTR-Schnittstelle (Behind Tape Reader).* Die BTR-Schnittstelle ist die Schnittstelle der Steuerung, an die normalerweise der Lochstreifenleser angeschlossen wird. Bei DNC-Systemen können über die BTR-Schnittstelle lediglich NC-Programme übertragen werden, während die DNC-Schnittstelle meist über einen größeren Funktionsumfang verfügt.

Die Kommunikation der Steuerung mit dem DNC-Rechner geschieht zunächst über eine serielle V24-Schnittstelle zu einem *DNC-Terminal.* Das DNC-Terminal setzt das Übertragungsprotokoll der Maschine auf das des DNC-Netzwerkes um. Daneben bietet es noch die Möglichkeit entweder über eine Anzeige vom Bediener manuell oder über parallele Eingänge automatisch Betriebsdaten aufzunehmen. Die DNC-Terminals werden über ein lokales Netzwerk (LAN) an den zentralen *DNC-Rechner* angeschlossen.

12.5.2 CAM-Systeme

Der Erfolg eines Unternehmens hängt zunehmend von der schnellen Umsetzung von Kundenwünschen oder Produktideen in lieferbare Erzeugnisse ab. Dies bedeutet, daß in allen Bereichen der Produktion von der Konstruktion bis zur Fertigung und Montage die Abwicklung von Aufträgen effizienter gestaltet werden muß. Deshalb gilt es, einen geeigneten, rechnergestützten Informationsfluß aufzubauen, der eine Datenübertragung zwischen den einzelnen Abteilungen und eine wirksame Datenverarbeitung in den einzelnen Abteilungen ermöglicht.

Daher gewinnt als weiterer Schritt in Richtung einer *rechnerintegrierten Produktion (CIM: Computer Integrated Manufacturing)* die Verbindung aller eingesetzten Rechnersysteme für die Produktionsplanung und -steuerung (PPS), Konstruktion (CAD: Computer Aided Design), Arbeitsvorbereitung (CAP: Computer Aided Planning) im Fertigungsvorfeld untereinander sowie zur Fertigung und Qualitätssicherung immer mehr an Bedeutung (Bild 12.45).

Die Bemühungen im Bereich der rechnergestützten Fertigung und Montage zur Integration des Material- und Informationsflusses werden unter dem Begriff *CAM (Computer Aided Manufacturing)* zusammengefaßt. Während es im Bereich flexibler Montageanlagen noch kaum Realisierungen gibt, sind bereits eine Reihe *flexibler*

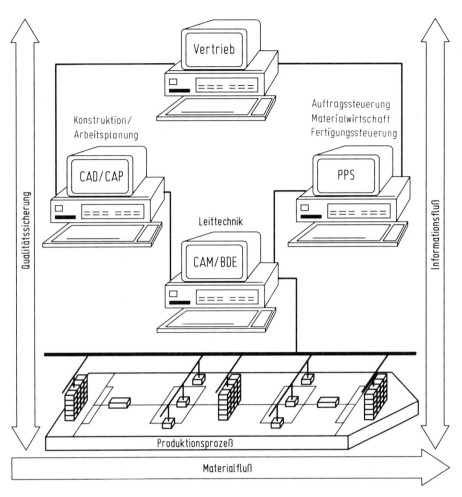

Bild 12.45. Bausteine der rechnerintegrierten Konstruktion und Produktion

Fertigungssysteme im Einsatz. Unter einem flexiblen Fertigungssystem (Bild 12.46) versteht man ein System, das aus Maschinen und technischen Einrichtungen besteht, die unter dem Gesichtspunkt einer flexiblen, automatischen Fertigung durch ein Steuer- und Transportsystem verknüpft sind [12.32]. Ein solches System ist in der Lage, innerhalb eines gewissen Bereiches unterschiedliche Bearbeitungsaufgaben an unterschiedlichen Werkstücken in beliebiger Reihenfolge durchzuführen. Es unterscheidet sich durch seine Flexibilität von starr verketteten Transferstraßen.

Zur Realisierung eines CAM-Systems - wie es z.B. ein flexibles Fertigungssystem darstellt - ist neben der materialflußtechnischen Automatisierung der Einsatz von Informationsverarbeitungssystemen notwendig. Da der Umfang und die Komplexität dieser Aufgabe sehr groß ist, ist eine Strukturierung und Verteilung notwendig. Die Verteilung der Informationsverarbeitungsaufgaben führt zu *dezentralen Rechner-*

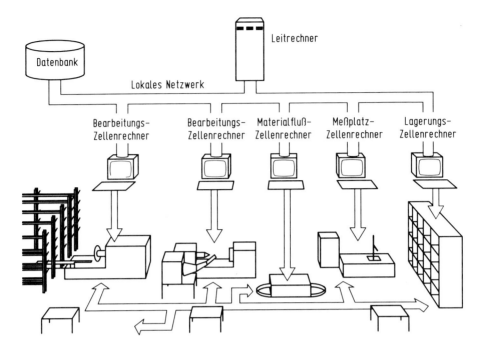

Bild 12.46. Komponenten eines flexiblen Fertigungssystems

strukturen. Verteilte Rechnersysteme erhöhen die Ausfallsicherheit des gesamten Systems, weil der Ausfall eines Rechners nur geringe Auswirkungen auf das Gesamtsystem zur Folge hat.

Voraussetzung für eine verteilte Rechnerintelligenz ist ein leistungsfähiges *LAN* (Local Area Network), damit die einzelnen Rechnersysteme miteinander verknüpft werden können. Aufgrund der speziellen Gegebenheiten im Bereich von Fertigung und Montage werden an das LAN hohe Ansprüche bezüglich Robustheit, Störempfindlichkeit, Datenübertragungsgeschwindigkeit und Echtzeitfähigkeit gestellt. Während man heute hauptsächlich herkömmliche elektro-magnetische Übertragungsmedien verwendet, werden in Zukunft neue Medien wie z.B. Lichtwellenleiter eine größere Rolle spielen.

Neben der Dezentralisierung der Rechnerintelligenz ist aber auch eine Entkopplung von Teilsystemen innerhalb des CAM-Systems notwendig, um die Verfügbarkeit zu erhöhen und die Komplexität der Steuerungsaufgabe zu reduzieren. Unter dem Gesichtspunkt der Strukturierung wurde der Begriff der *flexiblen Fertigungszelle* definiert: Bei einer allgemeinen flexiblen Fertigungszelle handelt es sich um eine rechnergeführte Arbeitsstation in verteilter oder konzentrierter Struktur. Der Fertigungszelle werden Überwachungseinrichtungen sowie Einrichtungen zur Bereitstellung und Zuführung von Werkstücken und Fertigungsmitteln als Peripherie zugeordnet [12.33].

Nach der Strukturierung des flexiblen Fertigungssystems und der Dezentralisierung der Rechnersysteme muß sinnvollerweise auch eine funktionale Gliederung der

Informationsverarbeitungsaufgaben vorgenommen werden. Die ISO hat deshalb eine Unterteilung in fünf übereinanderliegenden Informationsverarbeitungsebenen (Bild 12.47) vorgeschlagen [12.34].

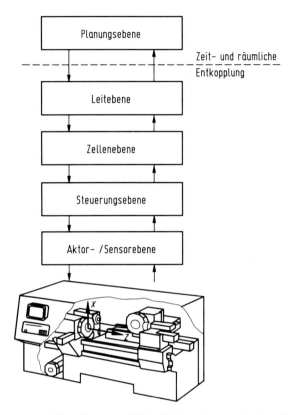

Bild 12.47. Ebenenmodell der Informationsverarbeitung in CAM (nach [12.34])

Die oberste Ebene dieses Modells stellt die *Planungsebene* dar. In der Planungsebene werden alle Daten generiert, die zur Durchführung von Fertigungsaufträgen notwendig sind. Sie ist zeitlich und räumlich vom eigentlichen Bereich der Produktion getrennt. In dieser Ebene sind unter anderen die CIM-Komponenten CAD, CAP und PPS anzusiedeln.

Den Übergang zur Produktion stellt die *Leitebene* dar. In ihr werden vom *Werkstattleitsystem* vor allem dispositive und koordinierende Aufgaben erledigt. Das Werkstattleitsystem zerlegt die vom PPS-System aus der Planungsebene eingelasteten Aufträge in Aufträge an die einzelnen Fertigungszellen, disponiert diese Zellenaufträge und gibt sie zum richtigen Zeitpunkt an die Zellen weiter. Weitere Aufgaben sind die Überwachung der Fertigung sowie die Bereitstellung von Material.

Unter der Leitebene befindet sich die *Zellenebene*, die sich aus einer Anzahl sogenannter *Zellenrechner* zusammensetzt. Jeder Fertigungszelle kann ein solcher Zellenrechner zugeordnet werden. Der Zellenrechner steuert die einzelnen Maschinen und Geräte der Zelle und koordiniert den zelleninternen Materialfluß. Neben der Steuerungsfunktion werden auch dispositive Aufgaben und die Verwaltung der in der Zelle befindlichen Betriebsmittel erledigt. Durch die oben erwähnte Entkopplung und die Zuordnung eines Zellenrechners entstehen *autonome Fertigungszellen*, die bei einem Ausfall einer anderen Fertigungszelle funktionsfähig bleiben.

Die beiden untersten Ebenen des ISO-Modells stellen die *Steuerungs-* und die *Aktor-/Sensorebene* dar, auf die in diesem Kapitel bereits an anderen Stellen näher eingegangen wurde.

Literaturverzeichnis

Literatur zu Kapitel 1

1.1 Spur, G.: Optimierung des Fertigungssystems Werkzeugmaschine. München: Hanser 1972
1.2 Spur, G.: Keramikbearbeitung. München: Hanser 1989
1.3 DIN 8580: Juni 1983. Fertigungsverfahren: Übersicht
1.4 VDMA, Statistisches Handbuch für den Maschinenbau, Hrsg. Verein Deutscher Maschinenbauanstalten. Frankfurt/M.: Maschinenbau-Verlag 1991
1.5 American Machinist 114 (1970) - 134 (1990), 2

Literatur zu Kapitel 2

2.1 Mommertz, K. H.: Vom Bohren, Drehen und Fräsen. München: Deutsches Museum 1979
2.2 Wittmann, K.: Die Entwicklung der Drehbank. Düsseldorf, VDI-Verlag 1960
2.3 Steeds, W.: A History of Machine Tools 1700-1910. Oxford: At the Clarendon Press 1969
2.4 Parkhurst, E.G.: Origin of the Turret, or Revolving Head. Amer. Mach. (1900) 23
2.5 Jäger, H.: Von den Anfängen des Drehautomatenbaus. Werkst.-Techn. 54 (1964) 9
2.6 Spur, G.: Geschichtlicher Rückblick auf die konstruktive Entwicklung der Mehrspindel-Drehautomaten. Werkst. u. Betrieb 100 (1967) 3
2.7 Dominik, H.: Der Werkzeugmaschinen- und Werkzeugbau. Berlin 1930
2.8 Kilian W.: Entwicklung zum Mehrspindel-Drehautomaten. Masch.-Markt 60 (1954) 29/39
2.9 Noble, D. F.: Maschinen gegen Menschen. Stuttgart: Alektor 1982
2.10 Hirsch-Kreinsen, H.: Soziale Bedingungen der NC-Entwicklung - in den USA und der Bundesrepublik Deutschland. In: Mensch und Technik 8. München: Carl Hanser 1988
2.11 Mayer, R.: Die Problematik des Einsatzes numerisch gesteuerter Werkzeugmaschinen - eine betriebliche Untersuchung. In: Arbeitsstudium Industrial Engineering. Band 12. Berlin: Beuth 1970
2.12 Pfeiffer, L.: Die Werkzeuge des Steinzeit-Menschen. Aus der technol. Abt. des Städt. Museums Weimar. Jena: Fischer, 1920
2.13 Matschoß, C.: Schiess, ein Beitrag zur Geschichte des deutschen Werkzeugmaschinenbaues. Berlin 1942
2.14 Rolt, T. C.: Tools for the Job. London 1965
2.15 Queisser, H.: Mikroelektronik - Wege der Forschung. München : Piper 1985

Literatur zu Kapitel 3

- 3.1 Niemann, G.: Maschinenelemente Bd. 1. Berlin: Springer 1975
- 3.2 Perovic, B.: Werkzeugmaschinen. Braunschweig: Vieweg 1984
- 3.3 Bruins D. H.; Dräger, H.-J.: Werkzeuge und Werkzeugmaschinen für die spanende Metallverarbeitung. München: Hanser 1984
- 3.4 Fischer, H.: Beitrag zur Untersuchung des thermischen Verhaltens von Bohr- und Fräsmaschinen. Dissertation TU Berlin 1970
- 3.5 Weck, M.: Werkzeugmaschinen Bd. 2. Düsseldorf: VDI-Verlag 1985
- 3.6 REFA, Verband f. Arbeitsstudien und Betriebsorganisation e. V.: Methodenlehre des Arbeitsstudiums Teil 2: Datenermittlung. München: Hanser 1978
- 3.7 Boston Consulting Group: Die Erfahrungskurve - ein Überblick, I. Das Konzept. Firmenschrift 1980
- 3.8 Weck, M.: Werkzeugmaschinen Bd. 1. Düsseldorf: VDI-Verlag 1980
- 3.9 Dillmann, K.: CNC-Drehautomaten. Landsberg/Lech: Moderne Industrie 1988
- 3.10 VDI-Richtlinie 3321 Bl. 1: Optimierung des Spanens
- 3.11 VDI-Richtlinie 3258 Bl. 1 u. 2: Kostenrechnung mit Maschinenstundensätzen
- 3.12 Westkämper, E.: Auftragsabwicklung in der computerintegrierten und automatisierten Fertigung, in: Rechnerintegrierte Konstruktion und Produktion 1986. Düsseldorf: VDI-Verlag 1986

Literatur zu Kapitel 4

- 4.1 Häuser, K.: Fertigungstechnik Spanen: Drehen–Hobeln–Bohren–Fräsen. Darmstadt : Kamprath 1973
- 4.2 DIN 6580: Oktober 1985. Begriffe der Zerspantechnik : Bewegungen und Geometrie des Zerspanvorganges
- 4.3 DIN 6581: Oktober 1985. Begriffe der Zerspantechnik : Bezugssysteme und Winkel am Schneidkeil des Werkzeuges
- 4.4 DIN 6582: Februar 1988. Begriffe der Zerspantechnik: Ergänzende Begriffe am Werkzeug, am Schneidkeil und an der Schneide
- 4.5 Metallwerk Plansee (Hrsg.): Drehen : Grundlagen und Anwendungstechnik. Düsseldorf : VDI-Verlag 1987
- 4.6 König, W.: Fertigungsverfahren. Bd. 1 : Drehen, Fräsen, Bohren. Düsseldorf : VDI-Verlag 1984
- 4.7 Vieregge, G.: Zerspanung der Eisenwerkstoffe. Düsseldorf : Stahleisen 1959
- 4.8 Paucksch, E.: Zerspantechnik. Braunschweig : Vieweg 1987
- 4.9 Fritz, H. ; Schulze G. (Hrsg.): Fertigungstechnik. Düsseldorf : VDI-Verlag 1985
- 4.10 Spur, G. ; Stöferle, Th.: Handbuch der Fertigungstechnik. Bd. 3/1 : Spanen. München : Hanser 1979
- 4.11 Kienzle, O.; H. Victor: Die Bestimmung von Kräften und Leistungen an spanenden Werkzeugen und Werkzeugmaschinen. VDI-Z. 94(1952) 229

4.12 Merkblatt 137: Grundlagen zur Zerspanung von Stahl. Düsseldorf : Schneider+Hense 1986

4.13 Neue Werkstoffe: Fachaufsätze zur Materialforschung. Düsseldorf : Kühlen 1986

4.14 Weck, M.: Werkzeugmaschinen. Bd. 4: Meßtechnische Untersuchung und Beurteilung. Düsseldorf: VDI-Verlag 1985

4.15 Degner, W.; Lutze, H.; Smejkal, E.: Spanende Formung. Theorie, Berechnung, Richtwerte. Berlin: VEB Verlag Technik 1985

4.16 Victor, H.; M. Müller; R. Opferkuch: Zerspantechnik, Teil 1. Berlin: Springer-Verlag 1985

4.17 Bruins, D. H.; H. J. Dräger: Werkzeuge und Werkzeugmaschinen für die spanende Metallverarbeitung, Teil1, Teil 2. München: Hanser 1984

4.18 König, W; K. Essel; L. Witte: Spezifische Schnittkraftwerte für die Zerspanung metallischer Werkstoffe. Düsseldorf: Stahleisen 1982

4.19 Lössl, G.: Analyse von Spindel-Lager-Systemen in Werkzeugmaschinen mit Methoden der Wärmeübertragung, Dissertation TU München 1978

4.20 VDI 3221, März 1976, Bl. 1, Optimierung des Spanens

4.21 Tikal, F.: Spanbildung. Viertes Produktionstechnisches Seminar. Technologie der Spanbildung. TU München, 1979

4.22 DIN 8580: Juni 1983. Fertigungsverfahren: Übersicht

4.23 DIN 8589: März 1981. Fertigungsverfahren Spanen: Einordnung, Unterteilung, Begriffe. Teil 0

4.24 Preger, K.-Th.: Zerspantechnik. Braunschweig: Vieweg 1977

4.25 Tschätsch, H.: Handbuch spanende Formgebung: Verfahren, Werkzeuge, Berechnung, Richtwerte. Darmstadt: Hoppenstedt 1988

Literatur zu Kapitel 5

5.1 Ewins, D.J.: Modal Testing: Theory and Practice. London: Research Study Press 1986

5.2 Van der Auweraer, H.: Development and Evaluation of Advanced Measurement Methods for Experimental Modal Analysis. Dissertation U Leuven 1987

5.3 Hoffmann, W.: Bestimmung von Frequenzgängen von Übertragungssystemen an Werkzeugmaschinen mit Hilfe der Systemtheorie für regellose Vorgänge. Dissertation TH Aachen 1967

5.4 Kirchknopf, P.: Ermittlung modaler Parameter aus Übertragungsfrequenzgängen. Berlin: Springer 1989

5.5 Losser, W.: Modalanalyse und Modifikationsrechnung. Dissertation ETH Zürich 1983

5.6 Natke H.G.: Einführung in Theorie und Praxis der Zeitreihen- und Modalanalyse. Braunschweig: Vieweg 1983

5.7 Weck M.; Teipel K.: Dynamisches Verhalten spanender Werkzeugmaschinen. Berlin: Springer 1977

5.8 Weck, M.: Werkzeugmaschinen: Meßtechnische Untersuchung und Beurteilung, Bd.4. Düsseldorf: VDI-Verlag 1985

5.9 Eibelshäuser, P.: Rechnerunterstützte experimentelle Modalanalyse mittels gestufter Sinusanregung. Berlin: Springer 1990

5.10 Finke, R.: Berechnung des dynamischen Verhaltens von Werkzeugmaschinen. Dissertation TH Aachen 1977

5.11 Helpenstein, H.: Wege zur rationellen Berechnung des dynamischen Verhaltens von mechanischen Strukturen. Dissertation TH Aachen 1983

5.12 Prößler, E.-K.: Experimentell-rechnerische Analyse von Werkzeugmaschinen. Dissertation TH Aachen 1981

5.13 Summer, H.: Modell zur Berechnung verzweigter Antriebsstrukturen. Berlin: Springer 1985

5.14 Corbach, K.: Die dynamische Steifigkeit ruhender und beweglicher Verbindungen an Werkzeugmaschinen. Dissertation TU München 1966

5.15 Groth, W.M.: Die Dämpfung in verspannten Fugen- und Arbeitsführungen von Werkzeugmaschinen. Dissertation TH Aachen 1972

5.16 Petuelli, G.: Theoretische und experimentelle Bestimmung der Steifigkeits- und Dämpfungseigenschaften normal belasteter Fügestellen. Dissertation TH Aachen 1983

5.17 Schaible, B.: Ermittlung des statischen und dynamischen Verhaltens insbesondere der Dämpfung von verschraubten Fugenverbindungen für Werkzeugmaschinen. Dissertation TU München 1976

5.18 Danek, O.; Polacek M.; Spacek L.; Tlusty J.: Selbsterregte Schwingungen an Werkzeugmaschinen. VEB Verlag 1962

5.19 Lysen, H.: Statische und dynamische Stabilität der Werkstoffformung. 2.FoKoMa 1955 Maschinenmarkt, (Werkzeugmaschinenpraxis) Coburg: Vogel 1955

5.20 Sadowy, M.: Rattern und dynamische Steifigkeit von Werkzeugmaschinen. Dissertation TU München 1956

5.21 Tobias, S.A.: Schwingungen an Werkzeugmaschinen. München: Hanser 1961

5.22 Bernardi, F.: Untersuchung und Berechnung des Ratterverhaltens von Dreh- und Fräsmaschinen. Dissertation TH Aachen 1969

5.23 Dregger, E.U.: Untersuchung des stabilen und des instabilen Fräsprozesses. Dissertation TH Aachen 1966

5.24 Roese, H.: Untersuchung der dynamischen Stabilität beim Fräsen. Dissertation TH Aachen 1967

5.25 Teipel, K.: Beurteilung der dynamischen Nachgiebigkeit spanender Werkzeugmaschinen. Dissertation TH Aachen 1977

5.26 Weck, M.; Klumpers K.: Stabilitätsanalyse zur Ermittlung des Ratterverhaltens spanender Bearbeitungsvorgänge und Erstellung eines Werkkataloges dynamischer Schnittkraftkoeffizienten. WZL Aachen: VDW / AIF Forschungsbericht A3098 1976

5.27 Radharamanan, R.: The Measurement of the Dynamic Cutting Coefficients and the Analysis of Chatter Behaviour in Turning. Dissertation KU Leuven 1977

5.28 Tikal, F.: Beitrag zur Ermittlung der dynamischen Schnittsteifigkeitskoeffizienten. Dissertation TU München 1978

5.29 Tlusty, J.: Analysis of the State of Research in Cutting Dynamics Analysis of the CIRP. Annals of the CIRP Vol. 27 /2/ 1978

5.30 Werntze, G.: Dynamische Schnittkraftkoeffizienten: Bestimmung mit Hilfe des Digitalrechners und Berücksichtigung im mathematischen Modell zur Stabilitätsanalyse. Dissertation Aachen 1973

5.31 Korner, J.: Beeinflußung der dynamischen Steifigkeit von Werkzeugmaschinen durch Zusatzdämpfung und dämpfende Aufstellung. Dissertation TU München 1966

5.32 Stiefenhofer, R.: Beitrag zur Berechnung des Einflußes der Aufstellung auf das dynamische Verhalten von Werkzeugmaschinen. Dissertation TU München 1977

5.33 Loewenfeld, K.: Die Dämpfung bei Werkzeugmaschinen. Maschinenmarkt (1957) Nr.5

5.34 Beckenbauer, K.: Entwicklung und Einsatz eines aktiven Dämpfers zur Verbesserung des dynamischen Verhaltens von Werkzeugmaschinen. Dissertation TH Aachen 1970

5.35 Stapelfeld, G.: Ein Beitrag zur Entwicklung dynamischer Zusatzsysteme zur Beseitigung von Ratterschwingungen an spanenden Werekzeugmaschinen. Dissertation TH Aachen 1979

5.36 Milberg J.: Analytische und experimentelle Untersuchungen zur Stabilitätsgrenze bei der Drehbearbeitung. Dissertation TH Berlin 1971

5.37 Grab, H.: Vermeiden von Ratterschwingungen durch periodische Drehzahlvariation. Dissertation TH Darmstadt 1976

5.38 Wassyly, R.: Eine Methode zum Vermeiden regenerativer Ratterschwingungen beim Zerspanen. Dissertation TH Darmstadt 1983

5.39 Benzinger, K.-J.: Dynamisches Verhalten von Mehrspindel-Drehmaschinen. Dissertation TU Berlin 1988

5.40 Maulhardt, U.: Dynamisches Verhalten von Kaltkreissägen für die Metallbearbeitung. Dissertation TU München 1990

5.41 Blankenstein, B.: Der Zerspanprozeß als Ursache für Schnittkraftschwankungen beim Drehen mit Hartmetallwerkzeugen. Dissertation TH Aachen 1968

5.42 Böhm, R.: Beitrag zum Torsionsschwingungsverhalten von Werkzeugmaschinenantrieben mit Zahnradschaltgetrieben. Dissertation TU München 1976

5.43 Föllinger, H.: Dynamische Vorgänge beim Außenrundeinstechschleifen. Dissertation TH Aachen 1985

5.44 Gather, M.: Adaptive Grenzregelung für das Stirnfräsen. Dissertation TH Aachen 1977

5.45 Hölken, W.: Untersuchung von Ratterschwingungen an Drehbänken. Dissertation TH Aachen 1957

5.46 Müller, R.D.: Statische und dynamische Analyse von Werkzeugmaschinenantrieben und Zahnradgetrieben. Dissertation TU München 1980

5.47 Sabotke, J.: Erkennen und Erfassen von Nichtlinearitäten im dynamischen Verhalten von Werkzeugmaschinen. VDI Verlag Reihe 11: Schwingungstechnik Nr.102, 1987

5.48 Satyamurty, S.: Beitrag zur Methodik der Beschreibung und Ermittlung des dynamischen Verhaltens von Werkzeugmaschinen. Dissertation TU München 1971

5.49 Tlusty, J.; Ismail F.: Basic Non-Linearity in Machining Chatter. Annals of the CIRP Vol. 30 /1/ 1981

5.50 Weck, M.: Analyse linearer Systeme mit Hilfe der Spektraldichtemessung und ihre Anwendung bei dynamischen Werkzeugmaschinenuntersuchungen unter Arbeitsbedingungen. Dissertation TH Aachen 1969

Literatur zu Kapitel 6

6.1 Dreyer, W.F.: Über die Steifigkeit von Werkzeugmaschinenständern und vergleichende Untersuchungen an Modellen. Dissertation RWTH Aachen 1966

6.2 Loewenfeld, K.: Gestaltsteife von Baukörpern für Werkzeugmaschinen. Dissertation TU München 1957

6.3 Weck, M.; Steinke P.: Berechnung durchbruchbedingter Steifigkeitsminderungen und Spannungsüberhöhungen bei Werkzeugmaschinen. Forschungsbericht des Landes Nordrhein-Westfalen Nr. 3081

6.4 Opitz, H.; Bielefeld J.: Modellversuche an Werkzeugmaschinenelementen. Forschungsbericht des Landes Nordrhein-Westfalen Nr. 900

6.5 Bielefeld, J.: Über die Starrheit von Werkzeugmaschinengestellen. Dissertation RWTH Aachen 1959

6.6 Weck, M.; Heimann A., Steinke P.: Katalog zur Auswahl günstiger Geometrieformen für statisch belastete Maschinenbetten. Forschungsbericht des Landes Nordrhein-Westfalen Nr. 2933

6.7 Heimann, A.: Anwendung der Methode Finiter Elemente bei der Berechnung und Auslegung von Gestellbauteilen. Dissertation RWTH Aachen 1977

6.8 Perovic, B.: Werkzeugmaschinen. Braunschweig: Vieweg 1984

6.9 Nicklau, R.: Werkzeugmaschinengestelle aus Methacrylatharzbeton. Dissertation TH Darmstadt 1984

6.10 Bruins, D.H.; Dräger H.J.: Werkzeuge und Werkzeugmaschinen für die spanende Bearbeitung. München: Hanser 1984

6.11 Weck, M.: Werkzeugmaschinen. Düsseldorf: VDI Verlag 1985

6.12 Milberg, J.; P.Eibelshäuser; P. Kirchknopf: Zum dynamischen Verhalten von Werkzeugmaschinen. VDI-Z Bd.128 (1986) Nr. 5

6.13 Fischer, H.: Beitrag zur Untersuchung des thermischen Verhaltens von Bohr- und Fräsmaschinen. Dissertation TU Berlin 1970

6.14 Zangs, L.W.: Berechnung des thermischen Verhaltens von Werkzeugmaschinen. Dissertation RWTH Aachen 1975

6.15 Haas, P.: Thermisches Verhalten von Werkzeugmaschinen unter besonderer Berücksichtigung von Kompensationsmöglichkeiten. Dissertation TU Berlin 1975

6.16 Heisel, U.: Ausgleich thermischer Deformationen an Werkzeugmaschinen. München: Hanser 1980

6.17 Redeker, W.: Systematische Konstruktion spanender Werkzeugmaschinen. Dissertation TU Braunschweig 1979

6.18 Spur, G.; Stöferle, Th.: Handbuch der Fertigungstechnik Bd. 3/1 Spanen. München: Hanser 1979

6.19 Salje, E.: Elemente spanender Werkzeugmaschinen. München: Hanser 1968

6.20 Zienkiewicz, O.C.: Methode der Finiten Elemente. München: Hanser 1984

6.21 Bathe, K.J.: Finite-Elemente-Methode. Berlin: Springer 1986

6.22 Finke, R.: Berechnung des dynamischen Verhaltens von Werkzeugmaschinen. Dissertation RWTH Aachen 1977

6.23 Natke, H.G.: Einführung in Theorie und Praxis der Zeitreihen- und Modalanalyse. Braunschweig: Vieweg 1983

6.24 White, R.E.: An Introduction to the Finit Element Method with Applications to Nonlinear Problems. New York: Wiley 1985

Literatur zu Kapitel 7

7.1 Weck, M.: Werkzeugmaschinen, Band 2. Düsseldorf: VDI-Verlag 1978.

7.2 Domrös, D.: Über das Verschleiß- und Reibungsverhalten von Werkzeugmaschinengleitführungen. Dissertation RWTH Aachen 1966.

7.3 Rinker, U.: Tribologische Eigenschaften von Werkzeugmaschinengleitführungen. Fortschritt Berichte VDI, Reihe 1, Nr. 140. VDI-Verlag 1986.

7.4 Rinker, U.: Tribologische Eigenschaften von Werkzeugmaschinengleitführungen. Dissertation RWTH Aachen 1986.

7.5 Weck, M.; Rinker, U.: Neue Gleitführungsmaterialien im Werkzeugmaschinenbau. VDI-Z 128 (1986), 351-360.

7.6 Opitz, H.; Hensen, F.; Domrös, D.: Verschleißuntersuchungen an Werkzeugmaschinenführungen unter besonderer Berücksichtigung des Freßverschleißes. Forschungsberichte des Landes Nordrhein-Westfalen Nr. 1497.

7.7 Habig, K.-H.: Oberflächenschutzschichten für die Tribotechnik. Tribologie und Schmierungstechnik 32 (1985), 125-135 und 211-216.

7.8 Karmakar, A.: Untersuchungen an Gleitführungen von Werkzeugmaschinen. Dissertation RWTH Aachen 1961.

7.9 Saljé, E.: Elemente der spangebendenWerkzeugmaschinen. München: Hanser 1968.

7.10 Filter, G.: Rechnergestütztes Konstruieren von Werkzeugmaschinengeradführungen. Dissertation TU Hannover 1977.

7.11 Heese, K.-H.; Leifeld, P.: RAPID - Bohr-Fräsmaschinen mit aerostatischen Führungen. WOTAN - Theorie und Praxis, Information 20, Nr. 12, 1978.

7.12 -: Längsführungen. Firmenkatalog Nr. 3851 T 1987, Fa. SKF.

7.13 -: Das Erfolgsprogramm. Firmenkatalog Nr. GH 4385b - 1.89/5000 1989 Fa. Gebr. Hennig GmbH.

7.14 Rinker, U.: Werkzeugmaschinen-Führungen, Ziele zukünftiger Entwicklungen. VDI-Z 130 (1988), 67-74.

7.15 Weck, M.; Rinker, U.: Einsatz von Geradführungen an Werkzeugmaschinen, Ergebnisse einer Industriebefragung . Industrieanzeiger 103 (1981), 26-30.

7.16 -: Linear Way Serie. Firmenprospekt Nr. CAT-6902, Fa. Nippon Thompson Co., Ltd.

Literatur zu Kapitel 8

8.1 Koenigsberger, F.: Berechnungen, Konstruktionsgrundlagen und Bauelemente spanender Werkzeugmaschinen. Berlin: Springer 1961

8.2 Opitz, H.: Moderner Werkzeugmaschinenbau. Essen: Girardet 1971

8.3 Mayer, K., Demleitner K.: Werkzeugmaschinen. Braunschweig: Vieweg 1977

8.4 Weck, M.: Werkzeugmaschinen. Bd. 2; Düsseldorf: VDI-Verlag 1985

8.5 D.H. Bruins, H.-J. Dräger: Werkzeuge und Werkzeugmaschinen für die spanende Metallbearbeitung. Teil 2; München: Hanser 1984

8.6 Perovic, B.: Werkzeugmaschinen. Braunschweig: Vieweg 1984

8.7 Saljé, E.: Elemente der spanenden Werkzeugmaschinen. München: Hanser 1968

8.8 Witte, H.: Werkzeugmaschinen. Würzburg: Vogel 1986

8.9 DIN Taschenbuch 121: Werkzeugmaschinen 1: Normen über Baugrößen, Maschinenteile, Werkzeuge und Spannzeuge. Berlin: Beuth 1981

8.10 DIN Taschenbuch 14: Spannzeuge 1: Werkzeugspanner, Normen. Berlin: Beuth 1987

8.11 DIN Taschenbuch 151: Spannzeuge 2: Werkstückspanner und Vorrichtungen, Normen. Berlin: Beuth 1987

8.12 Gärtner, G.: Die Verformung wälzgelagerter Arbeitsspindeln von Werkzeugmaschinen. Konstruktion 12 (1960) 8

8.13 Piekenbrink, R.: Statische und dynamische Eigenschaften von Arbeitsspindeln an Werkzeugmaschinen. Maschinenmarkt 13a (1959) 35

8.14 Die Arbeitsspindel und ihre Lagerung- Herzstück leistungsfähiger Werkzeugmaschinen. Publikation der FAG Kugelfischer G. Schäfer KGaA, Publ.-Nr. WL 02113 DA

8.15 Ophey, L.: Dämpfungs- und Steifigkeitseigenschaften vorgespannter Schrägkugellager. Dissertation RWTH Aachen 1985

8.16 Pittroff, H.: Beitrag zur Theorie und Konstruktion von Hauptspindellagerungen spander Werkzeugmaschinen. Werkstatt und Betrieb 4 (1963)

8.17 Honrath, K.: Über die Starrheit von Werzeugmaschinenspindeln und deren Lagerung. Dissertation TH Aachen 1960

8.18 FAG Wälzlager in Werkzeugmaschinen, Beispiele aus der Praxis. Publikation der FAG Kugelfischer G. Schäfer KGaA, Publ.-Nr. WL 02105/2 DA

8.19 Weck, M., L. Ophey: Berechnung des dynamischen Verhaltens von Spindellagersystemen mit Hilfe experimentell ermittelter Dämpfungs- und Steifigkeitskennwerte für Wälzlager. Antriebstechnik 21 (1982) 11

8.20 Kunkel, H.: Das dynamische Verhalten des Systems Hauptspindel-Lagerung einer Werkzeugmaschine. Industrie-Anzeiger Essen 89 (1967) 6.

8.21 Findeisen, D.: Methodisches Konstruieren von Hauptspindeln in Werkzeugmaschinen. Konstruktion 28 (1976) 10 und 11

8.22 Saljé, E., W. Redeker, J. Potrykus: Spielkompensation in Präzisionsspindellagerungen. Konstruktion 30 (1978) 12

8.23 Lechler, G.: Untersuchung der thermischen Eigenschaften von Hauptspindellagerungen und Geradführungen an Werkzeugmaschinen. Dissertation TU Berlin 1978

8.24 Eschmann, P., Hasbargen L., Weigand K. : Die Wälzlagerpraxis. München: Oldenbourg 1978

8.25 DIN Taschenbuch 24: Wälzlager, Normen. Berlin: Beuth 1985.

8.26 Pittroff, H., Wiche E. : Laufgüte von Werkzeugmaschinenspindeln. Werkstatt und Betrieb 102 (1969) 8

8.27 DIN Taschenbuch 126: Gleitlager 1: Maße, Toleranzen, Qualitätssicherung, Schäden, Begriffe. Berlin: Beuth 1984

8.28 DIN Taschenbuch 198: Gleitlager 2: Werkstoffe, Prüfung, Berechnung, Schmierung, ISO-Begriffsbestimmungen. Berlin: Beuth 1984

8.29 Günther, D.: Einfluß der Betriebsbedingungen auf die Federung von Hauptspindellagerungen in Werkzeugmaschinen. Industrie-Anzeiger 89 (1967) 6

8.30 Betsch, H.: Spindellagerungs-Konzepte für die Werkzeugmaschinenindustrie. Maschinenmarkt 81 (1975) 100

8.31 Perovic, B.: Hauptspindellagerung, Auslegung und Konstruktion. Konstruktion & Design 3 (1978)

8.32 Piekenbrink, R.: Das Spindelsystem eines Horizontalbohr- und Fräswerkes. Industrie-Anzeiger Essen (1960) 46

8.33 Brühl, P.: Spindellager-Einbauelemente für hohe Drehzahlen: Konstruktive Merkmale. Maschinenmarkt 85 (1979) 58

8.34 Hebel, R., T. Stöckermann: Auslegung von Hauptspindeln in Werkzeugmaschinen. Werkstatt und Betrieb 108 (1975) 5

8.35 Stein, G.: Optimaler Lagerabstand und statische Steifigkeit von Hauptspindeln. TZ f. prakt. Metallbearb. 66 (1972) 4

8.36 Perovic, B.: Steifigkeit von Hauptspindeln. Konstruktion & Design, (1979) 1

8.37 Perovic, B.: Steifigkeit hydrostatischer Lager. Konstruktion & Design, (1977) 12

8.38 Voll, H.: Spindeleinheiten, abgestimmt auf den speziellen Anwendungsfall. tz für Metallbearbeitung 75 (1981) 7

8.39 Weyand, M.: Hauptspindellagerungen von Werkzeugmaschinen: Reibungs- und Temperaturverhalten der Wälzlager. Dissertation RWTH Aachen 1969

8.40 Jeske, M.: Reibmoment-, Temperatur- und Verschleißuntersuchungen an Spindellagerungen bei Minimalschmierung mit unterschiedlichen Schmierverfahren. Dissertation TU Braunschweig 1985

8.41 Kunkel, H.: Untersuchungen über das statische und dynamische Verhalten verschiedener Spindel-lagersysteme in Werkzeugmaschinen. Dissertation RWTH Aachen 1966

8.42 Gartung, H.: Beitrag zum thermischen, statischen und dynamischen Verhalten wälzgelagerter Spindeln. Dissertation TU Braunschweig 1985

8.43 Lössl, G.: Analyse von Spindellagersystemen in Werkzeugmaschinen mit Methoden der Wärmeübertragung. Dissertation TU München 1978

8.44 Parsiegla, K.: Hydrostatisch gelagerte Drehmaschinenspindel für hohe statische Belastungen und hohe Drehzahlen. Dissertation U Stuttgart 1979

8.45 Böttcher, R.: Untersuchungen über das dynamische Verhalten hydrostatischer Spindellagerungen. Dissertation TH Aachen 1968

8.46 FAG Spindellager für Werkzeugmaschinen. Publikation der FAG Kugelfischer G. Schäfer KGaA, Publ.-Nr. WL 41119/4 DA

8.47 Voll, H.: Wälzgelagerte Spindeleinheiten: Einfluß der Lagergröße auf die statische Steifigkeit. Maschinenmarkt 86 (1980) 29

8.48 - : Vortrag des Arbeitskreises "Anforderungsgerechte Werkzeugmaschinenkonstruktion". Aachener Werkzeugmaschinenkolloquium 1984

8.49 - : Hochgeschwindigkeits-Frässpindeln. Katalog Nr. 2141 der Georg Müller Nürnberg AG

8.50 - : Precision bearings. Katalog Nr. 3700 E 1987 der SKF GmbH Schweinfurt

Literatur zu Kapitel 9

9.1 Dubbel: Taschenbuch für den Maschinenbau. Berlin : Springer 1983

9.2 Victor, H.; Müller, M.; Opferkuch, R.: Zerspantechnik. Teil II. Berlin : Springer 1983

9.3 Charchut, W.; Tschätsch, H.: Werkzeugmaschinen : Einführung in die Fertigungsmaschinen der spanlosen und spanenden Formgebung. München : Hanser 1984

9.4 Summer, H.: Modell zur Berechnung verzweigter Antriebsstrukturen. iwb Forschungsberichte 4. Berlin : Springer 1986

9.5 Böhm, W.: Elektrische Antriebe. Würzburg: Vogel Verlag 1989

9.6 Indramat GmbH: Wartungsfreie Drehstrom - Hauptantriebe

9.7 Witte, H.: Werkzeugmaschinen. Würzburg : Vogel 1986

9.8 Bruins, D.H.; Dräger, H.-J.: Werkzeuge und Werkzeugmaschinen für die spanende Metallbearbeitung. Teil 2. München : Hanser 1984

9.9 Mayer, K.; Demleitner, K.: Werkzeugmaschinen. Braunschweig : Vieweg 1977

9.10 Weck, M.: Werkzeugmaschinen. Band 2: Düsseldorf : VDI-Verlag 1985

9.11 Reichard, A.; Ricker, W.; Weiss, P.: Fertigungstechnik 1. Hamburg : Handwerk und Technik 1986

9.12 Niemann, G.; Winter, H.: Maschinenelemente. Band III. Berlin : Springer 1983

9.13 Niemann, G.; Winter, H.: Maschinenelemente. Band II. Berlin : Springer 1985

9.14 Werkzeugmaschinenfabrik Gildemeister & Comp. AG Bielefeld (Hrsg.): Mehrspindel-Drehautomaten. München : Hanser 1970

9.15 Siemens Aktiengesellschaft: Drehstrom - Hauptspindelantriebe (Katalog DA 41), Gleichstrom - Hauptspindelantriebe (Katalog DA 36)

9.16 Brown, Boverie & Cie: Drehstrom - Hauptantriebe

9.17 Robert Bosch GmbH: Bürstenlose Antriebstechnik für Hauptspindelsysteme

Literatur zu Kapitel 10

10.1 DIN 6580: Oktober 1985. Begriffe der Zerspantechnik: Bewegungen und Geometrie des Zerspanvorgangs.

10.2 Groß, H.: Elektrische Vorschubantriebe für Werkzeugmaschinen. Berlin: Siemens Aktiengesellschaft 1981.

10.3 Steusloff, H.: Wege zu sehr fortgeschrittenen Handhabungssystemen. Berlin: Springer 1980.

10.4   Spur, G.: Mehrspindel-Drehautomaten. München: Hanser 1970.
10.5   Roth, J.: Regelungskonzepte für lagegeregelte elektrohydraulische Servoantriebe. Dissertation RWTH Aachen 1983.
10.6   Wierschem, T.: Entwurf von Lageregelungen für schwach gedämpfte Antriebe. Dissertation RWTH Aachen 1980.
10.7   Matthies, H.J.: Einführung in die Ölhydraulik. Stuttgart: Teubner 1984.
10.8   Simon, W.: Elektrische Vorschubantriebe an NC-Systemen. Dissertation TU München 1986.
10.9   DIN 69051: 1989. Kugelgewindetriebe.
10.10 VDE 0530 : Teil 1: Umlaufende elektrische Maschinen, Nennbetrieb und Kenndaten. Berlin: VDE-Verlag 1984.
10.11 Stute, G.: Regelung an Werkzeugmaschinen. München: Hanser 1981.
10.12 Grotstollen, H.: Die Einführung der Drehstromtechnik bei elektrischen Servoantrieben. Habilitation TU Erlangen 1982.
10.13 Hidde, A.: Zur Berechnung von Schubkraft und Leistung bei Linearmotoren in winkliger Anordnung. Dissertation UGh Siegen 1982.
10.14 Richtlinie VDI/DGQ 3441: Statistische Prüfung der Arbeits- und Positionsgenauigkeit von Werkzeugmaschinen. Berlin: Beuth 1977.
10.15 Köster, L.: Untersuchung der Kräfteverhältnisse in Zahnriementrieben. Dissertation HSBw Hamburg 1981.
10.16 Hilmer, H.: Rechnergestützte Auslegung und Berechnung von Kugelgewindespindeln. Gräfelfing: Resch 1978.
10.17 Böbel, K.H.: Rechnerunterstützte Auslegung von Vorschubantrieben. Dissertation TH Stuttgart 1979.
10.18 Wolters, P.: Rechnerunterstützte Dimensionierung von Vorschubantrieben für numerisch gesteuerte Werkzeugmaschinen. Dissertation RWTH Aachen 1976.
10.19 Kopperschläger, F.: Über die Auslegung mechanischer Übertragungselemente an numerisch gesteuerten Werkzeugmaschinen. Dissertation RWTH Aachen 1969.
10.20 Pfaff, G.;Meier, Ch.: Regelung elektrischer Antriebe, Teil1 u. 2. München: Oldenbourg Verlag 1982.
10.21 Föllinger, O.: Regelungstechnik. Heidelberg : Hüthig 1985.
10.22 Schmidt, G.: Grundlagen der Regelungstechnik. Berlin: Springer 1982.
10.23 Swoboda, W.: Digitale Lageregelung für Maschinen mit schwach gedämpften schwingungsfähigen Bewegungsachsen. Dissertation U Stuttgart 1987.
10.24 Wambach, R.: Beitrag zur Automatisierung von Kabelaufwickeleinrichtungen. Dissertation TU Berlin 1988.
10.25 Magnus, K.;Müller, H.H.: Grundlagen der Technischen Mechanik. Stuttgart : Teubner Verlag 1979.
10.26 Küçükay, F.: Zur Formulierung und Programmierung der Bewegungsgleichungen von Antriebssträngen. VDI-Zeitschrift 126 (1984) 20,769-774.
10.27 Hippe, P.;Wurmthaler, Ch.: Zustandsregelung. Berlin: Springer 1985.
10.28 Unbehauen, H.: Regelungstechnik. Bd. 1,2,3. Braunschweig: Vieweg 1986,1985,1986.

10.29 Müller, R. D.: Statische und dynamische Analyse von Werkzeugmaschinenantrieben und Zahnradgetrieben. Dissertation TU München 1980.

10.30 Summer, H.: Modell zur Berechnung verzweigter Antriebsstrukturen. Dissertation TU München 1986.

10.31 Eubert, P.: Digitale Zustandsregelung elektrischer Vorschubantriebe auf der Basis ordnungsreduzierter Hybridmodelle. Dissertation TU München 1992.

10.32 Schrüfer, E.: Elektrische Meßtechnik. München: Hanser 1988.

Literatur zu Kapitel 11

11.1 Ernst, A.: Digitale Längen- und Winkelmeßtechnik.
Die Bibliothek der Technik, Bd. 34
Verlag Moderne Industrie, 1989

11.2 Walcher, H.: Winkel- und Wegmessung im Maschinenbau.
Düsseldorf: VDI-Verlag 1985

11.3 Weck, M.: Werkzeugmaschinen. Bd. 3
Düsseldorf: VDI-Verlag 1982

11.4 Schrüfer, E.: Elektrische Meßtechnik.
München Wien: Hanser Verlag 1983

11.5 Milberg, J. / Eubert, P.: Lasermeßtechnik zur Beurteilung dynamischer Vorgänge an Werkzeugmaschinen.
München: DFG-Forschungsbericht MI234/8-1 1987

11.6 Dokumentation: Laserinterferometer in der Längenmeßtechnik.
VDI-Bericht 548
Düsseldorf: VDI-Verlag 1985

11.7 Rechinger, D.: Absolutmeßsystem für SIMODRIVE-Drehstrom-Servoantriebe.
Energie & Automation 11, Spezial "EMO 1989"

11.8 N. N.: NC-Längenmeßsysteme.
Firmenschrift Heidenhain, 1990

Literatur zu Kapitel 12

12.1 DIN 19226: Regelungs- und Steuerungstechnik, Begriffe, Allgemeine Grundlagen. Beuth Verlag, 1984.

12.2 DIN 19237: Steuerungstechnik, Begriffe. Beuth Verlag, 1980.

12.3 Schmidt, G.: Grundlagen der Regelungstechnik. Berlin, Heidelberg, New York, Tokyo, Springer-Verlag, 1984.

12.4 Stute, G.: Steuerungstechnik. Berlin, Heidelberg, New York, Springer-Verlag, 1981.

12.5 Spur, G.: Mehrspindel-Drehautomaten. München, Carl Hanser Verlag, 1970.

12.6 Weck, M.: Werkzeugmaschinen Band 3, Automatisierung und Steuerungstechnik. Düsseldorf, VDI-Verlag, 1982.

12.7 Witte, H: Werkzeugmaschinen. Würzburg, Vogel-Verlag, 1988.

12.8 Deppert, W.; Stoll, K: Pneumatische Steuerungen. Würzburg, Vogel-Verlag, 1988.

12.9 Dürr, A.; Wachter, O.: Hydraulik in Werkzeugmaschinen. München, Carl Hanser Verlag, 1968.

12.10 Stute, G.: Einführung in die Steuerungstechnik, Umdruck zur Vorlesung. Institut für Steuerungstechnik der Werkzeugmaschinen und Fertigungseinrichtungen, Universität Stuttgart, 1971.

12.11 Kief, H. B.: NC-Handbuch'84. Michelstadt, NC-Handbuch-Verlag, 1984.

12.12 Bocksnick, W.: Grundlagen der Steuerungstechnik. Esslingen, Festo Didaktic GmbH, 1987.

12.13 N.N.: Simatic S5 Gerätehandbuch. Siemens AG, 1987.

12.14 DIN 19239: Steuerungstechnik, Speicherprogrammierte Steuerungen, Programmierung. Beuth Verlag, 1983.

12.15 DIN 66257: Numerisch gesteuerte Arbeitsmaschinen, Begriffe. Beuth Verlag, 1983.

12.16 Salib, N.: Rechnergestütztes Auswahlverfahren als Entscheidungshilfe für den Einsatz von NC-Steuerungen und Programmiersystemen. Dissertation Universität Dortmund, 1986.

12.17 DIN 66264: Mehrprozessor-Steuersystem für Arbeitsmaschinen (MPST). Beuth Verlag, 1983.

12.18 Plasch, D.: Numerische Steuerungssysteme, Standardisierte Softwareschnittstellen in Mehrprozessor-Steuersystemen. Dissertation Universität Stuttgart, Springer-Verlag, 1983.

12.19 Mutschler, P.: Offenes digitales Kommunikationssystem für numerische Steuerungen und Antriebe in Werkzeugmaschinen. Vortrag der ETG-Fachtagung "Elektrische Stell- und Positionierantriebe" vom 9. bis 10.März 1989 in Ausgsburg.

12.20 VDI 3422: Numerisch gesteuerte Arbeitsmaschinen, Nahtstelle zwischen der numerischen Steuerung (NC) und der Anpaßsteuerung. VDI-Verlag, 1972.

12.21 DIN 66217: Koordinatenachsen und Bewegungsrichtungen für numerisch gesteuerte Arbeitsmaschinen. Beuth Verlag, 1975.

12.22 N.N.: Programmieranleitung DC-30. Friedrich Deckel AG, 1987.

12.23 DIN 66025: Programmaufbau für numerisch gesteuerte Arbeitsmaschinen. Beuth Verlag, 1983.

12.24 Peiker, S.: Entwicklung eines integrierten NC-Planungssystems. Dissertation TU München, Springer-Verlag, 1989.

12.25 DIN 66215: CLDATA, Programmierung numerisch gesteuerter Arbeitsmaschinen. Beuth Verlag, 1974.

12.26 Hekeler, M.: Traub-IPS, Das werkstattorientierte Programmierverfahren. Reichenbach/Fils, Traub AG, 1989.

12.27 N.N.: Mitsubishi CNC, 32-Bit KI-CNC-Serie. Mitsubishi Electric Europe GmbH.

12.28 N.N.: Presseinformation (EMO'89), GE Fanuc Automation Deutschland GmbH, 1989.

12.29 VDI 3424: Numerische gesteuerte Arbeitsmaschinen, Direktsteuerung mit Hilfe von Digitalrechnern. VDI-Verlag, 1978.

12.30 Spur, G.; Stute, G.; Weck, M.: Rechnergeführte Fertigung, Fortschritte der Fertigung auf Werkzeugmaschinen Teil 4. München, Wien, Carl Hanser Verlag, 1977.

12.31 Eversheim, W.: Organisation in der Fertigungstechnik Band 3, Arbeitsvorbereitung. Düsseldorf, VDI-Verlag, 1989.

12.32 Dolezalek, D.M.; Ropohl, G.: Flexible Fertigungssysteme, die Zukunft der Fertigungstechnik. Werkstattstechnik 60 (1970) Nr. 8, S.446-451.

12.33 Groha, A.: Universelles Zellenrechnerkonzept für flexible Fertigungssysteme. Dissertation TU München, Springer-Verlag, 1988.

12.34 N.N.: The Ottawa report on reference models for manufacturing standards, Version 1.1. ISO TC 184/SC5/WG1 Dokument N51, 1986.

Sachwortverzeichnis

A

Abdeckungen 188
Ablaufsteuerung 333
Abrasion 64
Abstreifer 188
Adhäsion 63
Aerostatische Führungen 181
Anpaßsteuerung 359
Anpreßkraft 260
Antriebe
 , getrennte 272
-, Zylinder- 278
Antriebsdrehzahl 263
Antriebsleistung 260
Antriebsmotoren, Übersicht 236
Anweisungsliste 352
Arbeit
-, Freiflächenreibungs- 53
-, Scher- 53
-, Spanflächenreibungs- 53
-, Trenn- 53
Arbeitsebene 35
Arbeitsgenauigkeit 20
Arbeitsprinzip
-, quasiparallel 350
-, zyklisch 350
Asynchrone Steuerung 333

Asynchronmotor 244ff, 291
-, Aufbau und Wirkungsweise 244
-, Betriebseigenschaften 245
-, Drehzahlverstellung 246
-, Polpaarzahl 246
-, Schlupf 245
Aufgabengröße 331
Auflichtverfahren 323
Aussetzbetrieb 283
Automatisierung, rechnergestützte 12ff
Axialkolbengetriebe 255

B

Bahngenauigkeit 273
Bahnsteuerung 355, 356
Beanspruchung, thermische 55
Belastung
-, dynamisch 21
-, statisch 22
Belegungszeit
-, Gliederung 24
-, Haupt- 26
-, Neben- 26
-, Rüst- 27
-, Verkürzung 26
-, Verteil- 27

Beschleunigungskräfte 273
Betriebsdatenerfassung 370
Betriebseigenschaften 281
Bewegung
-, Anstell- 34
-, Haupt- 34
-, Nachstell- 34
-, Neben- 34
-, rotatorisch 282
-, Rückstell- 34
-, Schnitt- 34
-, translatorisch 293
-, Wirk- 34
-, Zustell- 34
Bewegungsrichtungen
-, Bohren 36
-, Drehen 36
-, Fräsen 36
-, nach DIN 6580 36
-, Schleifen 36
Bezugssystem
-, Werkzeug- 37
-, Wirk- 40
Bohren
-, Bewegungsrichtungen 36
-, Einflußgrößen 35
-, Spanungsgrößen 55
Böhringer-Sturm-Getriebe 258
Boolsche Verknüpfungen 333
BTR-Schnittstelle 370

C

CAM-Systeme 370
CIM 31

CNC-Steuerung 353
Code
-, BCD- 321
-, Binär- 321
-, Doppelabtastung 321
-, einschrittig 321
-, -lineal 321
-, -scheibe 321

D

Diagnose
-, Eigen- 366
-, Fern- 366
-, Telefon- 366
Diamant 12
Differentialgleichungssystem, lineares 308
Diffusionsvorgänge 63
DNC
-, Grundfunktionen 368
-, Rechner 370
-, Schnittstelle 370
-, System 368
-, Terminal 370
-, zusätzliche Funktionen 368
Drehen
-, Bewegungsrichtungen 36
-, Eingriffsgrößen 38
-, Kegel- 345
-, Kopier- 345
-, Spanungsgrößen 56
-, Zerspanverhältnisse 272
Drehgeber 325
Drehzahl, Arbeitsspindel 231
Drehzahleinstellung

-, gestuft mechanisch   263ff

-, stufenlos   254ff

Drehzahlstufung

-, arithmetisch   263

-, geometrisch   263

Durchlichtverfahren   323

Dynamische Eigenschaften   281

Dynamische Steifigkeit   80

Dynamisches Verhalten

-, Optimierung   109ff

-, Verbesserung   80

E

Ebene

-, Aktor-/ Sensor-   374

-, Arbeits-   40

-, Leit-   373

-, Planungs-   373

-, Steuerungs-   374

-, Werkzeugorthogonal-   40

-, Werkzeugsbezugs-   37

-, Werkzeugschneiden-   40

-, Zellen-   373

Eigenschwingungsform   86

Eilganggeschwindigkeit   306

Ein-/ Ausgabeeinheit   349

Eingriffsgrößen   56

-, Definition   35

Einzelschrittmodus   352

Energieumwandlungsprozeß   55

Erfahrungskurve   26

Ersatzstruktur   306

Exzentrizität   256

F

Federsteifigkeit   127

Fertigungsgenauigkeit   20

Fertigungskosten   25

-, als Funktion der Schnittgeschwindigkeit   78

-, Aufschlüsselung   77

-, Definition   31

-, Senkung   31

Fertigungsmittel   2

Fertigungsorganisation   2

Fertigungsprozeß, Einflußfaktoren   33

Fertigungssystem, flexibles   370

Fertigungsverfahren, Übersicht   2

Fertigungszelle

-, autonom   374

-, flexibel   372

Finite-Elemente-Methode (FEM)   145ff

Flächenpressung   169

Flügelzellengetriebe   255

Flüssigkeitskompaktgetriebe   258

Fourier-Transformation   88

Fräsen

-, Bewegungsrichtungen   36

-, Eingriffsgrößen   38

-, Gegenlauf-   36

-, Gleichlauf-   36

-, Pendel-   346

-, Spanungsgrößen   56

-, Umriß-   346

-, Zeilen-   346

Freifläche   42

Freiflächenverschleiß   64

Fremderregung   22

Führungen   153ff

-, Anforderungen und Auslegung   153

-, Auswahlkriterien 192
-, Fertigung und Montage 187
-, Flach- 158
-, Herstellkosten 191
-, Klassifizierung 156, 157
-, Kunststoff- 171
-, metallische 171
-, Rund- 159
-, Schlitten- 164
-, Schmierung 171
-, Schwalbenschwanz- 159
-, Umbauteile 188
-, V- und Dachprismen- 158
Führungsprinzipien, Gegenüberstellung 189
Funktionsdiagramm 340
Funktionsplan 352
Funktionssteuerung 335
Funktionsstruktur
-, elektrischer Vorschubantriebe 274
-, hydraulischer Vorschubantriebe 275

G

Generator
-, Gleichspannungs- 294
-, Wechselspannungs- 294
Geschwindigkeit
-, nach DIN 6580 36
-, Schnitt- 34
-, Vorschub- 34
-, Wirk- 34
Gestellbauweise, geschlossen 122
Gestelle 117ff
-, dynamische Beanspruchung 129
-, Forderungen 117

-, statische Beanspruchung 117
-, Steifigkeit 117
-, thermische Beanspruchung 131
-, Werkstoffe 143
Gestellkonzepte 138
Gestellkonzeption
-, Einflußgrößen 135
-, kinematische Variationen 136
-, Vorgehensweise 135
Getriebe
-, Aufbaunetz 266
-, Bauformen 255ff
-, Drehzahlbild 266
-, elektrisch 255
-, formschlüssig 259
-, hydraulisch 255
-, kraftschlüssig 259
-, Leistungsflußbild 266
-, mechanisch 259, 267
-, -plan 266
Gleichstrommotor 237ff, 284
-, Aufbau und Wirkungsweise 238
-, Bauformen 285
-, Betriebseigenschaften 239
-, bürstenlos 288
-, Drehzahlverstellung 242
-, Kennlinienfeld 284
-, konventionell 284
-, Motorgrößen 242
-, physikalisches Ersatzmodell 285
Gleitlager 222
-, hydrodynamisch 222
-, hydrostatisch 223
-, Mehrflächen- 223
Grenzbereich, dynamischer 283

H

Hagen-Poiseuille-Gesetz 175, 176
Hartmetallschneidstoffe 72
Hauptantriebe 227ff
-, Anlaufverhalten 234
-, Asynchronmotor 244ff
-, Aufgabe 227
-, Auslegung und Auswahl 247ff
-, Bauformen und Anordnung 252
-, Betriebsarten 249
-, Betriebssicherheit und Zuverlässigkeit 250
-, Bremsverhalten 234
-, Drehmoment 230
-, Drehzahlbereich 228
-, Drehzahlverstellung 228
-, Gleichstrommotor 237ff
-, Kühlungsarten 252
-, Leistung 230
-, Schwingungsverhalten 233
Hauptspindeln 195ff
-, Anforderungen 195
-, für höchste Drehzahlen 219
-, für hohe Drehzahlen 216
-, für niedrige und mittlere Drehzahlen 216
-, Gesamtsteifigkeit 200
-, Gleitlager 222
-, Isolierung von Wärmequellen 209
-, Kräfte 198
-, Lagerung 196, 210ff
-, Motorspindel 221
-, Schmierung 219
-, Steifigkeit 198
-, thermisches Verhalten 207
-, werkstücktragend 195
-, werkzeugtragend 195

Hauptzeit
-, Definition 25
-, Verkürzung 26
Hilfsbegriffe nach DIN 6580 36
Hilfskurvensysteme 339
Hilfsspur 321
Hochlaufzeit 307
Hydrodynamische Gleitführungen 159ff
-, Reibungsverhalten 165
-, Verschleißverhalten 167
-, Werkstoffe 164
Hydromotor 255
Hydropumpe 255
Hydrostatische Gleitführungen 173ff
-, Berechnungsgrundlagen 175
-, Funktionsweise 173
-, konstruktive Ausführungsformen 178
-, Ölversorgungssysteme 176
Hysteresekurve 304

I

Inductosyn
-, Linear- 326
-, Rund- 326
Information
-, Schalt- 336
-, Weg- 336
Informationsverarbeitung 329ff
-, Ebenenmodell 373
Interpolation 324
Interpolator 356

K

Kalibrieren 327
Kaskadenregelung 302

Keilriementrieb 260
Kennlinienfeld
-, Asynchronmotor 246
-, Gleichstrommotor 284
Klemmeinrichtungen 188
Klemmen
-, mechanisch 154
-, thermisch 155
Knickdrehzahl 231
Kolkverhältnis 66
Kolkverschleiß 66
Kommutierungsgrenzkurve 284
Kompaktgetriebe 255
Konstruktion, steifigkeitsgerecht 122ff
Kontaktplan 352
Kontaktsteuerung 344
Koordinatensystem 360
Kopplung
-, kinematisch 276
-, starr 285
Kosten
-, lohngebunden 76
-, maschinengebunden 76
-, restliche Fertigungsgemein- 76
-, werkzeuggebunden 76
Kraft
-, Aktiv- 51
-, -fluß, Gestaltung 121, 122
-, Passiv- 51
Kreuzschienenverteiler 344
Kugelgewindespindel 300
Kühlschmiermittelarten 74
Kühlschmierstoffe 74
Kurvenscheibengetriebe 276
Kurvensteuerung 336
Kurzschlußläufer 245

L

Lager
-, Caro-Expansions- 223
-, Filmatic- 223
-, Gleitstützen- 223
-, hydrodynamisch 211
-, hydrostatisch 211
-, Kegelrollen- 216
-, -kühlung 209
-, Magnet- 224
-, Makkensen- 223
-, Radial- 216
-, Schrägkugel- 216, 219
-, Wälz- 211ff
-, Zylinderrollen- 216
Lageregelkreis, Optimierung 304
Lagerung
-, aerodynamisch 224
-, aerostatisch 224
-, angestellt 212
-, Fest-Los- 212, 216
-, Laufgenauigkeit 213
-, Tandemanordnung 216
Lagesteuerung 302
LAN 372
Längenausdehnungskoeffizienten 135
Laserinterferometer 327
Lehrsche Dämpfung 84
Leistung
-, nutzbar 232
-, zugeführt 232
Leistungs/ Drehmoment-Drehzahl-Kennlinie 232
Linearantrieb, Funktionsstruktur 275
Lochstreifen 367

M

Maltesergetriebe 337
MAP 367
Maschinenkonzeption, Grundregeln 140, 141
Maschinennullpunkt 360
Maschinenstundensatz, Definition 31
Massen
-, translatorisch bewegt 235
-, Umrechnung rotierender 235
Maßgenauigkeit 13
Mehrkanalsteuerung 366
Mengenleistung 25
-, Definition 24
Meßprinzip 317
-, induktiv 324
-, interferentiell 322
-, photoelektrisch 322
Meßtechnik, Begriffe 316
Meßverfahren
-, absolut und relativ 320
-, analog und digital 319
-, direkt und indirekt 318
-, inkremental 327
-, rotatorisch 318
-, translatorisch 318
Mikroprozessor 357
Modalanalyse, experimentell
-, Durchführung 86ff
-, Meßaufbau 89
-, Theorie 83ff
Modalanalyse, rechnerisch
-, Beispiel 93ff
-, Theorie 90ff
Modale Beschreibung 84
Modale Parametersätze 84

Moment
-, Beschleunigungs- 234
-, Last- 234
-, Motor- 234
Motorsteuerung 258

N

Nachformsteuerungen 345
Nachgiebigkeit, relative 97
Nachgiebigkeits-Frequenzgang 82
Nachgiebigkeitsverhalten
-, dynamisch 234
-, statisch 234
NC-Programm
-, Aufbereitung 355
-, Verwaltung 355, 369
Nebenzeit
-, Definition 25
-, Verkürzung 26
Numerische Steuerungen 353ff
-, Aufbau und Funktionsweise 353
-, Integration in Werkzeugmaschinen 359
-, Programmierung 361
-, Trends 365
Nyquist-Kriterium 108

O

Oberflächenzerrüttung 159

P

Paßleisten 171
Permamentmagnete 288
PIV-Getriebe 13, 260

Positioniergenauigkeit 273
Produktion, rechnerintegriert 17
Produktionsfaktoren 19
Produktionsprozeß 1
Produktionssysteme 1
Produktionstechnik 1
Programm
-, maschinenunabhängig 364
-, -speicher 349
-, -steuerung 335
-, -verwirklichung 334
Programmiergerät 352
Programmiersprache nach DIN 66025 362
Programmierung
-, in Maschinennähe 364
-, manuell 361
-, maschinell 364
-, rechnergestützt 364
-, werkstattorientiert 365
Proportionalventil 278, 281
Prozessor 364
-, 32-Bit- 365
Pumpensteuerung 257
Punktsteuerung 355

R

Radialkolbengetriebe 255
Rattermechanismen 102
-, fallende Schnittkraft-/
   Schnittgeschwindigkeitskennlinie 104
-, Lagekopplung 103
-, regeneratives Rattern 102
Reaktion, tribochemische 159
Rechnerstruktur, dezentral 373
Referenzpunkt 320, 361

Regeln 331
Regeldifferenz 332
Regelgröße 332
Regelkreis 302, 331
-, Lage- 356
Regeln, Begriffe 330
Regelung, digital 292
Reibcharakteristika 301
Reibkraft 260, 273
Reibradgetriebe 260
Reibung
-, Festkörper- 159
-, Flüssigkeits- 159
-, Haft- 159
-, Misch- 159
Reibungszahl 260
Relaissteuerung 343
Resolver 325
Resonanzfrequenzen 259
Rotationsbewegung 298
Rotorströme 292
Rückkopplungsprinzip 332
Rüstzeit
-, Definition 25
-, Verkürzung 27

S

Sankey-Diagramm 207
Schaltplan 340
Schleifen
-, Bewegungsrichtungen 36
-, Eingriffsgrößen 35
-, Spanungsgrößen 56
Schleifringläufer 245
Schleppabstand 303

Schlichten 228
Schlittenbezugspunkt 361
Schmierdruckbildung, hydrodynamisch 160
Schmiernuten 171
Schmierung
-, Fettschmierung 219
-, Öleinspritzschmierung 220
Schnecke/ Zahnstange-System 298
Schneide
-, geometrisch bestimmt 33
-, geometrisch unbestimmt 33
-, Haupt- 42
-, Neben- 42
Schneidenbezeichnung 42
Schneidenecke 42
Schneidenversatz 65
Schneidkeil, Winkel 42ff
Schneidstoffe
-, beschichtete Hartmetalle 72
-, Diamant 73
-, keramisch 72
-, kubisches Bornitrid 73
-, metallisch 69ff
-, Schnittgeschwindigkeitsbereiche 71
-, Sinterwerkstoffe 72
Schneidteilgeometrie 37
Schnellarbeitsstähle 70
Schnellschnittstahl 12
Schnittbedingungen, wirtschaftliche 76
Schnittgeschwindigkeit 230
-, Richtung
-, -, Bohren 52
-, -, Drehen 52
-, -, Fräsen 52
-, -, Schleifen 52
-, wirtschaftliche 230

Schnittkanten 42
Schnittkraft, spezifische 51
Schnittleistung 231
Schnittmoment 231
Schruppen 231
Schwingung
-, Anregungsarten für fremderregte 101
-, freie 99
-, fremderregte 79, 100
-, parametererregte 80
-, selbsterregte 79, 101ff
Selbsterregung 22
Servoventil 278, 281
Signalverarbeitung 333
Signalverhalten
-, Groß- 312
-, Klein- 312
Simulation 352
-, numerisch 312
Span
-, -arten 46
-, -bildung 46
-, -fläche 42
-, Fließ- 46
-, -formen 48
-, Lamellen- 46
-, -leitstufe 51
-, Reiß- 46
-, Scher- 46
Spanflächenfase 42
Spanungs
-, -breite 39, 53
-, -dicke 39, 53
-, -querschnitt 39
-, -volumen 39
Spanungsgrößen 37, 39, 53

-, Bohren 56
-, Drehen 56
-, Fräsen 56
-, Schleifen 56
Speicher
-, Arbeits- 358
-, Systemprogramm- 358
-, Teileprogramm- 358
Speicherprogrammierbare Steuerungen (SPS) 334, 347ff
-, Aufbau und Funktionsweise 348
-, Integration in Werkzeugmaschinen 351
-, Programmierung 351
Spindel
-, -antrieb 197
-, -drehzahl, Anpassung 254
Standardsteuerung 359
Standgrößen 65
Standzeit 65
Stellglied 331
Stellgröße 331
Steuerdatenverteilung 367ff
Steuereinrichtung 331
Steuergerät 331
Steuergetriebe 337
Steuern, Begriffe 331
Steuerung
-, analog 332
-, Anpaß- 335, 359
-, asynchron 333
-, austauschprogrammierbar 334
-, binär 332
-, dezentral 357
-, digital 332
-, elektrisch 343
-, festprogrammierbar 334

-, freiprogrammierbar 334
-, hydraulisch 339ff
-, mechanisch 336
-, numerisch 335
-, pneumatisch 339ff
-, Schaltplan 340
-, speicherprogrammiert 334
-, synchron 333
-, umprogrammierbar 334
-, verbindungsprogrammiert 334, 336ff
-, zentral 357
Steuerungssoftware 366
Steuerungssystem, Mehrprozessor- 357
Stick-Slip 162
Stirnfräsen 38
Stirnschleifen 38
Störanfälle, dynamisch 109
Störgröße 331
Streckensteuerung 355, 356
Stribeck-Kurve 161
Ströme, symmetrisch sinusförmig 291
Stufenzahl 263
Synchrone Steuerung 333
Synchronmotor 291
Synchros 325

T

Teilzeiten, Parallelschaltung 27
Temperaturverteilung, Schneidprozeß 60
Thermisches Verhalten, Verbesserung 133
Totzeitglied 295
Trägheitsmoment
-, Gesamt- 307
-, Minimierung des Motor- 284

Translationsbewegung 298
Tribologie 159

U

Überbelastung 64
Umfangsfräsen 38
Umfangslast 260
Umfangsschleifen 38
Umkehrspanne, elastisch 297

V

Verarbeitungseinheit
-, Geometriedaten- 355
-, Technologiedaten- 355
Verbindungsprogrammierte Steuerung 334, 336ff
Verbundverstellung 256
-, Kennlinien 257
Vergleichsstelle 332
Verknüpfungssteuerung 333
Verkürzung der Belegungszeit, Konstruktive Maßnahmen 26
Verlustleistung
-, elektrisch 233
-, gesamt 233
-, mechanisch 233
Vermessen 327
Verrippungen 124
Verschleiß
-, abrasiver Gleit- 167
-, adhäsiver Freß- 167
-, -diagramm 67
-, -einfluß 23
-, -formen 64
-, Kurzzeit- 23
-, Langzeit- 23
-, -mechanismen 61ff
-, -meßgrößen 65
-, -probleme, Bürsten 288
Verschleißformen
-, Freiflächenverschleiß 64
-, Kolkverschleiß 65
-, Oberflächenzerrüttung 159
-, tribochemische Reaktionen 159
Verschleißmarkenbreite 66
Verschleißmechanismen 61ff
Verschleißmeßgrößen
-, Kolkverhältnis 66
-, Schneidenversatz 66
-, Verschleißmarkenbreite 66
Verstellwinkel 256
Verteilzeit
-, Definition 25
-, Verkürzung 27
Verzunderung 64
Vierquadrantenantrieb 283
Volumenstromänderung 278
Vorschub
-, Schnitt- 39
-, Wirk- 39
-, Zahn- 39
Vorschubantriebe 271ff
-, Asynchronmotor 291
-, Auslegung 306ff
-, Betriebsverhalten 292
-, elektrisch 283
-, Ersatzmodell 310
-, Führungen 301
-, Funktionsstruktur 274

-, Gleichstrommotor 285ff
-, hydraulisch 278
-, lagegeregelt 302
-, mechanisch 276
-, stationäres Verhalten 273
-, Steuerung 278
-, Synchronmotor 291
Vorschubbewegung, Definition 271
Vorschubgeschwindigkeit
-, Einstellung 278
-, Richtung
-, -, Bohren 52
-, -, Drehen 52
-, -, Fräsen 52
-, -, Schleifen 52
Vorschubgrößen, Definition 37
-, stufenlose Einstellung 279

W

Wälzführungen 183ff
-, konstruktive Ausführungen 186
-, Spieleinstellung 186
-, Steifigkeit und Dämpfung 185
Wälzgetriebe 259
Wälzkörper
-, -fesselung 184
-, -geometrie 183
Wanddurchbrüche 124
Wärmeeinfluß 22
Wärmequellen, innere und äußere 132
Weg-Schritt-Diagramm 340
Weg- und Winkelmeßsysteme 315ff
-, Anforderungen 315
-, Funktionsablauf 317

-, Funktionsstruktur 317
-, Meßprinzipien 322
Wellenzahl 263
Werkstattleitsystem 373
Werkzeugbezugssystem 37
Werkzeugmaschinen
-, Anforderungen 19ff
-, Auswahl 3
-, -bau, Entwicklung 8ff
-, Bewertungskriterien 19
-, Bezugspunkte 359
-, dynamisches Verhalten 79ff
-, Exportstatistik 6
-, fertigungsgerechte Gestaltung 143
-, Flexibilität 28
-, Integration 30
-, Produktionsstatistik 6
-, Störeinflüsse 79
-, Wirkungsgrad 232
Werkzeugstähle 69
Winkel
-, Ecken- 44
-, Einstell- 46
-, Frei- 43
-, Keil- 43
-, Neigungs- 45
-, Span- 43
-, Vorschubrichtungs- 35
-, Wirkrichtungs- 35
Wirkbezugssystem 40
Wirkgeschwindigkeit 230
Wirkungsgrad 232
Wirkungskette
-, geschlossen 332
-, offen 331

Z

Zahnriementrieb 297
Zeitspanvolumen 39
Zeitvorteil 26
Zellenrechner 373
Zentralsteuerwerk 354
Zerspankraft 230
-, beim Drehen 231
-, -berechnung 57
-, -gesetz 51
-, Komponenten 52
Zerspanleistung 230
-, Berechnung 57
Zerspanprozeß
-, -kräfte 273
-, Stabilitätsanalyse 107
Zerspanverhältnisse, Drehen 272

Zerspanvorgang
-, Bewegungen 34
-, Bewegungsrichtungen 34
-, Geschwindigkeiten 34
-, Grundlagen 33ff
Zugmittelgetriebe
-, formschlüssig 261
-, kraftschlüssig 260
Zustandsraumdarstellung 310
Zustandsregelung 313
Zykluszeit
-, Block- 350
-, Programm- 350
Zylinder
-, Differential- 281
-, Gleichlauf- 281

Springer-Verlag und Umwelt

Als internationaler wissenschaftlicher Verlag sind wir uns unserer besonderen Verpflichtung der Umwelt gegenüber bewußt und beziehen umweltorientierte Grundsätze in Unternehmensentscheidungen mit ein.

Von unseren Geschäftspartnern (Druckereien, Papierfabriken, Verpackungsherstellern usw.) verlangen wir, daß sie sowohl beim Herstellungsprozeß selbst als auch beim Einsatz der zur Verwendung kommenden Materialien ökologische Gesichtspunkte berücksichtigen.

Das für dieses Buch verwendete Papier ist aus chlorfrei bzw. chlorarm hergestelltem Zellstoff gefertigt und im pH-Wert neutral.